信号与系统答疑解惑与典型题解

汪胡青　吴海涛　夏良　编著

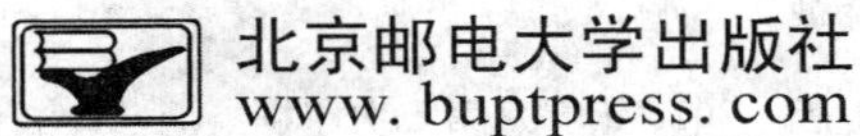
北京邮电大学出版社
www.buptpress.com

内容简介

本书深入浅出、系统全面地介绍了最新的各大高校信号与系统练习题与考研题。全书共分 8 章，内容包括信号与系统的基本概念、连续时间系统的时域分析、连续时间系统的傅里叶分析、连续时间系统的 S 域分析、离散时间系统的时域分析、离散时间系统的 Z 域分析、系统的状态空间分析、课程测试及考研真题等。

本书以常见疑惑解答-实践解题编程-考研真题讲解为主线组织编写，每一章的题型归纳都进行了详细分析评注，以便于帮助读者掌握本章的重点及迅速回忆本章的内容。本书结构清晰、易教易学、实例丰富、学以致用、注重能力，对易混淆和历年考题中较为关注的内容进行了重点提示和讲解。

本书既可以作为复习考研的练习册，也可以作为信号与系统学习的参考书，更可以用作各类培训班的培训教程。此外，本书也非常适于教师的信号与系统教学以及自学人员参考阅读。

图书在版编目（CIP）数据

信号与系统答疑解惑与典型题解 / 汪胡青，吴海涛，夏良编著．-- 北京 ：北京邮电大学出版社，2014.8

ISBN 978-7-5635-4007-5

Ⅰ．①信…　Ⅱ．①汪…　②吴…　③夏…　Ⅲ．①信号系统－高等学校－题解　Ⅳ．①TN911.6-44

中国版本图书馆 CIP 数据核字（2014）第 124902 号

书　　　　名：信号与系统答疑解惑与典型题解
著作权责任者：汪胡青　吴海涛　夏良　编著
责　任　编　辑：满志文　姚顺
出　版　发　行：北京邮电大学出版社
社　　　　址：北京市海淀区西土城路 10 号（邮编：100876）
发　　行　　部：电话：010-62282185　传真：010-62283578
E-mail：publish@bupt．edu．cn
经　　　　销：各地新华书店
印　　　　刷：北京鑫丰华彩印有限公司
开　　　　本：787 mm×1 092 mm　1/16
印　　　　张：14.75
字　　　　数：368 千字
版　　　　次：2014 年 8 月第 1 版　2014 年 8 月第 1 次印刷

ISBN 978-7-5635-4007-5　　　　定　价：38.00 元

前　言

为适应高等院校人才的考研需求，本书本着厚基础、重能力、求创新的总体思想，着眼于国家发展和培养造就综合能力人才的需要，着力提高大学生的学习能力、实践能力和创新能力。

1. 关于信号与系统

“信号与系统”是与通信、信息及自动控制等专业有关的一门基础学科，主要研究信号与系统理论的基本概念和基本分析方法，初步认识如何建立信号与系统的数学模型，经适当的数学分析求解，对所得结果给以物理解释、赋予物理意义。该课程的应用领域非常广泛，几乎遍及电类及非电类的各个工程技术学科。随着信息科学与技术的迅速发展，新的信号处理和分析技术不断涌现。由于信号是信息的载体，系统是信息处理的手段，因此，作为研究信号与系统基本理论和方法的“信号与系统”课程，必须与信息科学技术的发展趋势相一致。

2. 本书阅读指南

本书针对信号与系统知识点的常见的问题进行了讲解，同时分析了近几年的考研题目，并给出了详实的参考答案，读者可以充分的了解各个学校考研题目的难度，查缺补漏，有针对性地提高自己的水平。本书共分 8 章。

第 1 章是“信号与系统的基本概念”，主要讲解信号的描述方法、分类方法、基本特性、基本运算方法，系统的表示方法、特性和分类等。

第 2 章是“连续时间系统的时域分析”，主要讲解连续时间系统的微分算子方程的描述、求解，零输入响应、零状态响应、全响应、单位冲激响应、阶跃响应，以及卷积等。

第 3 章是“连续时间系统的傅里叶分析”，主要讲解傅里叶级数、傅里叶变换，抽样信号与抽样定理，连续系统的频域分析方法，以及理想低通滤波器等。

第 4 章是“连续时间系统的 S 域分析”，主要讲解拉普拉斯变换的定义、表示和求解方法，连续系统的复频域分析、表示、模拟等。

第 5 章是“离散时间系统的时域分析”，主要讲解离散时间信号的定义、表示，离散时间系统的数学模型及其求解方法，离散卷积及其计算等。

第 6 章是“离散时间系统的 Z 域分析”，主要讲解 Z 变换的定义、性质及其逆变换，离散系统差分方程的求解等。

第 7 章是“系统的状态空间分析”，主要讲解状态变量与状态方程等。

第 8 章是“课程测试及考研真题”，提供了两套模拟题，为读者提供一个自我分析解决问题的过程。

3. 本书特色与优点

(1)结构清晰，知识完整。内容翔实、系统性强，依据高校教学大纲组织内容，同时覆盖最新版本的所有知识点，并将实际经验融入基本理论之中。

(2)内容翔实，解答完整。本书涵盖近几年各大高校的大量题目，示例众多，步骤明确，

讲解细致，读者不但可以利用题海战术完善自己的弱项，更可以有针对性地了解某些重点院校的近年考研题目及解题思路。

(3)学以致用，注重能力。一些例题后面有与其相联系的知识点详解，使读者在解答问题的同时，对基础理论得到更深刻的理解。

(4)重点突出，实用性强。

4. 本书读者定位

本书既可以作为复习考研的练习册，也可以作为信号与系统学习的参考书，更可以作为各类培训班的培训教程。此外，本书也非常适于教师的信号与系统教学以及自学人员参考阅读。

本书由汪胡青、吴海涛、夏良等编著，全书框架结构由何光明、吴婷拟定。另外，感谢王珊珊、陈智、陈海燕、吴涛涛、李海、张凌云、陈芳、李勇智、许娟、史春联等同志的关心和帮助。

限于作者水平，书中难免存在不当之处，恳请广大读者批评指正。任何批评和建议请发至：bjbaba@263.net。

编　者

目　录

第 1 章　信号与系统的基本概念

第 2 章　连续时间系统的时域分析

第 4 章 连续时间系统的 S 域分析

第 5 章 离散时间系统的时域分析

第1章

信号与系统的基本概念

【基本知识点】信号与系统的基本概念;信号的描述方法,分类方法和基本特性;信号的基本运算方法;阶跃信号和冲激信号;系统的表示方法,系统的特性和分类;线性时不变系统的分析方法。

【重点】信号的概念,描述方法,分类和特性;信号的基本运算和常用信号 $\delta(t)$、$\varepsilon(t)$;系统的概念,线性时不变系统的性质。

【难点】信号的概念,描述方法,分类和特性;信号的基本运算和常用信号 $\delta(t)$、$\varepsilon(t)$;系统的概念,线性时不变系统的性质。

1.1 答疑解惑

1.1.1 什么是连续信号与离散信号?

连续时间信号的描述函数的定义域是连续的,如图 1.1(a)所示。

离散时间信号的描述函数的定义域是某些离散点的集合,如图 1.1(b)所示的离散时间信号 $f(n)$,函数只是在某些离散点上才有定义。这些离散点在时间轴上可以均匀分布,也可以不均匀分布。

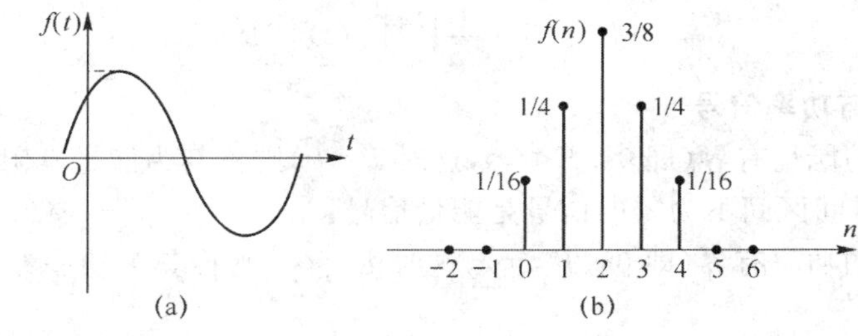

图 1.1　连续时间信号

1.1.2　什么是周期信号与非周期信号？

1. 周期信号

连续信号，若存在 $T>0$，使得

$$f(t+rT)=f(t) \qquad r\text{ 为整数}$$

离散信号，若存在大于零的整数 N，使得

$$f(n+rN)=f(n) \qquad n,r\text{ 为整数}$$

则称 $f(t)$，$f(n)$为周期信号。T、N 分别为 $f(t)$与 $f(n)$的周期。

2. 周期信号的主值区间

通常把连续信号的$[0,T)$范围称为主值区间，相应地，离散信号在$[0,N-1]$的范围称为主值区间。

显然，若知道了周期信号一个周期内的变化过程，就可以确定整个定义域内的信号取值。

3. 非周期信号

不满足周期信号条件的信号即为非周期信号。

注意：两周期信号的加和或乘积不一定是周期信号！

1.1.3　什么是能量信号与功率信号？

1. 信号的能量与功率

为了知道信号能量或功率的特性，常常研究信号（电流或电压）在单位电阻上的能量或功率，亦称为归一化能量或功率。信号 $f(t)$在单位电阻上的瞬时功率为$|f(t)|^2$，在区$-a<t<a$的能量为

$$\int_{-a}^{a}|f(t)|^2\,\mathrm{d}t$$

在区$-a<t<a$ 的平均功率为

$$\frac{1}{2a}\int_{-a}^{a}|f(t)|^2\,\mathrm{d}t$$

信号的能量定义在区间$(-\infty,+\infty)$信号 $f(t)$的能量，用字母 E 表示，即

$$E=\lim_{a\to\infty}\int_{-a}^{a}|f(t)|^2\,\mathrm{d}t$$

信号的功率定义在区间$(-\infty,+\infty)$信号 $f(t)$的平均功率，用字母 P 表示，即

$$P=\lim_{a\to\infty}\frac{1}{2a}\int_{-a}^{a}|f(t)|^2\,\mathrm{d}t$$

2. 能量信号与功率信号

若信号 $f(t)$的能量有界（即 $0<E<\infty$，这时 $P=0$）则称其为能量有限信号，简称为能量信号。仅在有限时间区间不为零的信号是能量信号。

若信号 $f(t)$的功率有界（即 $0<P<\infty$，这时 $E=\infty$）则称其为功率有限信号，简称为功率信号。

相应地，对于离散信号，也有能量信号、功率信号之分。

若满足 $E=\sum\limits_{k=-\infty}^{\infty}|f(k)|^2<\infty$ 的离散信号，称为能量信号。

若满足 $P=\lim_{N\to\infty}\frac{1}{N}\sum_{k=-N/2}^{N/2}|f(k)|^2<\infty$ 的离散信号，称为功率信号。

时限信号(仅在有限时间区间不为零的信号)为能量信号；周期信号属于功率信号，而非周期信号可能是能量信号，也可能是功率信号。

注意：一个信号如果是能量信号，那么它一定不是功率信号；如果是功率信号，那么它一定不是能量信号。即：一个信号不可能既为能量信号又为功率信号。

注意：有些信号既不属于能量信号也不属于功率信号，如 $f(t)=\mathrm{e}^t$。

1.1.4 什么是实信号与复信号？

物理可实现的信号常常是时间 t(或 k)的实函数(或序列)，其在各时刻的函数(或序列)值为实数，例如，单边指数信号，正弦信号(正弦与余弦信号两者相位相差$\frac{\pi}{2}$，在本书中通称为正弦信号)等，称它们为实信号。

函数(或序列)值为复数的信号称为复信号，最常用的是复指数信号。

1.1.5 什么是因果信号与反因果信号？

常将 $t=0$ 时接入系统的信号 $f(t)$(即在 $t<0$，$f(t)=0$)称为因果信号或有始信号。阶跃信号是典型的一个。

而将 $t\geqslant 0$，$f(t)=0$ 的信号称为反因果信号。

注意：若信号 $f(t)$是因果信号，那么 $f(-t)$一定为反因果信号。

1.1.6 如何进行信号的基本运算：加法和乘法？

信号 $f_1(t)$和 $f_2(t)$之和(瞬时和)是指同一瞬时两信号之值对应相加所构成的“和信号”，即

$$f(t)=f_1(t)+f_2(t)$$

信号 $f_1(t)$和 $f_2(t)$之积是指同一瞬时两信号之值对应相乘所构成的“积信号”，即

$$f(t)=f_1(t)\cdot f_2(t)$$

注意：两信号的基本运算必须是针对同一时刻的运算。

1.1.7 如何进行信号的基本运算：微分与积分？

信号 $f(t)$的微分运算是指 $f(t)$对 t 取导数，即

$$f'(t)=\frac{\mathrm{d}}{\mathrm{d}t}f(t)$$

信号 $f(t)$的积分运算是指 $f(\tau)$在$(-\infty,t)$区间内的定积分，其表达式为

$$\int_{-\infty}^{t}f(\tau)\mathrm{d}\tau$$

1.1.8 如何进行信号的基本运算：反转、平移、尺度变换？

1. 反转

将 $f(t)\to f(-t)$，$f(k)\to f(-k)$称为对信号 $f(\cdot)$的反转或反折。从图形上看是将

$f(\cdot)$以纵坐标为轴反转 180°，如图 1.2 所示。

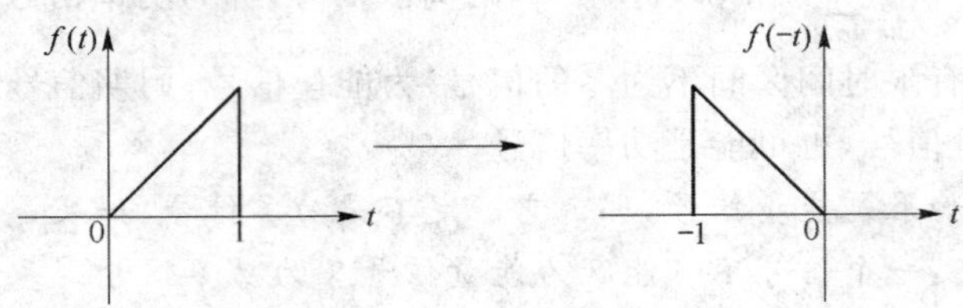

图 1.2

2. 平移

将 $f(t)\to f(t-t_0)$，$f(k)\to f(k-k_0)$称为对信号 $f(\cdot)$的平移或移位。若 t_0（或 k_0）>0，则将 $f(\cdot)$右移；否则左移，如图 1.3 所示。

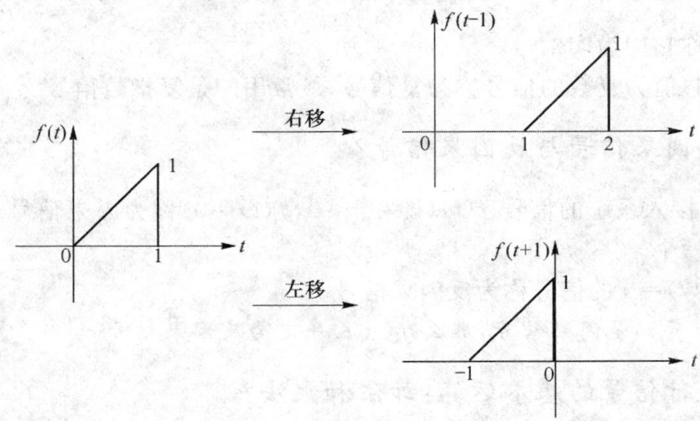

图 1.3

3. 尺度变换

将 $f(t)\to f(at)$，称为对信号 $f(t)$的尺度变换。若 $a>1$，则波形沿横坐标压缩；若 $0<a<1$，则展开，如图 1.4 所示。

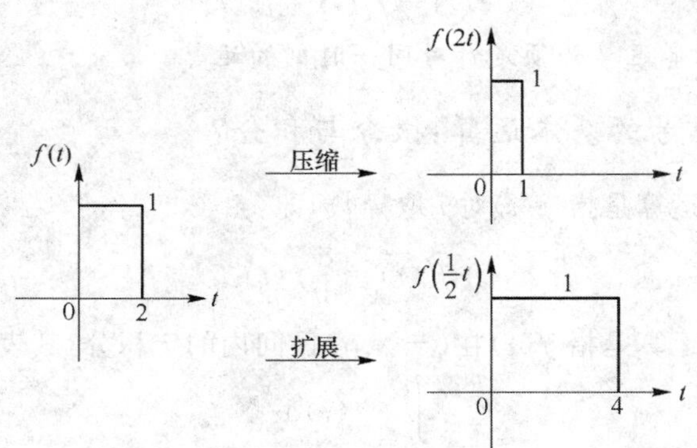

图 1.4

注意：经常会对反转、平移、尺度变换进行联合出题。三种变换的次序可以任意，但要把握的一点是始终对时间 t 进行运算。

1.1.9 什么是阶跃函数?

在本书中,连续时间单位阶跃信号用$\varepsilon(t)$表示,离散时间单位阶跃信号用$\varepsilon(n)$表示。它们定义为

$$\varepsilon(t)=\begin{cases}1, & t>0\\0, & t<0\end{cases},\varepsilon(n)=\begin{cases}1, & n\geqslant 0\\0, & n<0\end{cases}$$

$\varepsilon(t)$和$\varepsilon(n)$的波形如图 1.5 所示。

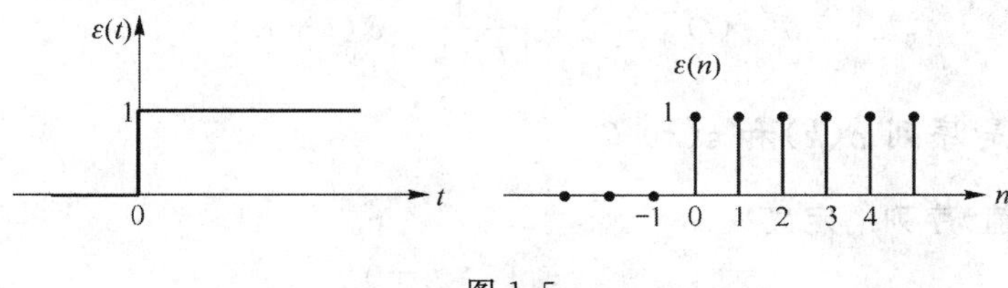

图 1.5

注意:当 $t=0$ 时,$\varepsilon(t)$的取值没有定义或 $\varepsilon(0)=\frac{1}{2}$;而当 $n=0$ 时,$\varepsilon(n)$却有确定的值为 1。

1.1.10 什么是冲激函数?

单位冲激函数(狄拉克函数)是个奇异函数,它是对强度极大,作用时间极短的一种物理量的理想化模型。由如下特殊的方式定义。

$$\begin{cases}\delta(t)=0, & t\neq 0\\ \int_{-\infty}^{\infty}\delta(t)\mathrm{d}t=1\end{cases}$$

注意:阶跃函数与冲激函数存在着微分关系,即:$\frac{\mathrm{d}}{\mathrm{d}t}\varepsilon(t)=\delta(t)$;$\int_{-\infty}^{t}\delta(t)\mathrm{d}t=\varepsilon(t)$ 。

1.1.11 冲激函数的性质有哪些?

1. 取样性质

若 $f(t)$在 $t=0$、$t=a$ 处存在,则

$$f(t)\delta(t)=f(0)\delta(t)\quad \int_{-\infty}^{\infty}f(t)\delta(t)\mathrm{d}t=f(0)$$

$$f(t)\delta(t-a)=f(a)\delta(t)\quad \int_{-\infty}^{\infty}f(t)\delta(t-a)\mathrm{d}t=f(a)$$

2. 冲激函数的导数 $\delta'(t)$(也称冲激偶)

$$f(t)\delta'(t)=f(0)\delta'(t)-f'(0)\delta(t)$$

$\delta'(t)$的定义 $\int_{-\infty}^{\infty}f(t)\delta'(t)\mathrm{d}t=-f'(0)$

$\delta^{(n)}(t)$的定义 $\int_{-\infty}^{\infty}f(t)\delta^{(n)}(t)\mathrm{d}t=(-1)^{n}f^{(n)}(0)$

3. $\delta(t)$的尺度变换

$$\delta^{(n)}(at)=\frac{1}{|a|}\cdot\frac{1}{a^{n}}\delta(t)$$

推论 1：

$$\delta(at)=\frac{1}{|a|}\delta(t),\delta(at-t_0)=\frac{1}{|a|}\delta\left(t-\frac{t_0}{a}\right)$$

推论 2：当 $a=-1$ 时，

$$\delta^{(n)}(-t)=(-1)^n\delta^{(n)}(t)$$

4. $\delta(t)$的复合函数 $\delta[f(t)]$的性质

若 $f(t)$是普通函数，且 $f(t)=0$ 有 n 个互不相等的实根 $t_1,t_2,\cdots,t_n$，则有

$$\delta[f(t)]=\sum_{i=1}^{n}\frac{1}{|f'(t_i)|}\delta(t-t_i)$$

1.1.12 什么是序列 $\delta(k)$和 $\varepsilon(k)$？

1. 单位(样值)序列的定义

$$\delta(k)=\begin{cases}1, & k=0\\0, & k\neq0\end{cases}$$

取样性质

$$f(k)\delta(k)=f(0)\delta(k)$$

$$f(k)\delta(k-k_0)=f(k_0)\delta(k-k_0)$$

$$\sum_{k=-\infty}^{\infty}f(k)\delta(k)=f(0)$$

2. 单位阶跃序列 $\varepsilon(k)$的定义

$$\varepsilon(k)=\begin{cases}1, & k\geqslant0\\0, & k<0\end{cases}$$

3. $\delta(k)$与 $\varepsilon(k)$的关系

$$\delta(k)=\varepsilon(k)-\varepsilon(k-1)$$

$$\varepsilon(k)=\sum_{i=-\infty}^{k}\delta(i)=\sum_{i=0}^{\infty}\delta(k-i)$$

1.1.13 什么是系统？

若干相互作用、相互联系的事物按一定规律组成具有特定功能的整体称为系统。

电系统是电子元器件的集合体。电路侧重于局部，系统侧重于全部。电路、系统两词通用。

1.1.14 什么是连续系统与离散系统？

若系统的输入信号是连续信号，系统的输出信号也是连续信号，则称该系统为连续时间系统，简称为连续系统。

若系统的输入信号和输出信号均是离散信号，则称该系统为离散时间系统，简称为离散系统。、

1.1.15 什么是动态系统与即时系统？

若系统在任一时刻的响应不仅与该时刻的激励有关，而且与它过去的历史状况有关，则

称为动态系统或记忆系统。含有记忆元件(电容、电感等)的系统是动态系统。否则称即时系统或无记忆系统。

1.1.16 什么是线性系统与非线性系统?

满足线性性质的系统称为线性系统。线性性质又包括两方面:齐次性和可加性。

1. 齐次性

若系统的激励 $f(\cdot)$ 增大 a 倍时,其相应也增大 a 倍,即

$$T[af(\cdot)]=aT[f(\cdot)]$$

则称该系统满足齐次性,或该系统是齐次的。

2. 可加性

若系统对于激励 $f_1(\cdot)$ 与 $f_2(\cdot)$ 之和的响应等于各个激励所引起的响应之和,即

$$T[f_1(\cdot)+f_2(\cdot)]=T[f_1(\cdot)]+T[f_2(\cdot)]$$

则称该系统满足可加性,或称该系统是可加的。

若系统既是齐次的又是可加的,则称该系统满足线性性,或称该系统是线性的,即

$$T[af_1(\cdot)+bf_2(\cdot)]=aT[f_1(\cdot)]+bT[f_2(\cdot)]$$

1.1.17 什么是时不变系统与时变性系统?

满足时不变性质的系统称为时不变系统。

若系统满足输入延迟多少时间,其零状态相应也延迟多少时间,即

若

$$T[f(t)]=y_f(t)$$

则有

$$T[f(t-t_0)]=y_f(t-t_0)$$

系统的这种性质称为时不变性。

注意:判断一个系统是否为时不变系统通常用定义法,但对于简单系统也可以用直观判断法:若 $f(\cdot)$ 前出现变系数,或有反转,尺度变换,则系统为时变系统。

注意:如过一个系统既满足线性性,又满足时不变性,我们称之为线性时不变系统。通常简称为 LTI 系统。

1.1.18 什么是因果系统与非因果性系统?

若系统在 t_0 的相应 $y(t)$ 只与 $t=t_0$ 和 $t<t_0$ 时刻的输入 $x(t)$ 有关,则称该系统为因果系统。即对因果系统,当 $t<t_0$,$x(t)=0$ 时,有 $t<t_0$,$y(t)=0$。

不满足因果系统的条件的系统为非因果系统。

1.1.19 什么是稳定系统与不稳定性系统?

一个系统,若对有界的激励 $x(t)$ 所产生的输出 $y(t)$ 也是有界时,则称该系统为有界输入有界输出稳定,简称稳定。即若 $|x(t)|<\infty$,其 $|y(t)|<\infty$,则称系统是稳定的。否则称系统为不稳定的。

1.2 典型题解

题型1 信号的描述与分类

【例 1.1.1】 判断下列信号是否为周期信号，若是，确定其周期。

(1) $f_1(t)=\sin 2t+\cos 3t$；

(2) $f_2(t)=\cos 2t+\sin \pi t$。

解答：两个周期信号 $x(t)$，$y(t)$的周期分别为 T_1 和 T_2，若其周期之比$\frac{T_1}{T_2}$为有理数，则其和信号 $x(t)+y(t)$仍然是周期信号，其周期为 T_1 和 T_2 的最小公倍数。

(1) $\sin 2t$ 是周期信号，其角频率和周期分别为

$$\omega_1=2\ \text{rad/s}, T_1=\frac{2\pi}{\omega_1}=\pi \text{s}$$

$\cos 3t$ 是周期信号，其角频率和周期分别为

$$\omega_2=3\ \text{rad/s}, T_2=\frac{2\pi}{\omega_2}=\frac{2\pi}{3}\text{s}$$

由于$\frac{T_1}{T_2}=\frac{3}{2}$为有理数，故 $f_1(t)$为周期信号，其周期为 T_1 和 T_2 的最小公倍数 2π。

(2) $\cos 2t$ 和 $\sin \pi t$ 的周期分别为

$$T_1=\pi \text{s}, T_2=2\ \text{s}$$

由于$\frac{T_1}{T_2}$为无理数，故 $f_2(t)$为非周期信号。

【例 1.1.2】 判断正弦序列 $f(k)=\sin(\beta k)$是否为周期信号，若是，确定其周期。

解答：$f(k)=\sin(\beta k)=\sin(\beta k+2m\pi)=\sin\left[\beta\left(k+m\frac{2\pi}{\beta}\right)\right], m=0,\pm1,\pm2,\cdots$

式中，β 称为正弦序列的数字角频率，单位：rad。

由上式可见：

当$\frac{2\pi}{\beta}$为整数时，正弦序列才具有周期 $N=\frac{2\pi}{\beta}$。

当$\frac{2\pi}{\beta}$为有理数时，正弦序列仍为具有周期性，但其周期为 $N=M\frac{2\pi}{\beta}$，M 取使 M 为整数的最小整数。

当$\frac{2\pi}{\beta}$为无理数时，正弦序列为非周期序列。

【例 1.1.3】 判断下列序列是否为周期信号，若是，确定其周期。

(1) $f_1(k)=\sin\left(\frac{3\pi k}{4}\right)+\cos\left(\frac{\pi k}{2}\right)$

(2) $f_2(k)=\sin(2k)$

解答：(1)$\sin\left(\frac{3\pi k}{4}\right)$和 $\cos\left(\frac{\pi k}{2}\right)$的数字角频率分别为

$$\beta_1=\frac{3\pi}{4}\text{rad}, \beta_2=\frac{\pi}{2}\text{rad}$$

由于$\frac{2\pi}{\beta_1}=\frac{8}{3}$，$\frac{2\pi}{\beta_2}=4$ 为有理数，故它们的周期分别为 $N_1=8$，$N_2=4$，故 $f_1(k)$为周期序列，其周期为 N_1 和 N_2 的最小公倍数 8。

(2) $\sin(2k)$ 的数字角频率为 $\beta_1=2$ rad，由于 $\dfrac{2\pi}{\beta_1}=\pi$ 为无理数，故 $f_2(k)=\sin(2k)$ 为非周期序列。

※**点评**：由上述三道例题可得如下结论：

① 连续正弦信号一定是周期信号，而正弦序列不一定是周期序列。

② 两连续周期信号之和不一定是周期信号，而两周期序列之和一定是周期序列。

【例 1.1.4★】（北京航空航天大学考研真题）选择题。试确定下列信号周期：

(1) $x(t)=3\cos\left(4t+\dfrac{\pi}{3}\right)$ ( )

(A) 2π (B) π (C) $\dfrac{\pi}{2}$ (D) $\dfrac{2}{\pi}$

(2) $x(n)=2\cos\left(\dfrac{n\pi}{4}\right)+\sin\left(\dfrac{n\pi}{8}\right)-2\cos\left(\dfrac{n\pi}{2}+\dfrac{\pi}{6}\right)$ ( )

(A) 8 (B) 16 (C) 2 (D) 4

解答：(1) $T=\dfrac{\pi}{2}$。选(C)。

(2) $2\cos\left(\dfrac{n\pi}{4}\right)$ 的周期为 $M_1=\dfrac{2\pi}{\pi/4}=8$；$\sin\left(\dfrac{n\pi}{8}\right)$ 的周期为 $M_2=\dfrac{2\pi}{\pi/8}=16$；$-2\cos\left(\dfrac{n\pi}{2}+\dfrac{\pi}{6}\right)$ 的周期为 $M_3=\dfrac{2\pi}{\pi/2}=4$，故它们和的周期为 16。选(B)。

※**点评**：离散周期信号的和的周期性有如下结论：设 $x_1(n)$ 和 $x_2(n)$ 的基本周期分别为 M_1，M_2，则 $x_1(n)+x_2(n)$ 是周期信号的条件是：$M_1/M_2=k/m$ 为有理数(k，m 为互素正整数)，其周期满足 $M=kM_2=mM_1$。

【例 1.1.5★】（北京工业大学考研真题）试证明两个奇信号或者两个偶信号的乘积是一个偶信号；一个奇信号和一个偶信号的乘积是一个奇信号。

解答：证明：设 $x(t)=x_1(t)x_2(t)$，如果 $x_1(t)$ 和 $x_2(t)$ 都是偶信号，则 $x(-t)=x_1(-t)x_2(-t)=x_1(t)x_2(t)=x(t)$，是偶信号。

如果 $x_1(t)$ 和 $x_2(t)$ 都是奇信号，则

$$x(-t)=x_1(-t)x_2(-t)=-x_1(t)(-x_2(t))=x(t)，是偶信号。$$

如果 $x_1(t)$ 是偶信号，$x_2(t)$ 是奇信号，则

$$x(-t)=x_1(-t)x_2(-t)=x_1(t)(-x_2(t))=-x_1(t)x_2(t)=-x(t)，是奇信号。$$

【例 1.1.6】 判断下列信号是否为能量信号或功率信号。

(1) $f(t)=e^{-at}\varepsilon(t)$，$a>0$；

(2) $f(t)=A\cos(\omega_0 t+\theta)$；

(3) $f(t)=t\varepsilon(t)$。

解答：(1) $E=\int_{-\infty}^{\infty}|f(t)|^2\mathrm{d}t=\int_0^{\infty}e^{-2at}\mathrm{d}t=\dfrac{1}{2a}<\infty$，故 $f(t)$ 是能量信号。

(2) $f(t)$ 是周期为 $T=\dfrac{2\pi}{\omega_0}$ 的周期信号，其平均功率为

$$P=\frac{1}{T}\int_{-T/2}^{T/2}|f(t)|^2\mathrm{d}t=\frac{\omega_0}{2\pi}\int_{-\pi/\omega_0}^{\pi/\omega_0}A^2\cos^2(\omega_0 t+\theta)\mathrm{d}t=\frac{A^2}{2}<\infty$$

故 $f(t)$ 是功率信号。

(3) $E=\lim\limits_{a\to\infty}\int_{-a}^{a}|f(t)|^2\mathrm{d}t=\lim\limits_{a\to\infty}\int_{-a}^{a}t^2\mathrm{d}t=\lim\limits_{a\to\infty}\dfrac{a^3}{3}\to\infty$

$$P=\lim_{a\to\infty}\frac{1}{2a}\int_{-a}^{a}|f(t)|^2\mathrm{d}t=\lim_{a\to\infty}\frac{1}{2a}\int_{-a}^{a}t^2\mathrm{d}t=\lim_{a\to\infty}\frac{1}{a}\,\frac{(a/2)^3}{3}\to\infty$$

故 $f(t)$ 既不是能量信号，也不是功率信号。

题型 2　信号的基本运算

【例 1.2.1】　信号 $f(t)$的波形如图 1.6(a)所示，画出信号 $f(-2t+4)$的波形。

解答：将信号 $f(t)$平移，得 $f(t+4)$，如图 1.6(b)所示；然后反转，得 $f(-t+4)$，如图 1.6(c)所示；再进行尺度变换，得 $f(-2t+4)$，其波形如图 1.6(d)所示。

也可先将信号 $f(t)$的波形反转得到 $f(-t)$，然后对信号 $f(-t)$平移得到 $f(-t+4)$。需要注意的是，由于信号 $f(-t)$的自变量为 $-t$，因而应将 $f(-t)$的波形沿正 t 轴方向移动 4 个单位，得图 1.6(c)的 $f(-t+4)$，然后再进行尺度变换。

也可以先求出 $f(-2t+4)$的表示式(或其分段的区间)，然后再画出波形。由图 1.6(a) 可知，$f(t)$可表示为：

$$f(-2t+4)=\begin{cases}\dfrac{1}{4f(-2t+4+4)}, & -4<-2t+4<0\\ 1, & 0<-2t+4<2\\ 0, & -2t+4<-4,\ -2t+4>2\end{cases}$$

以变量$(-2t+4)$代替原函数 $f(t)$中的变量 t，得

$$f(-2t+4)=\begin{cases}\dfrac{1}{4(8-2t)}, & 2<t<4\\ 1, & 1<t<2\\ 0, & t>4,t<1\end{cases}$$

将上式稍加整理，得

$$f(-2t+4)=\begin{cases}\dfrac{1}{4(t+4)}, & -4<t<0\\ 1, & 0<t<2\\ 0, & t<-4,t>1\end{cases}$$

按上式画出的 $f(-2t+4)$的波形与图 1.6(d)相同。

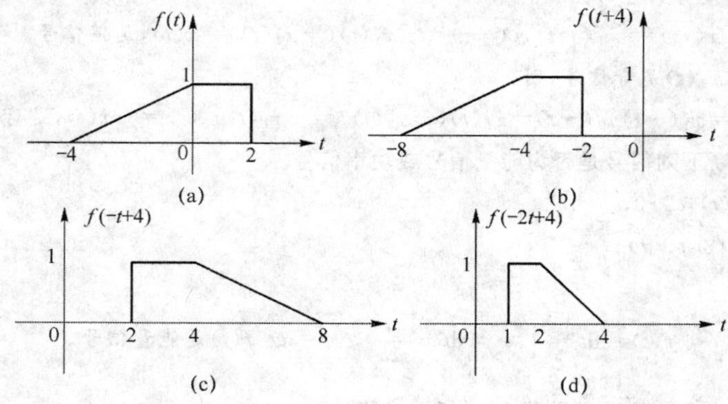

图 1.6

【例 1.2.2】　函数 $f(t)$如图 1.7 所示，求其导函数 $f'(t)$。

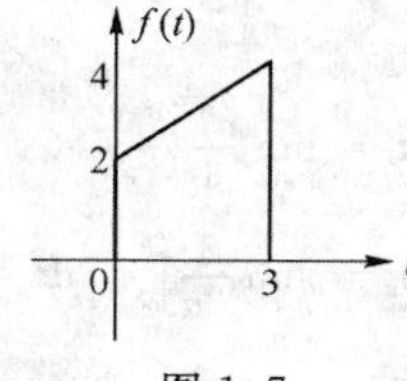

图 1.7

解答:图 1.7 的函数可写为

$$f(t)=\begin{cases}0, & t<0,t>3 \\ 2+\dfrac{2}{3}t, & 0<t<3\end{cases}$$

它可看作函数 $2+\frac{2}{3}t$ 与 $[\varepsilon(t)-\varepsilon(t-3)]$的乘积,如图 1.8(a)所示,即

$$f(t)=\left(2+\frac{2}{3}t\right)[\varepsilon(t)-\varepsilon(t-3)]$$

对上式求导数,得

$$f'(t)=\frac{2}{3}[\varepsilon(t)-\varepsilon(t-3)]+\left(2+\frac{2}{3}t\right)[\delta(t)-\delta(t-3)]$$

考虑到 $\delta(t)$取样性质,得 $f(t)$的广义导数

$$f'(t)=\frac{2}{3}[\varepsilon(t)-\varepsilon(t-3)]+2\delta(t)-4\delta(t-3)$$

式中第一项与常数项相同,它在区间(0,3)等于 2/3,后两项表明,$f'(t)$在 $t=0$ 和 $t=3$ 处分别为强度等于 2 和(−4)的冲激函数,其波形如图 1.8(b)所示。

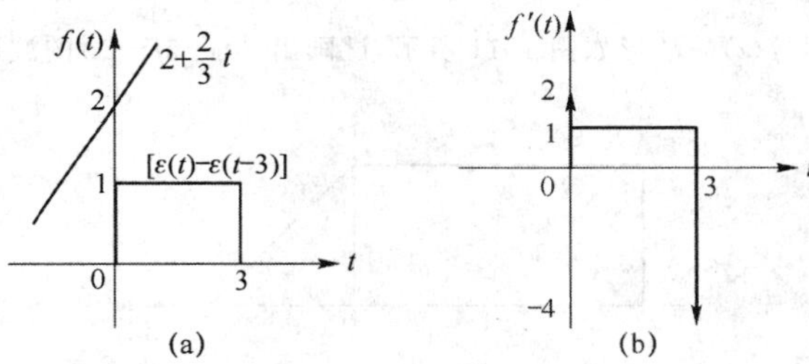

图 1.8

【例 1.2.3★】 (**北京理工大学考研真题**)已知 $x_3(2-0.5t)$如图 1.9(a)所示,画出 $x_3(t)$的波形。

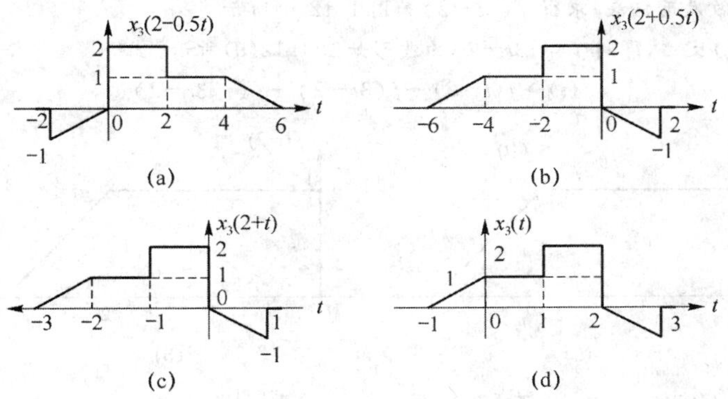

图 1.9

解答:将 $x_3(2-0.5t)$反转得 $x_3(2+0.5t)$,如图 1.9(b)所示;再将 $x_3(2+0.5t)$压缩得 $x_3(2+t)$,如图 1.9(c)所示;最后将 $x_3(2+t)$右移 2 得 $x_3(t)$,波形如图 1.9(d)所示。

【例 1.2.4】 已知 $x_4(n)$如图 1.10(a)所示,画出 $x_4(2-2n)$序列的波形。

解答: 对 $x_4(n)$左移 2 得 $x_4(2+n)$,如图 1.10(b)所示;再对 $x_4(2+n)$进行尺度变换得 $x_4(2+2n)$,如图 1.10(c)所示;最后对 $x_4(2+2n)$反转得 $x_4(2-2n)$,波形如图 1.10(d)所示。

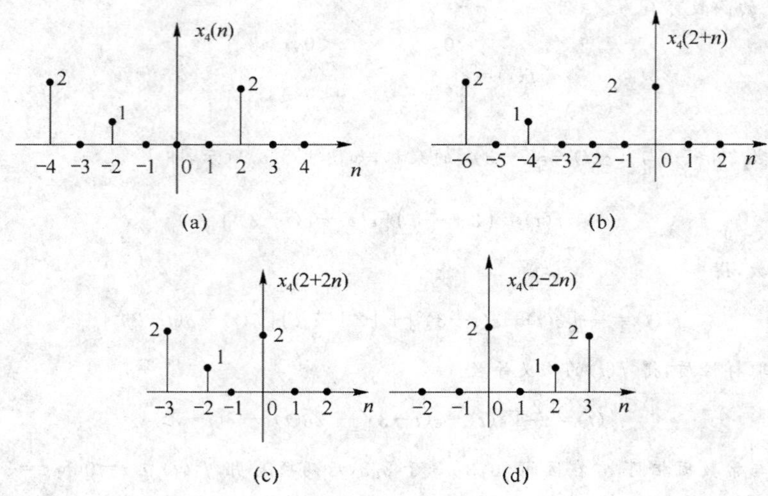

图 1.10

【例 1.2.5】 已知信号 $f(t)$的波形如图 1.11 所示,试画出 $f(-3t-2)$的波形。

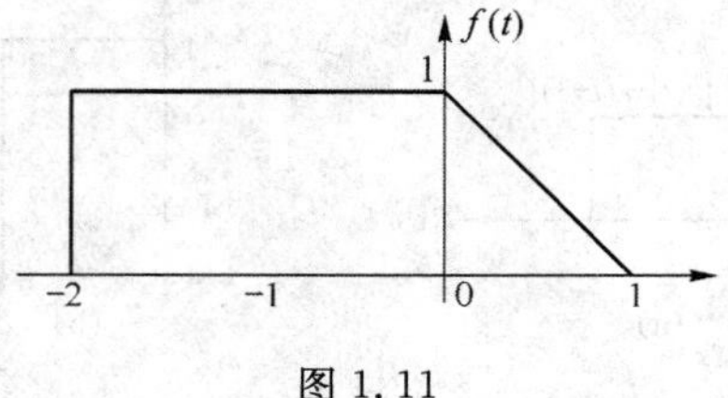

图 1.11

解答:方法一:

(1) 首先考虑移位信号的作用,求得 $f(t-2)$的波形如图 1.12(b)所示。

(2) 将 $f(t-2)$做尺度倍乘,求得 $f(3t-2)$如图 1.12(c)所示。

(3) 将 $f(3t-2)$反褶,得到 $f(-3t-2)$的波形如图 1.12(d)所示。

即
$$f(t)\to f(t-2)\to f(3t-2)\to f(-3t-2)$$

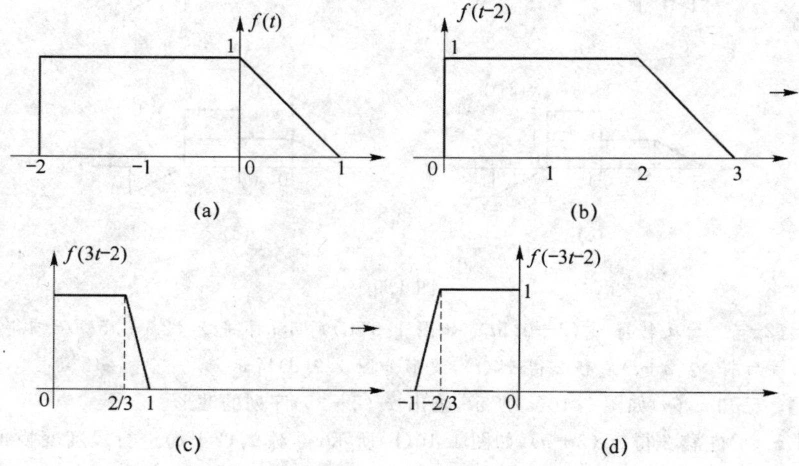

图 1.12

方法二：

如图 1.13 所示。

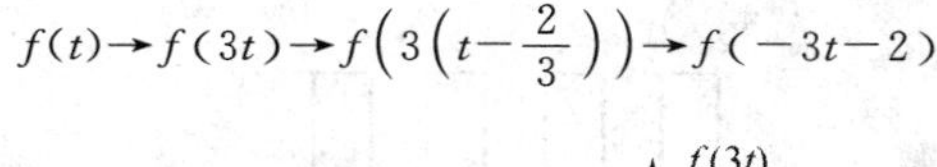

$$f(t)\to f(3t)\to f\left(3\left(t-\frac{2}{3}\right)\right)\to f(-3t-2)$$

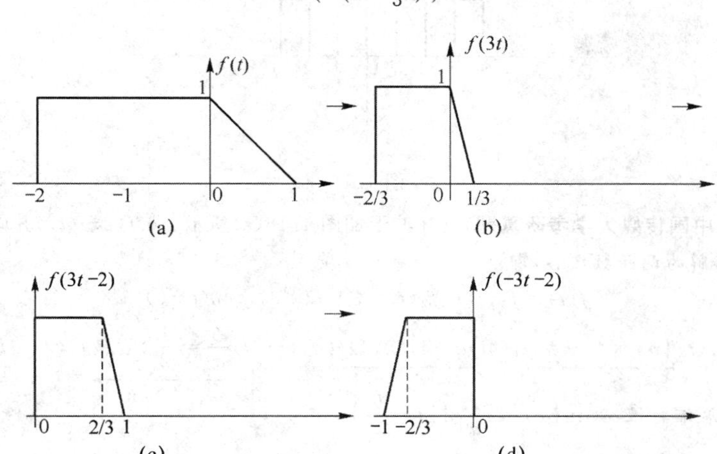

图 1.13

方法三：

$$f(t)\to f(-t)\to f(-(t+2))\to f(-3t-2)$$

如图 1.14 所示。

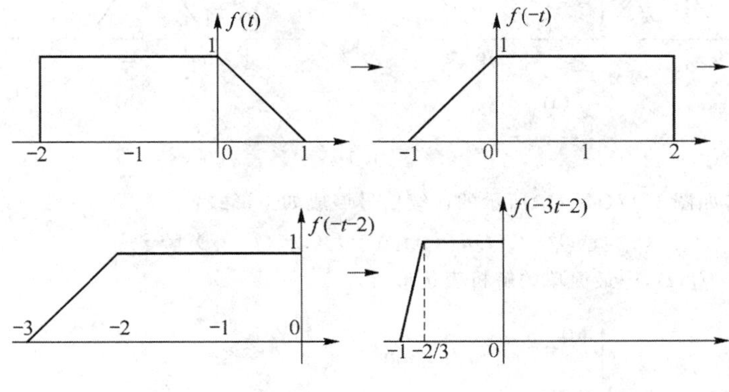

图 1.14

【例 1.2.6】 已知 $\dfrac{\mathrm{d}x(t)}{\mathrm{d}t}=3\sum\limits_{k=-\infty}^{\infty}\delta(t-2k)-3\sum\limits_{k=-\infty}^{\infty}\delta(t-2k-1)$，$k$ 为整数，试画出 $x(t)$ 的一种可能波形。

解答：对题中等式两边从 $-\infty$ 到 t 积分，有

$$x(t)-x(-\infty)=3\sum_{k=-\infty}^{\infty}[u(t-2k)-u(t-2k-1)]$$

令 $x(-\infty)=0$，可画出一种可能的波形，如图 1.15 所示。

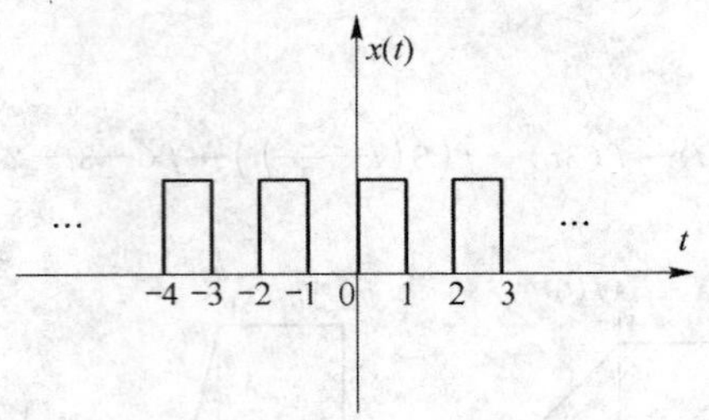

图 1.15

【例 1.2.7】 **(中国传媒大学考研真题)**已知波形如图 1.16(a)所示，求 $f(2-4t)$，并画出其波形。

解答：$f(t)$可分解为两函数之各，即

$$f(t)=f_1(t)+f_2(t)=3\Lambda_6(t+3)+4\delta(t-6)$$

由分析可知，$f_1(t)\xrightarrow{|a|=4,\text{压缩}}f_1(4t)\xrightarrow{a-4<0,\text{翻转}}f_1(-4t)\xrightarrow{\frac{b}{a}=\frac{1}{2},\text{右移}}f_1(2-4t)$

由冲激信号的展缩特性：$\delta(at+b)=\dfrac{1}{|a|}\delta\left(t+\dfrac{b}{a}\right)$

由 $f_2(t)=4\delta(t-6)$到 $f_2(2-4t)$，即

$$f_2(2-4t)=4\delta(2-4t-6)=4\delta(-4t-4)=\delta(t+1)$$

$f(2-4t)$的波形图如图 1.16(b)所示。

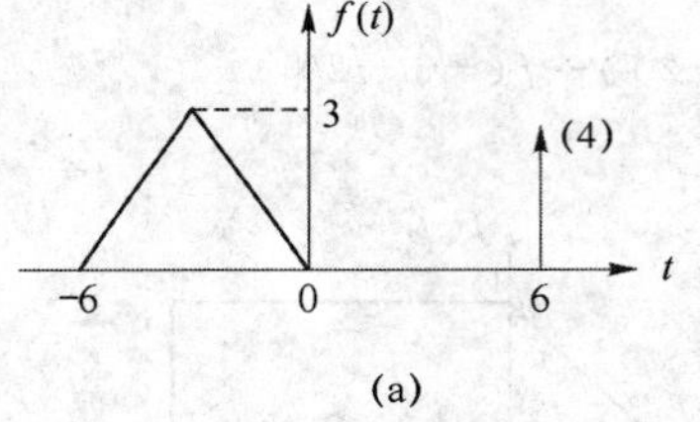

(a)

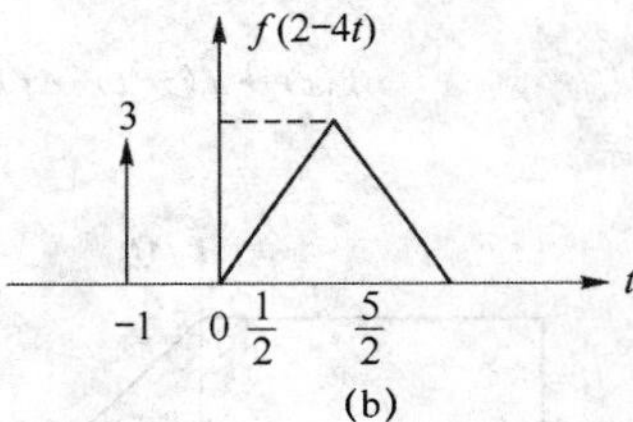

(b)

图 1.16

【例 1.2.8】 将如图 1.17(a)、(b)所示的连续信号展成如下形式：

$$x(t)=f_1(t)u(t-t_1)+f_2(t)u(t-t_2)+\cdots$$

给出信号 $f_1(t),f_2(t),\cdots$最简单的解析表达形式。

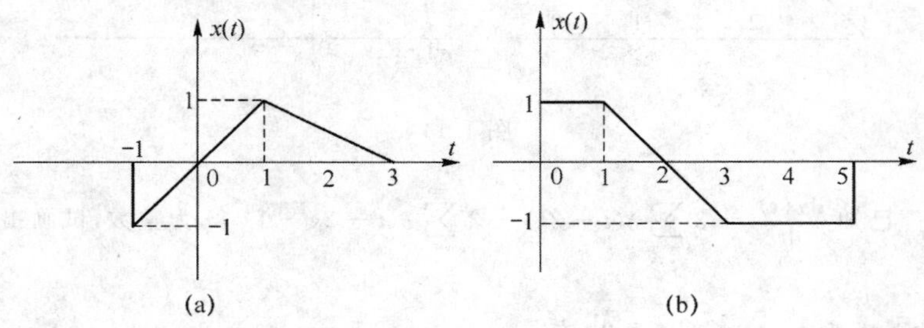

图 1.17

分析：先将信号分段表示，然后转化为所需的分解形式，最终得到相应分量的解析表达式。

解答：

(a) 该信号可分为两段：$t(-1\leqslant t\leqslant 1)$和$\dfrac{-t+3}{2}(1\leqslant t\leqslant 3)$，即

$$x(t)=t[u(t+1)-u(t-1)]+\frac{3-t}{2}[u(t-1)-u(t-3)]$$

可化简为

$$x(t)=tu(t+1)+\frac{3-2t}{2}u(t-1)+\frac{-3+t}{2}u(t-3)$$

故 $f_1(t)=t, t_1=-1; f_2(t)=\frac{3-2t}{2}, t_2=1; f_3(t)=\frac{3-t}{2}, t_3=3$。

(b) 该信号可分为三段：$1(0\leqslant t\leqslant 1)$，$-t+2(1\leqslant t\leqslant 3)$和$-1(3\leqslant t\leqslant 5)$，即

$$x(t)=[u(t)-u(t-1)]+(2-t)[u(t-1)-u(t-3)]+(-1)[u(t-3)-u(t-5)]$$

可化简为

$$x(t)=u(t)+(1-t)u(t-1)+(t-3)u(t-3)+u(t-5)$$

故 $f_1(t)=1, t_1=0; f_2(t)=1-t, t_2=1; f_3(t)=t-3, t_3=3; f_4(t)=1, t_4=5$。

题型 3 阶跃函数与冲激函数

【例 1.3.1】 (1) 积分 $\int_{-\infty}^{+\infty}\delta(1-t)(t^2+4)\mathrm{d}t=$ ________。

(A) 1　　(B) 2　　(C) 4　　(D) 5

(2) 积分 $\int_{-\infty}^{\infty}(t^2+2)[\delta'(t-1)+\delta(t-1)]\mathrm{d}t$ 等于________。

(A) 0　　(B) 1　　(C) 3　　(D) 5

解答：(1) (D).

(2) (B).

【例 1.3.2★】 (北京理工大学考研真题)画出 $\delta(\cos t)$ 的波形，并计算积分值。

$$A=\int_{-\pi}^{\pi}(1+t)\delta(\cos t)\mathrm{d}t$$

解答：令 $\cos t=0$，可得 $t=-\frac{\pi}{2}, t=\frac{\pi}{2}$，从而可得

$$A=\left(1+\frac{\pi}{2}\right)+\left(1-\frac{\pi}{2}\right)=2$$

$\delta(\cos t)$ 的波形如图 1.18 所示。

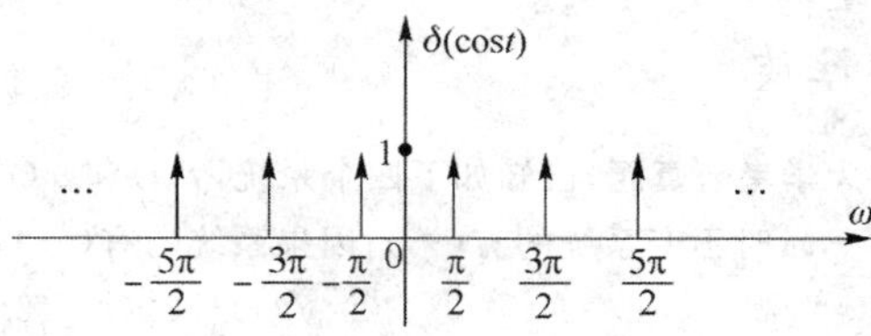

图 1.18

【例 1.3.3】 计算下列信号值：

(1) $f_1(t)=\int_{-\infty}^{+\infty}2(t^2-2)\delta(t-2)\mathrm{d}t$

(2) $f_2(t)=\int_{-\infty}^{+\infty}[\delta(t^2-1)]\mathrm{e}^{-t}\mathrm{d}t$

解答：(1) $f_1(t)=\int_{-\infty}^{+\infty}2(t^2-2)\delta(t-2)\mathrm{d}t=2(t^2-2)\big|_{t=2}=0$

(2) 根据复合函数性质可得

$$\delta(t^2-1)=\left|\frac{1}{2t\big|_{t=-1}}\right|\delta(t+1)+\left|\frac{1}{2t\big|_{t=1}}\right|\delta(t-1)$$
$$=\frac{1}{2}[\delta(t+1)+\delta(t-1)]$$

则 $f_2(t)=\int_{-\infty}^{+\infty}[\delta(t^2-1)]\mathrm{e}^{-t}\mathrm{d}t=\int_{-\infty}^{+\infty}\frac{1}{2}[\delta(t-1)]\mathrm{e}^{-t}\mathrm{d}t=\frac{1}{2}\mathrm{e}^{-1}$。(**注意**:这里积分限不包含 $t=-1$)

【例 1.3.4】 (1) 设序列 $x(n)=0$,$n<-2$ 和 $n<4$,n 取值若为______时序列 $x(-n-2)$ 等于零。

(A) $(n+2)u(n+2)$　　(B) $-2\delta(n+2)$

(C) $(n-2)u(n-2)$　　(D) $-2u(n)$

(2) 序列和 $\sum\limits_{n=-\infty}^{k}u[n]$ 等于(　　)。

(A) 1　　(B) $\delta[k]$　　(C) $ku[k]$　　(D) $(k+1)u[k]$

解答:(1)(B)

(2) 由于 $\sum\limits_{n=-\infty}^{k}u[n]=\begin{cases}k+1,k\geqslant 0\\0,k<0\end{cases}=(k+1)u[k]$,故答案为(D)。

【例 1.3.5★】 (华中科技大学考研真题)计算 $\sin t\cdot\delta'(t)=?$,$\delta'(\cdot)$为冲激偶函数。

解答:因为 $[\sin t\cdot\delta(t)]'=\cos t\cdot\delta(t)+\sin t\cdot\delta'(t)=0$,

所以 $\sin t\cdot\delta'(t)=-\cos t\cdot\delta(t)=-\delta(t)$。

【例 1.3.6】 试判断下面的式子是否正确。

(1) $x(t)*\delta(t)=x(t)$

(2) $x(t)\delta(t)=x(0)$

(3) $\int_{-\infty}^{t}\delta(\tau)\mathrm{d}\tau=1$

(4) $\int_{-\infty}^{t}f(\tau)\mathrm{d}\tau=f(t)*u(t)$

解答:(1) 正确;

(2) 错误。应该有 $x(t)\delta(t)=x(0)\delta(t)$;

(3) 错误。应该有 $\int_{-\infty}^{t}\delta(\tau)\mathrm{d}\tau=u(t)$;

(4) 正确。

题型 4　系统的分类和性质

【例 1.4.1★】 (国防科技大学考研真题)已知如下四个系统,$f(t)$和 $x(n)$代表输入信号,$y(t)$和 $y(n)$代表输出信号,线性系统的有(　);时不变系统的有(　);因果系统的有(　);记忆系统的有(　)。

① $y''(t)-ty'(t)=f(t)$　　② $y'(t)-2y(t)y(2t)=f(t)$

③ $y(n)=x(n)x(n+1)$　　④ $y(n)=2^{x(n)}x(n)$

解答:线性系统的有:①。

由于② 出现相乘项 $y(t)y(2t)$,③ 出现了相乘项 $x(n)x(n+1)$,④ 中出现了 $2^{x(n)}$ 等这样一些输入和输出的非一次关系,都为非线性系统。

时不变系统的有③和④。

由于① 中时变系统 t,② 中出现尺度变换项 $y(2t)$等时变因素,故①和②为时变系统。

因果系统的有:①②④。

由于③中,令 $n=0$,有 $y(0)=x(0)x(1)$,可见 $y(0)$的值与未来时刻的输入值 $x(1)$有关,所以③ 为非因果系统。

记忆系统的有①②③。

由于④的系统，任一时刻的输出仅取决于该时刻的输入，故④为即时系统(非记忆系统)。

【例 1.4.2★】(**上海交通大学考研真题**)设 $x(t)$，$x(n)$为系统输入，$y(t)$，$y(n)$为系统输出。

(1) $y(t)=x(-t)$；

(2) $y(t)=x(2t)$；

(3) $y(t)=x\left(t-\frac{t^3}{6}\right)$，本小题不回答时变性，只回答因果性，线性。

(4) $y(n)=\sum_{k=n-2}^{n+2}x(k)$。

解答：(1)该系统是非因果的。

因为：如 $x(t)=u(t)$为因果信号，此时 $y(t)=u(-t)$不是因果信号。响应出现在激励加入之前。该系统是时变的。

因为：当输入为 $x_1(t)=x(t-t_0)$时，其响应 $y_1(t)=x_1(-t)=x(-t-t_0)\neq y(t-t_0)=x(-t+t_0)$，该系统是线性的。

由于，设

$$x_1(t)\rightarrow y_1(t)=x_1(-t)$$
$$x_2(t)\rightarrow y_2(t)=x_2(-t)$$

那么

$$x_3(t)=ax_1(t)+bx_2(t)\rightarrow y_3(t)=x_3(-t)=ax_1(-t)+bx_2(-t)=ay_1(t)+by_2(t)$$

(2) 该系统是非因果的。

因为：如 $x(t)=\delta(t-2)$。此时 $y(t)=\delta(2t-2)=0.5\delta(t-1)$；响应出现在激励加入之前。该系统是时变的。

因为：当输入为 $x_1(t)=x(t-t_0)$时，其响应 $y_1(t)=x_1(2t)=x(2t-t_0)\neq y(t-t_0)=x(2t-2t_0)$，该系统是线性的。

由于，设：

$$x_1(t)\rightarrow y_1(t)=x_1(2t)$$
$$x_2(t)\rightarrow y_2(t)=x_2(2t)$$

则：$x_3(t)=ax_1(t)+bx_2(t)\rightarrow y_3(t)=x_3(2t)=ax_1(2t)+bx_2(2t)=ay_1(t)+by_2(t)$

(3) 该系统是非因果的。

因为：如 $x(t)=u(t)$为因果信号，而 $y(-3)=x[-3-(-3)^3/6]=x(1.5)=u(1.5)$响应出现在激励加之前。该系统是线性的。

由于，设

$$x_1(t)\rightarrow y_1(t)=x_1(t-t^3/6)$$
$$x_2(t)\rightarrow y_2(t)=x_2(t-t^3/6)$$

则

$$\begin{aligned}x_3(t)=ax_1(t)+bx_2(t)\rightarrow y_3(t)&=x_3(t-t^3/6)\\&=ax_1(t-t^3/6)+bx_2(t-t^3/6)=ay_1(t)+by_2(t)\end{aligned}$$

(4) 该系统是非因果的。

因为：$y(0)=x(-2)+x(-1)+x(0)+x(1)+x(2)$，可见响应与未来的输入有关。该系统是时不变的。

因为：当输入为 $x_1(n)=x(n-n_0)$时，其响应为

$$y_1(n)=\sum_{k=n-2}^{n+2}x_1(k)=\sum_{k=n-2}^{n+2}x_1(k-n_0)\xlongequal{k-n_0=k_1}\sum_{k_1=n-n_0-2}^{n-n_0+2}x_1(k)=y(n-n_0)$$，该系统是线性的。

由于，设

$$x_1(n) \to y_1(n) = \sum_{k=n-2}^{n+2} x_1(k)$$

$$x_2(n) \to y_2(n) = \sum_{k=n-2}^{n+2} x_2(k)$$

则：
$$x_3(n) = ax_1(n) + bx_2(n) \to y_3(n) = \sum_{k=n-2}^{n+2} x_3(k) = \sum_{k=n-2}^{n+2} [ax_1(k) + bx_2(k)]$$
$$= a\sum_{k=n-2}^{n+2} x_1(k) + b\sum_{k=n-2}^{n+2} x_2(k) = ay_1(n) + by_2(n)$$

【例 1.4.3】 若系统的输入、输出分别为连续信号表示系统对输入的响应，则系统为(判断线性性)、(判断因果性)、(判断时变性)、(判断稳定性)系统。

解答：非线性，时变，因果，稳定。

【例 1.4.4】 某一离散系统如下：$y[n]=\begin{cases}(an+1)x[n-1] & n\in \text{even}\\ (x[n+1])^b & n\in \text{odd}\end{cases}$ 其中，a,b 为实常数。求：

(1) 如果该系统是线性的，确定 a,b 的取值；

(2) 如果该系统是时不变的，确定 a,b 的取值；

(3) 如果该系统是因果的，确定 a,b 的取值；

(4) 如果该系统是无记忆的，确定 a,b 的取值；

(5) 如果该系统是稳定的，确定 a,b 的取值。

解答：(1)线性　即：若 $x_1(t)\to y_1(t)$，$x_2(t)\to y_2(t)$，有 $Ax_1(t)+Bx_2(t)\to Ay_1(t)+By_2(t)$

$$x_1[n]\to y_1[n]=\begin{cases}(an+1)x_1[n-1] & n\in \text{even}\\ (x_1[n+1])^b & n\in \text{odd}\end{cases}$$

$$x_2[n]\to y_2[n]=\begin{cases}(an+1)x_2[n-1] & n\in \text{even}\\ (x_2[n+1])^b & n\in \text{odd}\end{cases}$$

$$Ay_1[n]+By_2[n]=\begin{cases}A(an+1)x_1[n-1]+B(an+1)x_2[n-1] & n\in \text{even}\\ A(x[n+1])^b+B(x_2[n+1])^b & n\in \text{odd}\end{cases}$$

$$Ax_1[n]+Bx_2[n]\to y[n]=\begin{cases}(an+1)\{Ax_1[n-1]+Bx_2[n-1]\} & n\in \text{even}\\ [A(x[n+1])+B(x_2[n+1])]^b & n\in \text{odd}\end{cases}$$

若要使 $y[n]=Ay_1[n]+By_2[n]$，a 可取任意实常数，$b=1$。

(2)
$$y[n-m]=\begin{cases}(an-am+1)x[n-m-1] & n\in \text{even}\\ (x[n-m+1])^b & n\in \text{odd}\end{cases}$$

$$x[n-m]\to y[n]=\begin{cases}(an+1)x[n-m-1] & n\in \text{even}\\ (x[n-m+1])^b & n\in \text{odd}\end{cases}$$

若要使 $y[n-m]=y[n]$，则需 $a=0$，b 取任意实常数。

(3)由于当 n 为奇数时，$y[n]=(x[n+1])^b$ 取决于超前的输入

故：当 $b=0$ 时，$y[n]$ 为因果系统。

当 $b\neq 0$ 时，$y[n]$ 为非因果系统。

当 n 为偶数时，$y[n]=(an+1)x[n-m-1]$ 为因果系统。故，要使 $y[n]$ 为因果系统，则 $b=0$，a 可取任意实常数。

(4)无记忆。即该时刻的输出仅取决于该时刻的输入，与以前时刻的输入无关。

根据题意可得：无论 a,b 取何值，此系统均为记忆系统。

(5)系统稳定。即对有界输入，系统产生有界输出。

由于当 $n\to\infty$ 时，$an\to\infty$，则令 $a=0$，才能使 $y[n]<\infty$

另外　　当 $b<0$ 时，若 $x[n+1]$ 为 0，则 $y[n]\to\infty$，不符合稳定性条件；

当 $b\geqslant 0$ 时，由于 b 为确定的实常数，$y[n]$ 为确定值，故符合稳定条件。

故，要使系统稳定，则

$$a=0,0\leqslant b\leqslant \infty$$

【例 1.4.5】 某连续时间系统的输入，输出信号的变换关系为 $y(t)=\int_{-\infty}^{t} f(t-\tau)\mathrm{d}\tau$，试确定该系统是否是线性？是否时不变？是否因果？若是线性时不变系统，试求出它的单位冲激响应 $h(t)$，并大致画出 $h(t)$ 的波形。

解答：该系统满足齐次性和可加性，即

$$af(t)\rightarrow \int_{-\infty}^{t} f(t-\tau)\mathrm{d}\tau = a\int_{-\infty}^{t} f(t-\tau)\mathrm{d}\tau = ay(t)$$

且

$$af_1(t)+bf_2(t)\rightarrow \int_{-\infty}^{t} af_1(t-\tau)\mathrm{d}\tau+\int_{-\infty}^{t} bf_2(t-\tau)\mathrm{d}\tau = ay_1(t)+by_2(t)$$

故为线性系统。

因为

$$f(t-t_0)\rightarrow \int_{-\infty}^{t} af(t-\tau-t_0)\mathrm{d}\tau = \int_{-\infty}^{t+t_0} bf(t-u)\mathrm{d}u = y(t+t_0)\neq y(t-t_0)$$

所以该系统为时变系统。

该系统的输出只与当前时刻的输入有关，故系统为因果系统。

由方程可得系统的单位冲激响应为

$$h(t)=\int_{-\infty}^{t} \delta(t-\tau)\mathrm{d}\tau = \int_{+\infty}^{0} \delta(t-u)\mathrm{d}u = 1$$

波形图如图 1.19 所示。

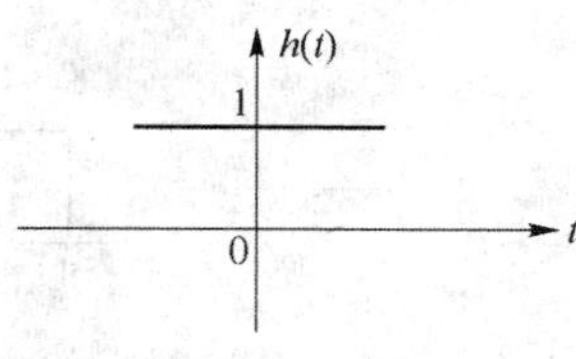

图 1.19

【例 1.4.6】 在下列系统中，$f(t)$ 为激励，$y(t)$ 为响应，$x(0^-)$ 为初始状态，试判定它们是否为线性系统。

(A) $y(t)=x(0^-)f(t)$ (B) $y(t)=x(0^-)^2+f(t)$

(C) $y(t)=2x(0^-)+3|f(t)|$ (D) $y(t)=af(t)+b$

解答：由于系统(A)不满足分解性；系统(B)不满足零输入线性；系统(C)不满足零状态线性，故这三个系统都不是线性系统。

对于系统(D)，如果直接观察 $y(t)\sim f(t)$ 关系，似乎系统既不满足齐次性，也不满足叠加性，应属非线性系统。但考虑到令 $f(t)=0$ 时，系统响应为常数 b，若把它看成是由初始状态引起的零输入响应时，系统仍是满足线性系统条件的，故系统(D)是线性系统。

【例 1.4.7】 试判断以下系统是否为时不变系统。

(1) $y_f(t)=a\cos[f(t)],t\geqslant 0$

(2) $y_f(t)=f(2t),t\geqslant 0$

输入输出方程中 $f(t)$ 和 $y_f(t)$ 分别表示系统的激励和零状态响应，a 为常数。

解答：(1) 设

$$f(t)\rightarrow y_f(t)=a\cos[f(t)]$$

$$f_1(t)=f(t-t_d) \quad t\geqslant t_d$$

则其零状态响应

$$y_{f_1}(t)=a\cos[f(t)]=a\cos[f(t-t_d)]$$

显然

$$y_{f_1}(t)=y_f(t-t_d)$$

故该系统是时不变系统。

(2) 这个系统代表一个时间上的尺寸压缩，系统输出 $y_f(t)$波形是输入 $f(t)$在时间上压缩 1/2 后得到的波形。直观上看，任何输入信号在时间上的延迟都会受到这种时间尺度改变的影响。所以，这样的系统是时变的。设

$$y_{f_1}(t)=y_{f_1}(t-t_d),t\geqslant t_d$$

相应的零状态响应为

$$y_{f_1}(t)=f_1(2t)=f(2t-t_d)$$

而

$$y_{f_1}(t)=f_1(2t)=f(2t-t_d)$$

由于

$$y_{f_2}(t)\neq y_f(t-t_d)$$

故该系统是时变系统。

下图给出了一个具体说明例子。设系统激励 $f(t)$是幅度为 1，宽度为 4 的方波信号，如图 1.20(a)所示。将 $f(t)$压缩 1/2(对 t 轴)，得到图 1.20(b)所示的零状态响应 $y_f(t)$波形。再将 $y_f(t)$时延 2 个单位，记为 $f_1(t)$，同样将 $f_1(t)$波形压缩 1/2(对 t 轴)得到相应的零输入响应，记为 $f_1(t)$，两者波形分别如图 1.20(c)、(d)所示。比较图 1.20(b)、(d)波形，显然 $y_{f_2}(t)\neq y_f(t-2)$，故该系统是时变的。

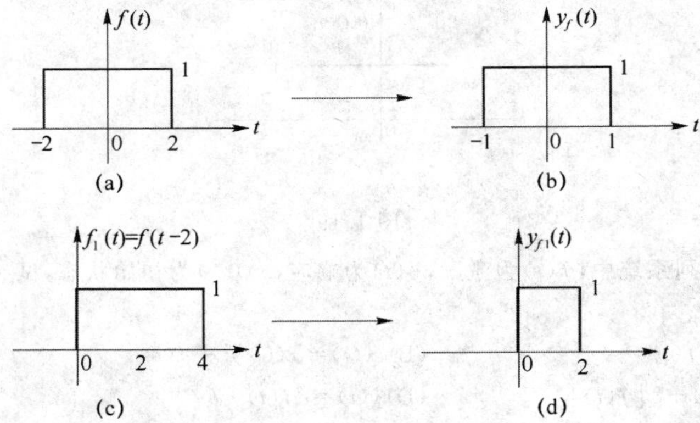

图 1.20

【例 1.4.8】 某连续时间系统和离散时间系统的输入，输出关系分别由下列两式描述：

(1) $y(t)=f(t)\cdot f(t-1)$

(2) $y(t)=nf(t)$

问这两个系统是否为线性系统，并加以证明。

解答：

(1) 非线性系统。

该系统不满足齐次性，即：

$$af(t)\to af(t)\cdot af(t-1)=a^2f(t)\cdot f(t-1)=a^2y(t)\neq ay(t)$$

故为非线性系统。

(2) 线性系统。

该系统满足齐次性和可加性，即

$$af(n)\to naf(n)=anf(n)=a^2y(n)$$

且：

$$af_1(n)+bf_2(n)\to naf_1(n)+nbf_2(n)=ay_1(n)+by_2(n)$$

故为线性系统。

【例 1.4.9】 判断下列系统的因果性，线性及时不变性，并说明理由。其中 $u(t)$为单位阶跃函数。

(1) $y(t)=f(1-t)$ (2) $y(t)=\sin[f(t)]u(t)$

解答：

(1) 线性、时变、非因果系统。

该系统满足齐次性和可加性，即：

$$af(t)\to af(1-t)=ay(t)$$

且

$$af_1(t)+bf_2(t)\to af_1(1-t)+bf_2(1-t)=ay_1(t)+by_2(t)$$

故该系统为线性系统。

因为

$$f(t-t_0)\to f(1-t-t_0)\neq f(1-t+t_0)=y(t-t_0)$$

所以该系统为时变系统。

当 $t=-1$，由方程可得 $y(-1)=f(0)$，$t=-1$ 时刻的输出与 $t=0$ 时刻的输入有关，即该系统为非因果系统。

(2) 非线性，时变，因果系统。

该系统不满足齐次性，即：

$$af(t)\to\sin[af(t)]u(t)\neq ay(t)$$

故为非线性系统。

因为

$$f(t-t_0)\to\sin[f(t-t_0)]u(t)\neq\sin[f(t-t_0)]u(t-t_0)=y(t-t_0)$$

所以系统为时变系统。

该系统为即时系统，故该系统为因果系统。

【例 1.4.10★】 **(北京航空航天大学考研真题)**选择题。已知系统

(A) $r(t)=2e(t)+3$ (B) $r(t)=e(2t)$

(C) $r(t)=e(-t)$ (D) $r(t)=te(t)$

试判断上述哪些系统满足下列条件：

(1) 不是线性系统的是__________。 (2) 不是稳定系统的是__________。

(3) 不是时不变系统的是__________。(4) 不是因果系统的是__________。

分析：线性利用“满足叠加性和均匀性”准则来判断；稳定性利用“有界输入推出有界输出”准则来判定；时不变性利用“$e(t)\to r(t)\Rightarrow e(t-t_0)\to r(t-t_0)$”准则来判断；因果性利用“当前输出与当前时刻以后的输入无关”准则来判断；在解题时可设系统为 $T[e(t)]$以便描述方便。有时可举特殊反例说明。

解答：

(1) 选(A)。因为 $r_1(t)=2ce(t)+3\neq c[2e(t)+3]=cr(t)$不满足均匀性。

(2) 选(D)。因为 $e(t)=1$ 时，$r(t)=t$ 无界。

(3) 选(B)(C)(D)。

对于(B)来说

$$r_1(t)=T[e(t-t_0)]=T[e_1(t)]=e_1(2t)$$
$$=e(2t-t_0)\neq e(2t-2t_0)=r(t-t_0)$$

对于(C)来说

$$r_1(t)=T[e(t-t_0)]=T[e_1(t)]=e_1(-t)$$
$$=e(-t-t_0)\neq e(-t+t_0)=r(t-t_0)$$

对于(D)来说

$$r_1(t)=T[e(t-t_0)]=T[e_1(t)]=te_1(t)$$
$$=te(t-t_0)\neq(t-t_0)e(t-t_0)=r(t-t_0)$$

(4) 选(B)(C)

对于(B)来说，$t=2$ 时刻的输出取决于 $t=4$ 的输入。

对于(C)来说，$t=-1$ 时刻的输出取决于 $t=1$ 的输入。

第2章

连续时间系统的时域分析

【基本知识点】LTI连续系统微分方程的建立与求解；零输入响应、零状态响应与全响应；单位冲激响应与阶跃响应；卷积积分的定义及性质。

【重点】连续系统输入输出描述(包括微分方程和模拟框图)；连续信号的卷积积分运算；冲击响应的计算以及系统响应的时域解法，包括系统解法和经典解法。

【难点】系统冲击响应 $h(t)$ 的确定与计算；系统零状态响应的计算。

2.1 答疑解惑

2.1.1 LTI系统的微分算子方程如何表示？

1. 微分算子与积分算子

微分算子定义
$$p=\frac{\mathrm{d}}{\mathrm{d}t}$$

积分算子定义
$$p^{-1}=\frac{1}{p}=\int_{-\infty}^{t}(\cdot)\mathrm{d}\tau$$

定义表明，微分算子分别是微分和积分运算符号的另一种简化表示

$$\begin{cases} pf(t)=\dfrac{\mathrm{d}}{\mathrm{d}t}f(t) \\ p^{n}f(t)=f^{(n)}(t)=\dfrac{\mathrm{d}^{n}}{\mathrm{d}t^{n}}f(t) \\ p^{-1}f(t)=\dfrac{1}{p}f(t)=\displaystyle\int_{-\infty}^{t}f(\tau)\mathrm{d}\tau \end{cases}$$

2. 微分算子方程

对于 n 阶 LTI 连续系统，其输入输出方程是 n 阶线性常系数微分方程，若设系统输入为 $f(t)$，输出为 $y(t)$，则可表示为

$$\begin{aligned} & y^{(n)}(t)+a_{n-1}y^{(n-1)}(t)+\cdots+a_{1}y^{(1)}(t)+a_{0}y(t) \\ &=b_{m}f^{(m)}(t)+b_{m-1}f^{(m-1)}(t)+\cdots+b_{1}f^{(1)}(t)+b_{0}f(t) \end{aligned}$$

利用微分算子将上式表示成

$$(p^n+a_{n-1}p^{n-1}+\cdots+a_1p+a_0)y(t)=(b_m+b_{m-1}p^{m-1}+\cdots+b_1p+b_0)f(t)$$

令
$$\begin{cases}A(p)=p^n+a_{n-1}p^{n-1}+\cdots+a_1p+a_0\\B(p)=b_m+b_{m-1}p^{m-1}+\cdots+b_1p+b_0\end{cases}$$

则微分算子方程可表示为

$$A(p)y(t)=B(t)f(t)$$

3. 系统传输算子

将微分算子方程在形式上改写为

$$y(t)=\frac{B(t)}{A(p)}f(t)=H(p)f(t)$$

式中

$$H(p)=\frac{B(t)}{A(p)}=\frac{b_m+b_{m-1}p^{m-1}+\cdots+b_1p+b_0}{p^n+a_{n-1}p^{n-1}+\cdots+a_1p+a_0}$$

$H(p)$代表了系统对输入的传输作用，故称为响应对激励的传输算子，或系统的传输算子。

2.1.2 微分方程如何求解？

设 LIT 连续系统的输入/输出微分算子方程为

$$A(p)y(t)=B(p)f(t)$$

或者 $y(t)=\dfrac{B(p)}{A(p)}f(t)=H(p)f(t)$

式中，$f(t)$和 $y(t)$分别为系统的输入/输出，传输算子

$$H(p)=\frac{B(t)}{A(p)}=\frac{b_m+b_{m-1}p^{m-1}+\cdots+b_1p+b_0}{p^n+a_{n-1}p^{n-1}+\cdots+a_1p+a_0}$$

按照微分方程的经典解法，其完全解由齐次解和特解两部分组成，即

$$y(t)=y_h(t)+y_p(t)$$

1. 齐次解

齐次解 $y_h(t)$是下面齐次微分算子方程

$$A(p)y(t)=0$$

满足 0^+ 初始条件 $y^{(j)}(0^+)$ $(j=0,1,\cdots,n-1)$的解。

方程解的基本形式为 $ce^{\alpha t}$，将它代入方程 $A(p)y(t)=0$，经整理后，可得微分方程的特征方程为

$$\alpha^n+a_{n-1}\alpha^{n-1}+\cdots+a_1\alpha+a_0=0$$

解此方程可得 n 个根 $\alpha_1,\alpha_2,\cdots,\alpha_n$，这些根称为 $A(p)y(t)=B(p)f(t)$的特征根。特征根可以是 n 个不同的根，也可以有部分重根或全部是重根。

若方程所有特征根均为实根，则齐次通解 $y_h(t)$中将出现以下各种分量：

(1) 对应于不是重根的实根 α_i，$y_h(t)$中有分量 $ce^{\alpha t}$

(2) 对应 k 重实根 α_i，$y_h(t)$中有 k 个分量为 $e^{\alpha_i t}$、$te^{\alpha_i t}$、$\cdots$、$t^{k-1}e^{\alpha_i t}$。

如果方程的特征根都是实根，其中 α_i 为 k 阶重根，则可以找到微分方程的齐次通解为

$$y_h(t) = \sum_{i=1}^{k} c_i t^{k-i} e^{\alpha_1 t} + \sum_{j=k+1}^{n} c_j e^{\alpha_j t}$$

式中，α_j 为单根；c_i，c_j 为待定常数，对于 n 阶方程只能有 n 个待定常数。

若方程有复根，则齐次通解中将包含以下各种分量(表 2.1)：

(1) 对于不是重根的共轭复根 $\alpha_i+\mathrm{j}\beta_i$，$y_h(t)$中有一对分量 $e^{\alpha_i t}\cos\beta_i t$ 和 $e^{\alpha_i t}\sin\beta_i t$；

(2) 对于一对 k 阶共轭复根 $\alpha_i+\mathrm{j}\beta_i$，$y_h(t)$中有 k 对分量 $e^{\alpha_i t}\cos\beta_i t$、$e^{\alpha_i t}\sin\beta_i t$，$te^{\alpha_i t}\cos\beta_i t$、$te^{\alpha_i t}\sin\beta_i t$，…，$t^{k-1}e^{\alpha_i t}\cos\beta_i t$ 及 $t^{k-1}e^{\alpha_i t}\sin\beta_i t$。

表 2.1

$A(p)$	特征根	齐次解 $y_h(t)$
$(p-\lambda_i)$	实单根 λ	$c_i e^{\lambda_i t}$
$(p-\lambda_i)^r$	R 重实根 λ_i	$(c_0+c_1 t+c_i t^i\cdots+c_{r-1}t^{r-1})e^{\lambda_i t}$
$[p^2-2\alpha p+(\alpha^2+\beta^2)]$	共轭复根 $\lambda_{1,2}=\alpha+\mathrm{j}\beta$	$e^{\alpha t}[A\cos\beta t+B\sin\beta t]$
$[p^2-2\alpha p+(\alpha^2+\beta^2)]^r$	R 重共轭复根	$e^{\alpha t}\sum_{i=0}^{r-1} c_i t^i \cos(\beta t+\varphi_i)$

2. 特解

微分方程式的特解 $y_p(t)$，其函数形式与输入函数的形式有关。将输入函数代入方程式的右端，代入后右端的函数式称为"自由项"。根据不同类型的自由项，选择响应的特解函数式，代入原微分方程，通过比较同类项系数求出特解函数式中的待定系数，即可得方程的特解，如表 2.2 所示。

表 2.2

自由项函数 $f(t)$	特解函数
E(常数)	Q
t^r	$Q_0+Q_1+\cdots+Q_r t^r$
$e^{\alpha t}$	1. $Q_0 e^{\alpha t}$ 2. $(Q_0+Q_1 t)e^{\alpha t}$ 3. $(Q_0+Q_1 t+\cdots+Q_r t^r)e^{\alpha t}$
$\cos\omega t$ 或 $\sin\omega t$	$Q_1\cos\omega t+Q_2\sin\omega t$
$t^r e^{\alpha t}\cos\omega t$ 或 $t^r e^{\alpha t}\sin\omega t$	$(Q_0+Q_1 t+\cdots+Q_r t^r)e^{\alpha t}\cos\omega t+(P_0+Pt_1+\cdots+P_r t^r)e^{\alpha t}\sin\omega t$

注意：两周期信号的加和或乘积不一定是周期信号！

2.1.3 什么是零输入响应、零状态响应与全响应？

对于线性系统，将微分方程的全解分为零输入响应和零状态响应，也是广泛应用的一种方法。

零输入响应为零是指没有外加激励信号的作用，仅由系统的初始状态所引起的响应，用 $r_{zi}(t)$表示，对应于齐次方程的解。

零状态响应是指系统初始条件为零时，由外加激励信号产生的响应，用 $r_{zs}(t)$表示，它是描述系统的非齐次微分方程在零初始条件下的解。

系统的全响应是零输入响应与零状态响应的和，即

$$y(t)=y_{zi}(t)+y_{zs}(t)$$

如前所述，微分方程的特征根没有实根和复根之分，它们的解的形式也有所不同，这里仅以微分方程的特征根为实根来加以说明之。设 α_1 为 k 重实根，其余特征根 α_j 为单实根时，系统的零输入解为

$$y_{zi}(t)=\sum_{i=1}^{k}c_{zii}t^{k-i}e^{\alpha_1 t}+\sum_{j=k+1}^{n}c_{zij}e^{\alpha_j t}$$

式中，c_{zii} 和 c_{zij} 为待定系数，仅由系统的初始状态决定。此时，系统的零状态响应为

$$y_{zs}(t)=\sum_{i=1}^{k}c_{zsi}t^{k-i}e^{\alpha_1 t}+\sum_{j=k+1}^{n}c_{zsj}e^{\alpha_j t}+r_f(t)$$

零状态响应的待定系数 c_{zsi} 和 c_{zsj} 的确定方法与经典解中的系数的确定方法相同，只是系统的初始值为零。零状态响应包括只有响应为强迫响应。

$$y(t)=\sum_{i=1}^{k}c_{zii}t^{k-i}e^{\alpha_1 t}+\sum_{j=k+1}^{n}c_{zij}e^{\alpha_j t}+\sum_{i=1}^{k}c_{zsi}t^{k-i}e^{\alpha_1 t}+\sum_{j=k+1}^{n}c_{zsj}e^{\alpha_j t}+r_f(t)$$

$$y(t)=\sum_{i=1}^{k}c_i t^{k-i}e^{\alpha_1 t}+\sum_{j=k+1}^{n}c_j e^{\alpha_j t}+r_f(t)$$

分析可知

$$\sum_{i=1}^{k}(c_{zii}+c_{zsi})t^{k-i}e^{\alpha_1 t}+\sum_{j=k+1}^{n}(c_{zij}+c_{zsj})e^{\alpha_j t}=\sum_{i=1}^{k}c_i t^{k-i}e^{\alpha_1 t}+\sum_{j=k+1}^{n}c_j e^{\alpha_j t}$$

不难看出，虽然零状态响应中的自由响应与零输入响应都是同一齐次方程的解，但两者的系数却不相同。零状态响应中的自由响应系数 c_{zsi}，c_{zsj} 是由激励和系统的初始条件共同决定的，只是初始条件为零；而零输入响应的系数 c_{zii}，c_{zij} 由系统的初始条件确定。实际上，零输入响应只是由自由响应中由系统初始条件非零所产生的那一部分。

2.1.4 什么是单位冲激响应？

单位冲激激励 $\delta(t)$ 在零状态系统中产生的响应 $h(t)$ 称为单位冲激响应，简称冲激响应。

单位冲激响应的求解可根据 $H(p)$ 的部分分式展开求解。因

$$h(t)=\frac{b_m p^m+b_{m-1}p^{m-1}+\cdots+b_1 p+b_0}{p^n+a_{n-1}p^{n-1}+\cdots+a_1 p+a_0}\delta(t)=H(p)\delta(t)$$

① 当 $n>m$ 时，若 $D(p)=0$ 的根为 n 个单根 $p_1,p_2,\cdots,p_n$ 则可将 $H(p)$ 展开为

$$H(p)=\frac{K_1}{p-p_1}+\frac{K_2}{p-p_2}+\cdots+\frac{K_i}{p-p_i}+\cdots+\frac{K_n}{p-p_n}$$

式中，$K_1,K_2,\cdots,K_n$ 为部分分式的待定系数。

于是得 $h(t)=K_1e^{p_1 t}+K_2e^{p_2 t}+\cdots+K_ie^{p_i t}+\cdots+K_ne^{p_n t}=\sum_{i=1}^{n}K_ie^{p_i t}U(t)$

若 $D(p)=0$ 的根含有 r 重根 p_i，在 $H(p)$ 的部分分式中就将含有形如 $\frac{K}{(p-p_i)^r}$ 的项，则与之对应的冲激响应的形式为

$$\frac{K}{(r-1)!}t^{r-1}e^{p_i t}U(t)$$

② 当 $n=m$ 时，可将 $H(p)$ 用除法化成一个常数 b_m 与一个真分式之和，即：

$$H(p)=b_m+\frac{N_1(p)}{D(p)}$$

则
$$h(t)=b_m\delta(t)+\sum_{i=1}^{n}K_i e^{p_i t}U(t)$$

③ 当 $n<m$ 时，$h(t)$ 中除含上式各项外，还要含有直到 $\delta^{(m-n)}(t)$ 的冲击函数 $\delta(t)$ 的各阶导。

$$f(t)=f_1(t)\cdot f_2(t)$$

2.1.5 什么是阶跃响应？

单位阶跃激励 $U(t)$ 在零状态系统中产生的响应 $g(t)$ 称为单位阶跃响应。

注意：$g(t)$ 与 $h(t)$ 的关系为 $h(t)=\frac{\mathrm{d}g(t)}{\mathrm{d}t}$，　$g(t)=\int_{-\infty}^{t}h(\tau)\mathrm{d}\tau$。

2.1.6 什么是卷积？

已知定义在区间 $(-\infty,\infty)$ 上的两个函数 $f_1(t)$ 和 $f_2(t)$，则定义积分

$$f(t)=\int_{-\infty}^{\infty}f_1(\tau)f_2(t-\tau)\mathrm{d}\tau$$

为 $f_1(t)$ 和 $f_2(t)$ 的卷积积分，简称卷积；记为

$$f(t)=f_1(t)*f_2(t)$$

注意：积分是在虚设的变量 τ 下进行的，τ 为积分变量，t 为参变量。结果仍为 t 的函数。

2.1.7 如何用图解法求卷积积分？

卷积积分除了可以用定义法求解之外，还可以用图解法来求解，且用图解法求解更为直观。

卷积过程可分解为四步：

(1)换元：t 换为 τ→得 $f_1(\tau)$，$f_2(\tau)$

(2)反转平移：由 $f_2(\tau)$ 反转→ $f_2(-\tau)$ 右移 t → $f_2(t-\tau)$

(3)乘积：$f_1(\tau)f_2(t-\tau)$

(4)积分：τ 从 $-\infty$ 到 ∞ 对乘积项积分

2.1.8 卷积积分的性质有哪些？

1. 卷积的代数性质

卷积满足交换律，即

$$f_1(t)*f_2(t)=f_2(t)*f_1(t)$$

卷积满足分配律，即

$$f_1(t)*[f_2(t)+f_3(t)]=f_1(t)*f_2(t)+f_1(t)*f_3(t)$$

卷积满足结合律，即

$$[f_1(t)*f_2(t)]*f_3(t)=f_1(t)*[f_2(t)*f_3(t)]$$

2. 卷积的微分与积分

两个函数卷积后的导数等于其中一函数的导数与另一函数之卷积。即

$$\frac{\mathrm{d}}{\mathrm{d}t}[f_1(t)*f_2(t)]=f_1(t)*\frac{\mathrm{d}}{\mathrm{d}t}f_2(t)=f_2(t)*\frac{\mathrm{d}}{\mathrm{d}t}f_1(t)$$

两个函数卷积后的积分等于其中一函数的积分与另一函数之卷积。即

$$\int_{-\infty}^{t}[f_1(\lambda)*f_2(\lambda)]\mathrm{d}\lambda=f_1(t)*\int_{-\infty}^{t}f_2(\lambda)\mathrm{d}\lambda=f_2(t)*\int_{-\infty}^{t}f_1(\lambda)\mathrm{d}\lambda$$

3. 与冲激函数和阶跃函数的卷积

函数 $f(t)$与单位冲激函数的卷积仍是函数 $f(t)$本身，即

$$f(t)*\delta(t)=\int_{-\infty}^{\infty}f(\tau)\delta(t-\tau)\mathrm{d}\tau=f(t)$$

对于冲激偶函数有

$$f(t)*\delta'(t)=f'(t)$$

对于阶跃函数有

$$f(t)*u(t)=\int_{-\infty}^{t}f(\lambda)\mathrm{d}\lambda$$

4. 卷积的时移性质

若 $f(t)=f_1(t)*f_2(t)$，则有

$$f_1(t-t_1)*f_2(t-t_2)=f_1(t-t_1-t_2)*f_2(t)=f_1(t)*f_2(t-t_1-t_2)=f(t-t_1-t_2)$$

2.2 典型题解

题型 1　LTI 连续系统的响应

【例 2.1.1】　描述某 LTI 系统的微分方程为 $\frac{\mathrm{d}^2r(t)}{\mathrm{d}t^2}+3\frac{\mathrm{d}}{\mathrm{d}t}r(t)+2r(t)=2\frac{\mathrm{d}}{\mathrm{d}t}e(t)+6e(t)$，已知 $r(0^-)=2$，$r'(0^-)=0$，$e(t)=\varepsilon(t)$ 求系统的零输入响应和零状态响应及全响应。

解答：(1) 系统的零输入响应 $r_{zi}(t)$

令 $e(t)=0$ 可得

$$\frac{\mathrm{d}^2r(t)}{\mathrm{d}t^2}+3\frac{\mathrm{d}}{\mathrm{d}t}r(t)+2r(t)=0$$

且满足 $r(0^-)=2$，$r'(0^-)=0$

由特征方程 $D(\lambda)=\lambda^2+3\lambda+2=(p+1)(p+2)=0$ 解得

$$\lambda_1=-1,\lambda_2=-2$$

$$r_{zi}(t)=(C_1\mathrm{e}^{-t}+C_2\mathrm{e}^{-2t})\varepsilon(t)$$

又由初始条件

$$\begin{cases}r_{zi}(0^+)=r_{zi}(0^-)=r(0^-)=2\\ r'_{zi}(0^+)=r'_{zi}(0^-)=r'(0^-)=0\end{cases}$$

可得

$$\begin{cases}C_1=4\\ C_2=-2\end{cases}$$

从而可得

$$r_{zi}(t)=(4\mathrm{e}^{-t}-2\mathrm{e}^{-2t})\varepsilon(t)$$

(2) 系统的零状态响应 $r_{zs}(t)$

先求冲激响应 $h(t)$:

系统方程的算子形式 $(p^2+3p+2)r(t)=(2p+6)e(t)$

$$H(p)=\frac{(2p+6)}{(p^2+3p+2)}=\frac{4}{p+1}-\frac{2}{p+2}$$

$h(t)$满足:

$$h(t)=H(p)\delta(t)=(4\mathrm{e}^{-t}-2\mathrm{e}^{-2t})\varepsilon(t)=r_{zi}(t)$$

$$r_{zs}(t)=h(t)*e(t)=[(4\mathrm{e}^{-t}-2\mathrm{e}^{-2t})\varepsilon(t)]*\varepsilon(t)=(4\mathrm{e}^{-t}+\mathrm{e}^{-2t}+3)\varepsilon(t)$$

(3) 全响应

$$r(t)=r_{zi}(t)+r_{zs}(t)=(3-\mathrm{e}^{-2t})\varepsilon(t)$$

【例 2.1.2】 设某连续系统的传输算子为 $H(p)=\dfrac{p+2}{p^3+2p^2+3p+4}$,试写出系统的输入/输出微分方程。

解答:令系统输入为 $f(t)$,输出为 $y(t)$。由给定的传输算子 $H(p)$写出系统算子方程

$$y(t)=H(p)f(t)=\frac{p+2}{p^3+2p^2+3p+4}f(t)$$

该方程所代表的 $y(t)$与 $f(t)$之间的真正关系是

$$(p^3+2p^2+3p+4)y(t)=(p+2)f(t)$$

故系统的输入/输出微分方程为

$$y^{(3)}(t)+2y^{(2)}(t)+3y^{(1)}(t)=f^{(1)}(t)+2f(t)$$

【例 2.1.3】 电路如图 2.1(a)所示,给定激励电压为 $f(t)$,响应电路为 $i_1(t)$和 $i_2(t)$,试建立该电路的输入输出算子方程。

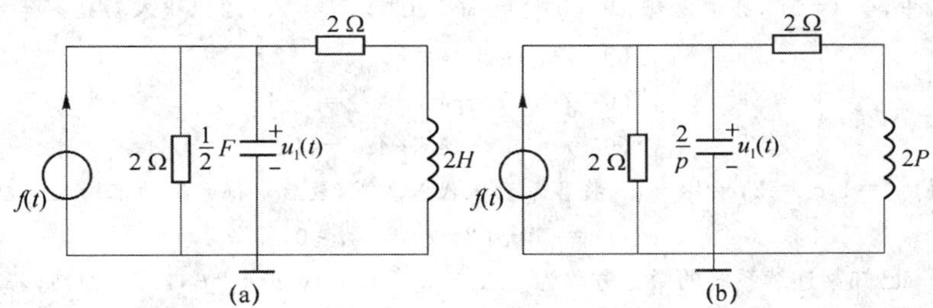

图 2.1

解答:将电路中的基本元件用算子模型代替,如图 2.1(b)所示。此电路含有两个网孔,其网孔电流分别为待求电流 $i_1(t)$和 $i_2(t)$。仿照正弦稳态电路相量法分析,写出网孔电流方程

$$\begin{cases}(3p+1)i_1(t)-pi_2(t)=f(t)\\-pi_1(t)+(p+3)i_2(t)=0\end{cases}$$

应用克莱姆法则得

$$i_1(t)=\frac{\begin{vmatrix}f(t) & -p\\ 0 & p+3\end{vmatrix}}{\begin{vmatrix}3p+1 & -p\\ -p & p+3\end{vmatrix}}=\frac{p+3}{2p^2+10p+3}=f(t)$$

$$i_2(t)=\frac{\begin{vmatrix}3p+1 & f(t)\\ -p & 0\end{vmatrix}}{\begin{vmatrix}3p+1 & -p\\ -p & p+3\end{vmatrix}}=\frac{p}{2p^2+10p+3}=f(t)$$

因此,该电路的输入输出算子方程为

$$(2p^2+10p+3)i_1(t)=(p+3)f(t)$$
$$(2p^2+10p+3)i_2(t)=pf(t)$$

实际上,上述算子方程所代表的仍然是一组微分方程,即

$$2i_1''(t)+10i_1'(t)+3i_1(t)=f'(t)+3f(t)$$
$$2ii_2''(t)+10i_2'(t)+3i_2(t)=f'(t)$$

【例 2.1.4】 系统输入/输出微分算子方程为$(p+1)(p+2)^2y(t)=(p+3)f(t)$,已知该系统的$0^-$初始条件$y(0^-)=3,y'(0^-)=-6,y''(0^-)=13$,求该系统的零输入响应$y_x(t)$。

解答:由题意知$A(p)=(p+1)(p+2)^2$,因为

$$\begin{cases}(p+1)\rightarrow y_{x1}(t)=c_{10}e^{-t}\\(p+2)^2\rightarrow y_{x2}(t)=(c_{20}+c_{21}t)e^{-2t}\end{cases}$$

所以

$$y_x(t)=y_{x1}(t)+y_{x2}(t)=c_{10}e^{-t}+(c_{20}+c_{21}t)e^{-2t}$$

其一阶和二阶导函数为

$$\begin{aligned}y_x'(t)&=-c_{10}e^{-t}+c_{21}e^{-2t}-2(c_{20}+c_{21}t)e^{-2t}\\&=-c_{10}e^{-t}+[-2c_{20}+(1-2t)c_{21}]e^{-2t}\\&=-c_{10}e^{-t}+(1-2t)c_{21}e^{-2t}-2c_{20}e^{-2t}\\y_x''(t)&=c_{10}e^{-t}-2c_{21}e^{-2t}-2[(1-2t)c_{21}-2c_{20}]e^{-2t}\\&=c_{10}e^{-t}+4(t-1)c_{21}e^{-2t}+4c_{20}e^{-2t}\end{aligned}$$

在上述各式中,令$t=0^-$,并考虑到$y_x^{(j)}(0^-)=y^{(j)}(0^-)(j=0,1,2)$,代入初始条件并整理得

$$\begin{cases}y_x(0^-)=c_{10}+c_{20}=3\\y_x'(0^-)=-c_{10}+c_{21}-2c_{20}=-6\\y_x''(0^-)=c_{10}-4c_{21}+4c_{20}=13\end{cases}$$

联立求解得$c_{10}=1,c_{20}=2,c_{21}=-1$。将各系数值代入式①,最后求得系统的零输入响应为

$$y_x(t)=e^{-t}+(2-t)e^{-2t},t\geqslant0$$

【例 2.1.5】 已知某连续系统的微分方程为$y''(t)+3y'(t)+2y(t)=2f'(t)+3f(t)$,若系统的初始条件$y(0^-)=y'(0^-)=1$,输入$f(t)=e^{-t}\varepsilon(t)$,求系统的零输入响应$y_x(t)$,零状态响应$y_f(t)$。

解答:零输入响应:

由微分方程可知系统的传输算子为

$$H(p)=\frac{B(p)}{A(p)}=\frac{2p+3}{p^2+3p+2}$$

由$A(p)=(p^2+3p+2)=(p+1)(p+2)$可知

$$y_x(t)=c_{10}e^{-t}+c_{20}e^{-2t}$$

将初始条件代入上式及其导数,有

$$y_x(0^+)=y_x(0^-)=c_{10}+c_{20}=1$$
$$y_x'(0^+)=y_x'(0^-)=-c_{10}-2c_{20}=1$$

解得

$$c_{10}=3,c_{20}=2$$

所以

$$y_x(t)=3e^{-t}-2e^{-2t}\qquad t\geqslant0$$

零状态响应

将 $H(p)$ 展开为

$$H(p)=\frac{2p+3}{p^2+3p+2}=\frac{K_1}{p+1}+\frac{K_2}{p+2}$$

式中

$$K_1=(p+1)\frac{2p+3}{p^2+3p+2}\Big|_{p=-1}=1$$

$$K_2=(p+2)\frac{2p+3}{p^2+3p+2}\Big|_{p=-2}=1$$

故有冲激响应

$$h(t)=(e^{-t}+e^{-2t})\varepsilon(t)$$

由卷积公式，得

$$y_f(t)=h(t)*f(t)=te^{-t}\varepsilon(t)+(e^{-t}-e^{-2t})\varepsilon(t)$$

【例 2.1.6★】（**中山大学考研真题**）系统的微分方程为 $y''(t)+3y'(t)+2y(t)=f'(t)+3f(t)$，已知 $f(t)=u(t)$，初始状态为 $y(0^-)=1, y'(0^-)=2$，试求系统的全响应。并指出零输入响应、零状态响应、自然响应及强迫响应。

解答：由特征方程 $\lambda^2+3\lambda+2=0$ 的根，求得零输入响应为

$$y_x(t)=k_1e^{-t}+k_2e^{-2t}$$

再根据初始状态 $y(0^-)=1, y'(0^-)=2$，有

$$\begin{cases}k_1+k_2=1\\-k_1-2k_2=2\end{cases}\Rightarrow\begin{cases}k_1=4\\k_2=-3\end{cases}$$

从而解得零输入响应为

$$y_x(t)=4e^{-t}-3e^{-2t}\quad t>0$$

由微分方程可得传输算子为

$$H(p)=\frac{p+3}{p^2+3p+2}=\frac{p+3}{(p+2)(p+1)}$$

$$f(t)=u(t)=\frac{1}{p}\delta(t)$$

其零状态响应 $y_f(t)$ 为

$$\begin{aligned}y_f(t)&=H(p)f(t)=H(p)H_f(p)\delta(t)\\&=\frac{p+3}{(p+2)(p+1)}\cdot\frac{1}{p}\delta(t)\\&=\left(\frac{1/2}{p+2}+\frac{-2}{p+1}+\frac{3/2}{p}\right)\delta(t)\\&=\left(\frac{3}{2}-2e^{-t}+\frac{1}{2}e^{-2t}\right)u(t)\end{aligned}$$

全响应

$$y(t)=y_x(t)+y_f(t)=\left(\frac{3}{2}+4e^{-t}-\frac{7}{2}e^{-2t}\right)u(t)$$

自然响应

$$\left(4e^{-t}-\frac{7}{2}e^{-2t}\right)u(t)$$

强迫响应

$$\frac{3}{2}u(t)$$

【例 2.1.7★】（**南京理工大学考研真题**）由一线性时不变系统，当激励 $f_1(t)=tu(t)$ 时，其响应 $y_1(t)=e^{-t}u(t)$，试求当激励为图 2.2 所示信号 $f_2(t)$ 时的响应 $y_2(t)$（假设起始时刻系统无储能）。

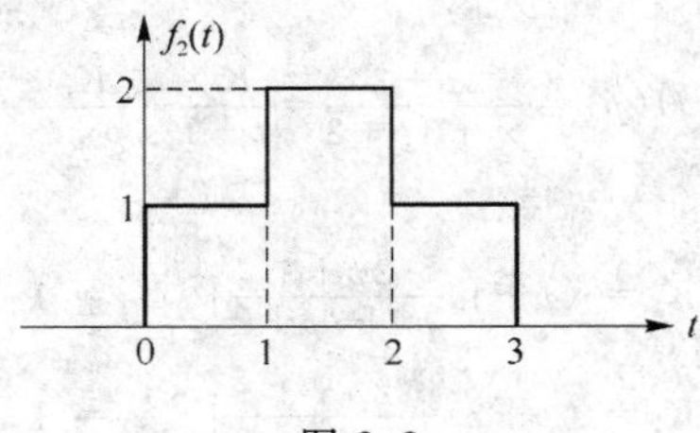

图 2.2

解答:方法一:

因为

$$y(t)=H(p)f(t)$$

而

$$y(t)=H_y(p)\delta(t),f(t)=H_f(p)\delta(t)$$

已知

$$f_1(t)=tu(t)=\frac{1}{p^2}\delta(t),y_1(t)=\mathrm{e}^{-t}u(t)=\frac{1}{p+1}\delta(t)$$

所以,可解得

$$H(p)=\frac{H_y(p)}{H_f(p)}=\frac{p^2}{p+1}$$

由图 2.2 可知

$$\begin{aligned}f_2(t)&=u(t)+u(t-1)-u(t-2)-u(t-3)\\&=\frac{1}{p}[\delta(t)+\delta(t-1)-\delta(t-2)-\delta(t-3)]\end{aligned}$$

由 $y_2(t)=H(p)f_2(t)$ 可解得

$$\begin{aligned}y_2(t)&=\frac{p}{p+1}[\delta(t)+\delta(t-1)-\delta(t-2)-\delta(t-3)]\\&=\left(1-\frac{1}{p+1}\right)[\delta(t)+\delta(t-1)-\delta(t-2)-\delta(t-3)]\\&=\delta(t)+\delta(t-1)-\delta(t-2)-\delta(t-3)\\&\quad-\mathrm{e}^{-t}u(t)-\mathrm{e}^{-(t-1)}u(t-1)+\mathrm{e}^{-(t-2)}u(t-2)+\mathrm{e}^{-(t-3)}u(t-3)\end{aligned}$$

方法二:

该系统为线性时不变系统,已知

$$f_1(t)=tu(t)\rightarrow y_1(t)=\mathrm{e}^{-t}u(t)$$

$$f_1'(t)=u(t)\rightarrow y_1'(t)=-\mathrm{e}^{-t}u(t)+\delta(t)$$

即

$$u(t)\rightarrow -\mathrm{e}^{-t}u(t)+\delta(t)$$

由图 2.2 可知

$$f_2(t)=u(t)+u(t-1)-u(t-2)-u(t-3)$$

所以

$$\begin{aligned}y_2(t)=&-\mathrm{e}^{-t}u(t)+\delta(t)-\mathrm{e}^{-(t-1)}u(t-1)+\delta(t-1)+\\&\mathrm{e}^{-(t-2)}u(t-2)-\delta(t-2)+\mathrm{e}^{-(t-3)}u(t-3)-\delta(t-3)\end{aligned}$$

【例 2.1.8★】 (北京航空航天大学考研真题)选择题:已知一个 LTI 系统起始无储能,当输入$e_1(t)=u(t)$,系统输出为 $r_1(t)=2\mathrm{e}^{-2t}u(t)+\delta(t)$,当输入 $e(t)=3\mathrm{e}^{-t}u(t)$时,系统的零状态响应 $r(t)$是______。

(A) $(-9\mathrm{e}^{-t}+12\mathrm{e}^{-2t})u(t)$　　(B) $(3-9\mathrm{e}^{-t}+12\mathrm{e}^{-2t})u(t)$

(C) $\delta(t)-6\mathrm{e}^{-t}u(t)+8\mathrm{e}^{-2t}u(t)$　　(D) $3\delta(t)-9\mathrm{e}^{-t}u(t)+12\mathrm{e}^{-2t}u(t)$

分析：因起始无储能，故 $r_1(t)$ 为阶跃响应。对该响应求导可得冲激响应。然后用卷积定理即可求出系统的零状态响应。

解答：

因起始无储能，故 $r_1(t)$ 为阶跃响应。对该响应求导可得冲激响应为

$$h(t)=r_1'(t)=2\delta(t)-4\mathrm{e}^{-2t}u(t)+\delta'(t)。$$

则系统对激励 $e(t)=3\mathrm{e}^{-t}u(t)$ 的零状态响应为

$$\begin{aligned}r(t)&=h(t)*e(t)\\&=3\mathrm{e}^{-t}u(t)*[2\delta(t)-4\mathrm{e}^{-2t}u(t)+\delta'(t)]\\&=6\mathrm{e}^{-t}u(t)-12\left[\int_0^t \mathrm{e}^{-(t-\tau)}\mathrm{e}^{-2t}\mathrm{d}\tau\right]u(t)+3\delta(t)-3\mathrm{e}^{-t}u(t)\\&=6\mathrm{e}^{-t}u(t)-12\mathrm{e}^{-t}(1-\mathrm{e}^{-t})u(t)+3\delta(t)-3\mathrm{e}^{-t}u(t)\\&=-9\mathrm{e}^{-t}u(t)+12\mathrm{e}^{-2t}u(t)+3\delta(t)\end{aligned}$$

故选(D)。

【例 2.1.9】 已知如图 2.3(a)所示电路系统，其中 $R_1=2\ \mathrm{k\Omega}$，$R_2=2\ \mathrm{k\Omega}$，$C=1\ 500\ \mathrm{pF}$，输入信号 $f(t)$ 如图 2.3(b)所示，求电压 $u_C(t)$。

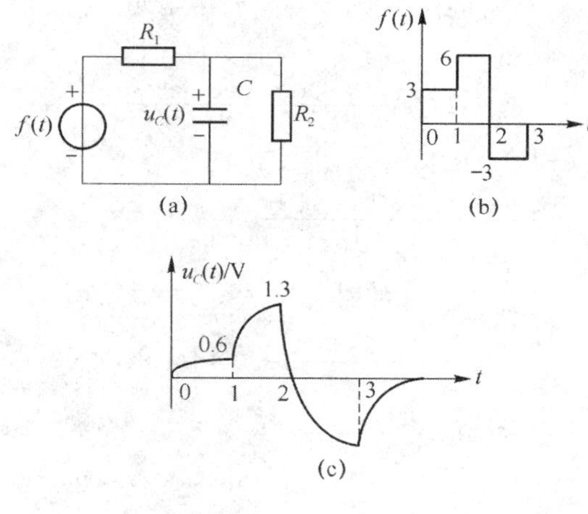

图 2.3

(1) 首先应用时域分析法求解 $u_C(t)$ 的单位冲激响应 $h(t)$。

(2) 然后用时域卷积法和频域傅里叶变换分析法求出输入信号 $f(t)$ 作用下的 $u_C(t)$ 表达式，并概略画出 $u_C(t)$ 的波形。

解答：(1) 题中电路为一阶电路，首先利用三要素法求阶跃响应 $g(t)$。

设零状态，即 $u_C(0_-)=0$，令 $f(t)=\varepsilon(t)$，此时 $u_C(t)=g(t)$

$$g(0_+)=g(0_-)=0$$

$$g(\infty)=\frac{R_2}{R_1+R_2}\times 1=\frac{1}{1+2}=\frac{1}{3}\ \mathrm{V}$$

$$\tau=(R_1//R_2)C=1\ \mu\mathrm{s}$$

$$\begin{aligned}g(t)&=\{g(\infty)+[g(0_+)-g(\infty)]\mathrm{e}^{-t/\tau}\}\varepsilon(t)\\&=\frac{1}{3}(1-\mathrm{e}^{-t})\varepsilon(t)\end{aligned}$$

根据冲激响应与阶跃响应之间的关系，有

$$h(t)=\frac{\mathrm{d}g(t)}{\mathrm{d}t}=\frac{1}{3}\mathrm{e}^{-t}\varepsilon(t)$$

(2) 用时域法求 $u_C(t)$

$$u_C(t)=f(t)*h(t)=f'(t)*\int_{-\infty}^{t}h(\tau)\mathrm{d}\tau=f'(t)*g(t)$$

而 $\quad f'(t)=3\delta(t)+3\delta(t-1)-9\delta(t-2)+3\delta(t-3)$，故

$$\begin{aligned}u_C(t)&=[3\delta(t)+3\delta(t-1)-9\delta(t-2)+3\delta(t-3)]*g(t)\\&=3g(t)+3g(t-1)-9g(t-2)+3g(t-3)\\&=(1-\mathrm{e}^{-t})\varepsilon(t)+[1-\mathrm{e}^{-(t-1)}]\varepsilon(t-1)-3[1-\mathrm{e}^{-(t-2)}]\varepsilon(t-2)\\&\quad+[1-\mathrm{e}^{-(t-3)}]\varepsilon(t-3)\end{aligned}$$

应用阶跃响应 $g(t)$ 及线性时不变性也可求得上述结果，由 $f(t)$ 的波形可写得用阶跃函数表达的式子为

$$f(t)=3\varepsilon(t)+3\varepsilon(t-1)-9\varepsilon(t-2)+3\varepsilon(t-3)$$

再根据电路的时不变性和线性性质可得

$$u_C(t)=3g(t)+3g(t-1)-9g(t-2)+3g(t-3)$$

应用频域法求 $u_C(t)$

$$h(t)\leftrightarrow H(\mathrm{j}\omega)=\frac{1}{3}\frac{1}{\mathrm{j}\omega+1}$$

$$f'(t)\leftrightarrow 3+3\mathrm{e}^{-\mathrm{j}\omega}-9\mathrm{e}^{-\mathrm{j}2\omega}+3\mathrm{e}^{-\mathrm{j}3\omega}$$

利用时域积分性质，得

$$f(t)\leftrightarrow F(\mathrm{j}\omega)=\frac{3+3\mathrm{e}^{-\mathrm{j}\omega}-9\mathrm{e}^{-\mathrm{j}2\omega}+3\mathrm{e}^{-\mathrm{j}3\omega}}{\mathrm{j}\omega}$$

$$\begin{aligned}U_C(\mathrm{j}\omega)&=F(\mathrm{j}\omega)H(\mathrm{j}\omega)\\&=\frac{3+3\mathrm{e}^{-\mathrm{j}\omega}-9\mathrm{e}^{-\mathrm{j}2\omega}+3\mathrm{e}^{-\mathrm{j}3\omega}}{\mathrm{j}3\omega(\mathrm{j}\omega+1)}\\&=\left(\frac{1}{\mathrm{j}\omega}-\frac{1}{\mathrm{j}\omega+1}\right)(1+\mathrm{e}^{-\mathrm{j}\omega}-3\mathrm{e}^{-\mathrm{j}2\omega}+\mathrm{e}^{-\mathrm{j}3\omega})\\&=\left(\pi\delta(\omega)+\frac{1}{\mathrm{j}\omega}-\frac{1}{\mathrm{j}\omega+1}-\pi\delta(\omega)\right)(1+\mathrm{e}^{-\mathrm{j}\omega}-3\mathrm{e}^{-\mathrm{j}2\omega}+\mathrm{e}^{-\mathrm{j}3\omega})\\&=\left(\pi\delta(\omega)+\frac{1}{\mathrm{j}\omega}-\frac{1}{\mathrm{j}\omega+1}\right)(1+\mathrm{e}^{-\mathrm{j}\omega}-3\mathrm{e}^{-\mathrm{j}2\omega}+\mathrm{e}^{-\mathrm{j}3\omega})\end{aligned}$$

取逆变换，得

$$\begin{aligned}U_C(t)=&(1-\mathrm{e}^{-t})\varepsilon(t)+[1-\mathrm{e}^{-(t-1)}]\varepsilon(t-1)\\&-3[1-\mathrm{e}^{-(t-2)}]\varepsilon(t-2)+[1-\mathrm{e}^{-(t-3)}]\varepsilon(t-3)\end{aligned}$$

其大致波形如图 2.3(c)所示。

【例 2.1.10★】 （中国科学院电子学研究所考研真题）一个 RLC 电路图 2.4 所示。其中，输入信号 $f(t)=u(t)$，起始条件 $v_C(0_-)=1V$，$i_L(0^-)=0$。求该电路的电压响应 $v_C(t)$。

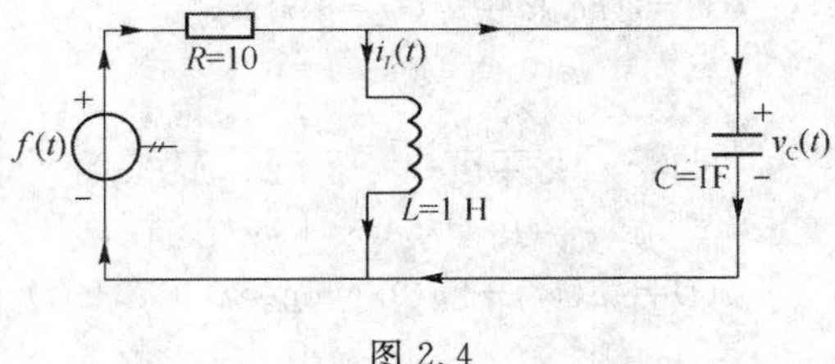

图 2.4

解答：

(1) 建立描述电路 $e(t)\rightarrow v_C(t)$ 的微分方程。

$$R\left(i_L+C\frac{\mathrm{d}v_C}{\mathrm{d}t}\right)+v_C=e(t)$$

使上式对 t 求导，得到：

$$R\left(\frac{\mathrm{d}i_L}{\mathrm{d}t}+C\frac{\mathrm{d}^2v_C}{\mathrm{d}t^2}\right)+\frac{\mathrm{d}v_C}{\mathrm{d}t}=\frac{\mathrm{d}e(t)}{\mathrm{d}t}$$

$$R\left(\frac{1}{L}v_C+C\frac{\mathrm{d}^2v_C}{\mathrm{d}t^2}\right)+\frac{\mathrm{d}v_C}{\mathrm{d}t}=\frac{\mathrm{d}e(t)}{\mathrm{d}t}$$

代入电路原件值并加以整理，则有

$$\frac{\mathrm{d}^2v_C}{\mathrm{d}t^2}+\frac{1}{10}\frac{\mathrm{d}v_C}{\mathrm{d}t}+v_C=\frac{1}{10}\frac{\mathrm{d}e(t)}{\mathrm{d}t}=\frac{1}{10}\delta(t) \qquad ①$$

起始条件为

$$v_C(0_-)=1$$

$$v_C'(0_-)=C\frac{\mathrm{d}v_C}{\mathrm{d}t}\bigg|_{t=0_-}=-\frac{v_C(0_-)}{R}=-\frac{1}{10}$$

(2) 求解零输入响应 $v_{C0}(t)$

电路的特征根为

$$\lambda_{1,2}=-\frac{1}{20}\pm\mathrm{j}\sqrt{\frac{399}{20}}\approx-\frac{1}{20}\pm\mathrm{j}$$

于是零输入响应为

$$\begin{aligned}v_{C0}(t)&=C_1\mathrm{e}^{\left(-\frac{1}{20}+\mathrm{j}\right)t}+C_2\mathrm{e}^{\left(-\frac{1}{20}-\mathrm{j}\right)t}\\&=\mathrm{e}^{-\frac{1}{20}t}(D_1\cos t+D_2\sin t)\end{aligned}$$

代入初始条件得：$D_1=1, D_2=-\frac{1}{20}$，于是可得

$$v_{C0}(t)=\mathrm{e}^{-\frac{1}{20}t}\left(\cos t-\frac{1}{20}\sin t\right)u(t)$$

(3) 求解零状态响应 $v_{CX}(t)$。

由于式①右侧为 $\frac{1}{10}\delta(t)$，$v_{CX}(t)$ 将无特解；齐次解模式与 $v_{C0}(t)$ 相同。所以有

$$v_{CX}(t)=\mathrm{e}^{-\frac{1}{20}t}(C_1\cos t+C_2\sin t)$$

系数必须用初始条件来确定。对本例题，初始条件应在零起始条件基础上计入由于 $\frac{1}{10}\delta(t)$ 作用引起的跳变，利用 δ 函数匹配法，从式①容易确定

$$v_C'(0_+)-v_C'(0_-)=\frac{1}{10}, \quad 或 \quad v_C'(0_+)=\frac{1}{10}$$

$$v_C(0_+)-v_C(0_-)=0, \quad 或 \quad v_C(0_+)=0$$

代入初始条件确定系数 C_1 和 C_2，得到：$C_1=0, C_2=\frac{1}{10}$，于是

$$v_{CX}(t)=\frac{1}{10}\mathrm{e}^{-\frac{1}{20}t}\sin t u(t)$$

(4) 求全响应 $v_C(t)$

$$v_C(t)=v_{CX}(t)+v_{C0}(t)=v_C(t)=\mathrm{e}^{-\frac{1}{20}t}\left(\cos t+\frac{1}{20}\sin t\right)u(t) \qquad ②$$

另外，本例题也可一步求出全响应。具体解法是：先得出与零状态响应模式的全响应形式如下：

$$v_C(t)=\mathrm{e}^{-\frac{1}{20}t}(A_1\cos t+A_2\sin t)$$

再导出确定常数 A_1,A_2 所需的初始条件，注意这里要在非零起始条件的基础上计入由于$\frac{1}{10}\delta(t)$所引入的跳变，即

$$v_C'(0_+)-v_C'(0_-)=\frac{1}{10},\quad \text{或}\quad v_C'(0_+)=0$$

$$v_C(0_+)-v_C(0_-)=0,\quad \text{或}\quad v_C(0_+)=1$$

代入上述初始条件确定常数 A_1、A_2，可得：$A_1=1,A_2=\frac{1}{20}$。

于是全响应为

$$v_C(t)=\mathrm{e}^{-\frac{1}{20}t}\left(\cos t+\frac{1}{20}\sin t\right)u(t)$$

结果与前面得到的式②相同。

【例 2.1.11】 给定系统方程：$\frac{\mathrm{d}^2}{\mathrm{d}t^2}r(t)+3\frac{\mathrm{d}}{\mathrm{d}t}r(t)+2r(t)=\frac{\mathrm{d}}{\mathrm{d}t}e(t)+3e(t)$，若激励信号和起始状态为以下两种情况：

(1) $e(t)=u(t),r(0_-)=1,r'(0_-)=2$

(2) $e(t)=\mathrm{e}^{-3t}u(t),r(0_-)=1,r'(0_-)=2$

试分别求它们的完全响应，并指出零输入响应，零状态响应，自由响应，强迫响应各分量。

解答：(1)$e(t)=u(t),r(0_-)=1,r'(0_-)=2$

方法一：时域经典法

① 求 r_{zi}：由已知条件，有$\begin{cases}r_{zi}''(t)+3r_{zi}'(t)+2r_{zi}(t)=0\\ r_{zi}(0_+)=r_{zi}(0_-)=1\\ r_{zi}'(0_+)=r_{zi}'(0_-)=2\end{cases}$

特征方程：$\alpha^2+3\alpha+2=0$

特征根为：$\alpha_1=-1,\alpha_2=-2$

故：$r_{zi}(t)=(A_1\mathrm{e}^{-t}+A_2\mathrm{e}^{-2t})u(t)$，代入 $r_{zi}'(0_+)$，$r_{zi}(0_+)$可得

$$A_1=4,A_2=-3$$

故：$r_{zi}(t)=(4\mathrm{e}^{-t}-3\mathrm{e}^{-2t})u(t)$

② 求 r_{zs}：将 $e(t)=u(t)$代入原方程，有 $r_{zs}''(t)+3r_{zs}'(t)+2r_{zs}(t)=\delta(t)+3u(t)$

用冲激函数匹配法，设$\begin{cases}r_{zs}''(t)=a\delta(t)+b\Delta u(t)\\ r_{zs}'(t)=\Delta u(t)\\ r_{zs}(t)=at\Delta u(t)\end{cases}$

代入微分方程，平衡 $\delta(t)$两边的系数得 $a=1$

故 $r_{zs}'(0_+)=r_{zs}'(0_-)+1=1,r_{zs}(0_+)=r_{zs}(0_-)=0$

再用经典法求 $r_{zs}(t)$：齐次解 $r_{zs}'(0_+)=r_{zs}'(0_-)+1=1,r_{zsh}(t)=(B_1\mathrm{e}^{-t}+B_2\mathrm{e}^{-2t})u(t)$

因为 $e(t)=u(t)$，故设特解为：$r_{zsp}(t)=C\cdot u(t)$，代入原方程得：$C=\frac{3}{2}$

故 $r_{zs}(t)=r_{zsh}(t)+r_{zsp}(t)=\left(B_1\mathrm{e}^{-t}+B_2\mathrm{e}^{-2t}+\frac{3}{2}\right)u(t)$

代入 $r_{zs}'(0_+)$，$r_{zs}(0_+)$得 $B_1=-2,B_2=\frac{1}{2}$

故 $r_{zs}(t)=\left(-2\mathrm{e}^{-t}+\frac{1}{2}\mathrm{e}^{-2t}+\frac{3}{2}\right)u(t)$

③ 全响应：$r(t)=r_{zi}(t)+r_{zs}(t)=\left(2e^{-t}-\frac{5}{2}e^{-2t}+\frac{3}{2}\right)u(t)$

自由响应：$\left(2e^{-t}-\frac{5}{2}e^{-2t}\right)u(t)$

受迫响应：$\frac{3}{2}u(t)$

方法二：p 算子法

$$\frac{d^2}{dt^2}r(t)+3\frac{d}{dt}r(t)+2r(t)=\frac{d}{dt}e(t)+3e(t)$$

化为算子形式为 $(p^2+3p+2)r(t)=(p+3)e(t)$

特征方程：$\alpha^2+3\alpha+2=0$

特征根为：$\alpha_1=-1,\alpha_2=-2$

$r_{zi}(t)$的求法与经典法一致，$r_{zi}(t)=(4e^{-t}-3e^{-2t})u(t)$

再求 $r_{zs}(t)$：

$$e(t)=u(t),r(t)=\frac{p+3}{(p+1)(p+2)}u(t)=(p+3)\left[e^{-t}u(t)*e^{-2t}u(t)*u(t)\right]$$

其中 $e^{-t}u(t)*e^{-2t}u(t)*u(t)=\int_0^t(e^{-t}-e^{-2t})d\tau=\left(\frac{1}{2}-e^{-t}+\frac{1}{2}e^{-2t}\right)u(t)$

所以：$r_{zs}(t)=(p+3)\left(\frac{1}{2}-e^{-t}+\frac{1}{2}e^{-2t}\right)u(t)=\left(-2e^{-t}+\frac{1}{2}e^{-2t}+\frac{3}{2}\right)u(t)$

所以：全响应 $r(t)=r_{zi}(t)+r_{zs}(t)=\left(2e^{-t}-\frac{5}{2}e^{-2t}+\frac{3}{2}\right)u(t)$

自由响应：$\left(2e^{-t}-\frac{5}{2}e^{-2t}\right)u(t)$

受迫响应：$\frac{3}{2}u(t)$

(2) $e(t)=e^{-3t}u(t),r(0_-)=1,r'(0_-)=2$

运用和(1)同样的方法，可得：

零输入响应：$r_{zi}(t)=(4e^{-t}-3e^{-2t})u(t)$

零状态响应：$r_{zi}(t)=(e^{-t}-e^{-2t})u(t)$

全响应：$r(t)=r_{zi}(t)+r_{zs}(t)=(5e^{-t}-4e^{-2t})u(t)$

自由响应：$(5e^{-t}-4e^{-2t})u(t)$

受迫响应：0

题型 2 单位冲激响应与阶跃响应

【例 2.2.1*】 **(中国科学技术大学考研真题)**已知当输入信号为 $x(t)$时，某连续时间因果 LTI 系统的输出信号为 $y(t)$，$x(t)$和 $y(t)$的波形如图 2.5(a)、(b)所示。试用时域方法求：

(1) 该系统的单位阶跃响应 $s(t)$，并概画出 $s(t)$的波形；

(2) 系统输入为图 2.5(c)所示的 $x_1(t)$时的输出信号 $y_1(t)$，并概画出它的波形。

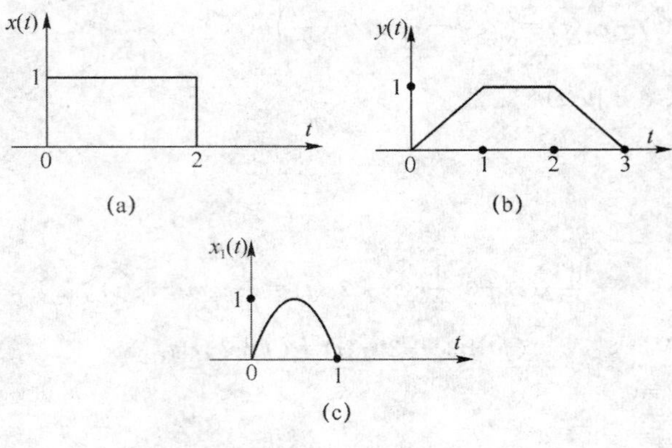

图 2.5

解答:(1) 可以用多种不同时域方法求该系统的单位阶跃响应 $s(t)$。

方法一:先求单位冲激响应 $h(t)$,再用 $s(t)=\int_{-\infty}^{t}h(\tau)\mathrm{d}\tau$ 求出 $s(t)$。

由图 2.6(a)、(b)看出:$x(t)=u(t)-u(t-2)$

和
$$\begin{aligned}y(t)&=tu(t)-(t-1)u(t-1)-(t-2)u(t-2)+(t-3)u(t-3)\\&=tu(t)*[\delta(t)-\delta(t-1)-\delta(t-2)+\delta(t-3)]\\&=t*u(t)*[\delta(t)-\delta(t-1)]*[\delta(t)-\delta(t-2)]\\&=[u(t)-u(t-1)]*[u(t)-u(t-2)]=x(t)*[u(t)-u(t-1)]\end{aligned}$$

由于该系统是 LTI 系统,$y(t)=x(t)*h(t)$,对比上式可得

$$h(t)=u(t)-u(t-1)$$

而 $h(t)$的波形如图 2.6(c)所示。

或者,直接由图 2.6(a)看出 $y(t)=x(t)*[u(t)-u(t-1)]$,即如图 2.6(c)所示那样。

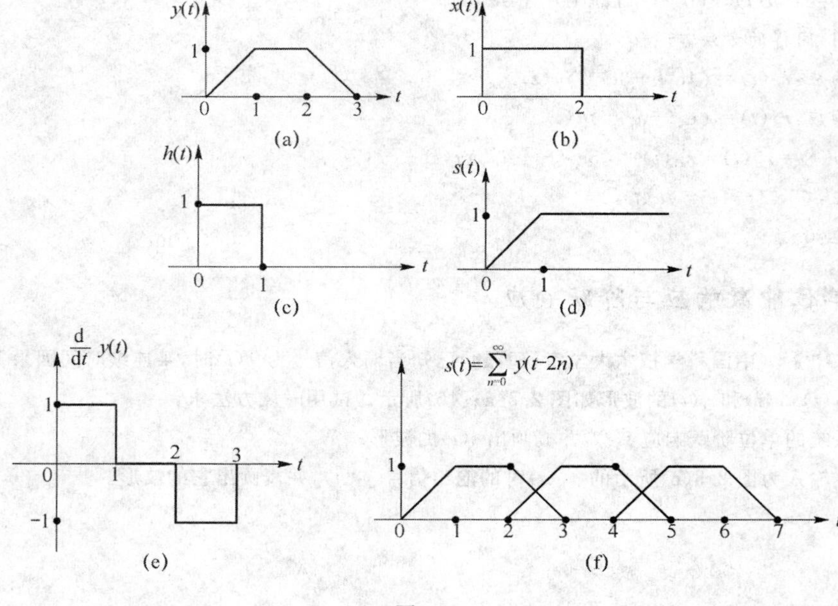

图 2.6

由此得到：$h(t)=u(t)-u(t-1)$。

还可以按如下方法求 $h(t)$：

按照卷积积分的微分性质，$y'(t)=x'(t)*h(t)$。

显然，$y'(t)=x'(t)=\delta(t)-\delta(t-2)$，并由 $y(t)$ 波形微分得到 $y'(t)$ 波形如图 2.6(e)所示。

即 $y'(t)=u(t)-u(t-1)-u(t-2)+u(t-3)$

因此得到：$h(t)=u(t)-u(t-1)$

然后，$s(t)=h(t)*u(t)=[u(t)-u(t-1)]*u(t)=tu(t)-(t-1)u(t-1)$

$s(t)$ 的波形如图 2.6(d)所示。

方法二：

直接求出单位阶跃响应 $s(t)$。

LTI 系统的 $s(t)$ 是系统输入为 $u(t)$ 时的输出，由图 2.6(b)中的 $x(t)$ 的波形可知，

$$u(t)=x(t)+x(t-2)+x(t-4)+\cdots=\sum_{n=0}^{\infty}x(t-2n)$$

根据 LTI 系统满足线性性质，系统对 $u(t)$ 的响应 $s(t)$ 为

$$s(t)=y(t)+y(t-2)+y(t-4)+\cdots=\sum_{n=0}^{\infty}y(t-2n)=tu(t)-(t-1)u(t-1)$$

按上式波形叠加图如图 2.6(f)所示，由此得到 $s(t)$ 的波形图如图 2.6(d)所示。

(2) 由(1)小题已求得：$h(t)=u(t)-u(t-1)$，则有

$$\frac{\mathrm{d}h(t)}{\mathrm{d}t}=\delta(t)-\delta(t-1)$$

该 LTI 系统当输入 $x_1(t)$ 时的输出信号 $y_1(t)$ 为

$$\begin{aligned}y_1(t)&=x_1(t)*h(t)=\frac{\mathrm{d}h(t)}{\mathrm{d}t}*\int_{-\infty}^{t}x_1(\tau)\mathrm{d}\tau=\left[\int_{-\infty}^{t}x_1(\tau)\mathrm{d}\tau\right]*[\delta(t)-\delta(t-1)]\\&=y_0(t)-y_0(t-1)\end{aligned}$$

其中，
$$y_0(t)=\int_{-\infty}^{t}x_1(\tau)\mathrm{d}\tau \qquad ①$$

由图 2.5(c)可得到

$$\begin{aligned}x_1(t)&=(\sin\pi t)[u(t)-u(t-1)]=\sin\pi tu(t)+\sin\pi(t-1)u(t-1)\\y_0(t)&=\int_{-\infty}^{t}\sin\pi\tau u(\tau)\mathrm{d}\tau-\int_{-\infty}^{t}\sin\pi\tau u(\tau-1)\mathrm{d}\tau\\&=\left[\int_{-\infty}^{t}\sin\pi\tau\mathrm{d}\tau\right]u(t)-\left[\int_{-\infty}^{t}\sin\pi\tau\mathrm{d}\tau\right]u(t-1)\end{aligned}$$

$y_0(t)$ 的波形如图 2.7(a)所示。

将 $y_0(t)$ 代入式①，得到所求系统输出为

$$y_1(t)=\frac{1}{\pi}\{(1-\cos\pi t)u(t)-[1-\cos\pi(t-2)]u(t-2)\} \qquad ②$$

$y_1(t)$ 的波形如图 2.7(b)所示。

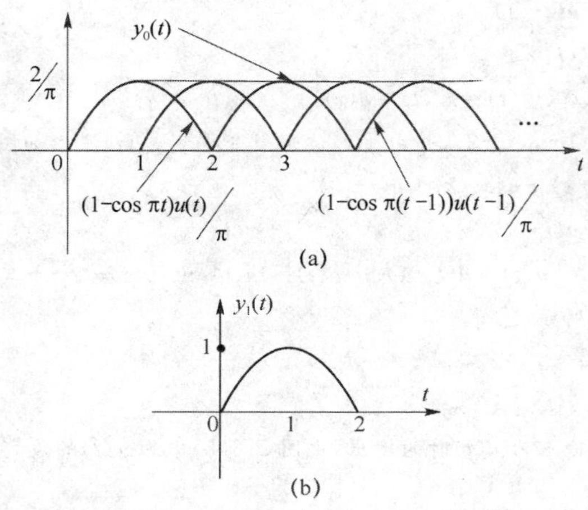

图 2.7

或者，还可以直接用如下的方法求 $y_1(t)$：

$$y_1(t)=x_1(t)*h(t)=x_1(t)*[u(t)-u(t-1)]=y_0(t)-y_0(t-1) \quad ③$$

式中，$y_0(t)=\int_{-\infty}^{t}x_1(\tau)\mathrm{d}\tau$，它可以对图 2.5(c)中的 $x_1(t)$ 波形直接滑动积分得到，波形如图 2.7(a)中的 $y_0(t)$ 所示，代入式③，得到图 2.7(b)所示的 $y_1(t)$。

【例 2.2.2】 已知某系统如图 2.8 所示，求系统的单位冲激响应。其中：$h_1(t)=u(t-1)$，$h_2(t)=\mathrm{e}^{-3t}u(t-2)$，$h_3(t)=\mathrm{e}^{-2t}u(t)$。

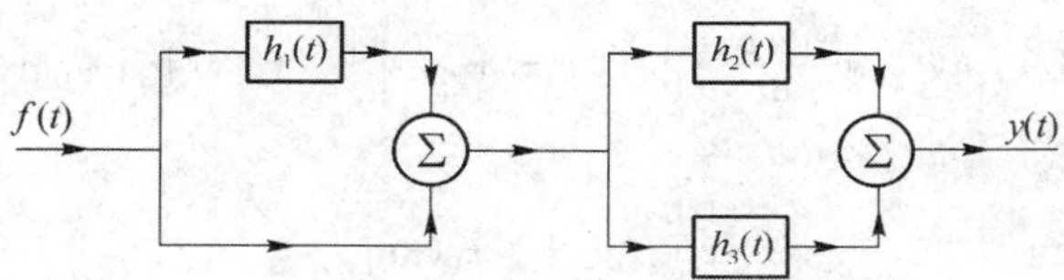

图 2.8

解答：

$$\begin{aligned}h(t)&=[h_1(t)+\delta(t)]*[h_2(t)+h_3(t)]=[u(t-1)+\delta(t)]*[\mathrm{e}^{-3t}u(t-2)+\mathrm{e}^{-2t}u(t)]\\&=u(t-1)*\mathrm{e}^{-3t}u(t-2)+u(t-1)*\mathrm{e}^{-2t}u(t)+\delta(t)*\mathrm{e}^{-3t}u(t-2)+\delta(t)*\mathrm{e}^{-2t}u(t)\\&=\frac{\mathrm{e}^{-6}}{3}(1-\mathrm{e}^{-3(t-3)})u(t-3)+\frac{1}{2}(1-\mathrm{e}^{-2(t-1)})u(t-1)+\mathrm{e}^{-3t}u(t-2)+\mathrm{e}^{-2t}u(t)\end{aligned}$$

【例 2.2.3】 已知一个最初松弛且由下列微分方程描述的 LTI 系统是可逆的，其逆系统也是 LTI 的。写出描述其逆系统的微分方程及逆系统的单位冲激响应。

$$\frac{\mathrm{d}^2}{\mathrm{d}t^2}y(t)+5\frac{\mathrm{d}}{\mathrm{d}t}y(t)+6y(t)=\frac{\mathrm{d}^2}{\mathrm{d}t^2}x(t)+4\frac{\mathrm{d}}{\mathrm{d}t}x(t)$$

解答：逆系统的单位冲激响应为

$$h(t)=\delta(t)+\frac{3}{2}u(t)+\frac{1}{2}\mathrm{e}^{-4t}u(t)$$

微分方程表征为

$$\frac{\mathrm{d}^2}{\mathrm{d}t^2}y(t)+4\frac{\mathrm{d}}{\mathrm{d}t}y(t)=\frac{\mathrm{d}^2}{\mathrm{d}t^2}x(t)+5\frac{\mathrm{d}}{\mathrm{d}t}x(t)+6x(t)$$

【例 2.2.4】 系统的输入/输出关系为 $y(t)=\int_{-\infty}^{t}\mathrm{e}^{-(t-\tau)}f(\tau-2)\mathrm{d}\tau$，求系统的单位冲激响应 $h(t)$。

解答：

$$h(t)=\int_{-\infty}^{t}\mathrm{e}^{-(t-\tau)}\delta(\tau-2)\mathrm{d}\tau=\int_{-\infty}^{t}\mathrm{e}^{-(t-2)}\delta(\tau-2)\mathrm{d}\tau$$

$$= e^{-(t-2)}\int_{-\infty}^{t}\delta(\tau-t)\mathrm{d}\tau = e^{-(t-2)}U(t-2)$$

【例 2.2.5】 系统如图 2.9(a)所示，其子系统冲激响应 $h_1(t)=\delta(t+1)-\delta(t)$，$h_3(t)=\delta(t)-\delta(t-2)$，子系统 $h_2(t)$的输入、输出如图 2.9(b)，要求在时域回答：

(1) 子系统冲激响应 $h_2(t)$；

(2) 系统 $e(t)\rightarrow r(t)$的冲激响应 $h(t)$，画出其波形；

(3) 当 $e(t)=u(t)$时系统输出 $r(t)$，画出其波形。

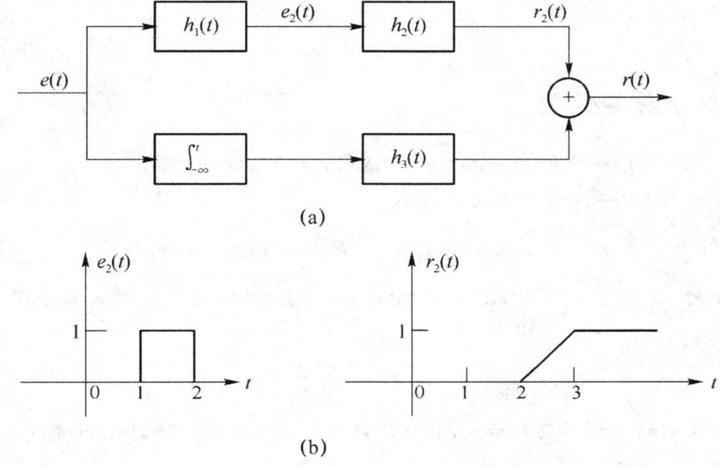

图 2.9

分析：本题考查线性时不变系统的单位冲激响应的时域求解。积分器的冲激响应实际上就是单位阶跃函数。根据串联系统的冲激响应为子系统冲激响应卷积以及并联系统的冲激响应为子系统冲激响应的和，可求出整个系统的冲激响应。子系统 $h_2(t)$的冲激响应可借助于系统响应 $r_2(t)$和激励 $e_2(t)$之间的关系求解。

解答：(1) 容易看出若对 $r_2(t)$求导，可得到与激励 $e_2(t)$相同的一个矩形脉冲，只不过向右平移一个单元

即
$$r_2'(t)=e_2(t-1)$$

将 $e_2(t)-\delta(t)$代入可得

$$h_2(t)=u(t-1)$$

(2) 积分器的冲激响应实际上就是单位阶跃响应。根据串联系统的冲激响应以及并联系统的冲激响应的特点，可求出整个系统的冲激响应为

$$\begin{aligned}h(t)&=h_1(t)*h_2(t)+u(t)*h_3(t)\\&=[\delta(t+1)-\delta(t)]*u(t-1)+[\delta(t)-\delta(t-2)]*u(t)\\&=u(t)-u(t-1)+u(t)-u(t-2)\\&=2u(t)-u(t-1)-u(t-2)\end{aligned}$$

波形如图 2.10(a)所示。

$$\begin{aligned}r(t)&=h(t)*u(t)=[2u(t)-u(t-1)-u(t-2)]*u(t)\\&=2u(t)*u(t)-u(t-1)*u(t)-u(t-2)*u(t)\\&=2tu(t)-(t-1)u(t-1)-(t-2)u(t-2)\\&=2t[u(t)-u(t-1)]+(t+1)[u(t-1)-u(t-2)]+3u(t-2)\end{aligned}$$

波形如图 2.10(b)所示。

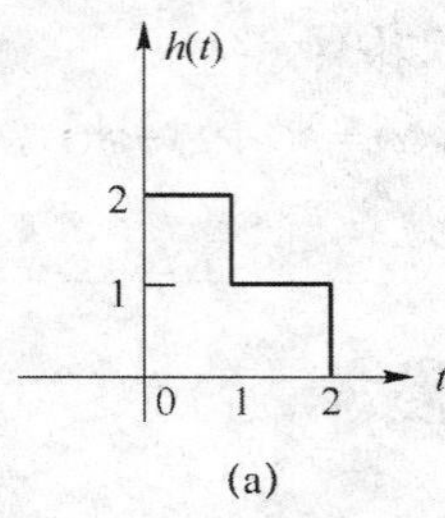

(a)

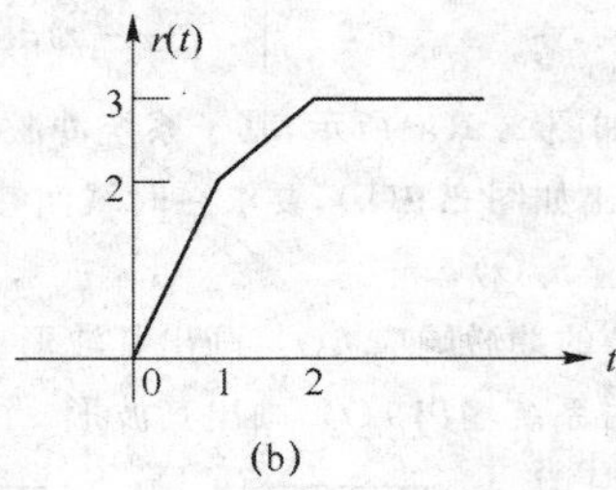

(b)

图 2.10

题型 3　卷积积分及其性质

【例 2.3.1】　已知 $h(t)=\mathrm{e}^{-at}E(t)$，$e(t)=\varepsilon(t)$，试求 $e(t)$和 $h(t)$的卷积。

解答：将已知 $e(t)$和 $h(t)$代入卷积定义式，则

$$r(t)=e(t)*h(t)=\int_{-\infty}^{+\infty}E(t-\tau)\mathrm{e}^{-a(t-\tau)}E(\tau)\mathrm{d}\tau$$

式中，积分变量为 τ。由于 $\tau<0$ 时，$E(\tau)=0$；而 $\tau>t$ 时，$\varepsilon(t-\tau)=0$，所以积分限应是 $0<\tau<t$，故 $r(t)$为

$$r(t)=\int_{0}^{t}\mathrm{e}^{-at}\mathrm{e}^{a\tau}\mathrm{d}\tau=\frac{1}{a}(1-\mathrm{e}^{-at})\varepsilon(t)$$

应当指出，作为卷积积分的一般表示式，积分限应是$(-\infty,\infty)$，但通过上例可以看到不同的积分函数，其卷积积分限可以有所不同。

【例 2.3.2】　试计算如图 2.11 所示的函数 $f_1(t)$与 $f_2(t)$的卷积积分。

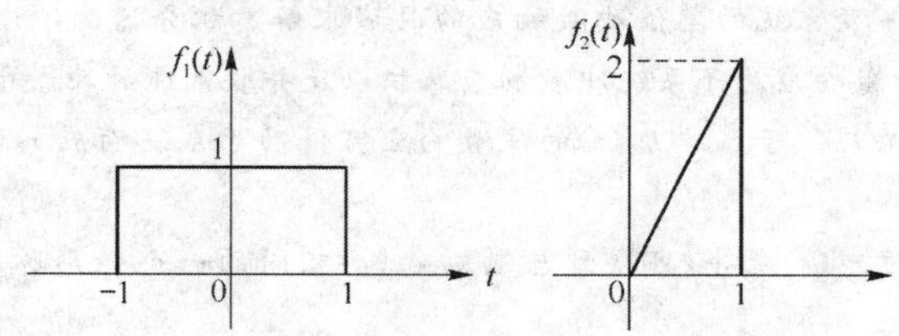

图 2.11

解答：两函数的表达式(以 τ 为自变量)分别为

$$f_1(\tau)=\begin{cases}1 & -1<\tau<1\\ 0 & \text{其他}\end{cases}$$

$$f_2(\tau)=\begin{cases}2\tau & 0<\tau<1\\ 0 & \text{其他}\end{cases}$$

首先将 $f_2(\tau)$反折为 $f_2(-\tau)$；

其次将 $f_2(-\tau)$沿 τ 轴自左至右平移 t，得到 $f_2(t-\tau)$，其中 t 从$-\infty$逐渐增大。由于两个函数均为有限长区间，因此相乘和积分应分几个区间进行。图 2.12 绘出了有关计算过程。

(1) $t<1$，由图 2.12(a)可知，$f_1(\tau)$与 $f_2(t-\tau)$波形无重叠部分，$f(t)=0$；

(2) $-1<t<0$，由图 2.12(b)知，$f_1(\tau)$与 $f_2(t-\tau)$两波形重叠区间为 $-1<\tau<t$，因此

$$f(t)=f_1(t)*f_2(t)=\int_{-1}^{t}f_1(\tau)f_2(t-\tau)\mathrm{d}\tau=(t+1)^2$$

(3) $0<t<1$，由图 2.12(c)可知，在 $t-1<\tau<t$ 区域内，两波形重叠，所以有

$$f(t)=\int_{t-1}^{t}1\times2(t-\tau)\mathrm{d}\tau=1$$

(4) $1<t<2$，由图 2.12(d)可知，两波形在 $t-1<\tau<t$ 区间重叠，所以有

$$f(t)=\int_{t-1}^{1}1\times 2(t-\tau)\mathrm{d}\tau=1-(t-1)^2$$

(5) $t>2$，由图 2.12(e)可知，在此区间两波形无重叠部分，因此 $f(t)=0$。

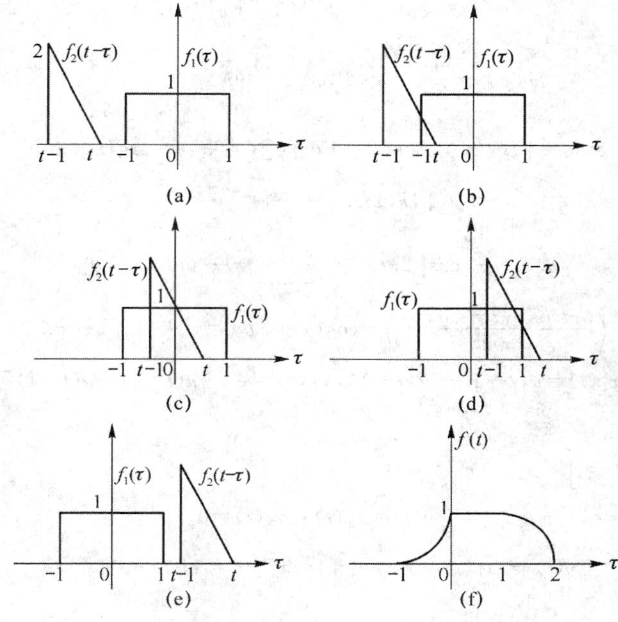

图 2.12

综合以上计算，可得图 2.13(f)所示 $f(t)$ 波形的表达式为

$$f(t)=\begin{cases}(t+1)^2 & -1\leqslant t<0\\ 1 & 0\leqslant t<1\\ 1-(t-1)^2 & 1\leqslant t<2\\ 0 & \text{其他}\end{cases}$$

由本例可见，用图解法作卷积的计算不仅概念清楚，而且便于正确确定 t 在不同区间的卷积积分上、下限。

【例 2.3.3】 下列等式不成立的是(　　)。

(A) $f_1(t-t_0)*f_2(t+t_0)=f_1(t)*f_2(t)$

(B) $\frac{\mathrm{d}}{\mathrm{d}t}[f_1(t)*f_2(t)]=\frac{\mathrm{d}}{\mathrm{d}t}[f_1(t)]*\frac{\mathrm{d}}{\mathrm{d}t}[f_2(t)]$

(C) $f(t)*\delta'(t)=f'(t)$

(D) $f(t)*\delta(t)=f(t)$

解答：选(B)。

因为
$$\frac{\mathrm{d}}{\mathrm{d}t}[f_1(t)*f_2(t)]=\frac{\mathrm{d}}{\mathrm{d}t}[f_1(t)]*f_2(t)=f_1(t)*\frac{\mathrm{d}}{\mathrm{d}t}[f_2(t)]$$

【例 2.3.4★】 (电子科技大学考研真题)计算卷积积分：$\left(\frac{3\pi t\cos 3\pi t-\sin 3\pi t}{3\pi^2t^2}\right)*\cos(2\pi t+\theta)$，其中：$\theta$ 为任意常数。

解答：令 $h(t)=\frac{3\pi t\cos 3\pi t-\sin 3\pi t}{3\pi^2t^2}$

所以 $$原式=h(t)*\cos(2\pi t+\theta)$$

因为 $$h(t)=\frac{1}{3\pi}\frac{d}{dt}\left(\frac{\sin 3\pi t}{\pi t}\right)$$

又因为 $$\frac{\sin 3\pi t}{\pi t}\overset{F}{\leftrightarrow}P(\omega)=\begin{cases}1, & |\omega|<3\pi\\0, & |\omega|>3\pi\end{cases}$$

所以 $$H(j\omega)=\frac{1}{3\pi}\cdot j\omega\cdot P(\omega)=\begin{cases}j\,\frac{\omega}{3\pi}, & |\omega|<3\pi\\0, & |\omega|>3\pi\end{cases}$$

因为 $$原式=|H(2\pi)|\cos[2\pi t+\theta+\phi](其中:\phi=\arg H(2\pi))$$

而 $$|H(2\pi)|=\frac{2}{3},\phi=\frac{\pi}{2}$$

所以 $$原式=\frac{2}{3}\cos\left[2\pi t+\theta+\frac{\pi}{2}\right]=-\frac{2}{3}\sin[2\pi t+\theta]$$

故 $$\left(\frac{3\pi t\cos 3\pi t-\sin 3\pi t}{3\pi^2 t^2}\right)\cdot\cos(2\pi t+\theta)=-\frac{2}{3}\sin[2\pi t+\theta]$$

【例 2.3.5】 已知 $x_1(t)=u(t+1)-u(t-1)$，$x_2(t)=e^{-t}[u(t+1)-u(t-1)]$，求两个信号的卷积：$y(t)=x_1(t)*x_2(t)$。

解答：$x_1(t)*x_2(t)=\int_{-\infty}^{\infty}x_2(\tau)x_1(t-\tau)d\tau$

当 $t<-2$ 时， $$y(t)=x_1(t)*x_2(t)=0$$

当 $-2\leqslant t\leqslant 0$， $$y(t)=x_1(t)*x_2(t)=\int_{-1}^{t+1}e^{-\tau}d\tau=e[1-e^{-(t+2)}]$$

当 $0\leqslant t\leqslant 2$， $$y(t)=x_1(t)*x_2(t)=\int_{t-1}^{1}e^{-\tau}d\tau=e[e^{-t}-e^{-2}]$$

当 $2<t$， $$y(t)=x_1(t)*x_2(t)=0$$

【例 2.3.6】 计算卷积 $e^{-t}u(t)*[\delta(t)+2\delta'(t)-\delta''(t)]*tu(t)$。

解答：
$$\begin{aligned}&e^{-t}u(t)*[\delta(t)+2\delta'(t)-\delta''(t)]*tu(t)\\&=e^{-t}u(t)+2[e^{-t}u(t)]'-[e^{-t}u(t)]''\\&=e^{-t}u(t)-2e^{-t}u(t)+2\delta(t)-\delta'(t)+\delta(t)-e^{-t}u(t)\\&=-2e^{-t}u(t)+3\delta(t)-\delta'(t)\end{aligned}$$

故

$$\begin{aligned}原式&=[-2e^{-t}u(t)+3\delta(t)-\delta'(t)]*[tu(t)]\\&=[-2e^{-t}u(t)]*[tu(t)]+3tu(t)-[tu(t)]'\\&=[-2e^{-t}u(t)]*[tu(t)]+3tu(t)-u(t)\end{aligned}$$

而
$$\begin{aligned}[e^{-t}u(t)]*[tu(t)]&=\left\{\int_{-\infty}^{t}e^{-\tau}u(\tau)d\tau\right\}*[tu(t)]'\\&=[(1-e^{-t})u(t)]*u(t)\\&=\int_{-\infty}^{t}[(1-e^{-\tau})u(\tau)]d\tau\\&=tu(t)-u(t)+e^{-t}u(t)\end{aligned}$$

于是

$$\begin{aligned}原式&=[-2e^{-t}u(t)]*[tu(t)]+3tu(t)-u(t)\\&=-2[tu(t)-u(t)+e^{-t}u(t)]+3tu(t)-u(t)\\&=(t+1)u(t)-2e^{-t}u(t)\end{aligned}$$

即卷积结果 $=-2e^{-t}u(t)+tu(t)+u(t)$

【例 2.3.7】 已知连续时间信号 $f_1(t)=\begin{cases}2, & 1<t<3\\0, & 其他\end{cases}$，$f_2(t)=\begin{cases}1, & 0<t<1\\-1, & 1<t<2\\0, & 其他\end{cases}$，求卷积函数 $y(t)=f_1(t)*f_2(t)$，并画其概略图。

解答：$f_1(t)$，$f_2(t)$的波形如图 2.13 (a)、(b)所示，$f_1'(t)$，$\int_{-\infty}^{t}f_2(\tau)\mathrm{d}\tau$ 的波形如图 2.13(c)、(d)所示。

$$y(t)=f_1(t)*f_2(t)=f_1'(t)*\int_{-\infty}^{t}f_2(\tau)\mathrm{d}\tau$$
$$=[\delta(t-1)-\delta(t-3)]*\int_{-\infty}^{t}f_2(\tau)\mathrm{d}\tau$$

$y(t)$的波形图如图 2.13(e)所示。

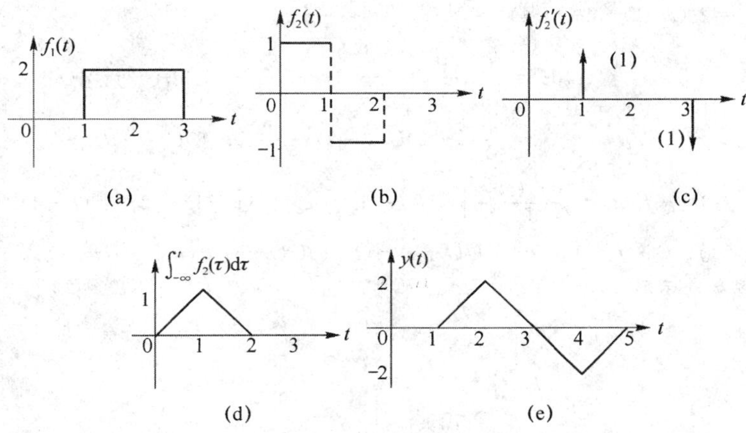

图 2.13

【例 2.3.8★】 $f_1(t)$，$f_2(t)$，$f_3(t)$的波形如图 2.14 所示。

(1) 求 $f_1(t)*f_3(t)$；

(2) 求 $f_2(t)*f_3(t)$，并画出各卷积的波形。

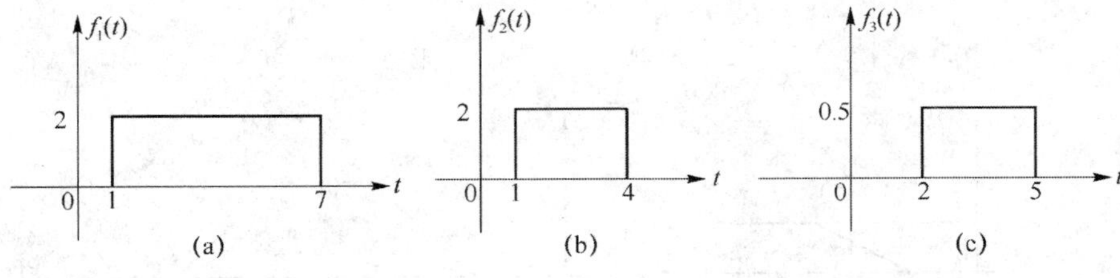

图 2.14

解答：(1) 由于 $f_1(t)=2U(t-1)-2U(t-7)$ 为时限信号，$f_3(t)=\frac{1}{2}U(t-2)-\frac{1}{2}U(t-5)$ 也为时限信号，故

$$\frac{\mathrm{d}f_1(t)}{\mathrm{d}t}=2\delta(t-1)-2\delta(t-7)$$

$$\int_{-\infty}^{t}f_3(\tau)\mathrm{d}\tau=\int_{-\infty}^{t}\frac{1}{2}[U(\tau-2)-U(\tau-5)]\mathrm{d}\tau=f_3^{(-1)}(t)$$
$$=\frac{1}{2}(t-2)U(t-2)-\frac{1}{2}(t-5)U(t-5)$$

$\frac{\mathrm{d}f_1(t)}{\mathrm{d}t}$ 与 $\int_{-\infty}^{t}f_3(\tau)\mathrm{d}\tau$ 的波形如图 2.15(a)所示，故得

$$f_1(t)*f_3(t)=\frac{\mathrm{d}f_1(t)}{\mathrm{d}t}*\int_{-\infty}^{t}f_3(\tau)\mathrm{d}\tau=2f_3^{(-1)}(t-1)-2f_3^{(-1)}(t-7)$$

即

$$f_1(t)*f_3(t)=(t-3)U(t-3)-(t-6)U(t-6)-(t-9)U(t-9)+(t-12)U(t-12)$$

或写成分段函数表示形式，即

$$f_1(t)*f_3(t)=\begin{cases}0, & t<3\\ t-3, & 3\leqslant t<6\\ 3, & 6\leqslant t<9\\ 12-t, & 9\leqslant t<12\\ 0, & t\geqslant 12\end{cases}$$

(2) 因 $\frac{\mathrm{d}f_2(t)}{\mathrm{d}t}=2\delta(t-1)-2\delta(t-4)$

$$\int_{-\infty}^{t}f_3(\tau)\mathrm{d}\tau=\int_{-\infty}^{t}\frac{1}{2}[U(\tau-2)-U(\tau-5)]\mathrm{d}\tau=f_3^{(-1)}(t)$$
$$=\frac{1}{2}(t-2)U(t-2)-\frac{1}{2}(t-5)U(t-5)$$

故 $$f_2(t)*f_3(t)=\frac{\mathrm{d}f_2(t)}{\mathrm{d}t}*\int_{-\infty}^{t}f_3(\tau)\mathrm{d}\tau=2f_3^{(-1)}(t-1)-2f_3^{(-1)}(t-4)$$

即 $$f_1(t)*f_3(t)=(t-3)U(t-3)-(t-6)U(t-6)-(t-9)U(t-9)$$

或写成分段函数表示形式，即

$$f_1(t)*f_3(t)=\begin{cases}0, & t<3\\ t-3, & 3\leqslant t<6\\ 3, & 6\leqslant t<9\\ 0, & t\geqslant 9\end{cases}$$

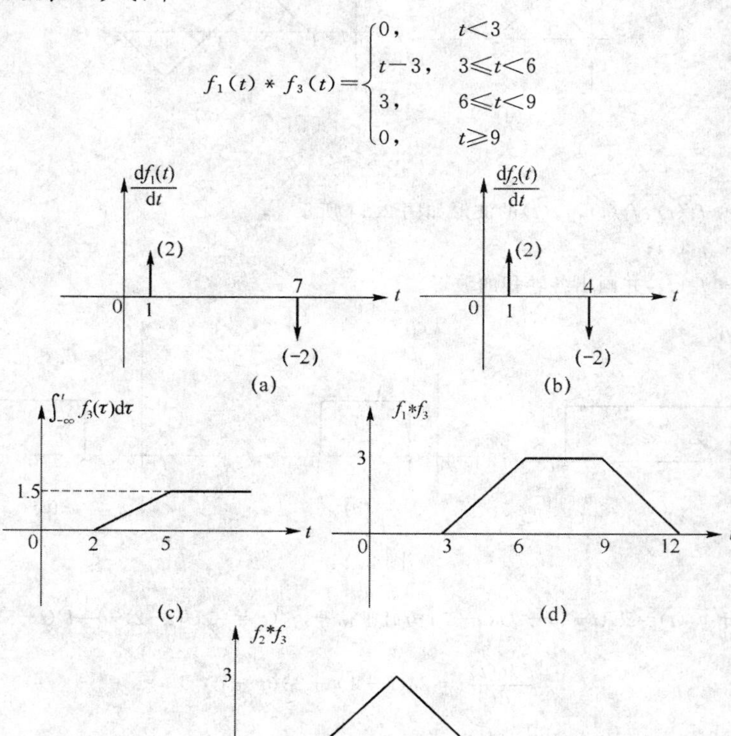

图 2.15

【例 2.3.9★】（南开大学考研真题）某 LTI 连续系统的冲激响应 $h(t)=e^{-(t+1)}u(t+1)$，当系统输入 $f(t)$，如图 2.16(a)所示，利用卷积积分求该系统零状态响应，并画出其波形图。

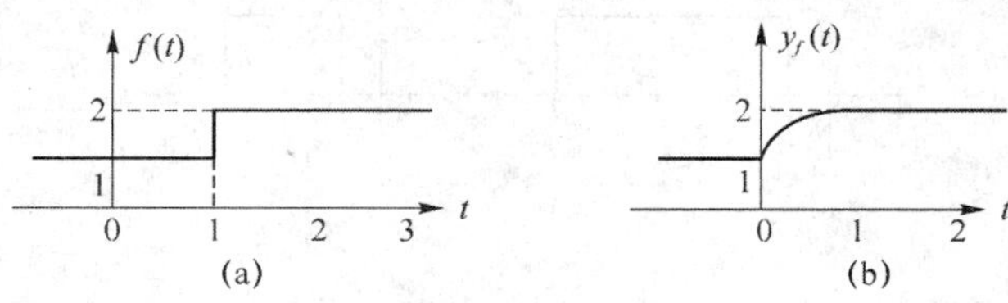

图 2.16

解答：由图 2.16(a)可得

$$f(t)=u(-t+1)+2u(t-1)$$

零状态响应 $y_f(t)$ 为

$$\begin{aligned}y_f(t) &= f(t)*h(t)=\int_{-\infty}^{\infty}f(t-\tau)h(\tau)\mathrm{d}\tau\\ &=\int_{-\infty}^{\infty}[u(-t+\tau+1)+2u(t-\tau-1)]e^{-(\tau+1)}u(\tau+1)\mathrm{d}\tau\\ &=\int_{-\infty}^{\infty}u(-t+\tau+1)e^{-(\tau+1)}u(\tau+1)\mathrm{d}\tau\\ &\quad+\int_{-\infty}^{\infty}2u(t-\tau-1)e^{-(\tau+1)}u(\tau+1)\mathrm{d}\tau\end{aligned}$$

为了计算方便，分别令

$$y_1(t)=\int_{-\infty}^{\infty}u(-t+\tau+1)e^{-(\tau+1)}u(\tau+1)\mathrm{d}\tau$$

$$y_2(t)=\int_{-\infty}^{\infty}2u(t-\tau-1)e^{-(\tau+1)}u(\tau+1)\mathrm{d}\tau$$

首先计算 $y_1(t)$：

当 $\tau+1>0$，即 $\tau>-1$ 时，$u(\tau+1)=1$；

同理，当 $-t+\tau+1>0$，即 $\tau>t-1$ 时，$u(-t+\tau+1)=1$。

当 $t-1>-1$，即 $t>0$ 时，取 $t-1$ 作 $y_1(t)$的积分下限。

当 $t-1<-1$，即 $t<0$ 时，取 -1 作 $y_1(t)$的积分下限。由此可得

$$y_1(t)=\int_{-t-1}^{\infty}e^{-(\tau+1)}\mathrm{d}\tau=-e^{-(\tau+1)}\Big|_{t-1}^{\infty}=e^{-t},t>0$$

$$y_1(t)=\int_{t-1}^{\infty}e^{-(\tau+1)}\mathrm{d}\tau=-e^{-(\tau+1)}\Big|_{-1}^{\infty}=1,t<0$$

同理求 $y_2(t)$：

$$y_2(t)=2\int_{-1}^{t-1}e^{-(\tau+1)}\mathrm{d}\tau=-2e^{-(\tau+1)}\Big|_{-1}^{t-1}=(2-2e^{-t})u(t)$$

故可得：

$$\begin{aligned}y_f(t)&=u(-t)+e^{-t}u(t)+(2-2e^{-t})u(t)\\&=u(-t)+2u(t)-e^{-t}u(t)\end{aligned}$$

零状态响应的波形图如图 2.16(b)图所示。

【例 2.3.10】 $f_1(t)$，$f_2(t)$，$f_3(t)$的波形如图 2.17 所示。

(1) 求 $f_1(t)*f_3(t)$；

(2) 求 $f_2(t)*f_3(t)$，并画出各卷积的波形。

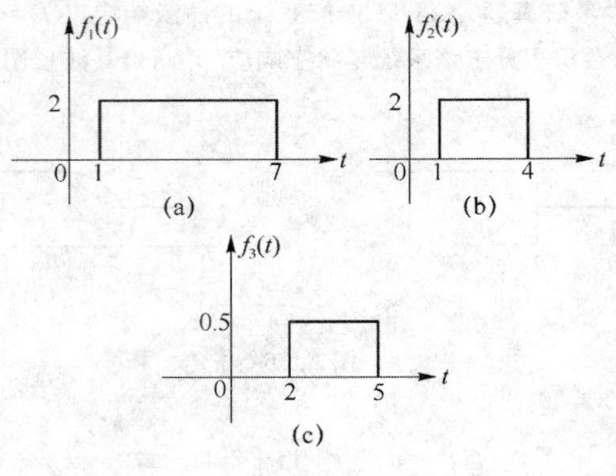

图 2.17

解答：

(1) 由于 $f_1(t)=2U(t-1)-2U(t-7)$ 为时限信号，$f_3(t)=\frac{1}{2}U(t-2)-\frac{1}{2}U(t-5)$ 也为时限信号，故

$$\frac{df_1(t)}{dt}=2\delta(t-1)-2\delta(t-7)$$

$$\begin{aligned}\int_{-\infty}^{t} f_3(\tau)\mathrm{d}\tau &= \int_{-\infty}^{t} \frac{1}{2}[U(\tau-2)-U(\tau-5)]\mathrm{d}\tau = f_3^{(-1)}(t)\\ &= \frac{1}{2}(t-2)U(t-2)-\frac{1}{2}(t-5)U(t-5)\end{aligned}$$

$\frac{\mathrm{d}f_1(t)}{\mathrm{d}t}$ 与 $\int_{-\infty}^{t} f_3(\tau)\mathrm{d}\tau$ 的波形如图 2.18(a)、(c)所示，故得

$$f_1(t)*f_3(t)=\frac{\mathrm{d}f_1(t)}{\mathrm{d}t}*\int_{-\infty}^{t} f_3(\tau)\mathrm{d}\tau = 2f_3^{(-1)}(t-1)-2f_3^{(-1)}(t-7)$$

即

$$\begin{aligned}f_1(t)*f_3(t)=&(t-3)U(t-3)-(t-6)U(t-6)-(t-9)U(t-9)\\ &+(t-12)U(t-12)\end{aligned}$$

或写成分段函数表示形式，即

$$f_1(t)*f_3(t)=\begin{cases}0, & t<3\\ t-3, & 3\leqslant t<6\\ 3, & 6\leqslant t<9\\ 12-t, & 9\leqslant t<12\\ 0, & t\geqslant 12\end{cases}$$

(2) 因 $\frac{\mathrm{d}f_2(t)}{\mathrm{d}t}=2\delta(t-1)-2\delta(t-4)$ 如图 2.18(b)所示。

$$\begin{aligned}\int_{-\infty}^{t} f_3(\tau)\mathrm{d}\tau &= \int_{-\infty}^{t} \frac{1}{2}[U(\tau-2)-U(\tau-5)]\mathrm{d}\tau = f_3^{(-1)}(t)\\ &= \frac{1}{2}(t-2)U(t-2)-\frac{1}{2}(t-5)U(t-5)\end{aligned}$$

故 $$f_2(t)*f_3(t)=\frac{\mathrm{d}f_2(t)}{\mathrm{d}t}*\int_{-\infty}^{t} f_3(\tau)\mathrm{d}\tau = 2f_3^{(-1)}(t-1)-2f_3^{(-1)}(t-4)$$

即 $$f_1(t)*f_3(t)=(t-3)U(t-3)-(t-6)U(t-6)-(t-9)U(t-9)$$

或写成分段函数表示形式，即

$$f_1(t)*f_3(t)=\begin{cases}0, & t<3\\ t-3, & 3\leqslant t<6\\ 3, & 6\leqslant t<9\\ 0, & t\geqslant 9\end{cases}$$

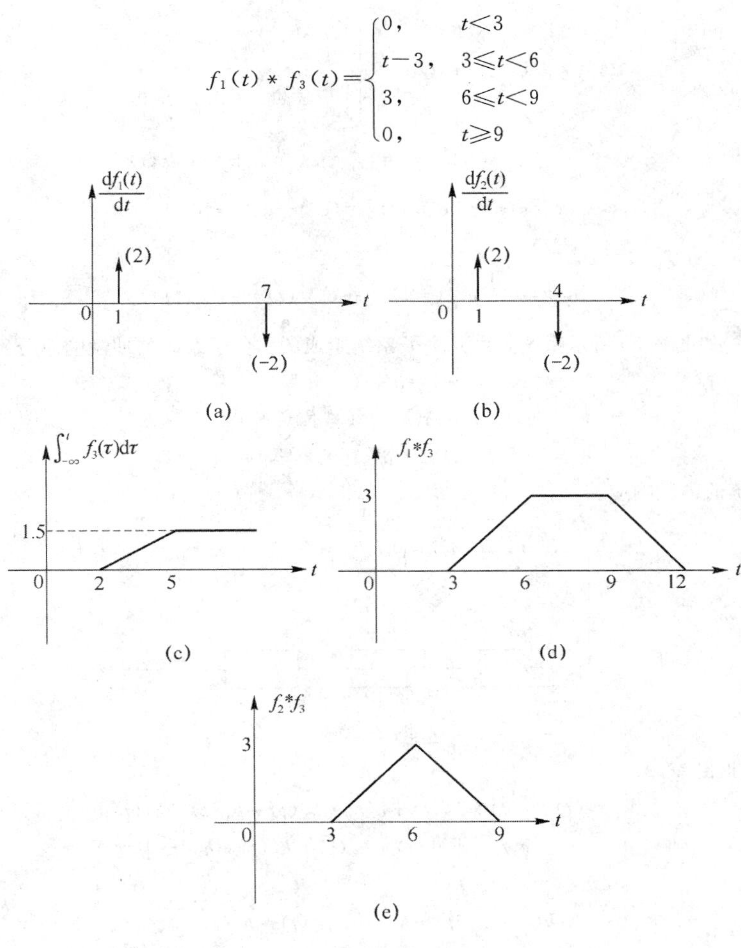

图 2.18

【例 2.3.11】 电路如图 2.19 所示，图中 $R=1\ \Omega, L=1\ \mathrm{H}$，激励电压 $x(t)=\mathrm{e}^{-2|t|}$。试求电阻 R 上的输出电压 $u_R(t)$。

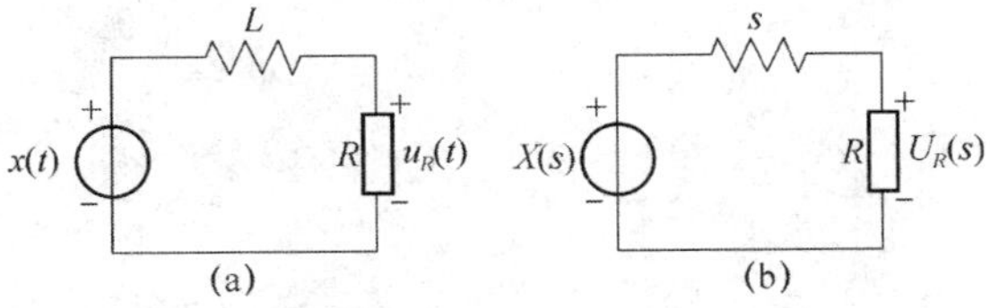

图 2.19

解答：设 0 态，画 s 域电路模型如图 2.19(b)所示。图中 $X(s)=\xi[x(t)]$

$$H(s)=\frac{U_R(s)}{X(s)}=\frac{1}{s+1}\leftrightarrow h(t)=\mathrm{e}^{-t}\varepsilon(t)$$

$$x(t)=\mathrm{e}^{-2|t|}=\mathrm{e}^{2t}\varepsilon(-t)+\mathrm{e}^{-2t}\varepsilon(t)$$

$$u_R(t)=x(t)*h(t)=\mathrm{e}^{2t}\varepsilon(-t)*[\mathrm{e}^{-t}\varepsilon(t)]+\mathrm{e}^{-2t}\varepsilon(t)*[\mathrm{e}^{-t}\varepsilon(t)]$$

其中，
$$e^{2t}\varepsilon(-t)*[e^{-t}\varepsilon(t)]=\begin{cases}\int_{-\infty}^{t}e^{2\tau}e^{-(t-\tau)}d\tau, t<0\\ \int_{-\infty}^{0}e^{2\tau}e^{-(t-\tau)}d\tau, t>0\end{cases}$$
$$=\frac{1}{3}e^{2t}\varepsilon(-t)+\frac{1}{3}e^{-t}\varepsilon(t)$$
$$e^{-2t}\varepsilon(t)*[e^{-t}\varepsilon(t)]=(e^{-t}-e^{-2t})\varepsilon(t)$$

所以
$$u_R(t)=\frac{1}{3}e^{2t}\varepsilon(-t)+\frac{4}{3}e^{-t}\varepsilon(t)-e^{-2t}\varepsilon(t)$$

【例 2.3.12】 如图 2.20 所示系统是由几个子系统组成的。各子系统的冲激响应分别为
$$h_1(t)=u(t)\text{（积分器）}$$
$$h_2(t)=\delta(t-1)\text{（单位延时）}$$
$$h_3(t)=-\delta(t)\text{（倒相器）}$$
试求总的系统的冲激响应。

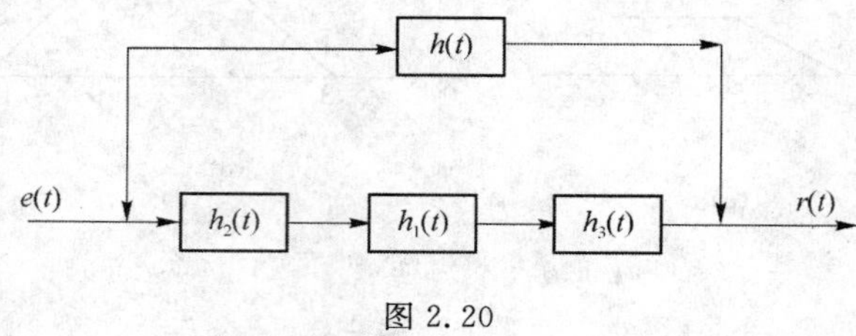

图 2.20

解答：由系统框图知：
$$r(t)=e(t)*h_1(t)+e(t)*h_2(t)*h_1(t)*h_3(t)$$
$$=e(t)*[h_1(t)+h_2(t)*h_1(t)*h_3(t)]$$
$$=e(t)*h(t)$$
所以
$$h(t)=h_1(t)+h_2(t)*h_1(t)*h_3(t)$$
其中
$$h_1(t)=u(t), h_2(t)*h_1(t)*h_3(t)=\delta(t-1)*u(t)*[-\delta(t)]=-u(t-1)$$
所以
$$h(t)=u(t)-u(t-1)$$

第3章

连续时间系统的傅里叶分析

【基本知识点】周期信号的频谱及其特点，傅里叶级数与周期信号波形对称性的关系；非周期信号的傅里叶变换的定义及其典型信号的傅里叶变换；傅里叶变换的主要性质；信号的能量、频宽等概念；周期信号傅里叶变换的求法及其傅里叶系数与傅里叶变换的关系；抽样信号的概念、时域抽样定理、频域抽样定理；连续系统的频域分析方法；理想低通滤波器及其传输特性和信号传输的不失真条件。

【重点】周期信号的频谱及其特点；傅里叶变换的定义和典型信号的傅里叶变换；傅里叶变换的主要性质；信号能量的概念；连续系统的频域分析方法。

【难点】周期信号的频谱及其特点；傅里叶变换的定义和典型信号的傅里叶变换；傅里叶变换的主要性质；信号能量的概念；连续系统的频域分析方法。

3.1 答疑解惑

3.1.1 为什么引用傅里叶级数？

一个线性时不变系统的输入/输出关系由如下卷积积分定义

$$y(t) = x(t) * h(t) = \int_{-\infty}^{\infty} h(\tau)x(t-\tau)\mathrm{d}\tau$$

式中，$h(t)$记为系统的冲激响应，$x(t)$为输入信号，$y(t)$为输出信号。如果 $x(t)$是一个由

$$x(t)=A\mathrm{e}^{\mathrm{j}\omega_0 t}$$

给出的复指数信号，那么输出则为

$$y(t) = \int_{-\infty}^{\infty} h(\tau)A\mathrm{e}^{\mathrm{j}\omega_0(t-\tau)}\mathrm{d}\tau = A\left[\int_{-\infty}^{\infty} h(\tau)\mathrm{e}^{-\mathrm{j}\omega_0\tau}\mathrm{d}\tau\right]\mathrm{e}^{\mathrm{j}\omega_0 t}$$

从另一个角度来看，该系统是一个与输入信号具有相同频率的复指数。但是，输出的(复)振幅是输入(复)振幅乘以

$$\int_{-\infty}^{\infty} h(\tau)\mathrm{e}^{-\mathrm{j}\omega_0\tau}\mathrm{d}\tau$$

值得注意的是,上式这个量是该 LTI 系统冲激响应 $h(t)$和输入信号角频率 ω_0 的函数。因此计算 LTI 系统对指数输入的响应特别容易。这样,在线性系统分析中应该寻找一些将信号展开称复指数之和的方法。而傅里叶级数和傅里叶变换就是利用复指数来展开信号的技术。

3.1.2 傅里叶级数的三角函数形式如何表示?

周期函数 $f(t)$可由三角函数的线性组合来表示,若 $f(t)$的周期为 T_1,角频率 $\omega_1=\frac{2\pi}{T_1}$,频率 $f_1=\frac{1}{T_1}$,傅里叶级数展开表达式为

$$f(t)=a_0+\sum_{n=1}^{\infty}\left[a_n\cos(n\omega_1 t)+b_n\sin(n\omega_1 t)\right]$$

式中,n 为正整数,a_n、b_n 称为傅里叶系数。计算表达式为

直流分量

$$a_0=\frac{1}{T_1}\int_{t_0}^{t_0+T_1}f(t)\,\mathrm{d}t$$

余弦分量的幅度

$$a_n=\frac{2}{T_1}\int_{t_0}^{t_0+T_1}f(t)\cos(n\omega_1 t)\,\mathrm{d}t$$

正弦分量的幅度

$$b_n=\frac{2}{T_1}\int_{t_0}^{t_0+T_1}f(t)\sin(n\omega_1 t)\,\mathrm{d}t$$

注意:并非所有的周期信号都能进行傅里叶级数展开。被展开的函数 $f(t)$需要满足如下的一组充分条件,称为“狄利克雷(Dirichlet)”条件。

① 在一个周期内,如果有间断点,则间断点的数目应该是有限个;

② 在一个周期内,极大值和极小值的数目应该是有限个;

③ 在一个周期内,信号是绝对可积的,即 $\int_{t_0}^{t_0+T_1}|f(t)|\,\mathrm{d}t$ 等于有限值(T_1 为信号周期)。

3.1.3 傅里叶级数的指数形式如何表示?

周期信号的傅里叶级数也可表示为指数形式,已知

$$f(t)=a_0+\sum_{n=1}^{\infty}\left[a_n\cos(n\omega_1 t)+b_n\sin(n\omega_1 t)\right]$$

根据欧拉公式

$$\cos(n\omega_1 t)=\frac{1}{2}(\mathrm{e}^{\mathrm{j}n\omega_1 t}+\mathrm{e}^{-\mathrm{j}n\omega_1 t})$$

$$\sin(n\omega_1 t)=\frac{1}{2\mathrm{j}}(\mathrm{e}^{\mathrm{j}n\omega_1 t}-\mathrm{e}^{-\mathrm{j}n\omega_1 t})$$

将上式带入三角形式的展开式中,可得

$$f(t)=a_0+\sum_{n=1}^{\infty}\left[\frac{a_n-\mathrm{j}b_n}{2}\mathrm{e}^{\mathrm{j}n\omega_1 t}+\frac{a_n+\mathrm{j}b_n}{2}\mathrm{e}^{-\mathrm{j}n\omega_1 t}\right]$$

令 $F(n\omega_1)=\frac{a_n-\mathrm{j}b_n}{2}$，根据奇偶性质可得

$$F(-n\omega_1)=\frac{a_n+\mathrm{j}b_n}{2}$$

故可得

$$f(t)=a_0+\sum_{n=1}^{\infty}[F(n\omega_1)\mathrm{e}^{\mathrm{j}n\omega_1 t}+F(-n\omega_1)\mathrm{e}^{-\mathrm{j}n\omega_1 t}]$$

令 $F(0)=a_0$，根据

$$\sum_{n=1}^{\infty}F(-n\omega_1)\mathrm{e}^{-\mathrm{j}n\omega_1 t}=\sum_{n=-1}^{-\infty}F(n\omega_1)\mathrm{e}^{\mathrm{j}n\omega_1 t}$$

从而可以得到指数形式的傅里叶级数，它是

$$f(t)=\sum_{n=-\infty}^{\infty}F(n\omega_1)\mathrm{e}^{\mathrm{j}n\omega_1 t}$$

其系数 $F(n\omega_1)$（简写为 F_n）可由下式计算

$$F_n=\frac{1}{T_1}\int_{t_0}^{t_0+T_1}f(t)\mathrm{e}^{-\mathrm{j}n\omega_1 t}\mathrm{d}t$$

通过对比指数形式的傅里叶变换与三角形式的傅里叶变换，可以看出 F_n 与其他系数有如下关系

$$F_0=a_0$$

$$F_n=|F_n|\mathrm{e}^{\mathrm{j}\phi_n}=\frac{a_n-\mathrm{j}b_n}{2}$$

$$F_{-n}=|F_{-n}|\mathrm{e}^{-\mathrm{j}\phi_n}=\frac{a_n+\mathrm{j}b_n}{2}$$

$$|F_n|=|F_{-n}|=\frac{1}{2}\sqrt{a_n^2+b_n^2}$$

3.1.4 什么是函数的对称性？傅里叶级数的定性性质有哪些？

$$a_0=\frac{1}{T_1}\int_{t_0}^{t_0+T_1}f(t)\mathrm{d}t$$

$$a_n=\frac{2}{T_1}\int_{t_0}^{t_0+T_1}f(t)\cos(n\omega_1 t)\mathrm{d}t$$

$$b_n=\frac{2}{T_1}\int_{t_0}^{t_0+T_1}f(t)\sin(n\omega_1 t)\mathrm{d}t$$

1. $f(t)$为偶函数

$$f(t)=f(-t)$$

$f(t)$的傅里叶级数只含有直流和余弦分量。

2. $f(t)$为奇函数

$$f(t)=-f(-t)$$

$f(t)$的傅里叶级数只含有正弦分量。

3. $f(t)$为奇谐函数

$$f(t)=-f\left(t\pm\frac{T}{2}\right)$$

$f(t)$的傅里叶级数只含有奇次正余弦分量(奇次谐波)。

4. $f(t)$为偶谐函数

$$f(t)=-f\left(t\pm\frac{T}{2}\right)$$

$f(t)$的傅里叶级数只含有偶次正余弦分量(偶次谐波)。

3.1.5 什么是周期信号的功率(Parseval 等式)?

周期信号 $f(t)$一般是功率信号,其平均功率为

$$\frac{1}{T_1}\int_{t_0}^{t_0+T_1} f(t)\,\mathrm{d}t=\left(\frac{A_0}{2}\right)^2+\sum_{n=1}^{\infty}\frac{1}{2}A_n^2=\sum_{n=-\infty}^{\infty}|F_n|^2$$

3.1.6 什么是傅里叶变换?

非周期信号可以看作是周期 T_1 趋于无穷大时的周期信号,它的谱线间隔趋于无穷小,离散频谱就变成了连续频谱。根据非周期信号的特点,我们可以将其傅里叶级数进行变形,从而得到其傅里叶变换。

傅里叶正变换

$$F(\mathrm{j}\omega)=\int_{-\infty}^{\infty}f(t)\mathrm{e}^{-\mathrm{j}\omega t}\mathrm{d}t$$

傅里叶逆变换

$$f(t)=\frac{1}{2\pi}\int_{-\infty}^{\infty}F(\mathrm{j}\omega)\mathrm{e}^{\mathrm{j}\omega t}\mathrm{d}\omega$$

式中,$F(\mathrm{j}\omega)$称为$f(t)$的频谱密度函数,简称频谱,$f(t)$称为$F(\mathrm{j}\omega)$的原函数。另外,也常把 $f(t)$与 $F(\mathrm{j}\omega)$的对应关系简记为$f(t)\leftrightarrow F(\mathrm{j}\omega)$。

注意:函数 $f(t)$的傅里叶变换存在的充分条件(并非必要条件)是 $f(t)$在无限区间内绝对可积,即$\int_{-\infty}^{\infty}|f(t)|\mathrm{d}t<\infty$。

3.1.7 典型信号的傅里叶变换有哪些?

1. 单边指数函数

$$f(t)=\mathrm{e}^{-\alpha t},\alpha>0$$

$$F(\mathrm{j}\omega)=\frac{1}{\alpha+\mathrm{j}\omega}=\frac{1}{\sqrt{\alpha^2+\omega^2}}\exp\left(-\mathrm{j}\tan^{-1}\frac{\omega}{\alpha}\right)$$

$$F(\mathrm{j}\omega)=\frac{1}{\sqrt{\alpha^2+\omega^2}},\phi(\omega)=-\mathrm{j}\tan^{-1}\frac{\omega}{\alpha}$$

2. 双边指数信号

$$f(t)=\mathrm{e}^{-\alpha|t|},\alpha>0,t\in(-\infty,+\infty)$$

$$F(\mathrm{j}\omega)=\int_{-\infty}^{0}\mathrm{e}^{\alpha t}\mathrm{e}^{-\mathrm{j}\omega t}\mathrm{d}t+\int_{0}^{\infty}\mathrm{e}^{-\alpha t}\mathrm{e}^{-\mathrm{j}\omega t}\mathrm{d}t=\frac{2\alpha}{\alpha^2+\omega^2}$$

3. 矩形脉冲信号

$$f(t)=E\left[u\left(t+\frac{\tau}{2}\right)-u\left(t-\frac{\tau}{2}\right)\right]$$

$$F(\mathrm{j}\omega)=E\tau\mathrm{Sa}\left(\frac{\omega\tau}{2}\right)$$

4. 符号函数

$$f(t)=\mathrm{sgn}(t)=\begin{cases}+1 & (t>0)\\ 0 & (t=0)\\ -1 & (t<0)\end{cases}$$

$$F(\mathrm{j}\omega)=\lim_{\alpha\to\infty}\int_{-\infty}^{\infty}\mathrm{e}^{-\alpha|t|}\mathrm{e}^{-\mathrm{j}\omega t}\mathrm{d}t=\frac{2}{|\omega|}\mathrm{e}^{-\mathrm{j}\frac{\pi}{2}\mathrm{sgn}(\omega)}$$

5. 升余弦脉冲信号

$$f(t)=\frac{E}{2}\left[1+\cos\left(\frac{\pi t}{\tau}\right)\right],0\leqslant t\leqslant\tau$$

$$F(\mathrm{j}\omega)=\frac{E\sin(\omega\tau)}{\omega\left[1-\left(\frac{\omega\tau}{\pi}\right)^2\right]}=\frac{E\tau\mathrm{Sa}(\omega\tau)}{1-\left(\frac{\omega\tau}{\pi}\right)^2}$$

6. 冲激函数

$$f(t)=\delta(t)$$

$$F(\mathrm{j}\omega)=\int_{-\infty}^{\infty}\delta(t)\mathrm{e}^{-\mathrm{j}\omega t}\mathrm{d}t=1$$

7. 阶跃函数

$$f(t)=u(t)=\frac{1}{2}+\frac{1}{2}\mathrm{sgn}(t)$$

$$F(\mathrm{j}\omega)=\pi\delta(\omega)+\frac{1}{\mathrm{j}\omega}$$

3.1.8 傅里叶变换的基本特性有哪些?

1. 对称性

$$\zeta[f(t)]=2\pi f(-\omega)$$

2. 线性(叠加性)

若 $\zeta[f_i(t)]=F_i(\omega)(i=1,2,3\cdots)$,则

$$\zeta\left[\sum_{i=1}^{n}a_if_i(t)\right]=\sum_{i=1}^{n}a_iF_i(\omega)$$

3. 尺度变换

若 $\zeta[f(t)]=F(\omega)$,则

$$\zeta[f(at)]=\frac{1}{|a|}F\left(\frac{\omega}{a}\right)(a\neq 0)$$

4. 时域特性

若 $\zeta[f(t)]=F(\omega)$,则

$$\zeta[f(t-t_0)]=F(\omega)\mathrm{e}^{-\mathrm{j}\omega t_0}$$

5. 频移特性

若 $\zeta[f(t)]=F(\omega)$,则

$$\zeta[f(t)\mathrm{e}^{\mathrm{j}\omega_0 t}]=F(\omega-\omega_0)$$

6. 微分特性

若 $\zeta[f(t)]=F(\omega)$，则

$$\zeta\left[\frac{\mathrm{d}f(t)}{\mathrm{d}t}\right]=\mathrm{j}\omega F(\omega)$$

$$\zeta\left[\frac{\mathrm{d}^n f(t)}{\mathrm{d}t^n}\right]=(\mathrm{j}\omega)^n F(\omega)$$

7. 积分特性

若 $\zeta[f(t)]=F(\omega)$，则

$$\zeta\left[\int_{-\infty}^{t} f(\tau)\mathrm{d}\tau\right]=\frac{F(\omega)}{\mathrm{j}\omega}+\pi F(0)\delta(\omega)$$

$$\varepsilon(t)=\begin{cases}1, & t>0\\0, & t<0\end{cases},\varepsilon(n)=\begin{cases}1, & n\geqslant 0\\0, & n<0\end{cases}$$

8. 共轭对称性质

若信号 $f(t)$ 的傅里叶变换为 $F(\mathrm{j}\omega)$，则 $f(t)$ 的共轭信号 $f^*(t)$ 的傅里叶变换为 $F^*(-\mathrm{j}\omega)$，即

$$f^*(t)\leftrightarrow F^*(-\mathrm{j}\omega)$$

3.1.9 什么是卷积定理？

1. 时域卷积定理

若给定两个时间函数 $f_1(t)$，$f_2(t)$，已知

$$\zeta[f_1(t)]=F_1(\omega)$$
$$\zeta[f_2(t)]=F_2(\omega)$$

那么

$$\zeta[f_1(t)*f_2(t)]=F_1(\omega)F_2(\omega)$$

2. 频域卷积定理

若给定两个时间函数 $f_1(t)$、$f_2(t)$，已知

$$\zeta[f_1(t)]=F_1(\omega)$$
$$\zeta[f_2(t)]=F_2(\omega)$$

那么

$$\zeta[f_1(t)\cdot f_2(t)]=\frac{1}{2\pi}F_1(\omega)*F_2(\omega)$$

3.1.10 什么是能量谱和功率谱？

1. 能量谱

信号的能量定义为在时间区间（$-\infty$，$+\infty$）信号的能量，用字母 E 表示，即

$$E=\lim_{T\to\infty}\int_{-T}^{T} f^2(t)\mathrm{d}t=\int_{-\infty}^{\infty} f^2(t)\mathrm{d}t$$

也可以从频域的角度来研究信号能量。为了表征能量在频域中的分布状况，可以借助于密度的概念，定义一个能量密度函数，简称为能量频谱或能量谱。能量频谱 $\xi(\omega)$ 定义为单位频率的信号能量，因而信号在整个频率区间（$-\infty$，$+\infty$）的总能量。

$$E=\int_{-\infty}^{\infty}\xi(\omega)\mathrm{d}f=\frac{1}{2\pi}\int_{-\infty}^{\infty}\xi(\omega)\mathrm{d}\omega$$

根据能量守恒定理，对于同一信号 $f(t)$，上述两式应该相等。即

$$E=\lim_{T\to\infty}\int_{-T}^{T}f^2(t)\mathrm{d}t=\int_{-\infty}^{\infty}f^2(t)\mathrm{d}t=\frac{1}{2\pi}\int_{-\infty}^{\infty}\xi(\omega)\mathrm{d}\omega$$

又因为
$$E=\int_{-\infty}^{\infty}f^2(t)\mathrm{d}t=\frac{1}{2\pi}\int_{-\infty}^{\infty}F^2(\omega)\mathrm{d}\omega$$

故可得，信号的能量谱为

$$\xi(\omega)=F^2(\omega)$$

由上式可见信号的能量谱 $\xi(\omega)$ 是 ω 的偶函数，它只决定于频谱函数的模量，而与相位无关。能量谱 $\xi(\omega)$ 是单位频率的信号能量，它的单位是焦耳·秒(J·s)。

2. 功率谱

信号的功率定义为在时间区间$(-\infty,+\infty)$信号 $f(t)$的平均功率，用字母 P 表示，即

$$P=\lim_{T\to\infty}\frac{1}{T}\int_{-\frac{T}{2}}^{\frac{T}{2}}f^2(t)\mathrm{d}t=\frac{1}{T}\int_{-\infty}^{\infty}f^2(t)\mathrm{d}t$$

类似于能量密度函数，可以定义功率密度函数$\wp(\omega)$为单位频率的信号功率，从而总功率为

$$P=\int_{-\infty}^{\infty}\wp(\omega)\mathrm{d}f=\frac{1}{2\pi}\int_{-\infty}^{\infty}\wp(\omega)\mathrm{d}\omega$$

若信号的频谱函数为 $F(\mathrm{j}\omega)$，则有

$$\int_{-\infty}^{\infty}f^2(t)\mathrm{d}t=\frac{1}{2\pi}\int_{-\infty}^{\infty}F^2(\omega)\mathrm{d}\omega$$

将它代入平均功率的计算式中可得

$$P=\lim_{T\to\infty}\frac{1}{T}\int_{-\frac{T}{2}}^{\frac{T}{2}}f^2(t)\mathrm{d}t=\frac{1}{2\pi}\int_{-\infty}^{\infty}\lim_{T\to\infty}\frac{F^2(\omega)}{T}\mathrm{d}\omega$$

故可得，信号的功率谱为

$$\wp(\omega)=\lim_{T\to\infty}\frac{F^2(\omega)}{T}$$

由上式可见信号的功率谱$\wp(\omega)$是 ω 的偶函数，它只决定于频谱函数的模量，而与相位无关。单位是瓦·秒(W/s)。(3)$\delta(t)$的尺度变换。

3.1.11　正余弦信号的傅里叶变换如何表示？

若 $f_0(t)$的傅里叶变换记为 $F_0(\omega)$，则根据傅里叶变换的频移性质知

$$f_0(t)\mathrm{e}^{\mathrm{j}\omega_1 t}\leftrightarrow F_0(\omega-\omega_1)$$

根据 $1\leftrightarrow 2\pi\delta(\omega)$，可得

$$\mathrm{e}^{\mathrm{j}\omega_1 t}\leftrightarrow 2\pi\delta(\omega-\omega_1)$$

同理可得

$$\mathrm{e}^{-\mathrm{j}\omega_1 t}\leftrightarrow 2\pi\delta(\omega+\omega_1)$$

根据欧拉公式可得

$$\cos\omega_1 t\leftrightarrow\pi[\delta(\omega+\omega_1)+\delta(\omega-\omega_1)]$$
$$\sin\omega_1 t\leftrightarrow\mathrm{j}\pi[\delta(\omega+\omega_1)-\delta(\omega-\omega_1)]$$

3.1.12 一般周期信号的傅里叶变换如何表示？

令周期信号 $f(t)$的周期为 T_1，角频率为 $\omega_1=2\pi f_1=\dfrac{2\pi}{T_1}$，可以将 $f(t)$展开为傅里叶级数，即

$$f(t)=\sum_{n=-\infty}^{\infty}F_n e^{jn\omega_1 t}$$

将上式两边取傅里叶变换，可得

$$f(t)\leftrightarrow 2\pi\sum_{n=-\infty}^{\infty}F_n\delta(\omega-n\omega_1)$$

式中，F_n 为傅里叶级数的系数，它的计算公式为

$$F_n=\frac{1}{T_1}\int_{-\frac{T_1}{2}}^{\frac{T_1}{2}}f(t)e^{-jn\omega_1}dt$$

从周期信号 $f(t)$的傅里叶变换的公式可以看出：周期信号 $f(t)$的傅里叶变换是由一些冲激函数组成，这些冲激位于信号的谐频处，每个冲激的强度等于 $f(t)$的傅里叶级数的相应系数 F_n 的 2π 倍。

从周期脉冲序列 $f(t)$中截取一个周期，得到所谓单脉冲信号。它的傅里叶变换 $F_0(\omega)$等于

$$F_0(\omega)=\int_{-\frac{T_1}{2}}^{\frac{T_1}{2}}f(t)e^{-jn\omega_1}dt$$

比较 $F_0(\omega)$与 F_n 可得

$$F_n=\frac{1}{T_1}F_0(\omega)\big|_{\omega=n\omega_1}$$

上式表明：周期脉冲序列的傅里叶级数的系数 F_n 等于单脉冲的傅里叶变换 $F_0(\omega)$在 $n\omega_1$ 频率点的值乘以$\dfrac{1}{T_1}$。

3.1.13 什么是频率响应？

系统的单位冲激响应 $h(t)$的傅里叶变换 $H(j\omega)$称为系统的频率响应，又称为系统函数。

设 $H(j\omega)=|H(j\omega)|e^{j\varphi(\omega)}$，则$|H(j\omega)|$称为系统的幅频特性反应了系统对输入信号各频率分量相对大小的改变，$|H(j\omega)|$为偶函数；$\varphi(\omega)$称为系统的相频特性，反映了系统对输入信号各频率分量相对位置的改变，$\varphi(\omega)$为奇函数。

设输入 $f(t)$的傅里叶变换为 $F(j\omega)$，零状态响应 $y_{zs}(t)$的傅里叶变换为 $Y_{zs}(j\omega)$，则

$$H(j\omega)=\frac{Y_{zs}(j\omega)}{f(j\omega)}$$

3.1.14 什么是无失真传输？

1. 无失真传输的定义

信号无失真传输是指系统的输出信号与输入信号相比，只有幅度的大小和出现时间的

先后不同，而没有波形上的变化。即

输入信号为 $f(t)$，经过无失真传输后，输出信号应为

$$y(t)=Kf(t-t_{\rm d})$$

其频谱关系为

$$Y(\mathrm{j}\omega)=K\mathrm{e}^{-\mathrm{j}\omega t_{\rm d}}F(\mathrm{j}\omega)$$

2. 无失真传输的条件

系统要实现无失真传输，对系统 $h(t)$ 的要求是

$$h(t)=K\delta(t-t_{\rm d})$$

对 $H(\mathrm{j}\omega)$ 的要求是

$$H(\mathrm{j}\omega)=\frac{Y(\mathrm{j}\omega)}{F(\mathrm{j}\omega)}=K\mathrm{e}^{-\mathrm{j}\omega t_{\rm d}}$$

即

$$|H(\mathrm{j}\omega)|=K、\theta(\omega)=-\omega t_{\rm d}$$

注意：上述条件是信号无失真传输的理想条件。当传输有限带宽的信号时，只要在信号占有频带范围内，系统的幅频、相频特性满足上述条件即可。

3.1.15 什么是理想低通滤波器？

具有如图 3.1 所示幅频、相频特性的系统称为理想低通滤波器。$\omega_{\rm c}$ 称为截止角频率。

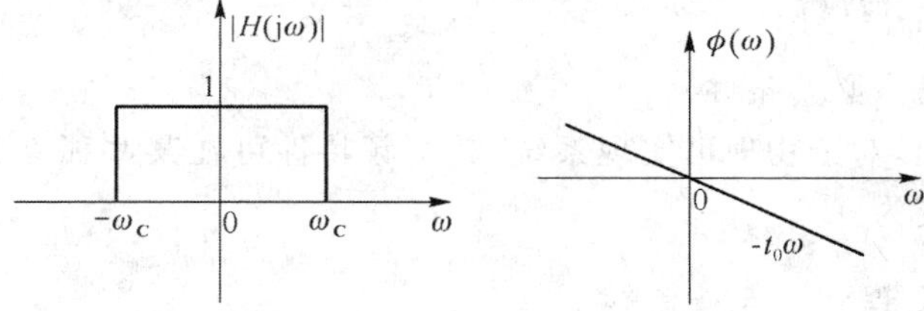

图 3.1

理想低通滤波器的频率响应可写为

$$H(\mathrm{j}\omega)=\begin{cases}\mathrm{e}^{-\mathrm{j}\omega t_{\rm d}}, & |\omega|<\omega_{\rm c}\\ 0, & |\omega|>\omega_{\rm c}\end{cases}=g_{2\omega_{\rm c}}(\omega)\mathrm{e}^{-\mathrm{j}\omega t_{\rm d}}$$

1. 冲激响应

理想低通滤波器的冲激响应为

$$h(t)=F^{-1}[g_{2\omega_{\rm c}}(\omega)\mathrm{e}^{-\mathrm{j}\omega t_{\rm d}}]=\frac{\omega_{\rm c}}{\pi}\mathrm{Sa}[\omega_{\rm c}(t-t_{\rm d})]$$

2. 阶跃响应

理想低通滤波器的阶跃响应为

$$g(t)=h(t)*\varepsilon(t)=\int_{-\infty}^{t}h(\tau)\mathrm{d}\tau=\int_{-\infty}^{t}\frac{\omega_{\rm c}}{\pi}\mathrm{Sa}[\omega_{\rm c}(\tau-t_{\rm d})]\mathrm{d}\tau$$

经推导，可得

$$g(t)=\frac{1}{2}+\frac{1}{\pi}\int_{0}^{\omega_{\rm c}(t-t_{\rm d})}\frac{\sin x}{x}\mathrm{d}x=\frac{1}{2}+\frac{1}{\pi}\mathrm{Si}[\omega_{\rm c}(t-t_{\rm d})]$$

式中，$\mathrm{Si}[\omega_c(t-t_d)]=\int_0^{\omega_c(t-t_d)}\frac{\sin x}{x}\mathrm{d}x$ 称为正弦积分。

注意：阶跃响应有明显失真，只要 $\omega_c<\infty$，则必有振荡，其过冲比稳态值高约 9%。这一由频率截断效应引起的振荡现象称为吉布斯现象。

$$g_{\max}=\frac{1}{2}+\frac{\mathrm{Si}(\pi)}{\pi}=1.0895$$

3.1.16 什么是匹配滤波器？

所谓匹配滤波器是指滤波器的性能与输入信号 $s(t)$ 的性能取得某种一致，使得滤波器输出端的信号瞬时功率与噪声平均功率之比值为最大。

匹配滤波器的冲激响应是所需信号 $s(t)$ 对垂直轴镜像并向右平移 T，即

$$h(t)=ks(T-t)$$
$$H(\mathrm{j}\omega)=kS(-\mathrm{j}\omega)\mathrm{e}^{-\mathrm{j}\omega t_m}$$

3.1.17 什么是物理可实现条件？

就时域特性而言，一个物理可实现的系统，其冲激响应在 $t<0$ 时必须为 0，即 $h(t)=0$，$t<0$。即响应不应在激励作用之前出现。

就频域特性来说，佩利(Paley)和维纳(Wiener)证明了物理可实现的幅频特性必须满足

$$\int_{-\infty}^{\infty}|H(\mathrm{j}\omega)|^2\mathrm{d}\omega<\infty \text{ 并且} \int_{-\infty}^{\infty}\frac{|\ln|H(\mathrm{j}\omega)||}{1+\omega^2}\mathrm{d}\omega<\infty$$

称为佩利-维纳准则。(必要条件)

从该准则可看出，对于物理可实现系统，其幅频特性可在某些孤立频率点上为 0，但不能在某个有限频带内为 0。

3.1.18 什么是采样？

所谓采样，就是采样脉冲 $s(t)$ 从连续信号 $x(t)$ 中抽取一系列的离散样值。这种离散信号常以 $x_s(t)$ 来表示。采样过程的原理图如图 3.2 所示。

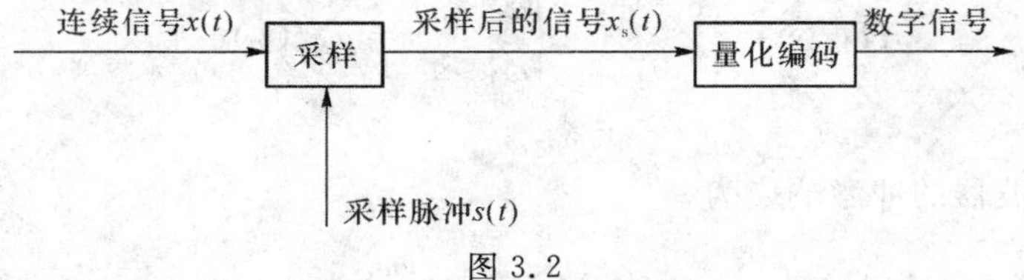

图 3.2

3.1.19 什么是时域抽样定理？

一个频谱受限的信号 $f(t)$，如果频谱只占据 $(-\omega_M,\omega_M)$ 的范围，则信号 $f(t)$ 可以用等间隔的抽样值唯一的表示。而抽样间隔必须不大于 $\frac{1}{2f_m}$，或者说，最低采样频率为 $2f_m$。

通常把最低允许的抽样率 $f_s=2f_m$，称为“奈奎斯特频率”；把最大允许的抽样间隔 $T_s=\frac{\pi}{\omega_m}=\frac{1}{2f_m}$ 称为“奈奎斯特间隔”。

3.1.20 什么是时域抽样定理？

一个时间受限的信号 $f(t)$，如果时间集中（$-t_M, t_M$）的范围，则在频域中以不大于 $\frac{1}{2t_m}$ 的频域间隔对 $f(t)$ 的频谱进行抽样，则抽样后的频谱 $F_1(\omega)$ 可以唯一的表示源信号。

3.2 典型题解

题型1 周期信号的傅里叶级数分析

【例 3.1.1】 周期信号 $f(t)$ 的双边频谱如图 3.3 所示，写出 $f(t)$ 的三角函数表示式。

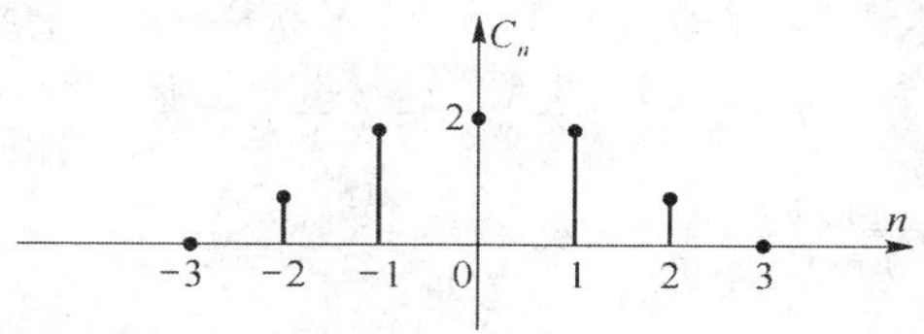

图 3.3

解答：写出周期信号 $f(t)$ 指数形式的傅里叶级数，利用欧拉公式即可求出三角函数表示式为

$$f(t)=\sum_{n=-\infty}^{\infty}C_n e^{jn\omega_0 t}=e^{-j2\omega_0 t}+e^{-j\omega_0 t}+2+e^{j\omega_0 t}+e^{j2\omega_0 t}=2+4\cos\omega_0 t+2\cos 2\omega_0 t$$

【例 3.1.2】 试求信号 $x(t)=\cos\left(2t+\frac{\pi}{4}\right)$ 的指数傅里叶级数。

解答：$x(t)$ 的基频是 2，因此

$$x(t)=\cos\left(2t+\frac{\pi}{4}\right)=\sum_{n=-\infty}^{\infty}C_n e^{jn\omega_0 t}=\sum_{n=-\infty}^{\infty}C_n e^{j2nt}$$

又：$x(t)=\cos\left(2t+\frac{\pi}{4}\right)=\frac{1}{2}\left(e^{j\left(2t+\frac{\pi}{4}\right)}+e^{-j\left(2t+\frac{\pi}{4}\right)}\right)=\frac{1}{2}e^{-j\frac{\pi}{4}}e^{-j2t}+\frac{1}{2}e^{j\frac{\pi}{4}}e^{j2t}$

故复数傅里叶系数为

$$C_1=\frac{1}{2}e^{j\frac{\pi}{4}}=\frac{1}{2}\frac{1+j}{\sqrt{2}}=\frac{\sqrt{2}}{4}(1+j)$$

$$C_{-1}=\frac{1}{2}e^{-j\frac{\pi}{4}}=\frac{1}{2}\frac{1-j}{\sqrt{2}}=\frac{\sqrt{2}}{4}(1-j)$$

【例 3.1.3★】 （**电子科技大学考研真题**）考虑一连续时间 LTI 系统 S，其频率响应为

$$H(\omega)=\begin{cases}1, & |\omega|\geqslant 100\\ 0, & \text{其他}\end{cases}$$

当输入到该系统的周期信号 $\tilde{f}(t)$ 是一个基波周期 $T=\pi/6$，傅里叶级数为 a_k 的信号时，发现输出 $y(t)=\tilde{f}(t)$，试问对什么样的 k 值，才有 $a_k=0$。

解答：$\tilde{f}(t)$ 的基波角频率 Ω 为 $\Omega=\frac{2\pi}{T}=12$

由频率响应可知，系统 S 是一个带阻滤波器。信号 $\tilde{f}(t)$ 通过该滤波器后，输出是其本

身，这意味着信号$\tilde{f}(t)$所有频率分量$|\omega|>100$范围内，换句话说，$\tilde{f}(t)$低次谐波分量为零，即$|k\Omega|\leqslant 100$时，$a_k=0$。

$$|12k|\leqslant 100,|k|\leqslant 8$$

所以，对满足$|k|\leqslant 8$的k值，才有$a_k=0$。

【例 3.1.4】 周期信号 $f(t)=1-\frac{1}{2}\cos\left(\frac{\pi}{4}t-\frac{2\pi}{3}\right)+\frac{1}{4}\sin\left(\frac{\pi}{3}t-\frac{\pi}{6}\right)$，试求该周期信号的基波周期$T$，基波角频率$\Omega$，画出它的单边频谱图，并求$f(t)$的平均功率。

解答：首先应用三角公式改写$f(t)$的表达式，即

$$f(t)=1+\frac{1}{2}\cos\left(\frac{\pi}{4}t-\frac{2\pi}{3}+\pi\right)+\frac{1}{4}\cos\left(\frac{\pi}{3}t-\frac{\pi}{6}-\frac{\pi}{2}\right)$$

显然 1 是该信号的直流分量。

$\frac{1}{2}\cos\left(\frac{\pi}{4}t+\frac{\pi}{3}\right)$的周期$T_1=8$；$\frac{1}{2}\cos\left(\frac{\pi}{4}t-\frac{2\pi}{3}\right)$的周期$T_2=6$。

所以$f(t)$的周期$T=24$，基波角频率$\Omega=2\pi/T=\pi/12$，根据帕斯瓦尔等式，其功率为

$$p=1+\frac{1}{2}\left(\frac{1}{2}\right)^2+\frac{1}{2}\left(\frac{1}{4}\right)^2=\frac{37}{32}$$

$\frac{1}{2}\cos\left(\frac{\pi}{4}t+\frac{\pi}{3}\right)$是$f(t)$的$\frac{[\pi/4]}{[\pi/12]}=3$次谐波分量；

$\frac{1}{2}\cos\left(\frac{\pi}{4}t-\frac{2\pi}{3}\right)$是$f(t)$的$\frac{[\pi/3]}{[\pi/12]}=4$次谐波分量。

画出$f(t)$的单边振幅频谱图、相位频谱图如图 3.4 所示。

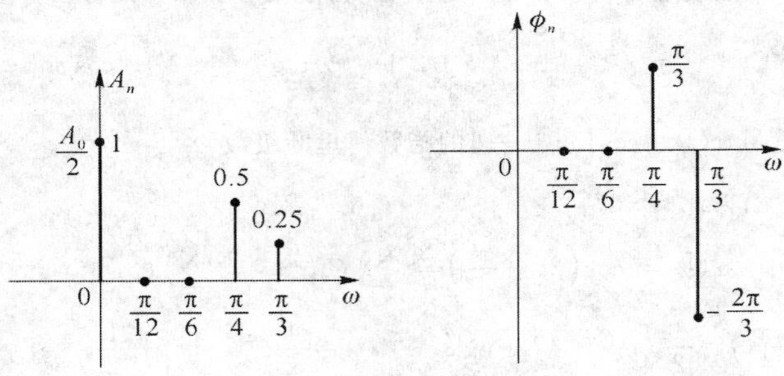

图 3.4

【例 3.1.5】 如图 3.5 所示信号$f(t)$，求

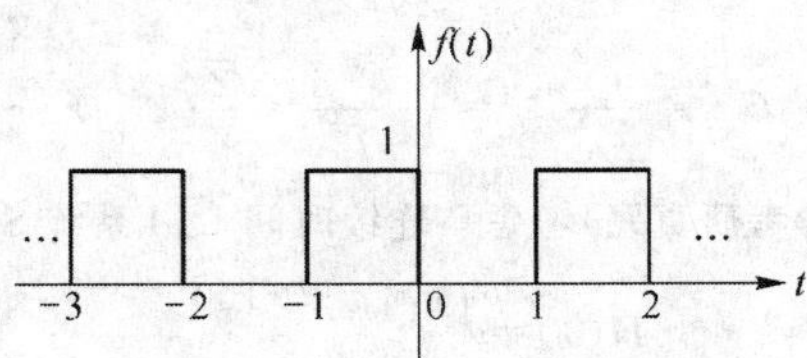

图 3.5

(1) 指数型和三角型傅里叶级数；

(2) 级数$s=-1+\frac{1}{3}-\frac{1}{5}+\frac{1}{7}-\cdots$之和。

解答：(1) $T=2$ s，$\Omega=\pi$rad/s

$$\dot{A}_n=\frac{2}{T}\int_{-\frac{T}{2}}^{\frac{T}{2}}f(t)\mathrm{e}^{-\mathrm{j}n\Omega t}\mathrm{d}t=\int_{-1}^{0}\mathrm{e}^{-\mathrm{j}n\pi t}\mathrm{d}t=\frac{-2}{\mathrm{j}n\pi}(n\text{ 为奇数})$$

因而指数型傅里叶级数为

$$f(t)=\frac{1}{2}\sum_{n=-\infty}^{\infty}\dot{A}_n\mathrm{e}^{\mathrm{j}n\pi t}=\sum_{n=\pm1,\pm3,\cdots}\frac{\mathrm{j}}{n\pi}\mathrm{e}^{\mathrm{j}n\pi t}$$

由于

$$\dot{A}_n==a_n-\mathrm{j}b_n=\frac{2\mathrm{j}}{n\pi}(n\text{ 为奇数})$$

所以

$$a_n=0,b_n=-\frac{2}{n\pi},\text{且 } n \text{ 为奇数}$$

又

$$a_0=\frac{2}{T}\int_{-\frac{T}{2}}^{\frac{T}{2}}f(t)\mathrm{d}t=\int_{-1}^{0}1\mathrm{d}t=1$$

因而三角型傅里叶级数为

$$\begin{aligned}f(t)&=\frac{a_0}{2}+\sum_{n=1}^{\infty}b_n\sin\Omega t=\frac{1}{2}+\sum_{n=1,3,5,\cdots}\frac{-2}{n\pi}\sin n\pi t\\&=\frac{1}{2}-\frac{2}{\pi}\left(\sin\pi t+\frac{1}{3}\sin3\pi t+\frac{1}{5}\sin5\pi t+\frac{1}{7}\sin7\pi t+\cdots\right)\end{aligned}$$

(2) 当 $t=-\frac{1}{2}$时,有

$$f\left(-\frac{1}{2}\right)=1=\frac{1}{2}-\frac{2}{\pi}\left(-1+\frac{1}{3}-\frac{1}{5}+\frac{1}{7}-\cdots\right)$$

因而级数和为 $s=-1+\frac{1}{3}-\frac{1}{5}+\frac{1}{7}-\cdots=\frac{1-\frac{1}{2}}{-\frac{2}{\pi}}$。

【例 3.1.6】 考查周期 $T=2$ 的连续时间信号 $f(t)$,傅里叶级数系数 F_n 如下,求 $f(t)$的傅里叶级数的表达式。

$$F_0=10,\quad |F_3|=2,\quad \varphi(3\omega_1)=\frac{\pi}{2},\quad F_5=5,\quad F_{-5}=5$$

其余 $F_n=0$。

解答:根据题意可知:基频 $\omega_1=\pi$

$$F_0=10$$

$$F_3=|F_3|\mathrm{e}^{\mathrm{j}\varphi(3\omega_1)}=2\mathrm{e}^{\mathrm{j}\frac{\pi}{2}}=2\mathrm{j},F_{-3}=|F_3|\mathrm{e}^{-\mathrm{j}\varphi(3\omega_1)}=2\mathrm{e}^{-\mathrm{j}\frac{\pi}{2}}=-2\mathrm{j}$$

$$F_5=5,F_{-5}=5$$

其余

$$F_n=0$$

所以

$$\begin{aligned}f(t)&=\sum_{n=-\infty}^{\infty}F_n\mathrm{e}^{\mathrm{j}n\omega_1t}=10+2\mathrm{j}\mathrm{e}^{\mathrm{j}3\pi t}-2\mathrm{j}\mathrm{e}^{-\mathrm{j}3\pi t}+5\mathrm{e}^{\mathrm{j}5\pi t}+5\mathrm{e}^{-\mathrm{j}5\pi t}\\&=10-4\sin(3\pi t)+10\cos(5\pi t)\end{aligned}$$

题型 2 非周期信号的傅里叶变换

【例 3.2.1】 求单位阶跃函数 $\varepsilon(t)$的频谱函数。

解答:单位阶跃函数 $\varepsilon(t)$可看作是幅度为的直流信号$\frac{1}{2}$与幅度为的符号函数之和$\frac{1}{2}$,即

$$\varepsilon(t)=\frac{1}{2}+\frac{1}{2}\mathrm{sgn}(t)$$

根据傅里叶变换的线性性质,单位阶跃函数的频谱函数应为

$$F[\varepsilon(t)]=\frac{1}{2}F[1]+\frac{1}{2}F[\mathrm{sgn}(t)]$$

从而可求得

$$F[\varepsilon(t)]=\pi\delta(\omega)+\frac{1}{\mathrm{j}\omega}$$

其频谱的实部和虚部应为

$$\begin{cases}R(\omega)=\pi\delta(\omega)\\X(\omega)=-\dfrac{1}{\omega}\end{cases}$$

【例 3.2.2★】 （电子科技大学考研真题）设 $f(t)$ 有傅里叶变换 $F(\omega)$，假设给定下列条件：

(1) $f(t)$ 为实值信号；

(2) $f(t)=0, t\leqslant 0$；

(3) $\frac{1}{2\pi}\int_{-\infty}^{+\infty}\mathrm{Re}[F(\omega)]\mathrm{e}^{\mathrm{j}\omega t}\mathrm{d}\omega = |t|\mathrm{e}^{-|t|}$；

求信号 $f(t)$。

解答：

由题中条件(1)(2)可知，$f(t)$ 为实因果信号。

根据傅里叶变换定义，有

$$F(\omega)=\int_{-\infty}^{+\infty}f(t)\mathrm{e}^{-\mathrm{j}\omega t}\mathrm{d}t=\int_{-\infty}^{+\infty}f(t)\cos(\omega t)\mathrm{d}t-\mathrm{j}\int_{-\infty}^{+\infty}f(t)\sin(\omega t)\mathrm{d}t$$

考虑 $f(t)$ 为实因果信号，有

$$\mathrm{Re}[F(\omega)]=\int_{0}^{+\infty}f(t)\cos(\omega t)\mathrm{d}t$$

构造一实偶函数

$$f_{\mathrm{e}}(t)=f(t)+f(-t)$$

$$F_{\mathrm{e}}(\omega)=\int_{-\infty}^{+\infty}f_{\mathrm{e}}(t)\mathrm{e}^{-\mathrm{j}\omega t}\mathrm{d}t=\int_{-\infty}^{+\infty}f_{\mathrm{e}}(t)\cos(\omega t)\mathrm{d}t-\mathrm{j}\int_{-\infty}^{+\infty}f_{\mathrm{e}}(t)\sin(\omega t)\mathrm{d}t \quad ①$$

上式第二项中被积函数 $f_{\mathrm{e}}(t)\sin(\omega t)$ 为 t 的奇函数，因此第二项为 0，故由式①有

$$F_{\mathrm{e}}(\omega)=2\int_{0}^{+\infty}f_{\mathrm{e}}(t)\cos(\omega t)\mathrm{d}t=2\int_{0}^{+\infty}f(t)\cos(\omega t)\mathrm{d}t=2\mathrm{Re}[F(\omega)]$$

根据傅里叶逆变换定义，并利用题中条件(3)有

$$\begin{aligned}f_{\mathrm{e}}(t)=f(t)+f(-t)&=\frac{1}{2\pi}\int_{-\infty}^{+\infty}F_{\mathrm{e}}(\omega)\mathrm{e}^{\mathrm{j}\omega t}\mathrm{d}\omega\\&=\frac{1}{2\pi}\int_{-\infty}^{+\infty}\mathrm{Re}[F(\omega)]\mathrm{e}^{\mathrm{j}\omega t}\mathrm{d}\omega=2|t|\mathrm{e}^{-|t|}\end{aligned}$$

所以可得

$$f(t)=2t\mathrm{e}^{-t}\varepsilon(t)$$

【例 3.2.3】 求如图 3.6 所示的半波余弦脉冲的傅里叶变换，并画出频谱图。

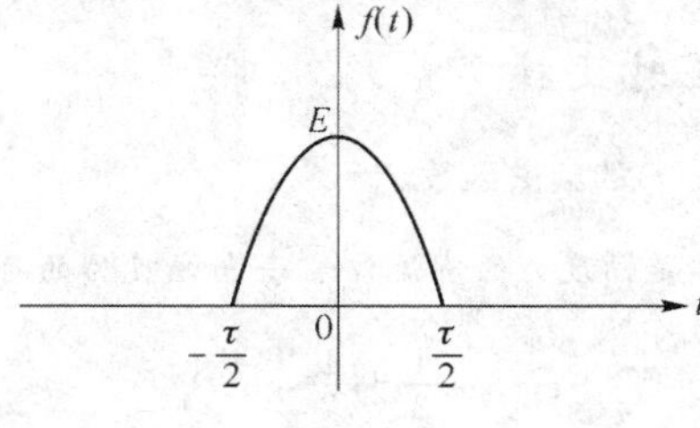

图 3.6

解答:半波余弦脉冲的表达式为

$$f(t)=E\cos\left(\frac{\pi}{\tau}t\right)\left[u\left(t+\frac{\tau}{2}\right)-u\left(t-\frac{\tau}{2}\right)\right]$$

求 $f(t)$的傅里叶变换有如下两种方法

方法一:定义法

$$\begin{aligned}F(\omega)&=\int_{-\frac{\tau}{2}}^{\frac{\tau}{2}}E\cos\left(\frac{\pi}{\tau}t\right)e^{-j\omega t}dt\\&=\frac{E}{2}\int_{-\frac{\tau}{2}}^{\frac{\tau}{2}}\left[e^{-j\left(\frac{\pi}{\tau}+\omega\right)t}+e^{j\left(\frac{\pi}{\tau}-\omega\right)t}\right]dt\\&=\frac{E}{2j\left(\frac{\pi}{\tau}-\omega\right)}\left[e^{j\left(\frac{\pi}{\tau}-\omega\right)\frac{\tau}{2}}-e^{-j\left(\frac{\pi}{\tau}-\omega\right)\frac{\tau}{2}}\right]-\frac{E}{2j\left(\frac{\pi}{\tau}+\omega\right)}\left[e^{-j\left(\frac{\pi}{\tau}+\omega\right)\frac{\tau}{2}}-e^{j\left(\frac{\pi}{\tau}+\omega\right)\frac{\tau}{2}}\right]\\&=\frac{E\cos\left(\frac{\tau}{2}\omega\right)}{\frac{\pi}{\tau}-\omega}+\frac{E\cos\left(\frac{\tau}{2}\omega\right)}{\frac{\pi}{\tau}+\omega}\\&=\frac{E\cos\left(\frac{\tau}{2}\omega\right)}{\pi\left[1-\left(\frac{\tau\omega}{\pi}\right)^2\right]}\end{aligned}$$

方法二:用 FT 的性质和典型的 FT 对

$$f(t)=E\cos\left(\frac{\pi}{\tau}t\right)\left[u\left(t+\frac{\tau}{2}\right)-u\left(t-\frac{\tau}{2}\right)\right]$$

$$F(\omega)=\frac{E}{2\pi}\zeta\left[\cos\left(\frac{\pi}{\tau}t\right)\right]*\zeta\left[u\left(t+\frac{\tau}{2}\right)-u\left(t-\frac{\tau}{2}\right)\right]$$

其中

$$\zeta\left[\cos\left(\frac{\pi}{\tau}t\right)\right]=\left[\delta\left(\omega+\frac{\pi}{\tau}\right)+\delta\left(\omega-\frac{\pi}{\tau}\right)\right]$$

$$\zeta\left[u\left(t+\frac{\tau}{2}\right)-u\left(t-\frac{\tau}{2}\right)\right]=\frac{2}{\omega}\sin\left(\frac{\omega\tau}{2}\right)$$

代入 $F(\omega)=\frac{E}{2\pi}\zeta\left[\cos\left(\frac{\pi}{\tau}t\right)\right]*\zeta\left[u\left(t+\frac{\tau}{2}\right)-u\left(t-\frac{\tau}{2}\right)\right]$可得

$$\begin{aligned}F(\omega)&=\frac{E}{2\pi}\cdot\left[\delta\left(\omega+\frac{\pi}{\tau}\right)+\delta\left(\omega-\frac{\pi}{\tau}\right)\right]*\frac{2}{\omega}\sin\left(\frac{\omega\tau}{2}\right)\\&=E\left\{\frac{\sin\left[\frac{\left(\omega+\frac{\pi}{\tau}\right)\tau}{2}\right]}{\omega+\frac{\pi}{\tau}}+\frac{\sin\left[\frac{\left(\omega-\frac{\pi}{\tau}\right)\tau}{2}\right]}{\omega-\frac{\pi}{\tau}}\right\}\\&=\frac{E\cos\left(\frac{\tau}{2}\omega\right)}{\pi\left[1-\left(\frac{\tau\omega}{\pi}\right)^2\right]}\end{aligned}$$

题型 3　傅里叶变换的基本性质

【例 3.3.1】 试求抽样函数 $\mathrm{Sa}(t)=\frac{\sin t}{t}$的频谱函数。

解答:直接利用傅里叶变换的定义求 Sa(t)的傅里叶变换是不容易的,而利用对称性则较为方便。

由上一节的分析知,宽度为 τ,幅度为 1 的门函数 $g_\tau(t)$的频谱函数为 $\tau\mathrm{Sa}\left(\frac{\omega\tau}{2}\right)$,即

$$g_\tau(t)\leftrightarrow\tau\mathrm{Sa}\left(\frac{\omega\tau}{2}\right)$$

取 $\tau=2$，且幅度为 $\frac{1}{2}$。那么根据傅里叶变换的线性性质，脉宽为 2，幅度为 $\frac{1}{2}$ 的门函数的傅里叶变换为

$F\left[\frac{1}{2}g_2(t)\right]=\frac{1}{2}\times2\mathrm{Sa}(\omega)=\mathrm{Sa}(\omega)$，即

$$\frac{1}{2}g_2(t)\leftrightarrow\mathrm{Sa}(\omega)$$

注意到 $g_2(t)$ 是偶函数，根据对称性可得 $\mathrm{Sa}(t)\leftrightarrow2\pi\times\frac{1}{2}g_2(\omega)=\pi g_2(\omega)$，即

$$F[\mathrm{Sa}(t)]=\pi g_2(\omega)=\begin{cases}\pi, & |\omega|<1\\0, & |\omega|>1\end{cases}$$

【例 3.3.2★】 已知 $f(t)=\frac{\sin\pi t}{\pi t}\frac{\sin2\pi(t-1)}{\pi(t-1)}$，求 $F(\mathrm{j}\omega)$。

解答：令

$$f_1(t)=\frac{\sin\pi t}{\pi t},f_2(t)=\frac{\sin2\pi(t-1)}{\pi(t-1)}$$

则

$$F_1(\mathrm{j}\omega)=\zeta[f_1(t)]=[U(\omega+\pi)-U(\omega-\pi)]$$
$$F_2(\mathrm{j}\omega)=\zeta[f_2(t)]=[U(\omega+2\pi)-U(\omega-2\pi)]\mathrm{e}^{-\mathrm{j}\omega}$$

画出 $F_1(\mathrm{j}\omega)$ 和 $F_2(\mathrm{j}\omega)$ 的图形如图 3.7 所示。

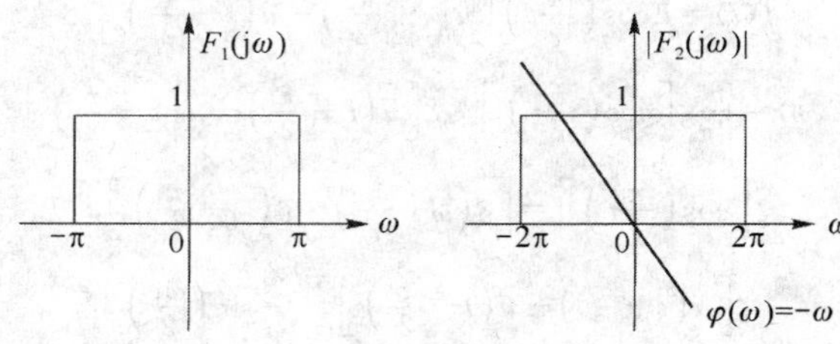

图 3.7

$$F(\mathrm{j}\omega)=\zeta[f(t)]=\zeta[f_1(t)f_2(t)]=\frac{1}{2\pi}F_1(\mathrm{j}\omega)*F_2(\mathrm{j}\omega)$$

下面用途解法分段计算 $F(\mathrm{j}\omega)$（将 $F_2(\mathrm{j}\omega)$ 固定，$F_1(\mathrm{j}\omega)$ 作为滑动函数）。

$\omega<-3\pi,F(\mathrm{j}\omega)=0$

$-3\pi<\omega<-\pi$

$$\begin{aligned}F(\mathrm{j}\omega)&=\frac{1}{2\pi}\int_{-2\pi}^{\omega+\pi}1\times\mathrm{e}^{-\mathrm{j}\lambda}\mathrm{d}\lambda=\frac{\mathrm{j}}{2\pi}\mathrm{e}^{-\mathrm{j}\lambda}\Big|_{-2\pi}^{\omega+\pi}=\frac{\mathrm{j}}{2\pi}[\mathrm{e}^{-\mathrm{j}(\omega+\pi)}-\mathrm{e}^{\mathrm{j}2\pi}]\\&=\frac{\mathrm{j}}{2\pi}(-\mathrm{e}^{-\mathrm{j}\omega}-1)=\frac{-\mathrm{j}}{2\pi}\mathrm{e}^{-\mathrm{j}\frac{\omega}{2}}(\mathrm{e}^{-\mathrm{j}\frac{\omega}{2}}+\mathrm{e}^{\mathrm{j}\frac{\omega}{2}})\\&=\frac{1}{\pi}\cos\left(\frac{\omega}{2}\right)\mathrm{e}^{-\mathrm{j}\left(\frac{\omega}{2}+\frac{\pi}{2}\right)}\end{aligned}$$

$-\pi<\omega<\pi$

$$\begin{aligned}F(\mathrm{j}\omega)&=\frac{1}{2\pi}\int_{\omega-\pi}^{\omega+\pi}1\times\mathrm{e}^{-\mathrm{j}\lambda}\mathrm{d}\lambda=\frac{\mathrm{j}}{2\pi}\mathrm{e}^{-\mathrm{j}\lambda}\Big|_{-2\pi}^{\omega+\pi}\\&=\frac{\mathrm{j}}{2\pi}[\mathrm{e}^{-\mathrm{j}(\omega+\pi)}-\mathrm{e}^{-\mathrm{j}(\omega-\pi)}]=\frac{\mathrm{j}}{2\pi}[-\mathrm{e}^{-\mathrm{j}\omega}+\mathrm{e}^{-\mathrm{j}\omega}]=0\end{aligned}$$

$\pi<\omega<3\pi$

$$F(\mathrm{j}\omega)=\frac{1}{2\pi}\int_{\omega-\pi}^{2\pi}1\times \mathrm{e}^{-\mathrm{j}\lambda}\mathrm{d}\lambda=\frac{\mathrm{j}}{2\pi}\mathrm{e}^{-\mathrm{j}\lambda}\Big|_{\omega-\pi}^{2\pi}$$

$$=\frac{\mathrm{j}}{2\pi}[\mathrm{e}^{-\mathrm{j}2\pi}-\mathrm{e}^{-\mathrm{j}(\omega-\pi)}]=\frac{\mathrm{j}}{2\pi}[1+\mathrm{e}^{-\mathrm{j}\omega}]=\frac{1}{\pi}\cos\left(\frac{\omega}{2}\right)\mathrm{e}^{-\mathrm{j}\left(\frac{\omega}{2}-\frac{\pi}{2}\right)}$$

$\omega>3\pi, F(\mathrm{j}\omega)=0$

画出 $F(\mathrm{j}\omega)$的幅度谱如图 3.8 所示。在解此题过程中，应注意 $f_2(t)$是个延时的抽样函数，其相位谱 $\phi(\omega)=-\omega$，卷积时应一同计算，不能只对幅度谱$|F_2(\mathrm{j}\omega)|$卷积。

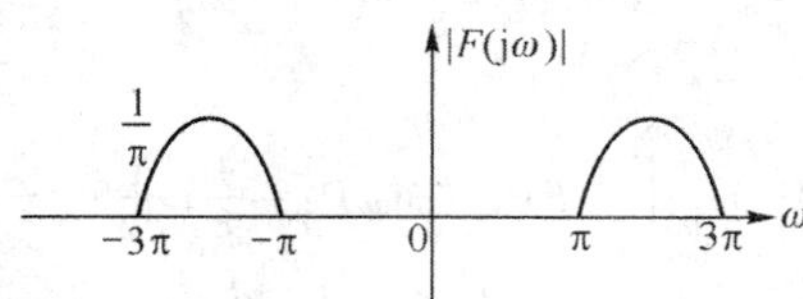

图 3.8

【例 3.3.3】 已知 $F(\mathrm{j}\omega)=|F(\mathrm{j}\omega)|\mathrm{e}^{\mathrm{j}\phi(\omega)}$，其中

$$|F(\mathrm{j}\omega)|=\begin{cases}A, & |\omega|<\omega_0\\ 0 & 其他\end{cases},\varphi(\omega)=-\omega t_0$$

求其 $f(t)$，并画 $f(t)$的波形。

解答： $|F(\mathrm{j}\omega)|$和 $\varphi(\omega)$的图形如图 3.9(a)、(b)所示。$F(\mathrm{j}\omega)=AG_{2\omega_0}(\omega)\mathrm{e}^{-\mathrm{j}\omega t_0}$。因有

$$\mathrm{Sa}(\omega_0 t)\leftrightarrow\frac{\pi}{\omega_0}G_{2\omega_0}(\omega)$$

故有

$$\frac{A\omega_0}{\pi}\mathrm{Sa}(\omega_0 t)\leftrightarrow AG_{2\omega_0}(\omega)$$

$$\frac{A\omega_0}{\pi}\mathrm{Sa}[\omega_0(t-t_0)]\leftrightarrow AG_{2\omega_0}(\omega)\mathrm{e}^{-\mathrm{j}\omega t_0}$$

故得

$$f(t)=\frac{A\omega_0}{\pi}\mathrm{Sa}[\omega_0(t-t_0)]$$

$f(t)$的波形如图 3.9(c)所示。

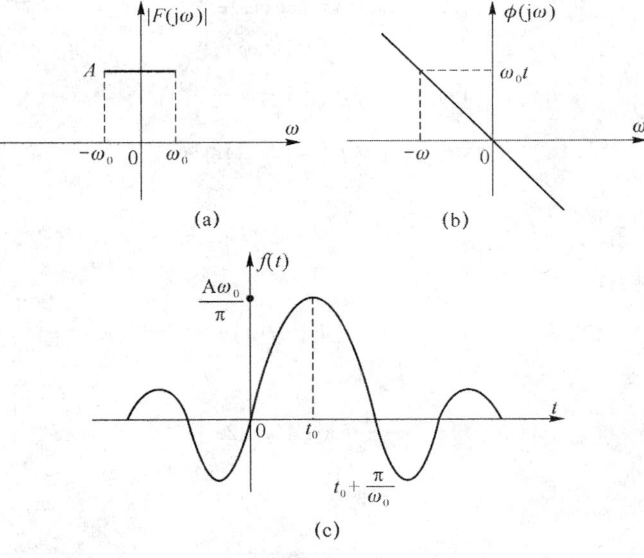

图 3.9

【例 3.3.4】 设 $f(t)\leftrightarrow F(\mathrm{j}\omega)$，求下列各式的频谱函数：

(1) $(t-3)f(-3t)$

(2) $\dfrac{\mathrm{d}f(-2t+4)}{\mathrm{d}t}$

(3) $f(3t-2)\mathrm{e}^{-\mathrm{j}2t}$

解答：(1)根据展缩特性

$$f(-3t)\leftrightarrow\frac{1}{3}F\left(-\frac{1}{3}\mathrm{j}\omega\right)$$

由频域微分特性，得

$$tf(-3t)\leftrightarrow\mathrm{j}\frac{\mathrm{d}}{\mathrm{d}\omega}\left[\frac{1}{3}F\left(-\frac{1}{3}\mathrm{j}\omega\right)\right]=\frac{1}{3}\mathrm{j}\frac{\mathrm{d}}{\mathrm{d}\omega}F\left(-\frac{1}{3}\mathrm{j}\omega\right)$$

所以 $$(t-3)f(-3t)=tf(-3t)-3f(-3t)\leftrightarrow\frac{1}{3}\mathrm{j}\frac{\mathrm{d}}{\mathrm{d}\omega}F\left(-\frac{1}{3}\mathrm{j}\omega\right)-F\left(-\frac{1}{3}\mathrm{j}\omega\right)$$

(2)方法一：

由展缩和时移性质，得

$$f(-2t+4)\leftrightarrow\frac{1}{2}F\left(-\mathrm{j}\frac{1}{2}\omega\right)\mathrm{e}^{-2\mathrm{j}\omega}$$

再根据时域微分特性，得

$$\frac{\mathrm{d}}{\mathrm{d}t}f(-2t+4)\to\frac{1}{2}\mathrm{j}\omega F\left(-\mathrm{j}\frac{1}{2}\omega\right)\mathrm{e}^{-2\mathrm{j}\omega}$$

方法二：

令 $y(t)=\dfrac{\mathrm{d}f(-2t+4)}{\mathrm{d}t}$，$-2t+4=\tau$，则 $t=-\dfrac{1}{2}\tau+2$

即 $$y\left(-\frac{1}{2}\tau+2\right)=\frac{\mathrm{d}f(\tau)}{\mathrm{d}\left(-\frac{1}{2}\tau+2\right)}=-2\frac{\mathrm{d}}{\mathrm{d}\tau}f(\tau)$$

对上式两边求傅里叶变换，根据时移特性和时域微分特性得

$$2Y(-2\mathrm{j}\omega)\mathrm{e}^{-\mathrm{j}4\omega}=-2\mathrm{j}\omega F(\mathrm{j}\omega)$$

即 $$Y(-2\mathrm{j}\omega)=-\mathrm{j}\omega F(\mathrm{j}\omega)\mathrm{e}^{\mathrm{j}4\omega}$$

令 $-2\omega=u$，得

$$Y(\mathrm{j}u)=\mathrm{j}\frac{u}{2}F\left(-\mathrm{j}\frac{1}{2}u\right)\mathrm{e}^{-\mathrm{j}2\omega}$$

即 $$Y(\mathrm{j}\omega)=\mathrm{j}\frac{\omega}{2}F\left(-\mathrm{j}\frac{1}{2}\omega\right)\mathrm{e}^{-\mathrm{j}2\omega}$$

(3)

方法一：

由展缩和时移性质，得

$$f(3t-2)\leftrightarrow\frac{1}{3}F\left(\frac{1}{3}\mathrm{j}\omega\right)\mathrm{e}^{-\frac{2}{3}\mathrm{j}\omega}$$

再根据频移性质，得

$$f(3t-2)\mathrm{e}^{-\mathrm{j}2t}\leftrightarrow\frac{1}{3}F\left[\frac{1}{3}\mathrm{j}(\omega+2)\right]\mathrm{e}^{-\frac{2}{3}\mathrm{j}(\omega+2)}$$

方法二：

由展缩特性，得

$$f(3t)\leftrightarrow\frac{1}{3}F\left(\mathrm{j}\frac{1}{3}\omega\right)$$

由频移特性，得

$$f(3t)e^{-j2t} \leftrightarrow \frac{1}{3}F\left[j\frac{1}{3}(\omega+2)\right]$$

由时移特性，得

$$f\left[3\left(t-\frac{2}{3}\right)\right]e^{-j2\left(t-\frac{2}{3}\right)} \leftrightarrow \frac{1}{3}F\left[\frac{1}{3}j(\omega+2)\right]e^{-j\frac{2}{3}\omega}$$

所以

$$f(3t-2)e^{-j2t}=f\left[3\left(t-\frac{2}{3}\right)\right]e^{-j2\left(t-\frac{2}{3}\right)}e^{-j\frac{4}{3}}$$

$$\leftrightarrow \frac{1}{3}F\left[\frac{1}{3}j(\omega+2)\right]e^{-j\frac{2}{3}\omega}e^{-j\frac{4}{3}}$$

$$=\frac{1}{3}F\left[\frac{1}{3}j(\omega+2)\right]e^{-j\frac{2}{3}(\omega+2)}$$

【例 3.3.5★】（**南开大学考研真题**）求如图 3.10(a)、(b)所示两信号的频谱函数。

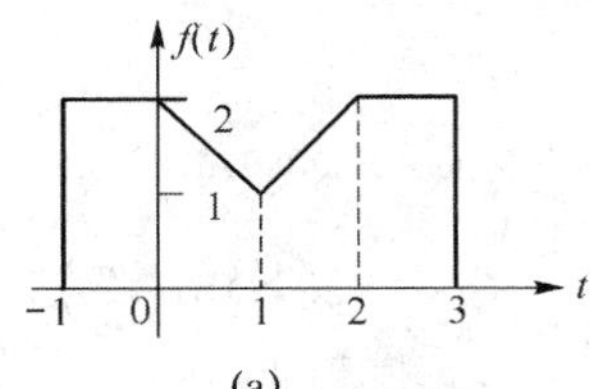

(a)

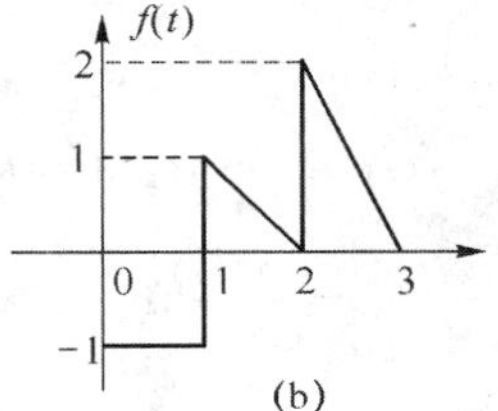

(b)

图 3.10

解答：(1) 方法一：

$$f(t)=2G_4(t-1)-\Lambda_1(t-1)$$

$$G_4(t-1)\to 4\mathrm{Sa}(2\omega)e^{-j\omega}$$

$$\Delta_1(t)=G_1(t)*G_1(t)\leftrightarrow \mathrm{Sa}^2\left(\frac{2}{\omega}\right)$$

所以
$$\Delta_1(t-1)\leftrightarrow e^{-j\omega}\mathrm{Sa}^2\left(\frac{2}{\omega}\right)$$

所以
$$F(j\omega)=e^{-j\omega}\left[8\mathrm{Sa}(2\omega)-\mathrm{Sa}^2\left(\frac{2}{\omega}\right)\right]$$

方法二：

令 $y_1(t)$如图 3.11 所示，则 $f(t)=y_1(t-1)$

令

$$y_2(t)=\frac{dy_1(t)}{dt}=2\delta(t+2)-2\delta(t-2)+G_1\left(t-\frac{1}{2}\right)-G_1\left(t+\frac{1}{2}\right)$$

$$Y_2(j\omega)=2e^{j2\omega}-2e^{-j2\omega}+\left(e^{-j\frac{1}{2}\omega}-e^{j\frac{1}{2}\omega}\right)\mathrm{Sa}\left(\frac{\omega}{2}\right)$$

$$=4j\sin(2\omega)-2j\sin\left(\frac{1}{2}\omega\right)\mathrm{Sa}\left(\frac{\omega}{2}\right)$$

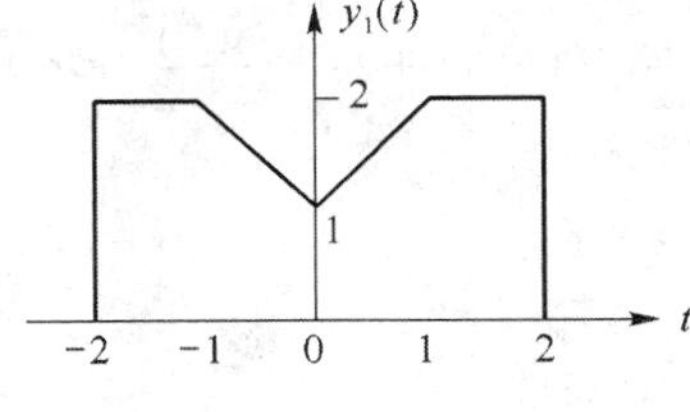

图 3.11

因为 $y_1(t)=\int_{-\infty}^{t}y_2(\tau)\mathrm{d}\tau$，根据傅里叶变换的时域积分定理，有

$$Y_1(\mathrm{j}\omega)=\frac{1}{\mathrm{j}\omega}Y_2(\mathrm{j}\omega)+\pi_1 Y_1(0)\delta(\omega)=8\mathrm{Sa}(2\omega)-\mathrm{Sa}^2\left(\frac{2}{\omega}\right)$$

根据傅里叶变换的时移特性

所以
$$F(\mathrm{j}\omega)=\mathrm{e}^{-\mathrm{j}\omega}\left[8\mathrm{Sa}(2\omega)-\mathrm{Sa}^2\left(\frac{2}{\omega}\right)\right]$$

方法三：

直接利用傅里叶变换的定义式求解(略)。

(2) 方法一：

令
$$\varphi(t)=\frac{\mathrm{d}}{\mathrm{d}t}f(t)=-\delta(t)+2\delta(t-1)+2\delta(t-2)-G_1\left(t-\frac{3}{2}\right)-2G_1\left(t-\frac{5}{2}\right)$$

$$\Phi(\mathrm{j}\omega)=-1+2\mathrm{e}^{-\mathrm{j}\omega}+2\mathrm{e}^{-\mathrm{j}2\omega}-(\mathrm{e}^{-\mathrm{j}\frac{3}{2}\omega}-\mathrm{e}^{\mathrm{j}\frac{3}{2}\omega})\mathrm{Sa}\left(\frac{\omega}{2}\right)$$

根据傅里叶变换的时域积分定理，

$$\begin{aligned}f(t)&=\int_{-\infty}^{t}\varphi(\tau)\mathrm{d}\tau\leftrightarrow F(\mathrm{j}\omega)=\frac{1}{\mathrm{j}\omega}\Phi(\mathrm{j}\omega)+\pi\Phi(0)\delta(\omega)\\&=\frac{1}{\mathrm{j}\omega}\left[-1+2\mathrm{e}^{-\mathrm{j}\omega}+2\mathrm{e}^{-\mathrm{j}2\omega}-(\mathrm{e}^{-\mathrm{j}\frac{3}{2}\omega}-\mathrm{e}^{\mathrm{j}\frac{3}{2}\omega})\mathrm{Sa}\left(\frac{\omega}{2}\right)\right]\\&=\frac{1}{\mathrm{j}\omega}(-1+2\mathrm{e}^{-\mathrm{j}\omega}+2\mathrm{e}^{-\mathrm{j}2\omega})+\frac{1}{\omega^2}(\mathrm{e}^{-\mathrm{j}\omega}+\mathrm{e}^{-\mathrm{j}2\omega}-2\mathrm{e}^{-\mathrm{j}3\omega})\end{aligned}$$

方法二：

令 $f_1(t)$ 如图 3.12 所示。

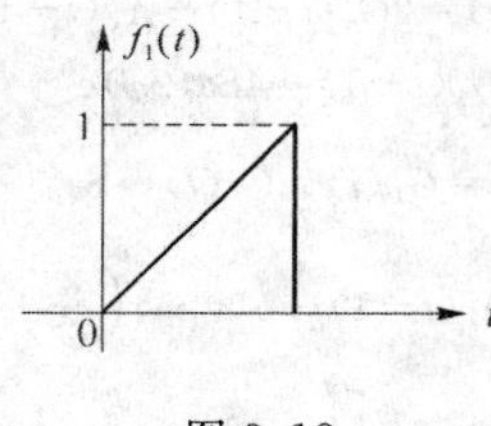

图 3.12

则

$$F_1(\mathrm{j}\omega)=\int_{-\infty}^{\infty}f_1(t)\mathrm{e}^{-\mathrm{j}\omega t}\mathrm{d}t=\int_0^1 t\mathrm{e}^{-\mathrm{j}\omega t}\mathrm{d}t=-\frac{1}{\mathrm{j}\omega}\mathrm{e}^{-\mathrm{j}\omega}+\frac{1}{\omega^2}(\mathrm{e}^{-\mathrm{j}\omega}-1)$$

$$f(t)=-G_1\left(t-\frac{1}{2}\right)+f_1(-t+2)+2f_1(-t+3)$$

所以

$$\begin{aligned}F(\mathrm{j}\omega)&=-\mathrm{Sa}\left(\frac{\omega}{2}\right)\mathrm{e}^{-\mathrm{j}\frac{\omega}{2}}+F_1(-\mathrm{j}\omega)(\mathrm{e}^{-\mathrm{j}2\omega}+2\mathrm{e}^{-\mathrm{j}3\omega})\\&=-\frac{2}{\omega}\sin\left(\frac{\omega}{2}\right)\mathrm{e}^{-\mathrm{j}\frac{\omega}{2}}+\left[\frac{1}{\mathrm{j}\omega}\mathrm{e}^{\mathrm{j}\omega}+\frac{1}{\omega^2}(\mathrm{e}^{\mathrm{j}\omega}-1)\right](\mathrm{e}^{-\mathrm{j}2\omega}+2\mathrm{e}^{-\mathrm{j}3\omega})\\&=\frac{1}{\mathrm{j}\omega}(-1+2\mathrm{e}^{\mathrm{j}\omega}+2\mathrm{e}^{-\mathrm{j}2\omega})+\frac{1}{\omega^2}(\mathrm{e}^{-\mathrm{j}\omega}+\mathrm{e}^{-\mathrm{j}2\omega}-2\mathrm{e}^{-\mathrm{j}3\omega})\end{aligned}$$

方法三：

直接利用傅里叶变换的定义式求解(略)。

【例 3.3.6】 计算下列两小题。

(1) 求信号 $f(t)=-\mathrm{e}^{-|t|}\mathrm{Sgn}(t)$的频谱 $F(\omega)$

其中：$\mathrm{Sgn}(t)=\begin{cases}1, & t>0\\-1, & t<0\end{cases}$。

(2) 计算积分 $A=\int_{-\infty}^{\infty}\frac{t^2}{(1+t^2)^2}\mathrm{d}t$ 。

解答:(1) 因为

$$f(t)=-\mathrm{e}^{-|t|}\cdot \mathrm{Sgn}t=\frac{\mathrm{d}}{\mathrm{d}t}\mathrm{e}^{-|t|}$$

而

$$\mathrm{e}^{-|t|}\overset{F}{\leftrightarrow}\frac{2}{1+\omega^2}$$

所以

$$F(\omega)=\mathrm{j}\,\frac{2\omega}{1+\omega^2}$$

(2) 根据帕赛瓦尔定理知:

$$\int_{-\infty}^{\infty}|f(t)|^2\mathrm{d}t=\frac{1}{2\pi}\int_{-\infty}^{\infty}|F(\omega)|^2\mathrm{d}\omega$$

所以

$$\int_{-\infty}^{\infty}\frac{\omega^2}{(1+\omega^2)^2}\mathrm{d}\omega=\frac{\pi}{2}\int_{-\infty}^{\infty}|f(t)|^2\mathrm{d}t$$

又因为

$$\int_{-\infty}^{\infty}|f(t)|^2\mathrm{d}t=2\int_{0}^{\infty}\mathrm{e}^{-2t}\mathrm{d}t=1$$

故

$$\int_{-\infty}^{\infty}\frac{t^2}{(1+t^2)^2}\mathrm{d}t=\frac{\pi}{2}$$

题型 4　周期信号的傅里叶变换

【例 3.4.1】 周期为 T 的单位冲激周期函数 $\delta_{\mathrm{T}}=\sum_{m=-\infty}^{\infty}\delta(t-mT)$

解答:

$$F_n=\frac{1}{T}\int_{-\frac{T}{2}}^{\frac{T}{2}}f(t)\mathrm{e}^{-\mathrm{j}n\Omega t}\mathrm{d}t=\frac{1}{T}$$

$$\delta_{\mathrm{T}}(t)\longleftrightarrow\frac{2\pi}{T}\sum_{n=\infty}^{\infty}\delta(\omega-n\Omega)=\Omega\sum_{n=\infty}^{\infty}\delta(\omega-n\Omega)=\Omega\delta_{\Omega}(\omega)$$

【例 3.4.2】 周期信号如图 3.13 所示,求其傅里叶变换。

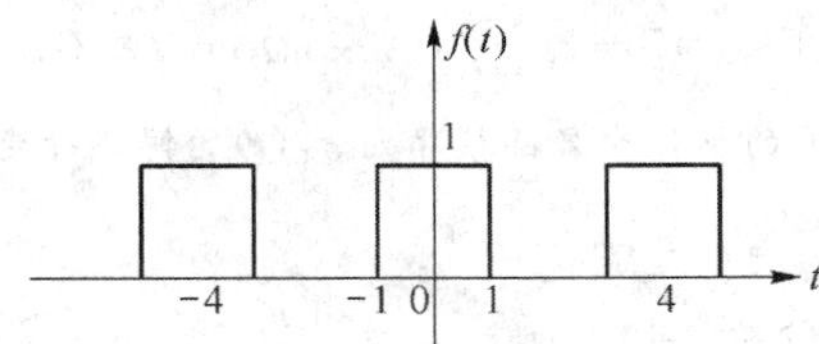

图 3.13

解答:周期信号 $f(t)$ 也可看作一时限非周期信号 $f_0(t)$ 的周期拓展。即 $f(t)=\delta_{\mathrm{T}}(t)*f_0(t)$

$$F(\mathrm{j}\omega)=\Omega\delta_{\Omega}(t)F_0(\mathrm{j}\omega)=\Omega\sum_{n=-\infty}^{\infty}F_0(\mathrm{j}n\Omega)\delta(\omega-n\Omega)$$

本题

$$f_0(t)=g_2(t)\longleftrightarrow 2\mathrm{Sa}(\omega)\qquad \Omega=\frac{2\pi}{T}=\frac{\pi}{2}$$

$$F(\mathrm{j}\omega)=\Omega\sum_{n=-\infty}^{\infty}\mathrm{Sa}(n\Omega)\delta(\omega-n\Omega)=\pi\sum_{n=-\infty}^{\infty}\mathrm{Sa}\left(\frac{n\pi}{2}\right)\delta\left(\omega-\frac{n\pi}{2}\right)$$

得

$$F_n=\frac{\Omega}{2\pi}F_0(\mathrm{j}n\Omega)=\frac{1}{T}F_0\left(\mathrm{j}\,\frac{2n\pi}{T}\right)$$

【例 3.4.3】 如图 3.14 画出了周期为 T 的周期性单位冲激函数序列 $\delta_T(t)$。

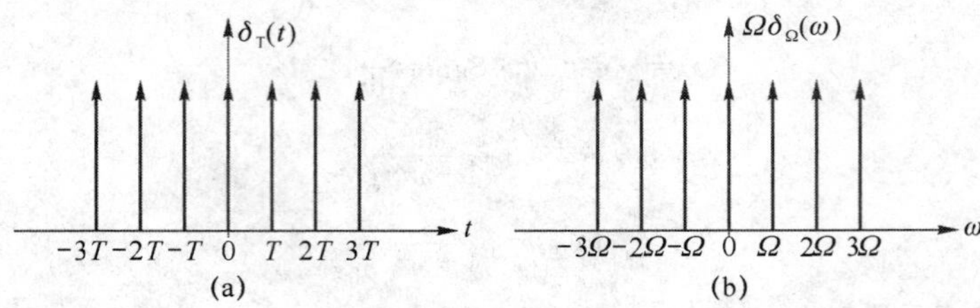

图 3.14 周期冲激序列及其傅里叶变换

$$\delta_T(t) \overset{\text{def}}{=} \sum_{m=-\infty}^{\infty} \delta(t-mT)$$

式中，m 为整数。求其傅里叶变换。

解答：先求出周期性冲激函数序列的傅里叶系数。

$$\dot{F}t = \frac{1}{T}\int_{-\frac{T}{2}}^{\frac{T}{2}} f(t)\mathrm{e}^{-\mathrm{j}n\Omega t}\,\mathrm{d}t = \frac{1}{T}\int_{-\frac{T}{2}}^{\frac{T}{2}} \delta_T(t)\mathrm{e}^{-\mathrm{j}n\Omega t}\,\mathrm{d}t\Omega$$

由图 3.14(a)知函数 $\delta_T(t)$在区间 $\left(-\frac{T}{2},\ \frac{T}{2}\right)$只有一个冲激函数 $\delta(t)$。考虑到冲激函数的取样性质，上式可写为

$$\dot{F}t = \frac{1}{T}\int_{-\frac{T}{2}}^{\frac{T}{2}} \delta_T(t)\mathrm{e}^{-\mathrm{j}n\Omega t}\,\mathrm{d}t = \frac{1}{T}$$

故可得 $\delta(t)$的傅里叶变换为

$$F[\delta_T(t)] = \frac{2\pi}{T}\sum_{n=-\infty}^{\infty}\delta(\omega-n\Omega) = \Omega\sum_{n=-\infty}^{\infty}\delta(\omega-n\Omega)$$

令

$$\delta_\Omega(t) = \sum_{n=-\infty}^{\infty}\delta(\omega-n\Omega)$$

它是在频域内，周期为 Ω 的单位冲激函数序列。这样，周期性单位冲激函数序列 $\delta_T(t)$的傅里叶变换可写为

$$F[\delta_T(t)] = \Omega\sum_{n=-\infty}^{\infty}\delta(\omega-n\Omega) = \Omega\delta_\Omega(\omega)$$

上式表明，在时域中，周期为 T 的单位冲激函数序列 $\delta_T(t)$的傅里叶变换是一在频域中周期为 Ω，强度为 Ω 的冲激函数序列。

题型 5 LTI 系统的频域分析

【例 3.5.1】 已知系统的冲激响应为 $h(t) = \frac{\mathrm{d}}{\mathrm{d}t}\left[\frac{\sin(\omega_c t)}{\pi t}\right]$，系统函数为 $H(\mathrm{j}\omega) = \zeta[h(t)] = |H(\mathrm{j}\omega)|\mathrm{e}^{\mathrm{j}\varphi(\omega)}$，试画出 $|H(\mathrm{j}\omega)|$ 和 $\varphi(\omega)$的图形。

解答：记 $f(t) = \frac{\sin(\omega_c t)}{\pi t} = \frac{\sin\omega_c t}{\omega_c t}\cdot\frac{\omega_c}{\pi}$

$$F(\mathrm{j}\omega) = \zeta[f(t)] = \begin{cases}\frac{\omega_c}{\pi}, & |\omega| < \omega_c \\ 0 & |\omega| \geqslant \omega_c\end{cases}$$

$$H(\mathrm{j}\omega) = \zeta[h(t)] = \zeta\left[\frac{\mathrm{d}}{\mathrm{d}t}\left(\frac{\sin(\omega_c t)}{\pi t}\right)\right]$$

$$= \mathrm{j}\omega F(\mathrm{j}\omega) = \begin{cases}\frac{\omega_c}{\pi}\cdot\mathrm{j}\omega, & |\omega| < \omega_c \\ 0 & |\omega| \geqslant \omega_c\end{cases}$$

故 $$|H(\mathrm{j}\omega)|=\begin{cases}\dfrac{\pi}{\omega_c}\cdot\omega, & |\omega|<\omega_c\\ 0 & |\omega|\geqslant\omega_c\end{cases}\qquad \varphi(\mathrm{j}\omega)=\begin{cases}\dfrac{\pi}{2}, & |\omega|<\omega_c\\ 0 & |\omega|\geqslant\omega_c\end{cases}$$

$|H(\mathrm{j}\omega)|$和$\varphi(\mathrm{j}\omega)$的图形如图 3.15 所示。

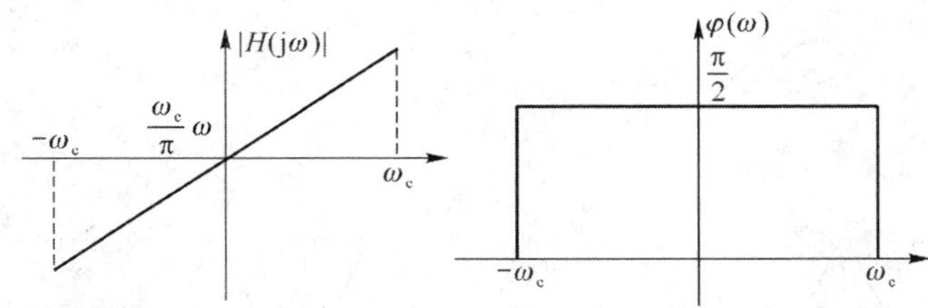

图 3.15

【例 3.5.2】 某 LTI 系统的$|H(\mathrm{j}\omega)|$和$\theta(\omega)$如图 3.16 所示，若$f(t)=2+4\cos(5t)+4\cos(10t)$，求系统的响应。

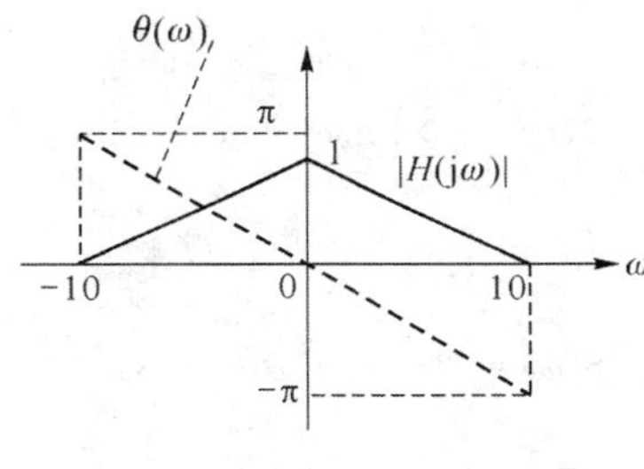

图 3.16

解答：解法一：用傅里叶变换

$$F(\mathrm{j}\omega)=4\pi\delta(\omega)+4\pi[\delta(\omega-5)+\delta(\omega+5)]+4\pi[\delta(\omega-10)+\delta(\omega+10)]$$

$$H(\mathrm{j}\omega)=|H(\mathrm{j}\omega)|\mathrm{e}^{\mathrm{j}\theta(\omega)}$$

$$\begin{aligned}Y(\mathrm{j}\omega)&=F(\mathrm{j}\omega)H(\mathrm{j}\omega)\\&=4\pi\delta(\omega)H(0)+4\pi[\delta(\omega-5)H(\mathrm{j}5)+\delta(\omega+5)H(-\mathrm{j}5)]\\&\quad+4\pi[\delta(\omega-10)H(\mathrm{j}10)+\delta(\omega+10)H(-\mathrm{j}10)]\\&=4\pi\delta(\omega)+4\pi[-\mathrm{j}0.5\delta(\omega-5)+\mathrm{j}0.5\delta(\omega+5)]\\y(t)&=F^{-1}[Y(\mathrm{j}\omega)]=2+\sin(5t)\end{aligned}$$

解法二：用三角傅里叶级数分析法求解

$f(t)$的基波角频率 $\Omega=5\ \mathrm{rad/s}$

$$f(t)=2+4\cos(\Omega t)+4\cos(2\Omega t)$$

$$H(0)=1,H(\mathrm{j}\Omega)=0.5\mathrm{e}^{-\mathrm{j}0.5\pi},H(\mathrm{j}2\Omega)=0$$

$$y(t)=2+4\times0.5\cos(\Omega t-0.5\pi)=2+2\sin(5t)$$

【例 3.5.3】 图 3.17(a)所示连续时间系统，$f(t)$已知，其$F(\mathrm{j}\omega)$的图形如图 3.17(b)所示，$s(t)$的波形如图 3.17(c)所示。

(1) 求信号 $f_s(t)$的频谱 $F_s(\mathrm{j}\omega)$，画 $F_s(\mathrm{j}\omega)$的图形；

(2) 若使用理想低通滤波器 $H(\mathrm{j}\omega)$从 $f_s(t)$中无失真地恢复 $f(t)$，求信号 $s(t)$应满足什么样的条件？写出相应的理想低通滤波器的频率特性 $H(\mathrm{j}\omega)$。

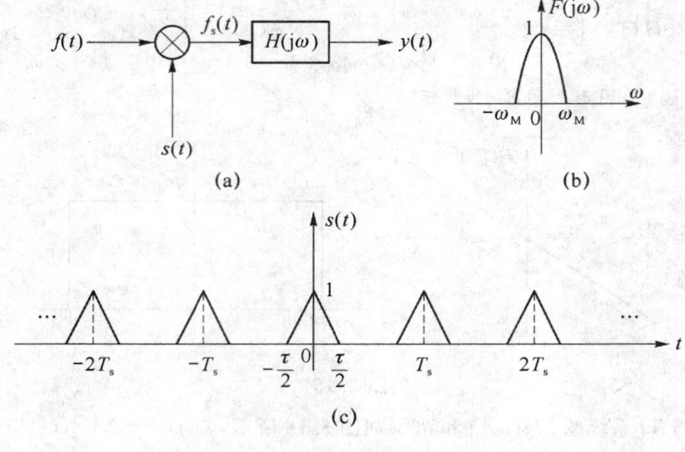

图 3.17

解答:(1)

$$f_s(t)=f(t)s(t)$$

$$s(t)=\sum_{n=-\infty}^{\infty}F_n e^{jn\omega_s t},\omega_s=\frac{2\pi}{T_s}$$

$$\dot{F}_n=\frac{1}{T_s}\frac{\tau}{2}\left[\mathrm{Sa}\left(\frac{\pi}{4}\omega\right)\right]^2_{\omega=n\omega}$$

$$S(\omega)=2\pi\sum_{n=-\infty}^{\infty}\dot{F}_n\delta(\omega-N\omega_s)$$

故

$$F_s(j\omega)=\frac{1}{2\pi}F(j\omega)*S(j\omega)=\sum_{n=-\infty}^{\infty}\dot{F}_n F[j(\omega-n\omega_s)]$$

$F_s(j\omega)$的图形如图 3.18 所示。

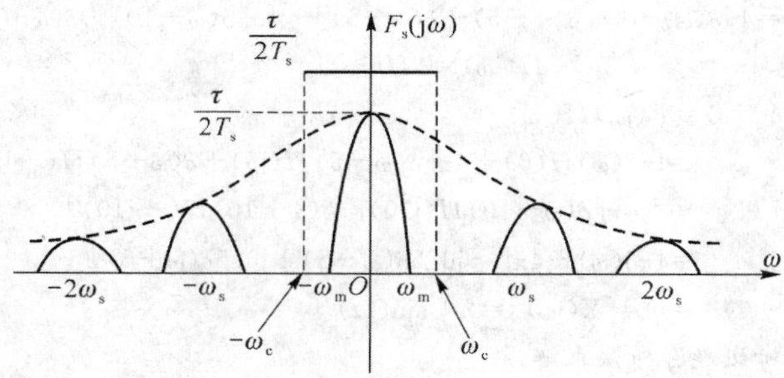

图 3.18

(2) 欲从 $f_s(t)$中无失真地恢复信号 $f(t)$,则应有 $\omega_s\geqslant 2\omega_m$,即 $s(t)$的重复周期应满足

$$T_s\leqslant\frac{1}{2f_m},f_m=\frac{\omega_m}{2\pi}$$

理想低通滤波器的频率特性应满足

$$H(j\omega)=\begin{cases}\frac{2T_s}{\tau}, & |\omega|<\omega_c\\ 0, & |\omega|>\omega_c\end{cases}$$

式中,ω_c 应满足 $\omega_m<\omega_c<\omega_s-\omega_m$。

【例 3.5.4】 已知系统框图如图 3.19(a)、(b)所示,其中 $x_1(t)=\frac{\sin 100t}{\pi t}$, $x_2(t)=T\sum_{n=-\infty}^{\infty}\delta(t-nT)$。

(1) 画出 $x_1(t)$和 $x_2(t)$的频谱图；

(2) 在图 3.19(a)所示系统中，若要求 $y(t)=x_1(t-0.3)$，试确定 $x_2(t)$的周期 T 及框图中的 $H(\mathrm{j}\omega)$；

(3) 在图 3.19(b)所示系统中，若要求 $y(t)=x_1(t)$，试确定 $x_2(t)$的周期 T 及框图中的 $H(\mathrm{j}\omega)$。

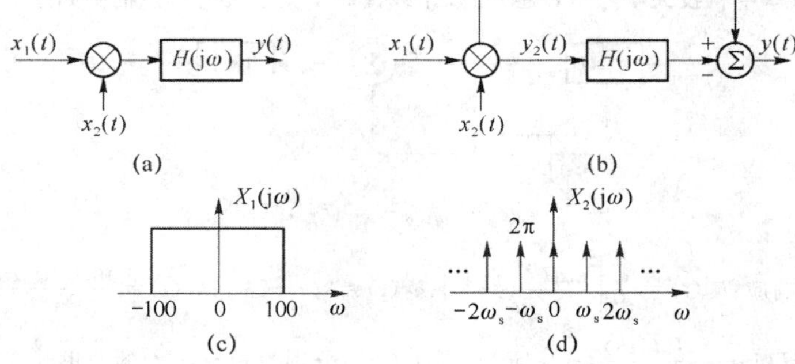

图 3.19

解答：(1) 根据常用函数的傅里叶变换对及对称性质，并考虑周期信号的傅里叶变换得

$$X_1(\mathrm{j}\omega)=\xi[x_1(t)]=g_{200}(\omega)$$

$$X_2(\mathrm{j}\omega)=\xi[x_2(t)]=2\pi\sum_{n=-\infty}^{\infty}\delta(\omega-n\omega_s)$$

式中，$\omega_s=\dfrac{2\pi}{T}$。

$X_1(\mathrm{j}\omega)$和 $X_2(\mathrm{j}\omega)$如图 3.19(c)、(d)所示。

(2) 欲使 $y(t)=x_1(t-0.3)$，则 $x_2(t)$对 $x_1(t)$的采样频率至少应满足奈奎斯特采样频率，即 $\omega_s=2\omega_m$ 才不至于发生频谱混叠。$x_1(t)$的最高频率由 $X_1(\mathrm{j}\omega)$图形可知 $\omega_m=100$ rad/s，所以

$$\omega_s=2\omega_m=200\ \text{rad/s}$$

$$T=\frac{2\pi}{\omega_s}=\frac{\pi}{100}=0.031\,4\ \text{s}$$

图(a)所示系统中的 $H(\mathrm{j}\omega)$应为延迟时间为-0.3 s 的理想低通，它的截止角频率 ω_c 按 $\omega_m=100$ rad/s 考虑，在通带内的幅值为 $|H(\mathrm{j}\omega)|=1$，而 $\varphi_H(\omega)$应为-0.3ω，它是斜率为-0.3 过原点的直线。鉴于以上分析可知，延迟时间为

$$t_d=-\frac{\mathrm{d}\varphi_H(\omega)}{\mathrm{d}\omega}=0.3\ \text{s}$$

$$H(\mathrm{j}\omega)=\begin{cases}\mathrm{e}^{-\mathrm{j}0.3\omega}, & |\omega|<100\ \text{rad/s}\\ 0, & |\omega|>100\ \text{rad/s}\end{cases}$$

(3) 设图(b)系统乘法器输出为 $y_1(t)$，则

$$\begin{aligned}Y_1(\mathrm{j}\omega)&=\frac{1}{2\pi}X_1(\mathrm{j}\omega)*X_2(\mathrm{j}\omega)\\&=\frac{1}{2\pi}X_1(\mathrm{j}\omega)*2\pi\sum_{n=-\infty}^{\infty}\delta(\omega-n\omega_s)\\&=\sum_{n=-\infty}^{\infty}X_1(\mathrm{j}\omega-\mathrm{j}n\omega_s)\end{aligned}$$

由第(2)问分析知，$T=0.031\,4$ s，而

$$\begin{aligned}Y(\mathrm{j}\omega)&=Y_1(\mathrm{j}\omega)-Y_1(\mathrm{j}\omega)H(\mathrm{j}\omega)=[1-H(\mathrm{j}\omega)]Y_1(\mathrm{j}\omega)\\&=[1-H(\mathrm{j}\omega)]\sum_{n=-\infty}^{\infty}X_1(\mathrm{j}\omega-\mathrm{j}n\omega_s)\end{aligned}$$

若使 $Y(\mathrm{j}\omega)=X_1(\mathrm{j}\omega)$，则由上式分析可知

$$1-H(\mathrm{j}\omega)=g_{200}(\omega)$$

故 $H(\mathrm{j}\omega)=1-g_{200}(\omega)$，为理想高通滤波器，它的截止频率 $\omega_c=100\ \mathrm{rad/s}=\omega_m$，其意义为 ω 高于 ω_c 的信号可通过。

【例 3.5.5★】 (华中科技大学考研真题)已知某线性时不变系统的模拟框图如图 3.20 所示。

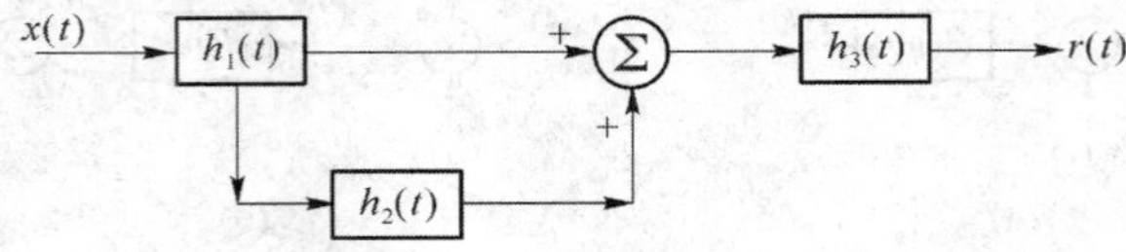

图 3.20

其中，单位冲激响应：$h_1(t)=\frac{\mathrm{d}}{\mathrm{d}t}\left[\frac{\sin(4w_0t)}{\pi t}\right]$；$h_2(t)=\delta(t-2\pi)$；$h_3(t)=\frac{\sin(2w_0t)}{\pi t}$。

试求系统函数 $H(\mathrm{j}w)=\frac{R(\mathrm{j}w)}{E(\mathrm{j}w)}$，式中 $R(\mathrm{j}w)$，$E(\mathrm{j}w)$ 分别为 $r(t)$，$e(t)$ 的傅里叶变换。

解答：

$$h(t)=h_3(t)*[h_1(t)+h_1(t)*h_2(t)]$$

$$=h_3(t)*h_1(t)+h_1(t)*h_1(t)*h_2(t)$$

$$H(\mathrm{j}w)=H_1(\mathrm{j}w)\cdot H_3(\mathrm{j}w)+H_1(\mathrm{j}w)\cdot H_2(\mathrm{j}w)\cdot H_3(\mathrm{j}w)$$

又

$$h_1(t)=\frac{\mathrm{d}}{\mathrm{d}t}\left[\frac{\sin(4w_0t)}{\pi t}\right]$$

$$\frac{4w_0}{\pi}\frac{\sin(4w_0t)}{\pi t}\xrightarrow{FT}2\pi G_{8w_0}(-w),\ |w|<4w_0$$

$$A\tau\frac{\sin\frac{w\tau}{2}}{\frac{w\tau}{2}},\left(\tau=8w_0,A=\frac{1}{2\pi}\right)\xrightarrow{FT^{-1}}G_\tau(t)=A=\frac{1}{2\pi},\ |t|<\frac{\tau}{2}$$

$$\frac{4w_0}{\pi}\frac{\sin(4w_0t)}{\pi t}\xleftrightarrow{\text{对称性}}A\tau\frac{\sin\frac{w\tau}{2}}{\frac{w\tau}{2}},\left(\tau=8w_0,A=\frac{1}{2\pi}\right)$$

所以

$$2\pi G_{8w_0}(-w)=1$$

从而可得

$$H_1(\mathrm{j}w)=\mathrm{j}w,\ |w|<4w_0$$

$$h_2(t)=\delta(t-2\pi)\xrightarrow{FT}H_2(\mathrm{j}w)=\mathrm{e}^{-\mathrm{j}2\pi w}$$

$$h_3(t)=\frac{\sin(2w_0t)}{\pi t}$$

利用对称特性同理可以得到

$$H_3(\mathrm{j}w)=\frac{1}{2},\ |w|<2w_0$$

所以

$$H(\mathrm{j}w)=\mathrm{j}w\cdot\frac{1}{2}+\mathrm{j}w\cdot\mathrm{e}^{-\mathrm{j}2\pi w}\cdot\frac{1}{2}=\frac{\mathrm{j}w}{2}(1+\mathrm{e}^{-\mathrm{j}2\pi w}),\ |w|<2w_0$$

【例 3.5.6★】 (北京航空航天大学考研真题)连续时间理想低通滤波器频率响应为 $H(\mathrm{j}w)=\begin{cases}1, & |w|\leqslant 100\\ 0, & |w|>100\end{cases}$，当基波周期为 $T=\frac{\pi}{6}$，其傅里叶级数系数为 E_k 的信号 $e(t)$ 输入到滤波器时，滤波器的输出为 $r(t)$，且 $r(t)=e(t)$。问对什么样的 k 值，才必须保证 $E_k=0$？

解答： $e(t)$ 的基波角频率为 $\omega_1=12$。为了保证所有频谱分量通过截止频率为 100 的理想低通滤波器，必须保证 $e(t)$ 最高的谐波频率 $k\omega_1=12k\leqslant 100$，解得 $k\leqslant 8$。故必须保证 $|k|>8$ 时，$e(t)$ 的傅里叶系数 $E_k=$

0，即必须保证无高于8次的谐波。

【例 3.5.7】 频带有限的低通滤波器：$H(j\omega)\begin{cases}\neq 0, & |\omega|\leqslant\omega_m \\ =0,\omega & \text{其他}\end{cases}$ 能否实现？试述理由。

解答：不可实现；该滤波器不满足佩利—维纳准则；导致冲激响应是非因果的。

【例 3.5.8】 图3.21(a)所示系统试一理想抽样器，其中抽样信号 $s(t)$ 如图3.21(b)所示，原信号 $f(t)$ 的频谱图如图3.21(c)所示，系统中的带通滤波器的频率特性如图3.21(d)所示，试回答以下问题：

(1) 利用 $f(t)$ 的傅里叶变换表示信号 $f_s(t)$ 的频谱；

(2) 若 $\Delta<\pi/(2\omega_M)$，画出第一问中求出的信号 $f_s(t)$ 的频谱图以及信号 $r(t)$ 的频谱图。

(3) 若 $\Delta<\pi/(2\omega_M)$，设计一个能由 $f_s(t)$ 重建 $f(t)$ 的系统，画出该系统；

(4) 若 $\Delta<\pi/(2\omega_M)$，设计一个能由 $r(t)$ 重建 $f(t)$ 的系统，画出该系统；

(5) 试确定能由 $f_s(t)$ 或 $r(t)$ 重建 $f(t)$ 的 Δ 的最大值。

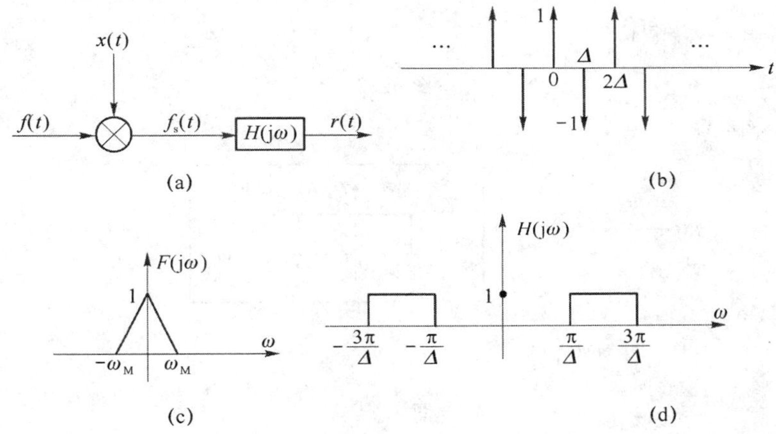

图3.21

解答：

(1) 由图3.21(b)，$s(t)=\sum\limits_{n=-\infty}^{\infty}[\delta(t-2\Delta\cdot n)-\delta(t-\Delta-2\Delta\cdot n)]$ 是以 2Δ 为周期的周期信号，其傅里叶变换系数

$$A_n=\frac{2}{T}\int_{0\_}^{2\Delta\_}[\delta(t)-\delta(t-\Delta)]e^{-jn\Omega t}\,dt$$

$$=\frac{2}{2\Delta}(1-e^{-jn\Omega\cdot\Delta})=\frac{1}{\Delta}(1-e^{-jn\pi})=\begin{cases}0, & n=\text{even}\\ \dfrac{2}{\Delta}, & n=\text{odd}\end{cases}$$

$$\Omega=\frac{2\pi}{T}=\frac{2\pi}{2\Delta}=\frac{\pi}{\Delta}$$

则：
$$S(jw)=\pi\sum_{\substack{n=-\infty\\ n=\text{odd}}}^{\infty}A_n\delta(w-n\Omega)=\frac{2\pi}{\Delta}\sum_{\substack{n=-\infty\\ n=\text{odd}}}^{\infty}\delta\left(w-n\frac{\pi}{\Delta}\right)$$

又：$f_s(t)=f(t)\cdot s(t)$

所以：
$$F_s(jw)=\frac{1}{2\pi}F(jw)*S(jw)=\frac{1}{\Delta}\sum_{\substack{n=-\infty\\ n=\text{odd}}}^{\infty}F\left[j\left(w-n\frac{\pi}{\Delta}\right)\right](n=\text{odd})$$

(2) 在 $\Delta<\dfrac{\pi}{2w_M}$ 的情况下，$F_s(jw)$ 没有混叠，则频谱图如图3.22所示。

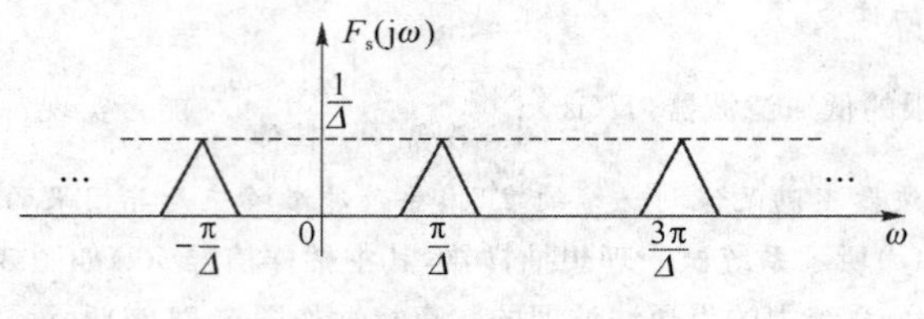

图 3.22

$f_s(t)$经过带通滤波器后，输出 $r(t)$的频谱图如图 3.23 所示。

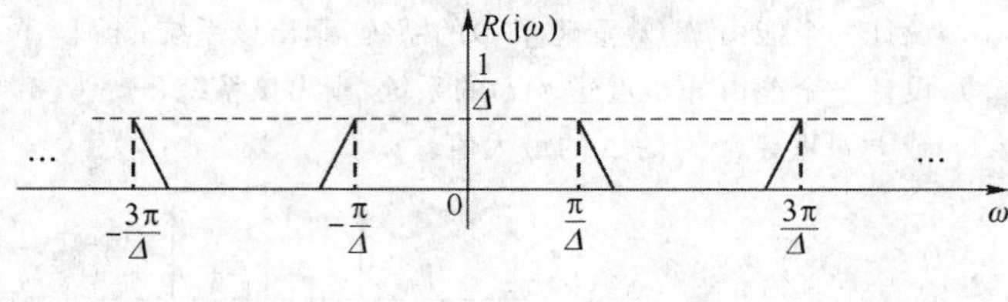

图 3.23

(3) 如图 3.24 所示。

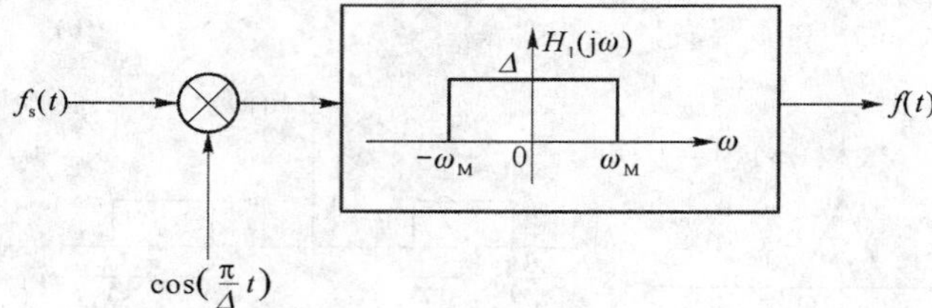

图 3.24

(4) 如图 3.25 所示。

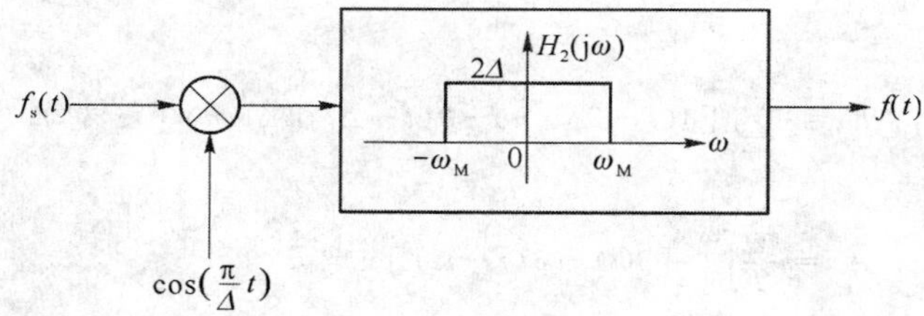

图 3.25

(5) 由$\frac{\pi}{\Delta}+w_M\leqslant\frac{3\pi}{\Delta}-w_M$，得：$\Delta\leqslant\frac{\pi}{w_M}$

所以 Δ 的最大值为$\frac{\pi}{w_M}$。

【例 3.5.9】 已知单位冲激响应为 $h(t)=\frac{1}{2T}\left\{\mathrm{Sa}\left(\frac{\pi t}{T}\right)+2\mathrm{Sa}\left(\frac{\pi t}{T}-\frac{\pi}{2}\right)+\mathrm{Sa}\left(\frac{\pi t}{T}-\pi\right)\right\}$的连续时间 LTI 系统，其中的函数 $\mathrm{Sa}(x)=\frac{\sin x}{x}$，试求：

(1) 该系统的频率响应 $H(\omega)$，并概画出它的幅频响应$|H(\omega)|$和相频响应 $\varphi(\omega)$，它是什么类型(低通、高通、带通、全通、线性相位等)滤波器？

(2) 当系统的输入为 $x(t)=\frac{\sin(\pi t/2T)}{\pi t}\sin\left(\frac{2\pi t}{T}\right)+\sum_{k=0}^{\infty}2^{-k}\cos\left[k\left(\frac{\pi}{2T}t+\frac{\pi}{4}\right)\right]$时，试求系统的输出 $y(t)$。

解答：(1) $h(t)$可以写成 $h(t)=\frac{1}{2T}\mathrm{Sa}\left(\frac{\pi}{T}t\right)*\left[\delta(t)+2\delta\left(t-\frac{T}{2}\right)+\delta(t-T)\right]$

由于 $\frac{1}{T}\mathrm{Sa}\left(\frac{\pi}{T}t\right)\stackrel{\zeta}{\longleftrightarrow}H_{\mathrm{LP}}(\omega)=\begin{cases}1, & |\omega|<\pi/T\\ 0, & |\omega|>\pi/T\end{cases}$

利用傅里叶变换的时域卷积性质，可以得到该连续时间 LTI 系统的频率响应 $H(\omega)$。

$$\begin{aligned}H(\omega)&=\frac{1}{2}H_{\mathrm{LP}}(\omega)[1+2\mathrm{e}^{-\mathrm{j}\frac{\omega T}{2}}+\mathrm{e}^{-\mathrm{j}\omega T}]\\&=\frac{1}{2}H_{\mathrm{LP}}(\omega)\mathrm{e}^{-\mathrm{j}\frac{\omega T}{2}}[\mathrm{e}^{\mathrm{j}\frac{\omega T}{2}}+\mathrm{e}^{-\mathrm{j}\frac{\omega T}{2}}]^2\\&=\frac{1}{2}(1+\cos\omega T)H_{\mathrm{LP}}(\omega)\mathrm{e}^{-\mathrm{j}\frac{\omega T}{2}}\end{aligned}$$

因此，有

$$|H(\omega)|=\begin{cases}\frac{1+\cos\omega T}{2}, & |\omega|<\pi/T\\ 0, & |\omega|>\pi/T\end{cases}$$

$$\varphi(\omega)=-\frac{\omega T}{2}$$

幅频响应$|H(\omega)|$和相频响应 $\varphi(\omega)$的图形如图 3.26 所示，它是一个具有线性相位的升余弦低通滤波器。

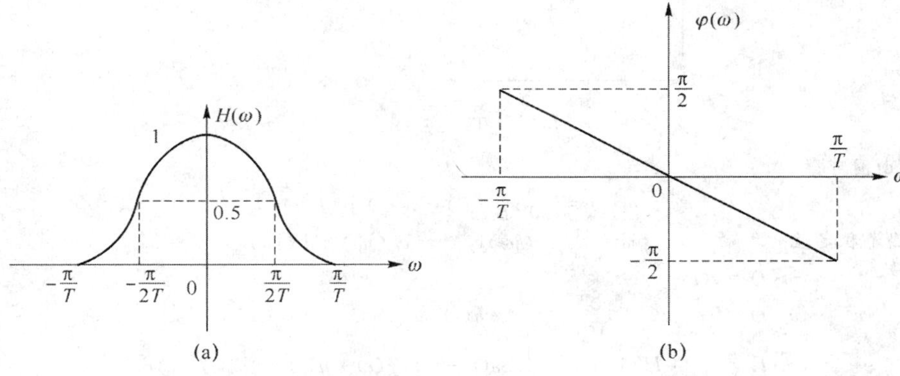

图 3.26

(2) 输入 $x(t)$可以看成两部分之和，即 $x(t)=x_1(t)+x_2(t)$，其中 $x_1(t)=x_0(t)\sin\left(\frac{2\pi}{T}t\right)$

由于 $$x_0(t)=\frac{\sin\left(\frac{2\pi}{T}t\right)}{\pi t}\stackrel{\zeta}{\longleftrightarrow}X_0(\omega)=\begin{cases}1, & |\omega|<\pi/2T\\ 0, & |\omega|>\pi/2T\end{cases}$$

故 $x_1(t)$是带限为$\frac{\pi}{2T}$的矩形谱信号 $x_0(t)$的正弦调制信号，正弦载波频率为$\frac{2\pi}{T}$，它的频谱为

$$X_1(\omega)=\zeta\{x_1(t)\}=\frac{\mathrm{j}}{2}\left[X_0\left(\omega+\frac{2\pi}{T}\right)-X_0\left(\omega-\frac{2\pi}{T}\right)\right]$$

由此 $x_1(t)$通过滤波器的输出频谱：

$$Y_1(\omega)=X_1(\omega)H(\omega)=0$$

故 $x_1(t)$通过滤波器的输出 $y_1(t)=0$

$x(t)$中的第 2 部分 $x_2(t)=\sum_{k=0}^{\infty}2^{-k}\cos\left[k\frac{\pi}{2T}t+\frac{k\pi}{4}\right]$，这是一个实周期信号的三角级数展开，基波频率 $\omega_0=\frac{\pi}{2T}$，由于滤波器的频率响应在 $k\frac{\pi}{2T}$处为

$$H\left(k\frac{\pi}{2T}\right)=\begin{cases}1, & k=0\\ \frac{1}{2}\mathrm{e}^{-\mathrm{j}\frac{\pi}{4}} & k=1\\ 0, & k\geqslant 2\end{cases}$$

因此只有 $x_2(t)$ 中的直流分量的基波可以通过该滤波器，二次及二次以上的谐波均被抑制，故 $x_2(t)$ 通过滤波器的那部分输出为

$$y_2(t)=1+\frac{1}{4}\cos\left(\frac{\pi}{2T}t\right)$$

最后，$x(t)$ 通过系统的输出为

$$y(t)=y_1(t)+y_2(t)=1+\frac{1}{4}\cos\left(\frac{\pi}{2T}t\right)$$

【例 3.5.10】 如图 3.27 所示系统，$H(\mathrm{j}\omega)$ 为理想低通滤波器，$H(\mathrm{j}\omega)=\begin{cases}\mathrm{e}^{-\mathrm{j}\omega t_0}, & |\omega|\leqslant 1\\ 0, & |\omega|>\omega_c\end{cases}$，若

(1) $v_1(t)$ 为单位阶跃信号 $u(t)$，写出 $v_2(t)$ 的表示式；

(2) $v_1(t)=\dfrac{2\sin\left(\frac{t}{2}\right)}{t}$，写出 $v_2(t)$ 的表示式。

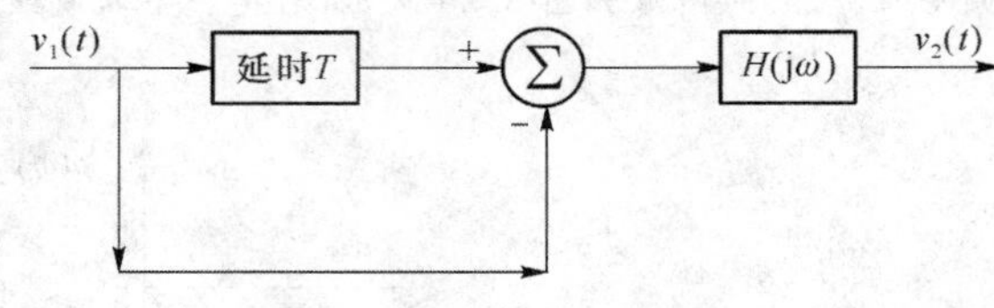

图 3.27

解答：由图可得

$$v_2(t)=[v_1(t-T)-v_1(t)]*h(t)$$

据时域卷积定理 $$v_2(\mathrm{j}\omega)=[v_1(\mathrm{j}\omega)\mathrm{e}^{-\mathrm{j}\omega T}-v_1(\mathrm{j}\omega)]H(\mathrm{j}\omega)$$

(1) $$v_1(t)=u(t)$$

$$v_2(t)=[v_1(t-T)-v_1(t)]*h(t)$$

由 $$h(t)=\zeta^{-1}[H(\mathrm{j}\omega)]=\frac{1}{\pi}\mathrm{Sa}(t-t_0),\ f(t)*u(t)=\int_{-\infty}^{t}f(\lambda)\mathrm{d}\lambda$$

得 $$v_2(t)=\frac{1}{\pi}\int_{-\infty}^{t-T}\mathrm{Sa}(\lambda-t_0)\mathrm{d}\lambda-\frac{1}{\pi}\int_{-\infty}^{t}\mathrm{Sa}(\lambda-t_0)\mathrm{d}\lambda$$

$$=\frac{1}{\pi}\int_{-\infty}^{t-t_0-T}\mathrm{Sa}(\lambda)\mathrm{d}\lambda-\frac{1}{\pi}\int_{-\infty}^{t-t_0}\mathrm{Sa}(\lambda)\mathrm{d}\lambda$$

又知 $$S_i(y)=\frac{1}{\pi}\int_{-\infty}^{y}\mathrm{Sa}(\lambda)\mathrm{d}\lambda$$

所以 $$v_2(t)=\frac{1}{\pi}[S_i(t-t_0-T)-S_i(t-t_0)]$$

(2) $$v_1(t)=\frac{2\sin\left(\frac{t}{2}\right)}{t}=\mathrm{Sa}\left(\frac{t}{2}\right)$$

$$V_1(\mathrm{j}\omega)=\zeta[v_1(t)]=\begin{cases}2\pi, & |\omega|<\frac{1}{2}\\ 0, & 其他\end{cases}$$

则 $$V_2(\mathrm{j}\omega)=V_1(\mathrm{j}\omega)H(\mathrm{j}\omega)(\mathrm{e}^{-\mathrm{j}\omega T}-1)=\begin{cases}2\pi\mathrm{e}^{-\mathrm{j}\omega t_0}(\mathrm{e}^{-\mathrm{j}\omega T}-1), & |\omega|<\frac{1}{2}\\ 0, & 其他\end{cases}$$

所以 $$v_2(t)=\zeta^{-1}[V_2(j\omega)]=\mathrm{Sa}\left[\frac{1}{2}(t-t_0-T)\right]-\mathrm{Sa}\left[\frac{1}{2}(t-t_0)\right]$$

题型 6 抽样定理

【例 3.6.1】 已知信号 $f(t)$的最高频率 f_0(Hz)，则对信号 $f\left(\frac{t}{2}\right)$取样时，其频谱不混叠的最大取样间隔 $T_{\max}$等于（ ）。

(A) $\frac{1}{f_0}$　　(B) $\frac{2}{f_0}$　　(C) $\frac{1}{2f_0}$　　(D) $\frac{1}{4f_0}$

解答：信号 $f(t)$的最高频率为 f_0(Hz)，根据 Fourier 变换的展缩特性可得信号 $f\left(\frac{t}{2}\right)$的最高频率为 $f_0/2$(Hz)，再根据时域抽样定理，可得对信号 $f\left(\frac{t}{2}\right)$取样时，其频谱不混叠的最大取样间隔 $T_{\max}$为 $T_{\max}=\frac{1}{2f_{\max}}=\frac{1}{f_0}$。

故答案为 A。

【例 3.6.2】 已知信号 $f(t)$的傅里叶变换 $F(j\omega)=\begin{cases}1, & |\omega|<2\ \text{rad/s}\\0, & |\omega|>2\ \text{rad/s}\end{cases}$，今对信号 $f(t)\cos 2t$ 进行抽样，则奈奎斯特抽样间隔 $T_N=$______。

解答：

$$F(j\omega)=G_4(\omega)$$

$$f(t)\cos 2t\leftrightarrow\frac{1}{2}G_4(\omega+2)+\frac{1}{2}G_4(\omega-2)$$

故得奈奎斯特角频率

$$\omega_N=2\times4=8\ \text{rad/s}$$

故得奈奎斯特间隔

$$T_N=\frac{2\pi}{\omega_N}=\frac{2\pi}{8}=\frac{\pi}{4}\ \text{s}$$

【例 3.6.3】 已知信号 $f(t)=\left(\frac{\sin 10\pi t}{\pi t}\right)^2$，现用采样频率 $\omega_s=30\pi$ 对 $f(t)$进行采样，以得到一个信号 $g(t)$，其傅里叶变换为 $G(\omega)$，为确保 $G(\omega)=15F(\omega)$，$|\omega|\leqslant\omega_s$。试求 ω_s 的最大值，其中：$F(\omega)$为 $f(t)$的傅里叶变换。

解答：令

$$f_1(t)=\frac{\sin 10\pi t}{\pi t}$$

$$f_1(t)\overset{F}{\leftrightarrow}F_1(\omega)=\begin{cases}1, & |\omega|<10\pi\\0, & |\omega|>10\pi\end{cases}$$

$$F(\omega)=\frac{1}{2\pi}F_1(\omega)*F_1(\omega)=\begin{cases}10\left(1-\frac{1}{20\pi}|\omega|\right), & |\omega|<20\pi\\0, & |\omega|>20\pi\end{cases}$$

如图 3.28 所示。

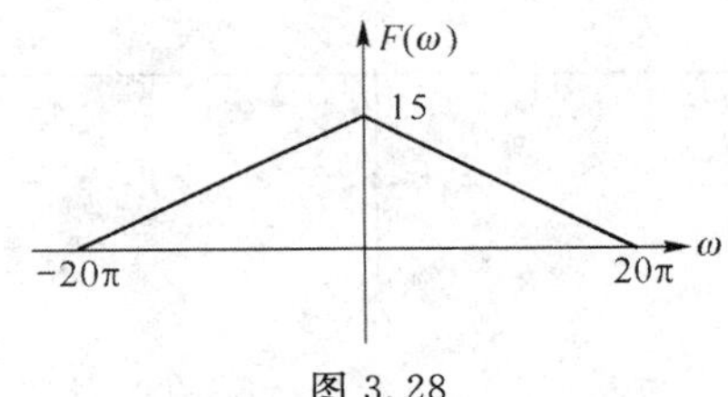

图 3.28

因为 $$G(\omega)=\frac{1}{T_s}\sum_{n=-\infty}^{\infty}F(\omega-n\omega_s),\qquad T_s=\frac{2\pi}{\omega_s}=\frac{1}{15}$$

所以 $$G(\omega)=15\sum_{n=-\infty}^{\infty}F(\omega-30\pi n)$$

由图 3.29 可知

$$G(\omega)=15F(\omega),|\omega|\leqslant 10\pi$$

故 $$\text{Max}\{\omega\}=10\pi$$

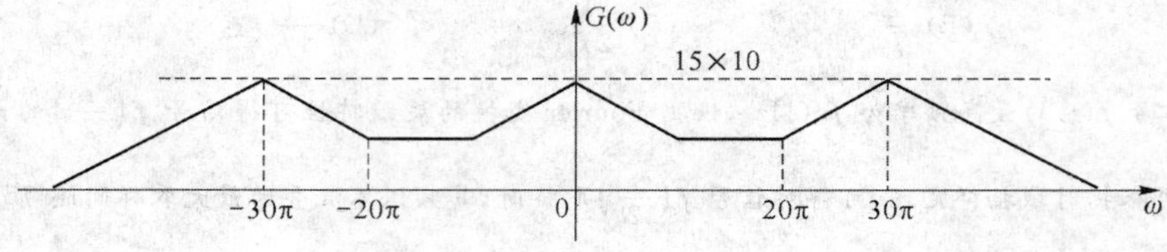

图 3.29

【例 3.6.4★】（西北工业大学考研真题）已知信号 $f(t)=\cos 2\pi t\,\frac{\sin \pi t}{\pi t}+3\sin 6\pi t\,\frac{\sin 2\pi t}{\pi t}$，求其奈奎斯特间隔 T_N。

解答：
$$f(t)=f_1(t)+f_2(t),\ f_1(t)=\text{Sa}(\pi t)\cos 2\pi t$$

$$F_1(j\omega)=\frac{1}{2\pi}\times G_{2\pi}(\omega)*\pi[\delta(\omega+2\pi)+\delta(\omega-2\pi)]=\frac{1}{2}G_{2\pi}(\omega+2\pi)+\frac{1}{2}G_{2\pi}(\omega-2\pi)$$

$F_1(j\omega)$的图形如图 3.30(a)所示。

$$f_2(t)=\frac{\sin 2\pi t}{\pi t}\times 3\sin 6\pi t=6\text{Sa}(2\pi t)\sin 6\pi t$$

$$F_2(j\omega)=6\times\frac{1}{2\pi}\times\frac{1}{2}G_{4\pi}(\omega)*j\pi[\delta(\omega+6\pi)-\delta(\omega-6\pi)]$$

$$=j\,\frac{3}{2}G_{4\pi}(\omega+6\pi)-j\,\frac{3}{2}G_{4\pi}(\omega-6\pi)$$

$F_2(j\omega)$的图形如图 3.30(b)所示。

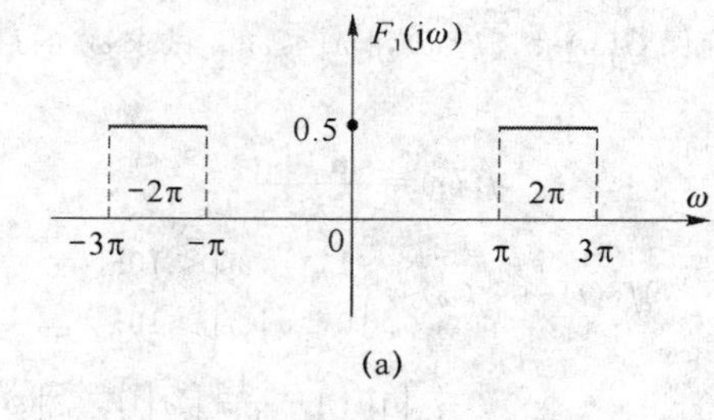

(a)

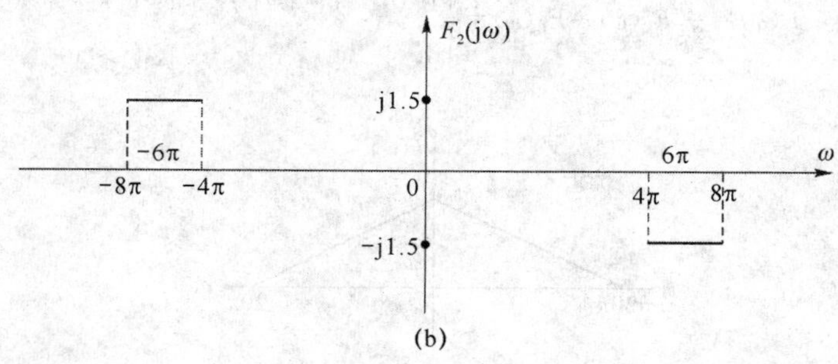

(b)

图 3.30

$$F(j\omega)=F_1(j\omega)+F_2(j\omega)$$

$F(j\omega)$的最高频率 $\omega_m=8\pi\text{rad/s}$，

故
$$\omega_N=2\omega_m=16\pi\text{rad/s},T_N=\frac{2\pi}{\omega_N}=\frac{2\pi}{16\pi}=\frac{1}{8}\ \text{s}$$

【例 3.6.5】 设带限信号 $f(t)$是在奈奎斯特速率($2f_m$ 次/秒)上进行采样，试证明 $f(t)$可以用它的采样值表示为 $f(t)=\sum\limits_{n=-\infty}^{\infty}f(nT)\text{Sa}\left[\frac{\pi}{T}(t-nT)\right]$，其中采样间隔 $T=\frac{1}{2f_m}$。

解答：对 $f(t)$进行冲激采样得采样信号(采样间隔为 $T=\frac{1}{2f_m}$)。

$$f_s(t)=f(t)\sum_{n=-\infty}^{\infty}\delta(t-nT)=\sum_{n=-\infty}^{\infty}f(nT)\delta(t-nT)$$

取其傅里叶变换，得

$$F_s(j\omega)=\frac{1}{2\pi}F(j\omega)*\frac{2\pi}{T}\sum_{n=-\infty}^{\infty}\delta\left(\omega-n\frac{2\pi}{T}\right)=\frac{1}{T}\sum_{n=-\infty}^{\infty}F\left[j\left(\omega-n\frac{2\pi}{T}\right)\right]$$

由于带限信号 $f(t)$有归高频率为 f_m，所以

$$F(j\omega)=F_s(j\omega)Tg_{\frac{2\pi}{T}}(\omega)$$

取逆变换，得

$$f(t)=Tf_s(t)*\xi^{-1}\left[g_{\frac{2\pi}{T}}(\omega)\right]$$

而 $\xi^{-1}\left[g_{\frac{2\pi}{T}}(\omega)\right]=\frac{1}{T}\text{Sa}\left(\frac{\pi t}{T}\right)$，故

$$\begin{aligned}f(t)&=T\sum_{n=-\infty}^{\infty}f(nT)\delta(t-nT)*\left[\frac{1}{T}\text{Sa}\left(\frac{\pi t}{T}\right)\right]\\&=\sum_{n=-\infty}^{\infty}f(nT)\text{Sa}\left[\frac{\pi}{T}(t-nT)\right]\end{aligned}$$

证毕。

【例 3.6.6】 如果对一最高频率为 400 Hz 的带限信号 $f(t)$进行抽样，并使抽样信号通过一个理想低通滤波器后能够完全恢复出 $f(t)$，问：

(1) 抽样间隔 T 应满足的条件是什么？

(2) 如果以 $T=1$ ms 抽样，理想低通滤波器截至频率 f_c 应满足的条件是什么？

解答：(1) 由题意，$f(t)$的最高频率 $f_m=400$ Hz，则奈奎斯特抽样间隔为

$$\frac{1}{2f_m}=\frac{1}{2\times400}=1.25\ \text{ms}$$

所以抽样间隔 T 应满足
$$T\leqslant1.25\ \text{ms}$$

(2) 已知抽样间隔 $T=1$ ms，则抽样频率 f_s 为 $f_s=\frac{1}{T}=1$ kHz

由抽样定理，f_c 应满足
$$f_m<f_c<f_s-f_m$$

即
$$400\ \text{Hz}<f_c<(1\,000-400)\,\text{Hz}=600\ \text{Hz}$$

【例 3.6.7】 对一最高频率为 200 Hz 的带限信号 $f(t)$采样，要使采样信号通过一理想低通滤波器后能完全恢复 $f(t)$，则

(1) 采样间隔 T 应满足何种条件？

(2) 若以 $T=1$ ms 采样，理想低通滤波器的截止频率 f_c 应满足什么条件？

解答：(1) 由于 $f_m=200$ Hz，根据奈奎斯特条件，采样间隔应满足

$$T\leqslant\frac{1}{2f_m}=\frac{1}{400}\text{ms}=2.5\ \text{ms}$$

(2) 以 $T=1$ ms 采样，其采样频率为 $f_s=1/T=1\,000$ Hz，

故理想低通滤波器的截止频率 f_c 应满足

$$200\text{ Hz}<f_c<1\,000\text{ Hz}-200\text{ Hz}=800\text{ Hz}$$

【例 3.6.8】 对带宽为 20 kHz 的信号 $f(t)$ 进行抽样，其奈奎斯特间隔 $T_N=$______μs；信号 $f(2t)$ 的带宽为______kHz，其奈奎斯特频率 $f_N=$______kHz。

解答：

(1)

$$f_N=2\times20\times10^3=4\times10^4\text{ Hz}$$

$$T_N=\frac{1}{f_N}=\frac{1}{4\times10^4\text{ Hz}}=25\ \mu\text{s}$$

(2) 信号 $f(2t)$ 的带宽为 2×20 kHz$=40$ kHz，故 $f_N=2\times40=80$ kHz

【例 3.6.9】 求解下列两小题

(1) 已知信号 $f(t)$ 的最高频率为 ω_m(rad/s)，信号 $f^2(t)$ 的最高频率是__________。

(2) 若 $f(t)$ 最高角频率为 ω_m，则对 $y(t)=f\left(\frac{t}{4}\right)f\left(\frac{t}{2}\right)$ 取样，其频谱不混迭的最大间隔是________。

解答：(1) 根据 Fourier 变换的乘积特性可得

$$f^2(t)\xrightarrow{F}\frac{1}{2\pi}F(j\omega)*F(j\omega)$$

若 $F(j\omega)$ 的最高频率为 ω_m(rad/s)，则 $F(j\omega)$ 和 $F(j\omega)$ 卷积后的最高频率为 $2\omega_m$(rad/s)，信号 $f^2(t)$ 的最高频率是 $2\omega_m$(rad/s)。

(2) 信号 $f(t)$ 的最高角频率为 ω_m，根据 Fourier 变换的展缩特性可得信号 $f\left(\frac{t}{4}\right)$ 的最高角频率为 $\omega_m/4$，信号 $f\left(\frac{t}{2}\right)$ 的最高角频率为 $\omega_m/2$。根据 Fourier 变换的乘积特性，两信号时域相乘，其频谱为该两信号频谱的卷积，故 $f\left(\frac{t}{4}\right)f\left(\frac{t}{2}\right)$ 的最高角频率为

$$\omega_{max}=\frac{\omega_m}{4}+\frac{\omega_m}{2}=\frac{3\omega_m}{4}$$

根据时域抽样定理，可得对信号 $f\left(\frac{t}{4}\right)$、$f\left(\frac{t}{2}\right)$ 取样时，其频谱不混迭的最大取样间隔 T_{max} 为

$$T_{max}=\frac{\pi}{\omega_{max}}=\frac{4\pi}{3\omega_{max}}$$

第 4 章

连续时间系统的S域分析

【基本知识点】双边拉普拉斯变换的定义及收敛域；单边拉普拉斯变换的定义，单边拉普拉斯变换的性质，常用典型信号的单边拉普拉斯变换；单边拉普拉斯逆变换的定义及计算方法；连续信号复频域分解的概念；连续系统的复频域分析，包括用系统函数求零状态反应，系统微分方程的 S 域解，RLC 系统的 S 域解；连续系统的表示、模拟，梅森公式；系统函数 $H(s)$与系统特性。

【重点】单边拉普拉斯变换的定义，常用典型信号的单边拉普拉斯变换，单边拉普拉斯变换的性质；单边拉普拉斯逆变换的定义，用部分分式法求单边拉普拉斯逆变换，用常用变换结合性质求单边拉普拉斯逆变换；系统微分方程的 S 域解(求零输入响应，零状态响应，完全响应)；R，L，C 元件的 S 域模型，KCL，KCL 的 S 域型式，根据 RLC 系统求系统的响应；系统函数 $H(s)$的定义及计算，应用 $H(s)$求冲激响应和零状态响应；系统的表示和模拟；稳定系统的定义，因果系统稳定的时域充要条件和 S 域充要条件，因果系统稳定的 S 域判别方法。

【难点】用部分分式法求单边拉普拉斯逆变换；系统微分方程的 S 域解(求零输入响应，零状态响应，完全响应)；阻抗的串并联；R、L、C 元件的 S 域模型，KCL，KCL 的 S 域型式，根据 RLC 系统求系统的响应；系统函数 $H(s)$的定义及计算，应用 $H(s)$求冲激响应和零状态响应；稳定系统的定义，因果系统稳定的时域充要条件和 S 域充要条件，因果系统稳定的 S 域判别方法。

4.1 答疑解惑

4.1.1 怎么样从傅里叶变换转换到拉普拉斯变换？

信号的傅里叶变换存在的条件是必须绝对可积，对于那些函数不满足绝对可积条件的信号 $f(t)$，求解傅里叶变换是非常困难的。对于此种信号，可用以衰减因子 $e^{-\sigma t}$(σ 为实常数)乘以信号 $f(t)$，适当选取 σ 的值，使乘积信号 $f(t)e^{-\sigma t}$ 当 $t\to\infty$ 时信号幅度趋近于 0，从

而使 $f(t)e^{-\sigma t}$ 的傅里叶变换存在。

$$F_b(\sigma+j\omega)=\int_{-\infty}^{\infty}f(t)e^{-\sigma t}e^{-j\omega t}dt=\int_{-\infty}^{\infty}f(t)e^{-(\sigma+j\omega)t}dt$$

相应的傅里叶逆变换为

$$f(t)e^{-\sigma t}=\frac{1}{2\pi}\int_{-\infty}^{\infty}F_b(\sigma+j\omega)e^{j\omega t}d\omega$$

$$f(t)=\frac{1}{2\pi}\int_{-\infty}^{\infty}F_b(\sigma+j\omega)e^{(\sigma+j\omega)t}d\omega$$

令 $s=\sigma+j\omega,d\omega=\frac{ds}{j}$,则有

$$F_b(s)=\int_{-\infty}^{\infty}f(t)e^{-st}dt$$

$$f(t)=\frac{1}{2\pi j}\int_{\sigma-j\infty}^{\sigma+j\infty}F_b(s)e^{st}ds$$

式中,$F_b(s)$称为 $f(t)$的双边拉普拉斯变换(或象函数);$f(t)$称为 $F_b(s)$的双边拉普拉斯逆变换(或原函数)

4.1.2 什么是拉普拉斯变换的收敛域?

欲使式 $F(s)=\int_{0^-}^{\infty}f(t)e^{-st}dt=\int_{0^+}^{\infty}f(t)e^{-\sigma t}e^{-j\omega t}dt$ 的值存在,则必须使

$$\lim_{t\to\infty}f(t)e^{-\sigma t}=0$$

在 S 平面上,满足上式的 σ 值的取值范围称为 $F(s)$的收敛域。

4.1.3 单边拉普拉斯变换如何定义?

单边拉普拉斯变换定义为

$$F(s)=\int_{0}^{\infty}f(t)e^{-st}dt$$

$$f(t)=\frac{1}{2\pi j}\int_{\sigma-j\infty}^{\sigma+j\infty}F(s)e^{st}ds$$

4.1.4 拉普拉斯变换的基本性质有哪些?

1. 线性(叠加性)

若 $\mathcal{L}[f_1(t)]=F_1(s),\mathcal{L}[f_2(t)]=F_2(s);K_1,K_2$ 为常数时,则

$$\mathcal{L}[K_1f_1(t)+K_2f_2(t)]=K_1F_1(s)+K_2F_2(s)$$

2. 原函数微分

若 $\mathcal{L}[f(t)]=F(s)$,则

$$\mathcal{L}\left[\frac{df(t)}{dt}\right]=sF(s)-f(0)$$

式中,$f(0)$是 $f(t)$在 $t=0$ 的起始值。

3. 原函数的积分

若 $\mathcal{L}[f(t)]=F(s)$,则

$$\mathcal{L}\left[\int_{-\infty}^{t} f(\tau)\mathrm{d}\tau\right]=\frac{F(s)}{s}+\frac{f^{(-1)}(0)}{s}$$

式中，$f^{(-1)}(0)=\int_{-\infty}^{0} f(\tau)\mathrm{d}\tau$ 是 $f(t)$ 积分式在 $t=0$ 的起始值。

4. 延时(时域平移)

若 $\mathcal{L}[f(t)]=F(s)$，则

$$\mathcal{L}[f(t-t_0)u(t-t_0)]=\mathrm{e}^{-st_0}F(s)$$

5. S 域平移

若 $\mathcal{L}[f(t)]=F(s)$，则

$$\mathcal{L}[f(t)\mathrm{e}^{-s_0t}]=F(s+s_0)$$

6. 初值

若函数 $f(t)$ 及其导数 $f'(t)$ 可以进行拉普拉斯变换，且 $\mathcal{L}[f(t)]=F(s)$，则

$$\lim_{t\to 0_+} f(t)=f(0_+)=\lim_{s\to\infty} sF(s)$$

7. 终值

若函数 $f(t)$ 及其导数 $f'(t)$ 可以进行拉普拉斯变换，且 $\mathcal{L}[f(t)]=F(s)$，$\lim\limits_{t\to\infty} f(t)$ 存在，则

$$\lim_{t\to\infty} f(t)=\lim_{s\to 0} sF(s)$$

8. 对 S 微分

若 $\mathcal{L}[f(t)]=F(s)$，则

$$\mathcal{L}[-tf(t)]=\frac{\mathrm{d}F(s)}{\mathrm{d}s}$$

9. 对 S 积分

若 $\mathcal{L}[f(t)]=F(s)$，则

$$\mathcal{L}\left[\frac{f(t)}{t}\right]=\int_{s}^{\infty} F(s)\mathrm{d}s$$

注意：仅当在平面的虚轴上及其右边都为解析时(原点除外)，终值定理才可以应用。

4.1.5 什么是 S 域卷积定理?

1. 时域卷积

若 $f_1(t)$、$f_2(t)$ 为因果信号，并且

$$f_1(t)\leftrightarrow F_1(s),\mathrm{Re}[s]>\sigma_1$$
$$f_2(t)\leftrightarrow F_2(s),\mathrm{Re}[s]>\sigma_2$$

则

$$f_1(t)*f_2(t)=F_1(s)F_2(s),\mathrm{Re}[s]>\sigma_0$$

式中，$\mathrm{Re}[s]>\sigma_0$ 至少是 $F_1(s)$ 和 $F_2(s)$ 收敛域的公共部分。

2. 复频域卷积

若 $f_1(t)$、$f_2(t)$ 为因果信号，并且

$$f_1(t)\leftrightarrow F_1(s),\mathrm{Re}[s]>\sigma_1$$
$$f_2(t)\leftrightarrow F_2(s),\mathrm{Re}[s]>\sigma_2$$

则

$$f_1(t)\cdot f_2(t)=\frac{1}{2\pi \mathrm{j}}\int_{\sigma-\mathrm{j}\infty}^{\sigma+\mathrm{j}\infty}F_1(\lambda)F_2(s-\lambda)\mathrm{d}\lambda,\mathrm{Re}[s]>\sigma_1+\sigma_2$$

式中的积分称为 $F_1(s)$ 与 $F_2(s)$ 的复频域卷积，积分路径在 $F_1(s)$ 和 $F_2(s)$ 收敛域的公共部分。

4.1.6 如何求解拉普拉斯逆变换？

利用拉普拉斯变换进行系统分析，常常需要从象函数 $F(s)$ 求出原函数 $f(t)$。对于少数几种表达式简单的象函数 $F(s)$，可以利用拉普拉斯变换表直接查到 $f(t)$。当 $F(s)$ 的表达式比较复杂时，通常需要利用部分分式法或留数法才能求出 $f(t)$。

4.1.7 什么是部分分式法？

设

$$F(s)=\frac{N(s)}{D(s)}=\frac{b_m s^m+b_{m-1}s^{m-1}+\cdots+b_1 s+b_0}{s^n+a_{n-1}s^{n-1}+\cdots+a_1 s+a_0}$$

式中，$F(s)$ 为有理分式；系数 a_i，b_i 均为实数；m，n 为正整数。

部分分式法的是指将 $F(s)$ 展开成简单分式之和，然后逐项求出其拉普拉斯反变换。如果 $m\geqslant n$，还需在部分分式展开之前，先利用长除法将假分式 $F(s)$ 分成 s 的多项式与真分式之和，即化成如下形式：

$$F(s)=\frac{N(s)}{D(s)}=b_{m-n}s^{m-n}+b_{m-n-1}s^{m-n-1}+\cdots+b_1 s+b_0+\frac{N_1(s)}{D(s)}$$

式中，$\frac{N_1(s)}{D(s)}$ 是有理真分式。上式中 s 的多项式 $b_{m-n}s^{m-n}+b_{m-n-1}s^{m-n-1}+\cdots+b_1 s+b_0$ 的拉普拉斯逆变换是冲激函数及其各阶导数之和。对于真分式的部分，要分两种情况讨论。

1. 极点为单根

若分母 $D(s)$ 的根为 n 个单根，p_1，p_2，…，p_i，…，p_n

则 $F(s)=\frac{N(s)}{D(s)}$ 部分分式为

$$F(s)=\frac{N(s)}{D(s)}=\frac{K_1}{s-p_1}+\frac{K_2}{s-p_2}+\cdots+\frac{K_i}{s-p_i}+\cdots+\frac{K_n}{s-p_n}$$

式中，K_i 为待定系数，可按下式求之

$$K_i=\frac{N(s)}{D(s)}(s-p_i)\Big|_{s=p_i}$$

2. 极点为重根

若分母 $D(s)$ 的根含有 m 阶重根 p_1 时，则

$$F(s)=\frac{N(s)}{D(s)}=\frac{K_{11}}{(s-p_1)^m}+\frac{K_{12}}{(s-p_1)^{m-1}}+\cdots+\frac{K_{1\mathrm{m}}}{(s-p_1)}+\frac{K_2}{s-p_2}+\cdots+\frac{K_i}{s-p_i}+\cdots+\frac{K_n}{s-p_n}$$

式中，$K_{1\mathrm{m}}$ 为待定系数，可按下式求之：

$$K_{1\mathrm{m}}=\frac{1}{(m-1)!}\frac{\mathrm{d}^{(m-1)}}{\mathrm{d}s^{(m-1)}}\left[\frac{N(s)}{D(s)}(s-p_i)^m\right]\Big|_{s=p_i}$$

其余系数仍按前式求之。

4.1.8 什么是留数法？

将拉普拉斯反变换的复变函数积分运算，转化为北极函数在其极点上的留数计算即

$$f(t) = \frac{1}{2\pi \mathrm{j}}\int_{\sigma-\mathrm{j}\infty}^{\sigma+\mathrm{j}\infty} F(s)\mathrm{e}^{st}\,\mathrm{d}s = \frac{1}{2\pi \mathrm{j}}\oint F(s)\mathrm{e}^{st}\,\mathrm{d}s = \sum_{i=1}^{n}\mathrm{Res}[p_i]$$

若 p_i 为一阶极点，则

$$\mathrm{Res}[p_i] = (s-p_i)F(s)\mathrm{e}^{st}\big|_{s=p_i}$$

若 p_i 为 m 阶极点，则

$$\mathrm{Res}[p_i] = \frac{1}{(m-1)!}\frac{\mathrm{d}^{(m-1)}}{\mathrm{d}s^{(m-1)}}(s-p_i)^m F(s)\mathrm{e}^{st}\big|_{s=p_i}$$

4.1.9 如何求解微分方程的复频域解？

利用拉普拉斯变换求解系统响应，需要首先将描述系统输入/输出关系的高阶微分方程逐项进行拉普拉斯变换，得到复频域的代数方程，求出代数方程的解答后，经反变换即可得到时域解。由于在对高阶微分方程逐项进行变换的过程中，考虑了初始值效应，故反变换所得到的时域解包含了系统初始状态的作用。这也是利用拉普拉斯变换求逆系统响应的方便之处。由拉普拉斯变换将微分方程转化为代数方程，求解过程如下：

描述 n 阶系统的微分方程的一般形式为

$$\sum_{i=0}^{n} a_i y^{(i)}(t) = \sum_{j=0}^{m} b_i f^{(j)}(t)$$

系统的初始状态为 $y(0_-), y'(0_-), \cdots, y^{(n-1)}(0_-)$

取拉普拉斯变换

$$y^{(i)}(t) \leftrightarrow s^i Y(s) - \sum_{p=0}^{i-1} s^{i-1-p} y^{(p)}(0_-)$$

若 $f(t)$在 $t=0$ 时接入，则 $f^{(j)}(t) \leftrightarrow s^j F(s)$

$$\sum_{i=0}^{n}[a_i s^i]Y(s) - \sum_{i=0}^{n} a_i\left[\sum_{p=0}^{i-1} s^{i-1-p} y^{(p)}(0_-)\right] = \left[\sum_{j=0}^{m} b_i s^j\right]F(s)$$

$$Y(s) = \frac{M(s)}{A(s)} + \frac{B(s)}{A(s)}F(s) = Y_x(s) + Y_f(s)$$

对 $Y(s)$进行反变换即可得到 $y(t)$。

4.1.10 连续时间系统的系统函数如何表示？

设线性时不变系统的输入为 $f(t)$、输出为 $y(t)$、单位冲激响应为 $h(t)$，则三者之间存在如下关系

$$y(t) = f(t) * h(t)$$

对上式两端进行拉普拉斯变换可得

$$Y(s) = F(s) \cdot H(s)$$

从而可得系统函数为

$$H(s)=\frac{Y(s)}{F(s)}$$

对其求解拉普拉斯逆变换可得,系统的单位冲激响应

$$h(t)=L^{-1}\{H(s)\}$$

4.1.11 电路的S域模型如何表示?

对时域电路取拉普拉斯进行求解通常会简化求解过程,电路中的不同元器件的参量的拉普拉斯变换如下:

(1) 电阻

$$u(t)=Ri(t)\Rightarrow U(s)=RI(s)$$

(2) 电感

$$u(t)=L\frac{\mathrm{d}i_{\mathrm{L}}(t)}{\mathrm{d}t}\Rightarrow U(s)=sLI_{\mathrm{L}}(s)-Li_{\mathrm{L}}(0_{-})$$

(3) 电容

$$i(t)=L\frac{\mathrm{d}u_{\mathrm{C}}(t)}{\mathrm{d}t}\Rightarrow I(s)=sCU_{\mathrm{C}}(s)-Cu_{\mathrm{C}}(0_{-})$$

(4) 电源的S域模型

$$u_{\mathrm{s}}(t),i_{\mathrm{s}}(t)\Rightarrow U_{\mathrm{s}}(s),I_{\mathrm{s}}(s)$$

(5) S域的KCL、KVL

结点:

$$\sum_k i_k(t)=0\xleftrightarrow{L}\sum_k I_k(s)=0$$

回路:

$$\sum_k u_k(t)=0\xleftrightarrow{L}\sum_k U_k(s)=0$$

4.1.12 连续时间系统的框图如何表示?

系统框图表示,如图4.1所示。

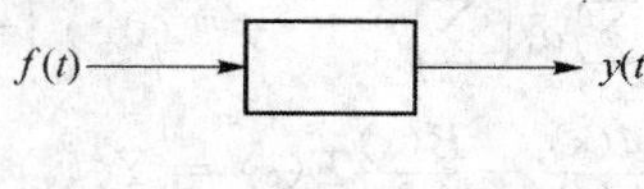

图4.1

系统的串联的时域表示,如图4.2所示。

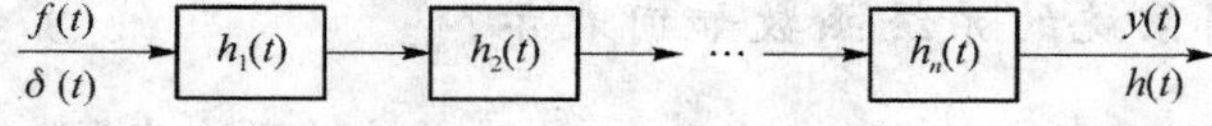

图4.2

$h(t)=h_1(t)*h_2(t)*\cdots*h_n(t)$($h_i(t)$为因果信号)

系统串联的S域表示,如图4.3所示。

$$H(s)=H_1(s)\cdot H_2(s)\cdot\cdots\cdot H_n(s)$$

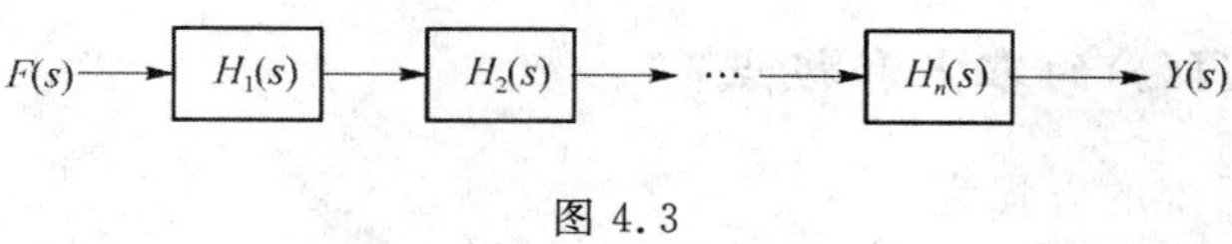

图 4.3

4.1.13 系统的信号流图如何表示?

1. 信号流图的有关规定

由表示信号的结点和表示信号的有向支路构成的,能表征系统的功能与信号流动方向的图,称为系统的信号流图。

(1) 用点表示信号(变量)

$X(s)$

(2) 用有向线段表示信号方向和传输函数

$X_1(s) \xrightarrow{H_1(s)} X_2(s)$　　$X_2(s)=X_1(s)H(s)$

(3)

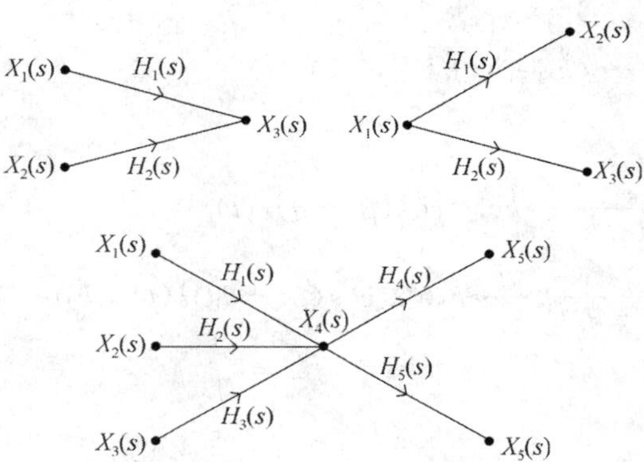

2. 系统的信号流图表示

可用信号流图表示系统框图等

一般步骤为

(1) 选输入/输出、积分器输出、加法器上传为变量;

(2) 建立变量间的传输关系和传输函数,根据变量间的传输关系和信号流图的规定化信号流图。

3. 梅森公式

根据信号流图求 $H(s)$的公式称为梅森公式,即

$$H(s)=\frac{1}{\Delta}\sum_{k}p_k\Delta_k,\Delta=1-\sum_{i}L_i+\sum_{m,n}L_mL_n-\sum_{p,q,r}L_pL_qL_r+\cdots$$

式中,Δ 称为信号流图的特征行列式。p_k 为由激励结点到所求响应结点的第 K 条前向通路的传输函数;Δ_k 为去掉与第 K 条前向通路相接处的回路(环路)后,所剩子图的特征行列式。

4.1.14 什么是 $H(s)$ 的零点和极点？

设线性时不变系统的方程为

$$y^{(n)}(t)+a_{n-1}y^{(n-1)}(t)+\cdots+a_0 y(t)=b_m f^{(m)}(t)+\cdots+b_0 f(t)$$

则可以求出系统函数为

$$H(s)=\frac{N(s)}{D(s)}=\frac{b_m s^m+b_{m-1}s^{m-1}+\cdots+b_1 s+b_0}{s^n+a_{n-1}s^{n-1}+\cdots+a_1 s+a_0}$$

将 $N(s)$、$D(s)$ 进行因式分解，可得

$$H(s)=\frac{N(s)}{D(s)}=\frac{b_m(s-z_1)(s-z_2)\cdots(s-z_m)}{(s-p_1)(s-p_2)\cdots(s-p_n)}$$

则 $z_i, i=1,2,\cdots,m$，称为 $H(s)$ 的零点；$p_j, j=1,2,\cdots,n$，称为 $H(s)$ 的极点。

4.1.15 $H(s)$ 的零、极点与时域响应 $h(t)$ 有怎样的关系？

1. 极点在左半平面

在负实轴上

一阶极点：$\frac{k}{s+\alpha}\longrightarrow k\mathrm{e}^{-\alpha t}\varepsilon(t)$

二阶极点：$\frac{k_1+k_2 s}{(s+\alpha)^2}\longrightarrow (k_{11}\mathrm{e}^{-\alpha t}+k_{12}t\mathrm{e}^{-\alpha t})\varepsilon(t)$

不在负实轴上

一阶极点：$\frac{B(s)}{(s+\alpha)^2+\beta^2}\longrightarrow k\mathrm{e}^{-\alpha t}\cos(\beta t+\theta)\varepsilon(t)$

二阶极点：$\frac{B(s)}{[(s+\alpha)^2+\beta^2]^2}\longrightarrow k_1\mathrm{e}^{-\alpha t}\cos(\beta t+\theta_1)\varepsilon(t)+k_2 t\mathrm{e}^{-\alpha t}\cos(\beta t+\theta_2)\varepsilon(t)$

2. 极点在 jω 轴上

在原点

一阶极点：$\frac{k}{s}\longrightarrow k\varepsilon(t)$

二阶极点：$\frac{k}{s^2}\longrightarrow kt\varepsilon(t)$

不在原点

一阶极点：$\frac{B(s)}{s^2+\beta^2}\longrightarrow k\cos(\beta t+\theta)\varepsilon(t)$

二阶极点：$\frac{B(s)}{(s^2+\beta^2)^2}\longrightarrow k_1\cos(\beta t+\theta_1)\varepsilon(t)+k_2 t\cos(\beta t+\theta_2)\varepsilon(t)$

3. 极点在右半平面

在正实轴上

一阶极点：$\frac{k}{s-\alpha}\longrightarrow k\mathrm{e}^{\alpha t}\varepsilon(t)$

二阶极点：$\frac{k_1+k_2 s}{(s-\alpha)^2}\longrightarrow (k_{11}\mathrm{e}^{\alpha t}+k_{12}t\mathrm{e}^{\alpha t})\varepsilon(t)$

不在负实轴上

一阶极点：$\dfrac{B(s)}{(s-\alpha)^2+\beta^2} \longrightarrow k\mathrm{e}^{\alpha t}\cos(\beta t+\theta)\varepsilon(t)$

二阶极点：$\dfrac{B(s)}{[(s-\alpha)^2+\beta^2]^2} \longrightarrow k_1\mathrm{e}^{\alpha t}\cos(\beta t+\theta_1)\varepsilon(t)+k_2 t\mathrm{e}^{\alpha t}\cos(\beta t+\theta_2)\varepsilon(t)$

4.1.16 $H(s)$的零、极点与系统频率响应如何表示？

1. $H(s)$与$H(\mathrm{j}\omega)$的关系

设 $h(t)$为因果信号

$$H(s)=\int_{0_-}^{\infty} h(t)\mathrm{e}^{-st}\mathrm{d}t、\sigma>\sigma_0$$

$$H(\mathrm{j}\omega)=\int_{-\infty}^{\infty} h(t)\mathrm{e}^{-st}\mathrm{d}t=\int_{0_-}^{\infty} h(t)\mathrm{e}^{-\mathrm{j}\omega t}\mathrm{d}t$$

当 $\sigma>\sigma_0$ 且 $\sigma_0<0$ 时（$H(s)$的极点在左半平面），$H(\mathrm{j}\omega)=H(s)|_{s=\mathrm{j}\omega}$，在这种情况下，$h(t)$对应的系统称为因果稳定系统。

2. $H(s)$的零、极点与连续系统频率特性

设：

$$H(s)=\frac{N(s)}{D(s)}=\frac{b_m(s-z_1)(s-z_2)\cdots(s-z_m)}{(s-p_1)(s-p_2)\cdots(s-p_n)}$$

式中，$p_j<0$，$j=1,2,\cdots,n$，（$H(s)$的极点全部在左半平面）

则 $H(\mathrm{j}\omega)=H(s)|_{s=\mathrm{j}\omega}$，$H(\mathrm{j}\omega)$又称为系统频率响应。

$$H(\mathrm{j}\omega)=\frac{b_m(\mathrm{j}\omega-z_1)(\mathrm{j}\omega-z_2)\cdots(\mathrm{j}\omega-z_m)}{(\mathrm{j}\omega-p_1)(\mathrm{j}\omega-p_2)\cdots(\mathrm{j}\omega-p_n)}=\frac{b_m\prod\limits_{i=1}^{m}(\mathrm{j}\omega-z_i)}{\prod\limits_{i=1}^{n}(\mathrm{j}\omega-p_i)}$$

设

$$\mathrm{j}\omega-z_i=B_i\mathrm{e}^{\mathrm{j}\psi_i},i=1,2,\cdots,m$$

$$\mathrm{j}\omega-p_i=A_i\mathrm{e}^{\mathrm{j}\theta_i},i=1,2,\cdots,n$$

则

$$H(\mathrm{j}\omega)=\frac{b_mB_1B_2\cdots B_m\mathrm{e}^{\mathrm{j}(\psi_1+\psi_2+\cdots+\psi_m)}}{A_1A_2\cdots A_n\mathrm{e}^{\mathrm{j}(\theta_1+\theta_2+\cdots+\theta_n)}}=|H(\mathrm{j}\omega)|\mathrm{e}^{\mathrm{j}\varphi(\omega)}$$

$$|H(\mathrm{j}\omega)|=H_0\frac{B_1B_2\cdots B_m}{A_1A_2\cdots A_n}$$

$$\varphi(\omega)=(\psi_1+\psi_2+\cdots+\psi_m)-(\theta_1+\theta_2+\cdots+\theta_n)$$

3. 全通函数

在右半平面的零点和左半平面的极点分别对虚轴互成镜像的网络函数称为全通函数，如图 4.4 所示。

图中，p_1 与 z_1 关于虚轴对称；p_2 与 z_2 关于虚轴对称。则有

$$|H(\mathrm{j}\omega)|=H_0$$

即，全通系统对各种频率的信号可以一视同仁地传输。故常用来做相位校正而不产生幅度失真。

4. 最小相位系统

全部极点和全部零点都在 s 面左半平面（包括虚轴）的系统称为最小相位系统。

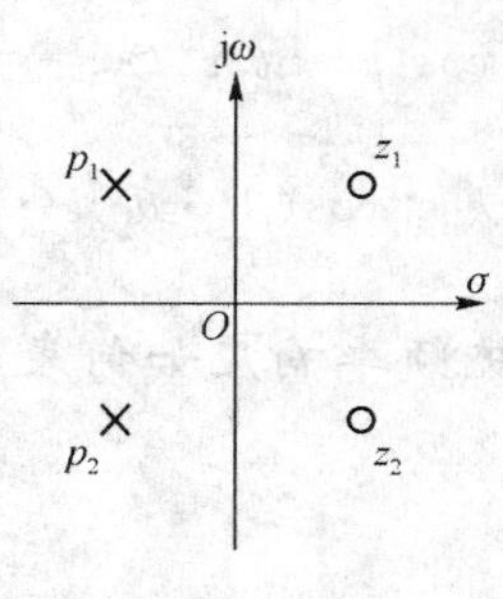

图 4.4

4.1.17 什么是系统稳定性？其条件有哪些？

1. 稳定性的定义

对于有限(有界)激励只能产生有限(有界)响应的系统称为稳定系统，也称输入有界输出稳定(BIBO)系统，即

若激励

$$|f(t)|\leqslant M_{\mathrm{f}},0\leqslant t<\infty$$

则响应函数

$$|r(t)|\leqslant M_{\mathrm{y}},0\leqslant t<\infty$$

2. 稳定的条件

系统稳定的充分必要条件是：系统的冲激响应绝对可积，即

$$\int_0^{\infty}|h(t)|\,\mathrm{d}t\leqslant M(M\text{ 为正常数})$$

注意：根据系统稳定的充要条件可得$\lim\limits_{t\to\infty}h(t)=0$。

4.1.18 稳定系统的判定方法：罗斯—霍维茨准则如何描述？

1. 罗斯—霍维茨阵列

设系统函数的形式为

$$H(s)=\frac{N(s)}{D(s)}=\frac{b_m s^m+b_{m-1}s^{m-1}+\cdots+b_1 s+b_0}{a_n s^n+a_{n-1}s^{n-1}+\cdots+a_1 s+a_0}$$

对于分母 $D(s)=a_n s^n+a_{n-1}s^{n-1}+\cdots+a_1 s+a_0$ 的罗斯阵列为

1.	a_n	a_{n-2}	a_{n-4}	…	…
2.	a_{n-1}	a_{n-3}	a_{n-5}	…	…
3.	c_{n-1}	c_{n-3}	c_{n-5}	…	…
4.	d_{n-1}	d_{n-2}	d_{n-5}	…	…
…	…	…	…	…	…
$n-1$ 行	…	…	…	…	…
n 行	⊙	⊙	⊙	⊙	⊙

第 3 行及以后各行的计算公式为

$$c_{n-1}=\frac{-1}{a_{n-1}}\begin{vmatrix}a_n & a_{n-2}\\ a_{n-1} & a_{n-3}\end{vmatrix},c_{n-3}=\frac{-1}{a_{n-1}}\begin{vmatrix}a_n & a_{n-4}\\ a_{n-1} & a_{n-5}\end{vmatrix}$$

$$d_{n-1}=\frac{-1}{c_{n-1}}\begin{vmatrix}a_n & a_{n-2}\\ c_{n-1} & c_{n-3}\end{vmatrix},d_{n-3}=\frac{-1}{c_{n-1}}\begin{vmatrix}a_n & a_{n-4}\\ c_{n-1} & c_{n-5}\end{vmatrix}$$

$$\cdots$$

2. 罗斯—霍维茨判据

若罗斯阵列第一列元素的符号相同(全为"+"号或全为"-"号),则 $H(s)$的极点($A(s)$的零点)全部在左半平面,系统稳定。

典型题解 连续时间系统的S域分析

4.2 典型题解

题型1 拉普拉斯变换

【例 4.1.1】 求下列各信号的拉普拉斯变换。

(1) 已知因果信号 $f_1(t)=e^{\alpha t}\varepsilon(t)$,求其拉普拉斯变换;

(2) 已知反因果信号 $f_2(t)=e^{\beta t}\varepsilon(-t)$,求其拉普拉斯变换;

(3) 已知信号 $f_3(t)=f_1(t)+f_2(t)=\begin{cases}e^{\beta t}, & t<0\\ e^{\alpha t}, & t>0\end{cases}$,求其拉普拉斯变换。

解答:(1)
$$F_{1b}(s)=\int_0^{\infty}e^{\alpha t}e^{-st}\,dt=\frac{e^{-(s-\alpha)t}}{-(s-\alpha)}\bigg|_0^{\infty}=\frac{1}{s-\alpha}[1-\lim_{t\to\infty}e^{-(\sigma-\alpha)t}e^{-j\omega t}]$$
$$=\begin{cases}\dfrac{1}{s-\alpha}, & \mathrm{Re}[s]=\sigma>\alpha\\ 不定, & \sigma=\alpha\\ 无界, & \sigma>\alpha\end{cases}$$

可见,对于因果信号,仅当 $\mathrm{Re}[s]=\sigma>\alpha$ 时,其拉普拉斯变换存在。收敛域如图 4.5 所示。

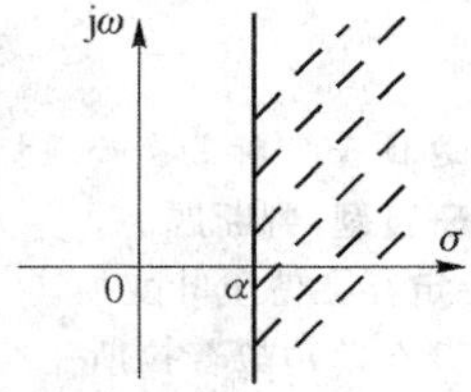

图 4.5

(2)
$$F_{2b}=\int_{-\infty}^{0}e^{\beta t}e^{-st}\,dt=\frac{e^{-(s-\beta)t}}{-(s-\beta)}\bigg|_{-\infty}^{0}=\frac{1}{-(s-\beta)}[1-\lim_{t\to-\infty}e^{-(\sigma-\beta)t}e^{-j\omega t}]$$
$$=\begin{cases}无界, & \mathrm{Re}[s]=\sigma>\beta\\ 不定, & \sigma=\alpha\\ \dfrac{1}{-(s-\beta)}, & \sigma<\beta\end{cases}$$

可见,对于反因果信号,仅当 $\mathrm{Re}[s]=\sigma<\beta$ 时,其拉普拉斯变换存在。收敛域如图 4.6 所示。

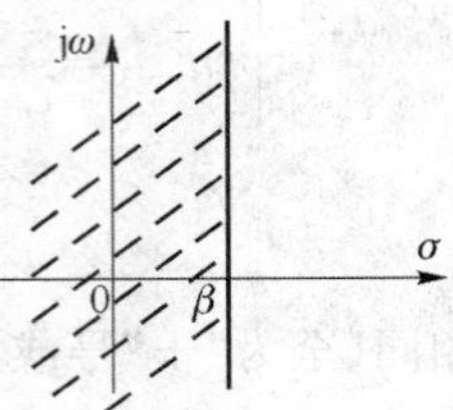

图 4.6

(3) 其双边拉普拉斯变换 $F_b(s)=F_{1b}(s)+F_{2b}(s)$，仅当 $\beta>\alpha$ 时，其收敛域为 $\alpha<\mathrm{Re}[s]<\beta$ 的一个带状区域，如图 4.7 所示。

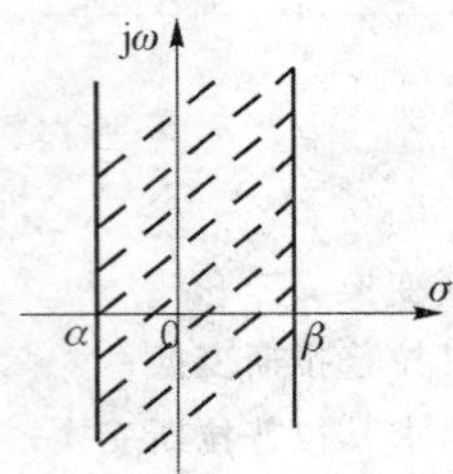

图 4.7

【例 4.1.2】 求下列信号的双边拉普拉斯变换。

(1) $f_1(t)=\mathrm{e}^{-3t}\varepsilon(t)+\mathrm{e}^{-2t}\varepsilon(t)$

(2) $f_2(t)=-\mathrm{e}^{-3t}\varepsilon(-t)-\mathrm{e}^{-2t}\varepsilon(-t)$

(3) $f_3(t)=\mathrm{e}^{-3t}\varepsilon(t)-\mathrm{e}^{-2t}\varepsilon(-t)$

解答：(1) $f_1(t)\longleftrightarrow F_1(s)=\dfrac{1}{s+3}+\dfrac{1}{s+2}$　　$\mathrm{Re}[s]=\sigma>-2$；

(2) $f_2(t)\longleftrightarrow F_2(s)=\dfrac{1}{s+3}+\dfrac{1}{s+2}$　　$\mathrm{Re}[s]=\sigma<-3$；

(3) $f_3(t)\longleftrightarrow F_3(s)=\dfrac{1}{s+3}+\dfrac{1}{s+2}$　　$-3<\sigma<-2$。

可见，象函数相同，但收敛域不同。双边拉普拉斯变换必须标出收敛域。

【例 4.1.3★】（北京航空航天大学考研真题）判断题。

(1) 一个信号存在拉普拉斯变换，就一定存在傅里叶变换。（　）

(2)一个信号存在傅里叶变换，就一定存在单边拉普拉斯变换。（　）

(3)一个信号存在傅里叶变换，就一定存在双边拉普拉斯变换。（　）

解答：(1) 不对。如果拉普拉斯变换的收敛域不包含虚轴，则对应的傅里叶变换不存在。

(2) 不对。因为对于反因果信号，傅里叶变换和双边拉普拉斯变换都可能存在，但其单边拉普拉斯变换为 0。

(3) 对。因为傅里叶变换是双边拉普拉斯变换的特例，存在傅里叶变换表明收敛域至少包含虚轴。

【例 4.1.4】 已知因果信号 $f_1(t)=\mathrm{e}^{\alpha t}\varepsilon(t)$，求其拉普拉斯变换。

解答：

$$F_{1b}(s)=\int_0^{\infty}\mathrm{e}^{\alpha t}\mathrm{e}^{-st}\,\mathrm{d}t=\left.\frac{\mathrm{e}^{-(s-\alpha)t}}{-(s-\alpha)}\right|_0^{\infty}$$

$$=\frac{1}{s-\alpha}\left[1-\lim_{t\to\infty}\mathrm{e}^{-(\sigma-\alpha)t}\mathrm{e}^{-\mathrm{j}\omega t}\right]$$

$$=\begin{cases}\dfrac{1}{s-\alpha}, & \mathrm{Re}[s]=\sigma>\alpha\\ \text{不定}, & \sigma=\alpha\\ \text{无界}, & \sigma>\alpha\end{cases}$$

可见，对于因果信号，仅当 $\mathrm{Re}[s]=\sigma>\alpha$ 时，其拉普拉斯变换存在。

【例 4.1.5】 已知反因果信号 $f_2(t)=\mathrm{e}^{\beta t}\varepsilon(-t)$，求其拉普拉斯变换。

解答：

$$F_{2\mathrm{b}}=\int_{-\infty}^{0}\mathrm{e}^{\beta t}\mathrm{e}^{-st}\mathrm{d}t=\left.\frac{\mathrm{e}^{-(s-\beta)t}}{-(s-\beta)}\right|_{-\infty}^{0}$$

$$=\frac{1}{-(s-\beta)}[1-\lim_{t\to-\infty}\mathrm{e}^{-(\sigma-\beta)t}\mathrm{e}^{-\mathrm{j}\omega t}]$$

$$=\begin{cases}\text{无界}, & \mathrm{Re}[s]=\sigma>\beta\\ \text{不定}, & \sigma=\alpha\\ \dfrac{1}{-(s-\beta)}, & \sigma<\beta\end{cases}$$

可见，对于反因果信号，仅当 $\mathrm{Re}[s]=\sigma<\beta$ 时，其拉普拉斯变换存在。

题型 2　拉普拉斯变换的性质

【例 4.2.1】 如图 4.8 所示信号 $f(t)$ 的拉普拉斯变换 $F(s)=\frac{\mathrm{e}^{-s}}{s^2}(1-\mathrm{e}^{-s}-s\mathrm{e}^{-s})$ 求图中信号 $y(t)$ 的拉普拉斯变换 $Y(s)$？

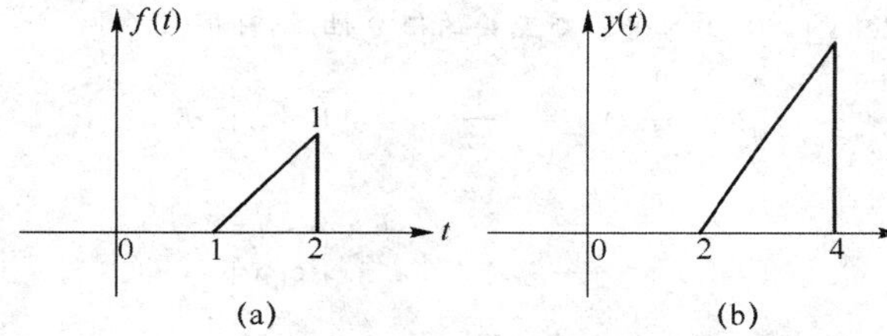

图 4.8

解答：

$$y(t)=4f(0.5t)$$

$$Y(s)=4\times 2F(2s)$$

$$=\frac{8\mathrm{e}^{-2s}}{(2s)^2}(1-\mathrm{e}^{-2s}-2s\mathrm{e}^{-2s})$$

$$=\frac{2\mathrm{e}^{-2s}}{s^2}(1-\mathrm{e}^{-2s}-2s\mathrm{e}^{-2s})$$

【例 4.2.2】 求如图 4.9 所示信号的单边拉普拉斯变换。

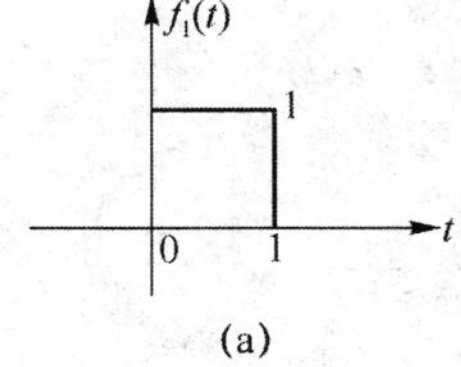

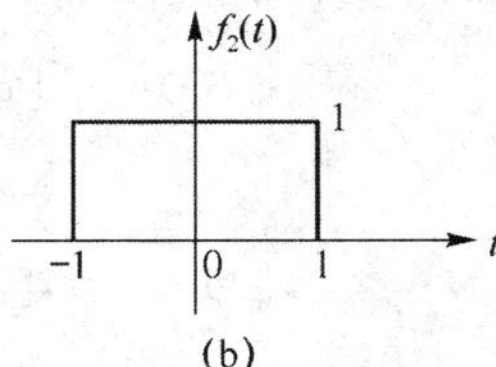

图 4.9

解答：

$$f_1(t)=\varepsilon(t)-\varepsilon(t-1),f_2(t)=\varepsilon(t+1)-\varepsilon(t-1);$$

$$F_1(s)=\int_0^{+\infty}[\varepsilon(t)-\varepsilon(t-1)]\mathrm{d}t=\frac{1}{s}(1-\mathrm{e}^{-s});$$

$$F_2(s)=\int_0^{+\infty}[\varepsilon(t+1)-\varepsilon(t-1)]\mathrm{d}t=\frac{1}{s}(1-\mathrm{e}^{-s})=F_1(s)$$

【例 4.2.3】 如图 4.10 所示信号 $f(t)$ 的拉普拉斯变换 $F(s)=\frac{\mathrm{e}^{-s}}{s^2}(1-\mathrm{e}^{-s}-s\mathrm{e}^{-s})$ 求图中信号 $y(t)$ 的

拉普拉斯变换 $Y(s)$。

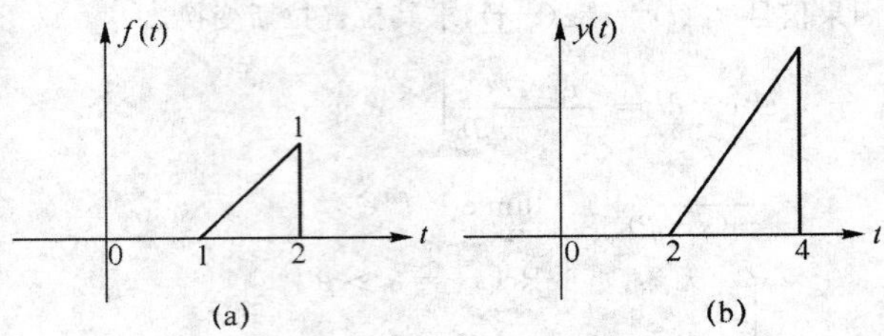

图 4.10

解答：

$$y(t)=4f(0.5t)$$

$$Y(s)=4\times 2F(2s)$$

$$=\frac{8e^{-2s}}{(2s)^2}(1-e^{-2s}-2se^{-2s})$$

$$=\frac{2e^{-2s}}{s^2}(1-e^{-2s}-2se^{-2s})$$

【例 4.2.4】 求 $f(t)=t^n\varepsilon(t)$的单边拉普拉斯变换。

解答：由于 $\varepsilon(t)\leftrightarrow\frac{1}{s}$，$\mathrm{Re}[s]>0$，由拉普拉斯变换的微分性质，可得

$$\mathcal{L}[(-t)\varepsilon(t)]=-\frac{1}{s^2}\qquad \mathrm{Re}[s]>0$$

于是得

$$\mathcal{L}[t\varepsilon(t)]=\frac{1}{s^2}\qquad \mathrm{Re}[s]>0$$

由于 $t^2\varepsilon(t)=(-t)[(-t)\varepsilon(t)]$，由微分性质可得

$$\mathcal{L}[t^2\varepsilon(t)]=\frac{\mathrm{d}}{\mathrm{d}s}\left(-\frac{1}{s^2}\right)=\frac{2}{s^3}\qquad \mathrm{Re}[s]>\sigma_0$$

重复应用以上方法可以得到

$$\mathcal{L}[t^n\varepsilon(t)]=\frac{n!}{s^{n+1}}\qquad \mathrm{Re}[s]>\sigma_0$$

【例 4.2.5】 已知 $f_1(t)=\frac{\mathrm{d}}{\mathrm{d}t}[e^{-2t}\varepsilon(t)]$，$f_2(t)=\frac{\mathrm{d}}{\mathrm{d}t}[e^{-2t}]\varepsilon(t)$，求 $f_1(t)$和 $f_2(t)$的单边拉普拉斯变换。

解答：(1) 求 $f_1(t)$的单边拉普拉斯变换。由于

$$f_1(t)=\frac{\mathrm{d}}{\mathrm{d}t}[e^{-2t}\varepsilon(t)]=\delta(t)-2e^{-2t}\varepsilon(t)$$

故根据线性得

$$F_1(s)=\mathcal{L}[f_1(t)]=1-\frac{2}{s+2}=\frac{s}{s+2}$$

若应用时域微分性质求解，则有

$$F_1(s)=s\mathcal{L}[e^{-2t}\varepsilon(t)]-e^{-2t}\varepsilon(t)\big|_{t=0^-}=\frac{s}{s+2}$$

(2) 求 $f_2(t)$的单边拉普拉斯变换。由于

$$f_2(t)=\frac{\mathrm{d}}{\mathrm{d}t}[e^{-2t}]\varepsilon(t)=-2e^{-2t}\varepsilon(t)$$

因此得

$$F_2(s)=\mathcal{L}[f_2(t)]=\frac{-2}{s+2}$$

本题的结果表明：一般情况下，信号$\frac{\mathrm{d}}{\mathrm{d}t}[f(t)\varepsilon(t)]$和$\frac{\mathrm{d}}{\mathrm{d}t}[f(t)]\varepsilon(t)$不相等，因此，两者的单边拉普拉斯变换不一定相等。若 $f(t)$为因果信号，则两者的单边拉普拉斯变换是相等的。

【例 4.2.6*】 (上海大学考研真题)求解下列两小题。

(1) 已知 $F(s)=\frac{1-\mathrm{e}^{-2s}}{s(s^2+4)}$，求 $f(t)$；

(2) 求函数 $F(s)=\frac{s^3+s^2+2s+1}{(s+1)(s+2)(s+3)}$逆变换的初值和终值。

解答：(1)
$$f(t)=L^{-1}\left[\frac{1-\mathrm{e}^{-2s}}{s(s^2+4)}\right]=L^{-1}\left[\frac{1}{s(s^2+4)}\right]-L^{-1}\left[\frac{\mathrm{e}^{-2s}}{s(s^2+4)}\right]$$

其中
$$L^{-1}\left[\frac{1}{s(s^2+4)}\right]=L^{-1}\left[\frac{1}{4}\times\frac{1}{s}-\frac{1}{4}\times\frac{s}{s^2+4}\right]=\frac{1}{4}[1-\cos(2t)]U(t)$$

由时移性质可得
$$L^{-1}\left[\frac{\mathrm{e}^{-2s}}{s(s^2+4)}\right]=\frac{1}{4}[1-\cos 2(t-2)]U(t-2)$$

故
$$f(t)=\frac{1}{4}[1-\cos(2t)]U(t)-\frac{1}{4}[1-\cos 2(t-2)]U(t-2)$$

(2) 终值 $f(\infty)=\lim\limits_{s\to 0}[sF(s)]=\lim\limits_{s\to 0}[s\frac{s^3+s^2+2s+1}{(s+1)(s+2)(s+3)}]=0$

为求初值，先将 $F(s)$改写为“整式＋真分式 $F_{\mathrm{a}}(s)$”形式

$$F(s)=\frac{s^3+s^2+2s+1}{s^3+6s^2+11s+6}=1-\frac{5s^2+9s+5}{s^3+6s^2+11s+6}=1+F_{\mathrm{a}}(s)$$

初值
$$f(0_+)=\lim_{s\to 0}[sF_{\mathrm{a}}(s)]=\lim_{s\to 0}[s\frac{-(5s^2+9s+5)}{s^3+6s^2+11s+6}]=-5$$

【例 4.2.7*】 (国防科技大学考研真题)已知 $f(t)=\begin{cases}\mathrm{e}^{-t}\sin(\pi t), & 0<t<2\\ 0, & \text{其他}\end{cases}$，求其拉普拉斯变换。

解答：$f(t)$写成

$$\begin{aligned}f(t)&=\mathrm{e}^{-t}\sin(\pi t)[\varepsilon(t)-\varepsilon(t-2)]\\&=\mathrm{e}^{-t}\{\sin(\pi t)\varepsilon(t)-\sin[\pi(t-2)]\varepsilon(t-2)\}\end{aligned}$$

由于

$$\sin(\pi t)\varepsilon(t)\leftrightarrow\frac{\pi}{s^2+\pi^2}$$

根据时移性质，有

$$\sin[\pi(t-2)]\varepsilon(t-2)\leftrightarrow\frac{\pi}{s^2+\pi^2}\mathrm{e}^{-2t}$$

利用复频移性质，得

$$f(t)\leftrightarrow\frac{\pi}{(s+1)^2+\pi^2}[1-\mathrm{e}^{-2(s+1)}]$$

【例 4.2.8】 求图 4.11(a)所示信号 $f(t)$的单边拉普拉斯变换。

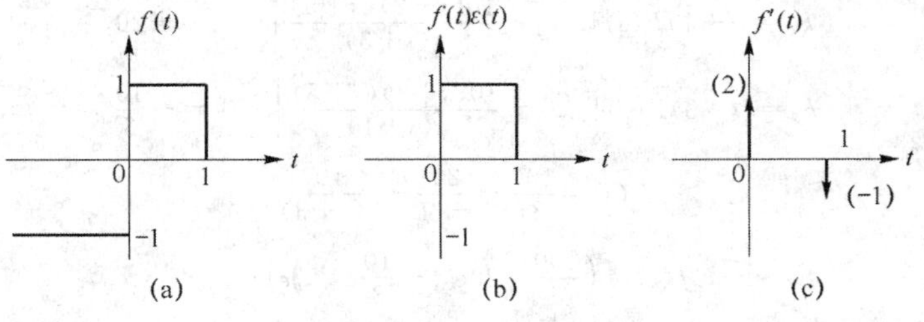

图 4.11

解答:$f(t)\varepsilon(t)$如图 4.11(b)所示,$f(t)$的一阶导数如图 4.11(c)所示。

方法一:由于

$$f(t)\varepsilon(t)=\varepsilon(t)-\varepsilon(t-1)$$

根据单边拉普拉斯变换的定义得

$$F(s)=\mathscr{L}[f(t)]=\mathscr{L}[f(t)\varepsilon(t)]=\frac{1-\mathrm{e}^{-s}}{s}$$

方法二:$f(0^-)=-1$,$f(t)$的一阶导数为

$$f^{(1)}(t)=2\delta(t)-\delta(t-1)$$

$f^{(1)}(t)$的单边拉普拉斯变换为

$$F_1(s)=\mathscr{L}[f^{(1)}(t)]=2-\mathrm{e}^{-s}\qquad \mathrm{Re}[s]>-\infty$$

根据积分性质,得

$$F(s)=\mathscr{L}[f(t)]=\frac{f(0^-)}{s}+\frac{F_1(s)}{s}=-\frac{1}{s}+\frac{2-\mathrm{e}^{-s}}{s}=\frac{1-\mathrm{e}^{-s}}{s}\qquad \mathrm{Re}[s]>0$$

【例 4.2.9】 已知 $f_1(t)=\cos(\omega_0 t)\varepsilon(t)$,$f_2(t)=\sin(\omega_0 t)\varepsilon(t)$,求函数 $f_1(t)$和 $f_2(t)$的拉普拉斯变换。

解答:$f_1(t)$可以表示为

$$f_1(t)=\frac{1}{2}(\mathrm{e}^{\mathrm{j}\omega_0 t}+\mathrm{e}^{-\mathrm{j}\omega_0 t})\varepsilon(t)$$

由于 $\varepsilon(t)\leftrightarrow\frac{1}{s}$,$\mathrm{Re}[s]>0$,根据复频移性质,则有

$$\mathrm{e}^{\mathrm{j}\omega_0 t}\varepsilon(t)\leftrightarrow\frac{1}{s-\mathrm{j}\omega_0}\qquad \mathrm{Re}[s]>0$$

$$\mathrm{e}^{-\mathrm{j}\omega_0 t}\varepsilon(t)\leftrightarrow\frac{1}{s+\mathrm{j}\omega_0}\qquad \mathrm{Re}[s]>0$$

根据线性,得

$$F_1(s)=L[\cos(\omega_0 t)\varepsilon(t)]=\frac{1}{2}\left(\frac{1}{s-\mathrm{j}\omega_0}+\frac{1}{s+\mathrm{j}\omega_0}\right)=\frac{s}{s^2+\omega_0^2}\qquad \mathrm{Re}[s]>0$$

同理可得

$$F_2(s)=L[\sin(\omega_0 t)\varepsilon(t)]=\frac{\omega_0^2}{s^2+\omega_0^2}\qquad \mathrm{Re}[s]>0$$

题型 3　拉普拉斯逆变换的求解

【例 4.3.1】 已知 $F(s)=\frac{10(s+2)(s+5)}{s(s+1)(s+3)}$,求其逆变换。

解答:部分分解法 $F(s)=\frac{k_1}{s}+\frac{k_2}{s+1}+\frac{k_3}{s+3}(m<n)$

其中

$$k_1=sF(s)|_{s=0}=\left.\frac{10(s+2)(s+5)}{(s+1)(s+3)}\right|_{s=0}=\frac{100}{3}$$

$$k_2=(s+1)F(s)|_{s=-1}=\left.\frac{10(s+2)(s+5)}{s(s+3)}\right|_{s=-1}=-20$$

$$k_3=(s+3)F(s)|_{s=-3}=\left.\frac{10(s+2)(s+5)}{s(s+1)}\right|_{s=-3}=-\frac{10}{3}$$

所以

$$F(s)=\frac{100}{3s}-\frac{20}{s+1}-\frac{10}{3(s+3)}$$

所以

$$f(t)=\left(\frac{100}{3}-20\mathrm{e}^{-t}-\frac{10}{3}\mathrm{e}^{-3t}\right)\varepsilon(t)$$

【例 4.3.2】 已知 $F(s)=\frac{s^3+5s^2+9s+7}{(s+1)(s+2)}$,求其逆变换。

解答:分式分解法

$$F(s)=s+2+\frac{k_1}{s+1}+\frac{k_2}{s+2}$$

其中

$$\begin{cases}k_1=(s+1)\dfrac{s+3}{(s+1)(s+2)}\Big|_{s=-1}=2\\ k_2=\dfrac{s+3}{s+1}\Big|_{s=-2}=-1\end{cases}$$

所以
$$F(s)=s+2+\frac{2}{s+1}-\frac{1}{s+2}$$

所以
$$f(t)=\delta'(t)+2\delta(t)+(2\mathrm{e}^{-t}-\mathrm{e}^{-2t})\varepsilon(t)$$

【例 4.3.3】 已知 $F(s)=\dfrac{s^2+3}{(s^2+2s+5)(s+2)}$,求其逆变换。

解答:$F(s)=\dfrac{s^2+3}{(s+1+\mathrm{j}2)(s+1-\mathrm{j}2)(s+2)}=\dfrac{k_1}{s+1-\mathrm{j}2}+\dfrac{k_2}{s+1+\mathrm{j}2}+\dfrac{k_0}{s+2}$

$$P_{1,2}=-\alpha\pm\mathrm{j}\beta,(\alpha=1,\beta=2)$$

其中
$$k_1=\frac{s^2+3}{(s+1+\mathrm{j}2)(s+2)}\Big|_{s=-1+\mathrm{j}2}=\frac{-1+\mathrm{j}2}{5}$$

即
$$k_{1,2}=A\pm\mathrm{j}B,\left(A=-\frac{1}{5},B=\frac{2}{5}\right)$$

$$k_0=\frac{s^2+3}{(s+1+\mathrm{j}2)(s+1-\mathrm{j}2)}\Big|_{s=-2}=\frac{7}{5}$$

所以
$$F(s)=\frac{-\frac{1}{5}+\mathrm{j}\frac{2}{5}}{s+1+\mathrm{j}2}+\frac{-\frac{1}{5}-\mathrm{j}\frac{2}{5}}{s+1-\mathrm{j}2}+\frac{7}{5(s+2)}$$

因为
$$\alpha=1,\beta=2 \qquad A=-\frac{1}{5},B=\frac{2}{5}$$

所以
$$f(t)=\left\{2\mathrm{e}^{-t}\left[-\frac{1}{5}\cos(2t)-\frac{2}{5}\sin(2t)\right]+\frac{7}{5}\mathrm{e}^{-2t}\right\}\varepsilon(t)$$

【例 4.3.4】 求象函数 $F(s)$的原函数 $f(t)$,其中 $F(s)=\dfrac{s^3+s^2+2s+4}{s(s+1)(s^2+1)(s^2+2s+2)}$

解答:$A(s)=0$ 有 6 个根,它们分别是 $s_1=0,s_2=-1,s_{3,4}=\pm\mathrm{j}1,s_{5,6}=-1\pm\mathrm{j}1$,故

$$F(s)=\frac{K_1}{s}+\frac{K_2}{s+1}+\frac{K_3}{s-\mathrm{j}}+\frac{K_4}{s+\mathrm{j}}+\frac{K_5}{s+1-\mathrm{j}}+\frac{K_6}{s+1+\mathrm{j}}$$
$$K_1=sF(s)|_{s=0}=2,K_2=(s+1)F(s)|_{s=-1}=-1$$
$$K_3=(s-1)F(s)|_{s=\mathrm{j}}=\mathrm{j}/2=(1/2)\mathrm{e}^{\mathrm{j}(\pi/2)}$$
$$K_4=K_3^*=(1/2)\mathrm{e}^{-\mathrm{j}(\pi/2)}$$
$$K_5=(s+1-\mathrm{j})F(s)|_{s=-1+\mathrm{j}}=\frac{1}{\sqrt{2}}\mathrm{e}^{\mathrm{j}\frac{3}{4}\pi},K_6=K_5$$

从而可得

$$f(t)=\left[2-\mathrm{e}^{-t}+\cos\left(t+\frac{\pi}{2}\right)+\sqrt{2}\mathrm{e}^{-t}\cos\left(t+\frac{3\pi}{4}\right)\right]\varepsilon(t)$$

【例 4.3.5】 已知 $F(s)=\dfrac{3s+5}{(s+1)^2(s+3)}$,求单边拉普拉斯逆变换。

解答:$F(s)$有二重极点 $s=-1$ 和单极点 $s=-3$。因此,$F(s)$可展开为

$$F(s)=\frac{K_{12}}{(s+1)^2}+\frac{K_{11}}{s+1}+\frac{K_3}{s+3}$$

其中

$$K_{12}=(s+1)^2\frac{3s+5}{(s+1)^2(s+3)}\bigg|_{s=-1}=1$$

$$K_{11}=\frac{\mathrm{d}}{\mathrm{d}s}\left[(s+1)^2\frac{3s+5}{(s+1)^2(s+3)}\right]\bigg|_{s=-1}=1$$

$$K_3=(s+3)\frac{3s+5}{(s+1)^2(s+3)}\bigg|_{s=-3}=-1$$

于是得

$$F(s)=\frac{1}{(s+1)^2}+\frac{1}{s+1}+\frac{1}{s+3}$$

故可得

$$f(t)=\mathcal{L}^{-1}[F(s)]=(te^{-t}+e^{-t}-e^{-3t})\varepsilon(t)$$

【例 4.3.6】 已知 $F(s)=\dfrac{1}{(s+3)(s+2)^2}$，$\mathrm{Re}[s>-2]$，求 $F(s)$的单边拉普拉斯变换。

解答：选 $\sigma_a>-2$，则 $F(s)e^{st}$ 在 σ_a 左侧的极点分别为一阶极点 $s_1=-3$ 和二重极点 $s_2=-2$。从而可得 s_1 和 s_2 的留数分别为 电路的总阻抗为

$$\begin{cases}\mathrm{Re}_{s_1}s[F(s)e^{st}]=(s+3)F(s)e^{st}\big|_{s=-3}=e^{-3t}\\ \mathrm{Re}_{s_2}s[F(s)e^{st}]=\dfrac{\mathrm{d}}{\mathrm{d}s}[(s+2)^2F(s)e^{st}]\big|_{s=-2}=te^{-2t}-e^{-2t}\end{cases}$$

故，可得

$$f(t)=\begin{cases}0 & t<0\\ \underset{s_1}{\mathrm{Res}}[F(s)e^{st}]+\underset{s_2}{\mathrm{Res}}[F(s)e^{st}] & t>0\end{cases}$$

$$=\begin{cases}0 & t<0\\ e^{-3t}+te^{-2t}-e^{-2t} & t>0\end{cases}$$

$$=[e^{-3t}+te^{-2t}-e^{-2t}]\varepsilon(t)$$

【例 4.3.7】 已知 $F_1(s)=\dfrac{e^{-t_0s}}{(s+\alpha)(s+\beta)}$，$t>0$，$\alpha<\beta$，$\mathrm{Re}[s]>\alpha$。求 $F(s)$的单边拉普拉斯逆变换 $f(t)$。

解答：$F(s)$不是有理分式，不能直接对其求逆变换，可令：

$$F_1(s)=\frac{1}{(s+\alpha)(s+\beta)}$$

则

$$f(t)=\frac{1}{2\pi j}\int_{\sigma-j\infty}^{\sigma+j\infty}F_1(s)e^{-t_0s}e^{st}\,\mathrm{d}s$$

$$=\frac{1}{2\pi j}\int_{\sigma-j\infty}^{\sigma+j\infty}F_1(s)e^{s(t-t_0)}\,\mathrm{d}s$$

$$=\frac{1}{2\pi j}\int_{\sigma-j\infty}^{\sigma+j\infty}F_1(s)e^{st_1}\,\mathrm{d}s$$

对于 $F_1(s)e^{st_1}$，选 $\sigma_a>-a$，则有

$$\lim_{R\to\infty}\int_C F_1(s)e^{st_1}\,\mathrm{d}t=0,t_1>0,t>0$$

因此，可得

$$f(t)=\begin{cases}0 & t_1<0(t<t_0)\\ \displaystyle\sum_{\sigma_a\text{左侧极点}}\mathrm{Res}[F_1(s)e^{st_1}] & t_1>0(t>t_0)\end{cases}$$

$F_1(s)e^{st_1}$ 在 σ_a 左侧的极点为 $s_1=-\alpha$ 和 $s_2=-\beta$。极点的留数分别为

$$\sum_{s_1}\text{Res}[F_1(s)e^{st_1}]=(s+\alpha_1)F_1(s)e^{st_1}\big|_{s_1=-\alpha}=(\beta-\alpha)e^{-\alpha(t-t_0)}$$

$$\sum_{s_2}\text{Res}[F_1(s)e^{st_1}]=(s+\beta)F_1(s)e^{st_1}\big|_{s_1=-\beta}=(\alpha-\beta)e^{-\beta(t-t_0)}$$

于是得

$$f(t)=(\beta-\alpha)[e^{-\alpha(t-t_0)}-e^{-\beta(t-t_0)}]\varepsilon(t-t_0)$$

【例 4.3.8】 已知 $F(s)=\dfrac{2s+8}{(s+2)^2+4}$,求 $F(s)$的单边拉普拉斯逆变换 $f(t)$。

解答:$F(s)$可以表示为

$$F(s)=\frac{2s+8}{(s+2)^2+4}=\frac{2s+8}{(s+2-j2)(s+2-j2)}$$

$F(s)$有一对共轭单极点 $s_{1,2}=-2\pm j2$,可展开为

$$F(s)=\frac{K_1}{(s+2-j2)}+\frac{K_2}{(s+2+j2)}$$

求 K_1、K_2,可得

$$K_1=(s+2-j2)F(s)\big|_{s=-2+j2}=1-j=\sqrt{2}e^{-j\frac{\pi}{4}}$$

$$K_2=(s+2+j2)F(s)\big|_{s=-2-j2}=1+j=\sqrt{2}e^{j\frac{\pi}{4}}$$

于是得

$$F(s)=\frac{\sqrt{2}e^{-j\frac{\pi}{4}}}{(s+2-j2)}+\frac{\sqrt{2}e^{j\frac{\pi}{4}}}{(s+2+j2)}$$

根据移位性质等得,$|K_1|=\sqrt{2}$,$\varphi=-\dfrac{\pi}{4}$,$\alpha=2$,$\beta=2$。于是得

$$f(t)=L^{-1}[F(s)]=2\sqrt{2}^{-2t}\cos\left(2t-\frac{\pi}{4}\right)\varepsilon(t)$$

【例 4.3.9】 已知单边拉普拉斯变换 $F(s)=\dfrac{2s+1}{s^2+2s+2}$,求 $F(s)$的原函数 $f(t)$。

解答:$F(s)$可以表示为

$$F(s)=\frac{2s+1}{s^2+2s+2}=\frac{2(s+1)}{(s+1)^2+1}-\frac{1}{(s+1)^2+1}$$

由于

$$\begin{cases}\cos t\varepsilon(t)\leftrightarrow\dfrac{s}{s^2+1}\\ \sin t\varepsilon(t)\leftrightarrow\dfrac{1}{s^2+1}\end{cases}$$

根据复频移性质,则有

$$\begin{cases}e^{-t}\cos t\varepsilon(t)\leftrightarrow\dfrac{(s+1)}{(s+1)^2+1}\\ e^{-t}\sin t\varepsilon(t)\leftrightarrow\dfrac{1}{(s+1)^2+1}\end{cases}$$

于是得

$$f(t)=L^{-1}[F(s)]=(2e^{-t}\cos t-e^{-t}\sin t)\varepsilon(t)=\sqrt{5}e^{-t}\cos(t+26.6°)\varepsilon(t)$$

题型 4 复频域分析

【例 4.4.1★】 (中国科学技术大学考研真题)已知一个以微分方程 $\dfrac{dy(t)}{dt}+2y(t)=x(t-1)$,和 $y(0_-)=1$的起始条件表示的连续时间因果系统,试求当输入为 $x(t)=(\sin 2t)u(t)$时,该系统的输出

$y(t)$，并写出其中的零状态响应 $y_{zs}(t)$和零输入响应分量 $y_{zi}(t)$，以及暂态响应和稳态响应分量。

解答：先求零输入响应 $y_{zi}(t)$，它满足的方程和起始条件为

$$\frac{dy_{zi}(t)}{dt}+2y_{zi}(t)=0, y_{zi}(0_-)=y(0_-)=1$$

对上式用单边拉普拉斯变换，求得 $y_{zi}(t)$的象函数为

$$y_{uzi}(s)=\frac{1}{s+2}$$

经过单边反拉普拉斯变换，得到零输入响应为

$$y_{zi}(t)=e^{-2t}, t\geqslant 0$$

再求零状态响应 $y_{zs}(t)$，对它向高，系统就成为如下微分方程表示的因果 LTI 系统：

$$\frac{dy_{zs}(t)}{dt}+2y_{zs}(t)=x(t)*\delta(t-1)$$

对上式取拉普拉斯变换或单边拉普拉斯变换，并代入 $x(t)=(\sin 2t)u(t)$的拉普拉斯变换象函数 $X(s)=\frac{2}{s^2+4}$，求得零状态响应 $y_{zs}(t)$的拉普拉斯变换象函数为

$$Y_{zs}(s)=\frac{2}{(s^2+4)(s+2)}e^{-s}$$

利用上式中有理函数的部分分式展开，即

$$\frac{2}{(s^2+4)(s+2)}=\frac{0.5}{s^2+4}-\frac{0.25s}{s^2+4}+\frac{0.25}{s+2}$$

得到

$$Y_{zs}(s)=\left(\frac{0.5}{s^2+4}-\frac{0.25s}{s^2+4}+\frac{0.25}{s+2}\right)e^{-s}$$

最后，反拉普拉斯变换求得零状态响应 $y_{zs}(t)$，即

$$y_{zs}(t)=0.25[\sin 2(t-1)]u(t-1)-0.25[\cos 2(t-1)]u(t-1)+0.25e^{-2(t-1)}u(t-1)$$

系统全响应$y(t)=y_{zi}(t)+y_{zs}(t)$为

$$y(t)=0.25\{[\sin 2(t-1)]u(t-1)-[\cos 2(t-1)]u(t-1)+e^{-2(t-1)}u(t-1)\}+e^{-2t}u(t)$$

式中，暂态响应 $y_{zt}(t)$和稳态响应 $y_{wt}(t)$分别为

$$y_{zt}(t)=0.25e^{-2(t-1)}u(t-1)+e^{-2t}u(t)$$

$$y_{wt}(t)=0.25\{[\sin 2(t-1)]u(t-1)-[\cos 2(t-1)]\}$$

【例 4.4.2】 一线性时不变因果连续时间系统的微分方程描述为 $y''(t)+7y'(t)+10y(t)=2f'(t)+3f(t)$，已知 $f(t)=e^{-t}u(t)$，$y(0^-)=1$，$y'(0^-)=1$，由 S 域求解：零输入响应 $y_x(t)$，零状态响应 $y_f(t)$，完全响应 $y(t)$。

解答：对微分方程的两边做单边拉普拉斯变换得

$$s^2Y(s)-sy(0^-)-y'(0^-)+7sY(s)-7y(0^-)+10Y(s)=(2s+3)F(s)$$

整理得

$$Y(s)=\frac{sy(0^-)+y'(0^-)+7y(0^-)}{s^2+7s+10}+\frac{2s+3}{s^2+7s+10}F(s)$$

零输入响应的 S 域表达式为

$$Y_x(s)=\frac{s+8}{s^2+7s+10}=\frac{2}{s+2}+\frac{-1}{s+5}$$

进行拉普拉斯反变换可得

$$y_x(t)=\mathcal{L}\{Y_x(s)\}=2e^{-2t}-e^{-5t}, t\geqslant 0$$

零状态响应的 S 域表达式为

$$Y_f(s)=\frac{2s+3}{s^2+7s+10}F(s)=\frac{2s+3}{(s^2+7s+10)(s+1)}=\frac{1/4}{s+1}+\frac{1/3}{s+2}+\frac{-12/7}{s+5}$$

进行拉普拉斯反变换可得

$$y_f(t)=\mathscr{L}^{-1}\{Y_f(s)\}=\left(\frac{1}{4}e^{-t}+\frac{1}{3}e^{-2t}-\frac{7}{12}e^{-5t}\right)u(t)$$

完全响应为

$$y(t)=y_x(t)+y_f(t)=\frac{1}{4}e^{-t}+\frac{7}{3}e^{-2t}-\frac{19}{12}e^{-5t},t\geqslant 0$$

【例 4.4.3★】 有线性时不变二阶系统，如图 4.12 所示，系统函数为 $H(s)=\frac{s+3}{s^2+3s+2}$，已知输入激励 $e(t)=e^{-3t}u(t)$及起始状态 $r(0_-)=1$，$r'(0_-)=2$。求系统的完全响应 $r(t)$及零输入响应 $r_{zi}(t)$，零状态响应 $r_{zs}(t)$，并确定其自由响应及强迫响应分量。

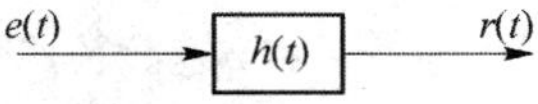

图 4.12

解答：根据该系统的系统函数，可写出系统的微分方程

$$r''(t)+3r'(t)+2r(t)=e'(t)+3e(t)$$

式中，$E(s)=\frac{1}{s+1}$，对微分方程两边作单边拉普拉斯变换并代入起始状态，得

$$s[sR(s)-r(0_-)]-r'(0_-)+3[sR(s)-r(0_-)]+2R(s)=sE(s)+3E(s)$$

整理得

$$R(s)=\frac{s+3}{s^2+3s+2}\cdot E(s)+\frac{s+5}{s^2+3s+2}$$

零输入响应部分

$$R_{zi}(s)=\frac{s+5}{s^2+3s+2}=\frac{4}{s+1}-\frac{3}{s+2}$$

则

$$r_{zi}(t)=(4e^{-t}-3e^{-2t})u(t)$$

零状态响应部分为

$$R_{zs}(s)=\frac{s+3}{s^2+3s+2}\cdot E(s)=\frac{1}{s+1}-\frac{1}{s+2}$$

则

$$r_{zs}(t)=(e^{-t}-e^{-2t})u(t)$$

故系统的全响应为

$$r(t)=r_{zi}(t)+r_{zs}(t)=(5e^{-t}-4e^{-2t})u(t)$$

全部为自由响应，没有强迫响应分量。

【例 4.4.4★】 **(清华大学考研真题)**已知带通滤波器的转移函数为 $H(s)=\frac{V_2(s)}{V_1(s)}=\frac{2s}{(s+1)^2+100^2}$

(1) 求冲激响应 $h(t)$；

(2) 若激励信号为 $V_1(t)=(1+\cos t)\cos 100t$，求稳态响应 $v_2(t)$；

(3) 指出 $v_2(t)$与 $v_1(t)$波形的主要区别在哪里。

分析：求拉普拉斯逆变换可得冲激响应 $h(t)$；对于(2)先将 $v_1(t)$表示成三个余弦信号叠加，并利用近似条件 $\omega+100=2\omega$ 简化频响特性，然后分别求各个正弦稳态响应叠加起来即可。

解答：由于 $v_1(t)=\cos 100t+\frac{1}{2}\cos 101t+\frac{1}{2}\cos 99t$，故可分别求三个余弦信号的稳态响应，然后叠加。而

$$H(j\omega)=\frac{2j\omega}{(j\omega+1)^2+100^2}\approx\frac{2}{2+j\frac{(\omega+100)(\omega-100)}{\omega}}$$

考虑到所研究的信号范围在 $\omega=100$ 附近，取近似 $\omega+100=2\omega$，可得

$$H(\mathrm{j}\omega)\approx\frac{1}{1+\mathrm{j}(\omega-100)}$$

于是 $H(\mathrm{j}100)=1, H(\mathrm{j}101)=\frac{\sqrt{2}}{2}\mathrm{e}^{-\mathrm{j}\frac{\pi}{4}}, H(\mathrm{j}99)=\frac{\sqrt{2}}{2}\mathrm{e}^{\mathrm{j}\frac{\pi}{4}}$。故

$$\begin{aligned}v_2(t)&=\cos 100t+\frac{\sqrt{2}}{4}[\cos(101t-45^\circ)+\cos(99t+45^\circ)]\\&=\cos 100t+\frac{\sqrt{2}}{2}\cos 100t\cdot\cos(t-45^\circ)\\&=\left[1+\frac{\sqrt{2}}{2}\cos(t-45^\circ)\right]\cos 100t\end{aligned}$$

可见 $v_2(t)$ 与 $v_1(t)$ 波形相似，只是调幅深度减少，包络产生延时。

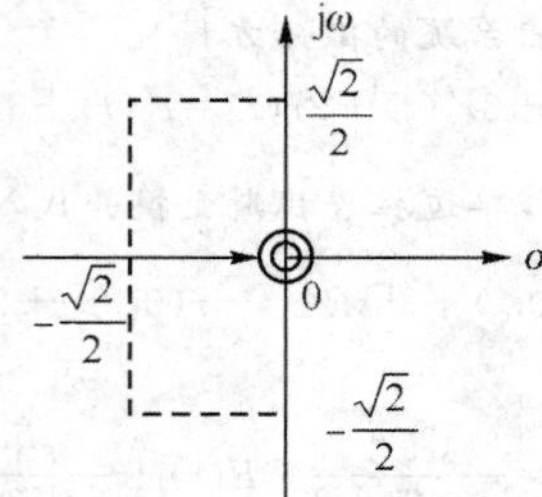

图 4.13

【例 4.4.5】 如图 4.14(a)所示，已知 $L=1$ H，$R=1\ \Omega$，$C=0.5$ F，$u_C(0_-)=1$V，$i_L(0_-)=1$ A，$u_S(t)=u(t)$V，$i_S(t)=u(t)$A，$u(t)$为是单位阶跃函数。

(1) 试画出图 4.14(a)所示电路的 S 域等效电路；

(2) 试求电阻 R 上的 $i_R(t)$的全响应；

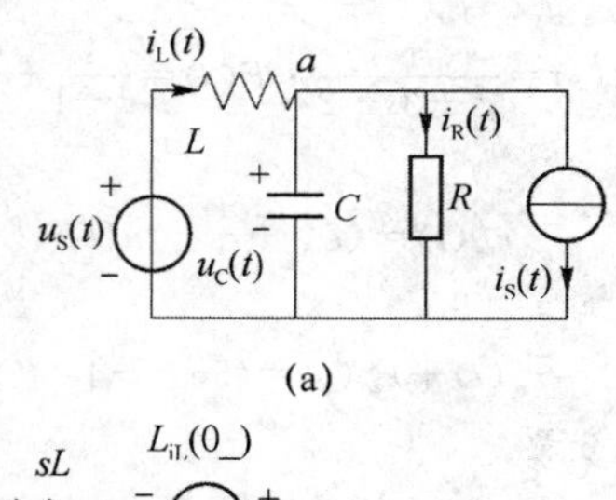

(a)

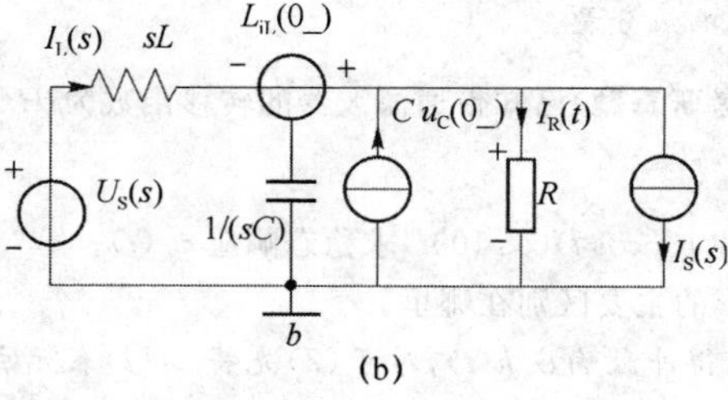

(b)

图 4.14

解答：(1)S 域等效电路如图 4.14(b)所示。

(2)对图 4.14(b)S 域电路，设电阻 R 上的电压为 $U_R(s)$，列结点方程，有

$$\left(\frac{1}{sL}+sC+\frac{1}{R}\right)U_R(s)=\frac{1}{sL}[Li_L(0_-)+U_S(s)]+C_{U_C}(0_-)-I_S(s)$$

根据题中条件，可得，$U_S(s)=\xi[u(t)]=1/s$，$I_S(s)=\xi[u(t)]=1/s$

将它们和题中其他已知条件代入上式得

$$\left(\frac{1}{s}+\frac{s}{2}+1\right)U_{\mathrm{R}}(s)=\frac{1}{s}\left(1+\frac{1}{s}\right)+\frac{1}{2}-\frac{1}{s}=\frac{1}{s^2}+\frac{1}{2}$$

解得

$$U_{\mathrm{R}}(s)=\frac{s^2+2}{s(s^2+2s+2)}=\frac{s^2+2+2s-2s}{s(s^2+2s+2)}$$

$$=\frac{1}{s}-\frac{2}{s^2+2s+2}=\frac{1}{s}-\frac{2}{(s+1)^2+1}$$

取逆变换得

$$U_{\mathrm{R}}(t)=(1-2\mathrm{e}^{-t}\sin t)u(t)$$

$$i_{\mathrm{R}}(t)=u_{\mathrm{R}}(t)/R=(1-2\mathrm{e}^{-t}\sin t)u(t)$$

【例 4.4.6★】 **(西安电子科技大学考研真题)**如图 4.15(a)所示电路，已知 $u_{\mathrm{C}}(0_-)=1$ V，$i_{\mathrm{L}}(0_-)=1$ A，激励源 $i_{\mathrm{S}}=\varepsilon(t)$A，$u_{\mathrm{S}}(t)=\varepsilon(t)$V。

(1) 画出 S 域电路模型；

(2) 求零输入响应 $i_{\mathrm{Rx}}(t)$；

(3) 求零状态响应 $i_{\mathrm{Rf}}(t)$。

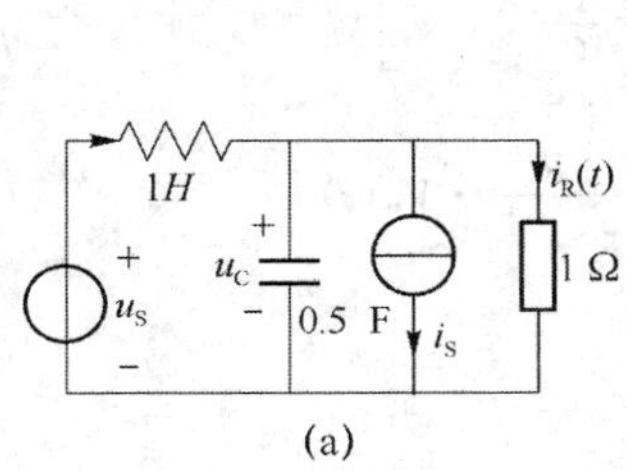

(a)

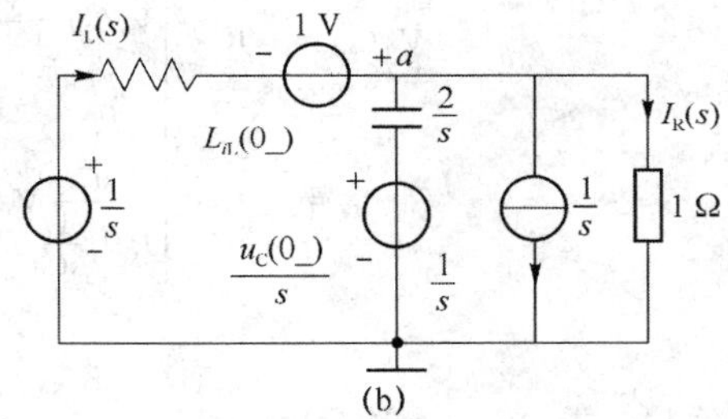

(b)

图 4.15

解答：(1)S 域电路模型如图 4.15(b)所示。

(2) 列结点方程

$$\left(\frac{1}{s}+\frac{s}{2}+1\right)V_{\mathrm{a}}(s)=\frac{\left(L_{i\mathrm{L}}(0_-)+\frac{1}{s}\right)}{s}+\frac{\frac{u_{\mathrm{C}}(0_-)}{s}}{\frac{2}{s}}-\frac{1}{s}$$

$$=\frac{L_{i\mathrm{L}}(0_-)}{s}+\frac{u_{\mathrm{C}}(0_-)}{2}+\frac{1}{s^2}-\frac{1}{s}$$

$$\left(\frac{1}{s}+\frac{s}{2}+1\right)V_{\mathrm{ax}}(s)=\frac{L_{i\mathrm{L}}(0_-)}{s}+\frac{u_{\mathrm{C}}(0_-)}{2}=\frac{1}{s}+\frac{1}{2}$$

$$I_{\mathrm{Rx}}(s)=V_{\mathrm{ax}}(s)=\frac{s+2}{s^2+2s+2}=\frac{s+1}{(s+1)^2+1}+\frac{1}{(s+1)^2+1}$$

故

$$i_{\mathrm{Rx}}(t)=\mathrm{e}^{-t}\cos t\varepsilon(t)+\mathrm{e}^{-t}\sin t\varepsilon(t)$$

(3)

$$\left(\frac{1}{s}+\frac{s}{2}+1\right)V_{\mathrm{af}}(s)=\frac{1}{s^2}-\frac{1}{s}$$

$$I_{\mathrm{Rf}}(s)=V_{\mathrm{af}}(s)=\frac{2-2s}{s(s^2+2s+2)}=\frac{1}{s}-\frac{s+1}{(s+1)^2+1}-\frac{3}{(s+1)^2+1}$$

故

$$i_{\mathrm{Rf}}(t)=[1-\mathrm{e}^{-t}\cos t-3\mathrm{e}^{-t}\sin t]\varepsilon(t)$$

【例 4.4.7】 本题考查图 4.16 所示电路，运算放大器 AF 的增益为 K，其输入阻抗近似为无穷大，输出阻抗近似为零。

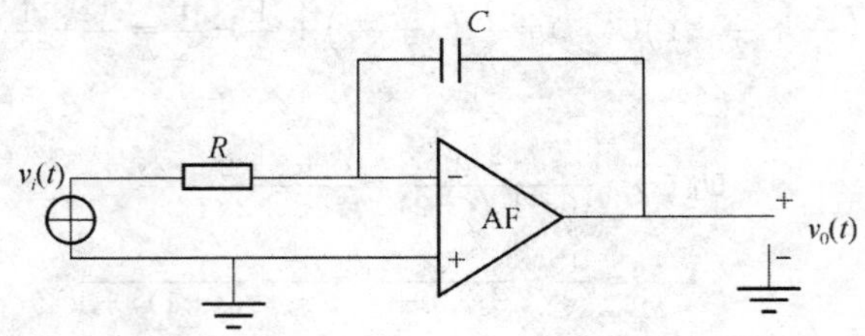

图 4.16

(1) 试证明当 $K\gg 1$ 时，该系统的作用基本上像一个积分器；在什么频率范围内(用 K、R 和 C 表示)这种近似关系被破坏？

(2) 取 $K=100, RC=\frac{1}{101}$，若 $v_i(t)=\cos\left(t-\frac{\pi}{4}\right)$(伏特)，求 $v_c(t)$。

解答：(1) 设 $v_i(t)\overset{L}{\leftrightarrow}V(s), v_0(t)\overset{L}{\leftrightarrow}V_0(s)$

根据电路图可知

$$V_0(s)=-K\cdot\left[V_i(s)-\frac{V_i(s)-V_0(s)}{R+\frac{1}{sC}}\cdot R\right]$$

$$=-K\cdot\left[\frac{\frac{1}{sC}}{R+\frac{1}{sC}}V_i(s)-\frac{R}{R+\frac{1}{sC}}\cdot V_0(s)\right]$$

所以

$$H(s)=\frac{V_0(s)}{V_i(s)}=-\frac{\frac{K}{sC}}{(1+K)R+\frac{1}{sC}}=-\frac{K}{(1+K)sRC+1}$$

当 $K\gg 1$ 时，$H(s)\approx-\frac{1}{sRc}$是一个积分器，故该系统的作用基本上像是一个积分器。

在 $(1+K)\omega Rc\leqslant 1$ 时，即 $\omega\leqslant\frac{1}{(1+K)Rc}$的范围内，近似关系将被破坏。

(2) 取 $K=100, RC=\frac{1}{101}$，则

$$H(\omega)=H(s)\big|_{s=j\omega}=-\frac{100}{1+j\omega}$$

因为

$$v_0(t)=|H(1)|\cdot\cos\left[t-\frac{\pi}{4}+\arg H(1)\right]$$

而

$$|H(1)|=50\sqrt{2}, \arg H(1)=\frac{3\pi}{4}$$

所以

$$v_0(t)=50\sqrt{2}\cos\left(t+\frac{\pi}{2}\right)=-50\sqrt{2}\sin t$$

【例 4.4.8】 已知激励信号为 $e(t)=e^{-t}, r(t)=\frac{1}{2}e^{-t}-e^{-2t}+2e^{3t}$求此系统的冲激响应 $h(t)$。

解答：由 $e(t)=e^{-t}$得　　$E(s)=\mathcal{L}[e(t)]=\frac{1}{s+1}$

$$r_{zs}(t)=r(t)=\frac{1}{2}e^{-t}-e^{-2t}+2e^{3t}$$

$$R_{zs}(s)=\mathcal{L}[r_{zs}(t)]=\frac{1}{2(s+1)}-\frac{1}{s+2}+\frac{1}{s-3}$$

故

$$H(s)=\frac{R_{zs}(s)}{E(s)}$$

$$=\left[\frac{1}{2(s+1)}-\frac{1}{s+2}+\frac{1}{s-3}\right]\cdot(s+1)$$

$$=\frac{1}{2}-\frac{s+1}{s+2}+\frac{2(s+1)}{s-3}$$

$$=\frac{3}{2}+\frac{1}{s+2}-\frac{8}{s-3}$$

所以

$$h(t)=\mathcal{L}^{-1}[H(s)]=\frac{3}{2}\delta(t)+(\mathrm{e}^{-2t}+8\mathrm{e}^{3t})u(t)$$

【例 4.4.9】 如图 4.17 所示零状态电路。

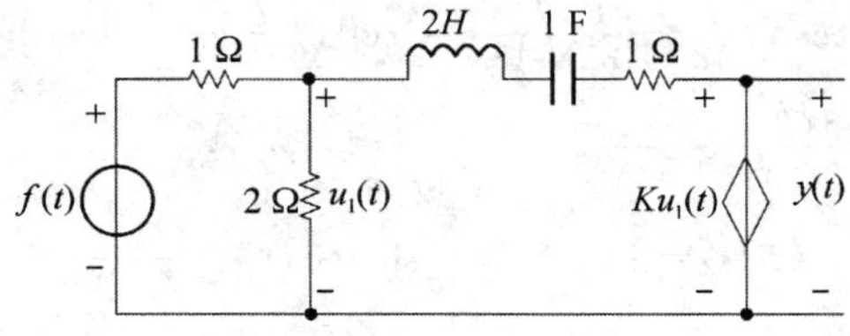

图 4.17

(1) 求系统函数 $H(s)=\frac{Y(s)}{F(s)}$；

(2) 取 $k=0.5, f(t)=\sin tU(t)$，求 $y(t)$；

(3) 取 $k=2.5, f(t)=\sin tU(t)$，求 $y(t)$。

解答:(1) 做 S 域电路如图 4.18 所示，对 $I_1(s), I_2(s)$ 列写 KVL 方程为

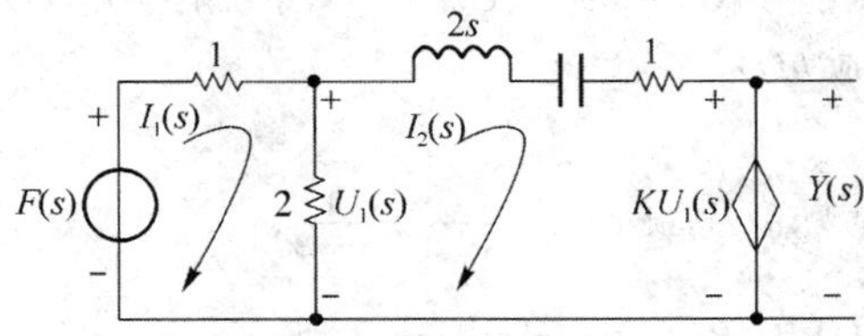

图 4.18

$$\begin{cases}3I_1(s)-2I_2(s)=F(s)\\ -2I_1(s)+\left(3+2s+\frac{1}{s}\right)I_2(s)+kU_1(s)=0\end{cases}$$

又有

$$U_1(s)=2[I_1(s)-I_2(s)]$$

联立以上三式解得

$$\begin{cases}I_1(s)=\frac{2s^2+(3-2k)s+1}{6s^2+(5-2k)s+3}F(s)\\ I_2(s)=\frac{2(1-2k)s}{6s^2+(5-2k)s+3}F(s)\end{cases}$$

于是

$$Y(s)=kU_1(s)=2k[I_1(s)-I_2(s)]=\frac{2k(2s^2+s+1)}{6s^2+(5-2k)s+3}F(s)$$

即

$$H(s)=\frac{Y(s)}{F(s)}=\frac{2k(2s^2+s+1)}{6s^2+(5-2k)s+3}$$

(2) 当 $k=0.5$ 时，　$H(s)=\frac{2s^2+s+1}{6s^2+4s+3}$

又因为　$F(s)=\mathscr{L}[f(t)]=\mathscr{L}[\sin tU(t)]=\frac{1}{s^2+1}$

故　$Y(s)=H(s)F(s)=\frac{2s^2+s+1}{6s^2+4s+3}\frac{1}{s^2+1}$

$$=\frac{-(1/25)\left(s+\frac{1}{3}\right)}{\left(s+\frac{1}{3}\right)^2+\frac{7}{18}}+\frac{1/25}{\left(s+\frac{1}{3}\right)^2+\frac{7}{18}}+\frac{\frac{s}{25}}{s^2+1}+\frac{7}{s^2+1}$$

故得

$$y(t)=-\frac{1}{25}e^{-\frac{1}{3}t}\cos\sqrt{\frac{7}{18}}t+\frac{1}{25}\sqrt{\frac{7}{18}}e^{-\frac{1}{3}t}\cos\sqrt{\frac{7}{18}}t+\frac{1}{25}\cos t+\frac{7}{25}\sin t\ \ (t>0)$$

(3) 当 $k=2.5$ 时，$H(s)=\frac{5(2s^2+s+1)}{6s^2+3}$

又　$F(s)=\mathscr{L}[f(t)]=\mathscr{L}[\sin tU(t)]=\frac{1}{s^2+1}$

故　$Y(s)=H(s)F(s)=\frac{5(2s^2+s+1)}{6s^2+3}\frac{1}{s^2+1}$

$$=\frac{5}{3}\frac{s}{s^2+0.5}-\frac{5}{3}\left(\frac{s}{s^2+1}-\frac{1}{s^2+1}\right)$$

故得

$$y(t)=\frac{5}{3}\cos\frac{1}{\sqrt{2}}tU(t)-\frac{5}{3}(\cos t-\sin t)U(t)$$

【例 4.4.10】 已知 LTI 激励为 $e(t)=(e^{-t}+e^{-3t})u(t)$，系统响应为 $r(t)=(2e^{-t}-2e^{-4t})u(t)$。求：

(1) 该系统的单位冲激响应 $h(t)$；

(2) 该系统的微分方程。

解答：激励 $e(t)=(e^{-t}+e^{-3t})u(t)$，则 $E(s)=\frac{1}{s+1}+\frac{1}{s+3}$；

响应 $e(t)=(e^{-t}+e^{-3t})u(t)$，则 $R(s)=\frac{1}{s+1}-\frac{1}{s+4}$

(1) 设 $h(t)\leftrightarrow H(s)$，则

$$H(s)=\frac{R(s)}{E(s)}=\frac{\frac{2}{s+1}-\frac{2}{s+4}}{\frac{1}{s+1}+\frac{1}{s+3}}=\frac{3(s+3)}{(s+2)(s+4)}=\frac{3s+9}{s^2+6s+8}$$

求逆变换得 $h(t)=\frac{3}{2}(e^{-2t}+e^{-4t})u(t)$。

(2) 由于 $\frac{R(s)}{E(s)}=H(s)=\frac{3(s+3)}{(s+2)(s+4)}=\frac{3s+9}{s^2+6s+8}$，则

$$(s^2+6s+8)R(s)=(3s+9)E(s)$$

求逆变换可得系统微分方程为

$$r''(t)+6r'(t)+8r(t)=3e'(t)+9e(t)$$

【例 4.4.11】 描述某 LTI 系统的微分方程为 $y''(t)+5y,(t)+6y(t)=2f(t)$，已知初始状态 $y(0_-)=1$，$y'(0_-)=-1$，激励 $f(t)=5\cos\varepsilon(t)$，求系统的全响应 $y(t)$。

解答：取拉普拉斯变换得

$$Y(s)=\frac{sy(0_-)+y'(0_-)+5y(0_-)}{s^2+4s+6}+\frac{2}{s^2+5s+6}F(s)$$

$$F(s)=\frac{5s}{s^2+1}$$

$$Y(s)=Y_x(s)+Y_f(s)=\frac{s+4}{(s+2)(s+3)}+\frac{2}{(s+2)(s+3)}\frac{5s}{s^2+1}$$

$$=\frac{2}{s+2}+\frac{-1}{s+3}+\frac{-4}{s+2}+\frac{3}{s+3}+\frac{\frac{1}{\sqrt{2}}\mathrm{e}^{-\mathrm{j}\frac{\pi}{4}}}{s-j}+\frac{\frac{1}{\sqrt{2}}\mathrm{e}^{\mathrm{j}\frac{\pi}{4}}}{s+\mathrm{j}}$$

对 $Y(s)$ 求拉普拉斯反变换可得

$$y(t)=\left[2\mathrm{e}^{-2t}-\mathrm{e}^{-3t}-4\mathrm{e}^{-2t}+3\mathrm{e}^{-3t}+\sqrt{2}\cos\left(t-\frac{\pi}{4}\right)\right]\varepsilon(t)$$

【例 4.4.12】 已知当输入 $f(t)=\mathrm{e}^{-t}\varepsilon(t)$时，某 LTI 系统的零状态响应 $y_f(t)=(3\mathrm{e}^{-t}-4\mathrm{e}^{-2t}+\mathrm{e}^{-3t})\varepsilon(t)$，求该系统的冲激响应和描述该系统的微分方程。

解答：

$$H(s)=\frac{Y_f(s)}{F(s)}=\frac{2(s+4)}{(s+2)(s+3)}$$

$$=\frac{4}{s+2}+\frac{-2}{s+3}$$

$$=\frac{2s+8}{s^2+5s+6}$$

对 $H(s)$ 求拉普拉斯反变换可得

$$h(t)=(4\mathrm{e}^{-2t}-2\mathrm{e}^{-3t})\varepsilon(t)$$

微分方程为

$$y''(t)+5y'(t)+6y(t)=2f'(t)+8f(t)$$

【例 4.4.13】 电路如图 4.19 所示，以电压源 $f(t)$作为激励，电容上的电压 $u_C(t)$作为响应，设 $u_C(0^-)=0$，完成下列问题：

(1) 求该系统的系统函数 $H(s)$，并画出系统的幅频特性和相频特性曲线；

(2) 若激励信号 $f(t)=\mathrm{e}^{-t}\cos t\cdot u(t)$，欲使系统自由响应为零，求元件值 R 与 C 间应满足的关系，并求出此时的响应 $v_c(t)$。

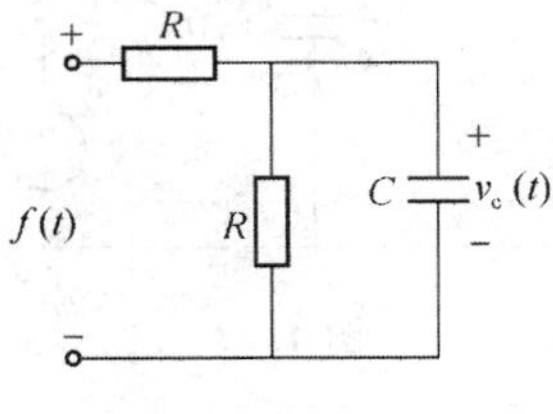

图 4.19

解答：(1) $H(s)=\dfrac{\dfrac{R}{RCs+1}}{R+\dfrac{R}{RCs+1}}=\dfrac{1}{RCs+2}$

幅频特性和相频特性曲线如图 4.20 所示。

(2) $f(t)=\mathrm{e}^{-t}\cos t\cdot u(t)\leftrightarrow F(s)=\dfrac{s+1}{(s+1)^2+1}$

因为自由响应为零，所以系统特征根为−1，即 $RC=2$。

所以 $H(s)=\dfrac{1}{2(s+1)}$

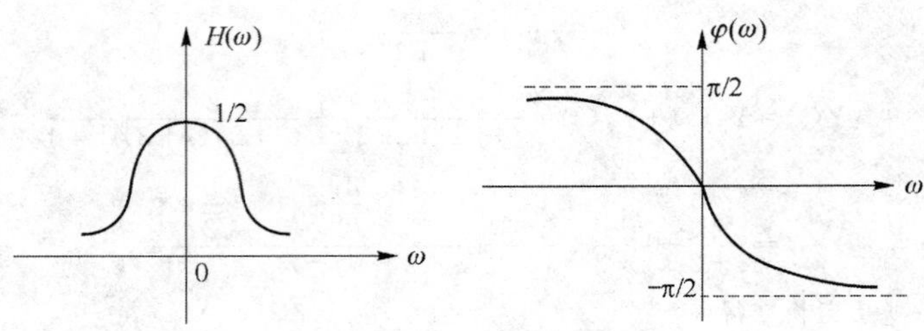

图 4.20

所以 $V_C(s)=F(s)H(s)=\dfrac{\frac{1}{2}}{(s+1)^2+1}$

所以 $v_c(t)=\dfrac{1}{2}e^{-t}\sin t\cdot u(t)$

【例 4.4.14】 如图 4.21 所示电路，在 $t=0$ 时刻换路，换路前电路已处于稳态，用复频域法求 $u_C(t)$。

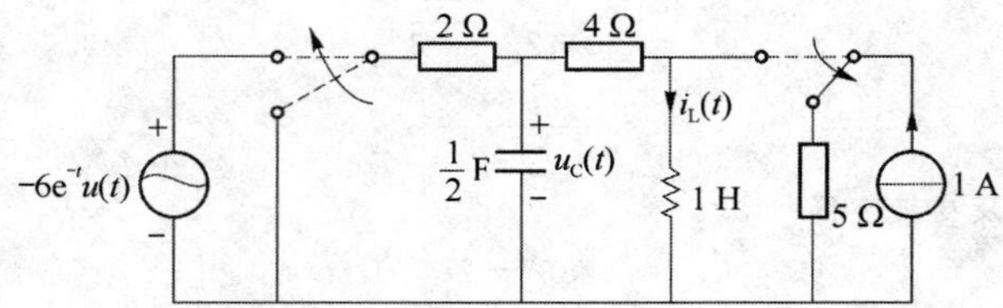

图 4.21

解答：换路前电路已处于稳态，可以求得

$$i_L(0^-)=1A,u_C(0^-)=0$$

换路后电路的 S 域模型如图 4.22 所示。

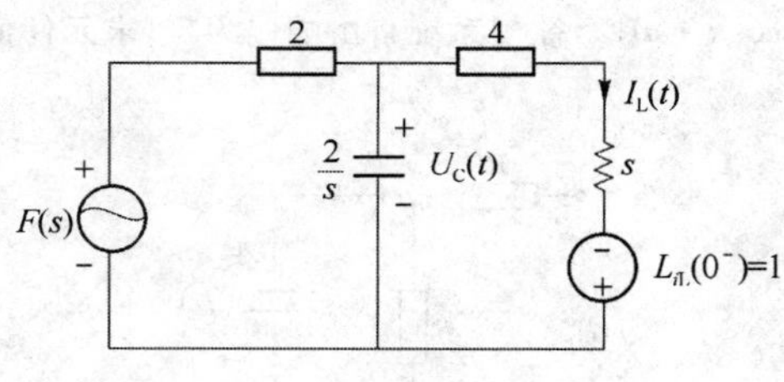

图 4.22

根据 KCL、KVL 定理，可以列写方程：

$$\begin{cases}4I_L(s)+sI_L(s)-1=U_C(s)\\2[I_L(s)+\frac{s}{2}U_C(s)]+U_C(s)=F(s)\end{cases}$$

输入

$$F(s)=-\frac{6}{s+1}$$

解得

$$U_C(s)=\frac{8s+26}{(s+1)(s+2)(s+3)}=-\frac{9}{s+1}+\frac{10}{s+2}-\frac{1}{s+3}$$

所以

$$U_C(t)=-9e^{-t}u(t)+10e^{-2t}u(t)-e^{-3t}u(t)$$

【例 4.4.15★】 （重庆大学考研真题）已知 LTI 因果系统的系统函数 $H(s)$（电压传输比）如图 4.23 所示，且知该系统冲激响应 $h(t)$ 的初始值 $h(0^+)=1$，求：

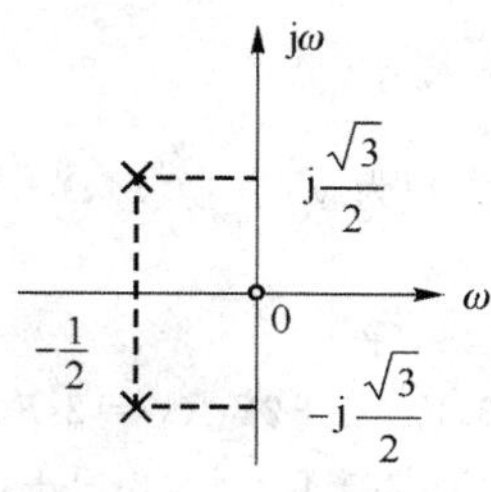

图 4.23

(1) 系统函数 $H(s)$；

(2) 如何用 R、L、C 实现；

(3) 冲激响应 $h(t)$。

解答:(1) 由零极点图得系统函数

$$H(s)=\frac{Ks}{\left(s+\frac{1}{2}-j\frac{\sqrt{3}}{2}\right)\left(s+\frac{1}{2}+j\frac{\sqrt{3}}{2}\right)}=\frac{Ks}{s^2+s+1}$$

又
$$h(0^+)=\lim_{s\to\infty}sF(s)=\lim_{s\to\infty}\frac{Ks^2}{s^2+s+1}=K=1$$

故可得系统函数为

$$H(s)=\frac{s}{s^2+s+1}$$

(2)

$$H(s)=\frac{Y(s)}{F(s)}=\frac{1}{s+s^{-1}+1}=\frac{R}{Ls+\frac{1}{Cs}+R}$$

用 R、L、C 实现电路如图 4.24 所示，并且 $R=1\ \Omega$，$L=1\ \text{H}$，$C=1\ \text{F}$。

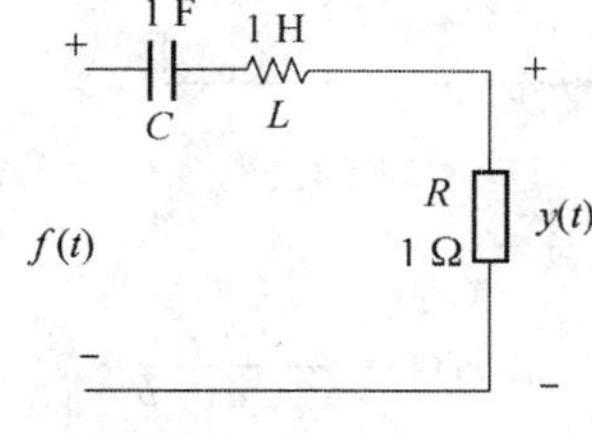

图 4.24

(3) 由前面分析可知

$$H(s)=\frac{s}{s^2+s+1}=\frac{s}{\left(s+\frac{1}{2}\right)^2+\left(\frac{\sqrt{3}}{2}\right)^2}$$

$$=\frac{s+\frac{1}{2}}{\left(s+\frac{1}{2}\right)^2+\left(\frac{\sqrt{3}}{2}\right)^2}-\frac{\sqrt{3}}{3}\cdot\frac{\frac{\sqrt{3}}{2}}{\left(s+\frac{1}{2}\right)^2+\left(\frac{\sqrt{3}}{2}\right)^2}$$

对其求拉普拉斯反变换可得

$$h(t)=e^{-\frac{1}{2}t}\cos\left(\frac{\sqrt{3}}{2}t\right)u(t)-\frac{\sqrt{3}}{3}e^{-\frac{1}{2}t}\sin\left(\frac{\sqrt{3}}{2}t\right)u(t)$$

题型 5　连续时间系统的表示和模拟

【例 4.5.1】 描述某连续系统的微分方程为 $y''(t)+3y'(t)+2y(t)=2f'(t)+f(t)$，画出该系统的直接形式的信号流图为________。

解答：设零状态，对方程取拉普拉斯变换，得

$$s^2Y_{zs}(s)+3sY_{zs}(s)+2Y_{zs}(s)=2sF(s)+F(s)$$

$$H(s)=\frac{2s+1}{s^2+3s+2}=\frac{2s^{-1}+s^{-2}}{1+3s^{-1}+2s^{-2}}$$

画出系统直接形式的信号流图如图 4.25 所示。

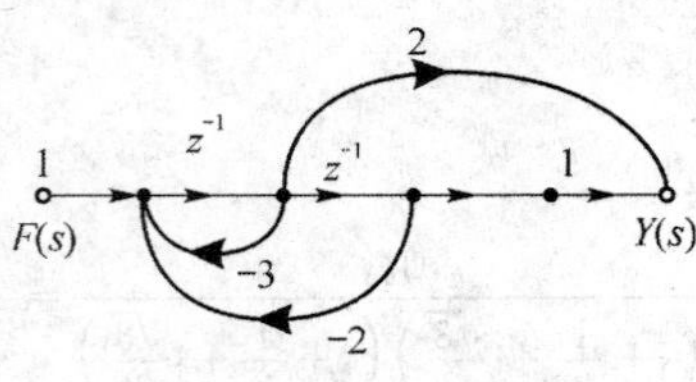

图 4.25

【例 4.5.2】 图 4.26 所示线性非时变系统，已知 $f(t)=U(t)$时，系统的全响应为：$y(t)=(1-\mathrm{e}^{-t}+3\mathrm{e}^{-3t})U(t)$。

(1) 求系统中的参数 a,b,c 的值；

(2) 求系统的零状态响应；

(3) 求系统的零输入响应 $y_x(t)$。

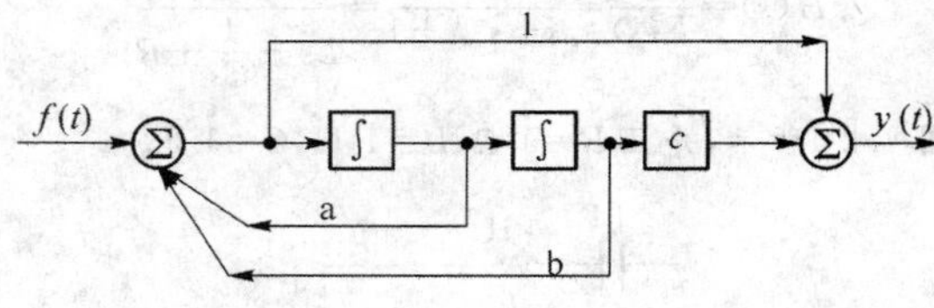

图 4.26

解答：(1)可直接写出系统函数为

$$H(s)=\frac{s^2+c}{s^2-as-b}$$

令分母 $s^2-as-b=0$，因已知系统的全响应为

$$y(t)=(1-\mathrm{e}^{-t}+3\mathrm{e}^{-3t})U(t)$$

故知系统的自然频率(即系统的特征根)为 $p_1=-1,p_2=-3$，故系统的特征方程为

$$(s+1)(s+3)=0$$

即
$$s^2+4s+3=0$$

故得
$$a=-4,b=-3$$

故
$$H(s)=\frac{s^2+c}{s^2+4s+3}$$

故得系统的微分方程为

$$y''(t)+4y'(t)+3y(t)=f''(t)+cf(t)$$

从系统的全响应 $y(t)=(1-\mathrm{e}^{-t}+3\mathrm{e}^{-3t})U(t)$可知，系统在 $f(t)=U(t)$的特解为 $y_p(y)=U(t)$。将 $f(t)=U(t)$和 $y_p(y)=U(t)$代入系统的微分方程，可求得 $c=-b=3$。

故

$$H(s)=\frac{s^2+3}{s^2+4s+3}$$

(2) 求系统的零状态响应 $y_f(t)$

$$F(s)=\frac{1}{s}$$

故
$$Y_f(t)=F(s)H(s)=\frac{1}{s}\times\frac{s^2+3}{s^2+4s+3}=\frac{s^2+3}{s(s+1)(s+3)}$$
$$=\frac{K_1}{s}+\frac{K_2}{s+1}+\frac{K_3}{s+3}=\frac{1}{s}+\frac{-2}{s+1}+\frac{2}{s+3}$$

故得
$$y_f(t)=(1-2\mathrm{e}^{-t}+2\mathrm{e}^{-3t})U(t)$$

(3) 系统的零输入响应为

$$y_x(t)=y(t)-y_f(t)=(\mathrm{e}^{-t}+\mathrm{e}^{-3t})U(t)$$

【例 4.5.3】 因果稳定 LTI 系统的频率响应为 $H(\mathrm{j}w)=\frac{\mathrm{j}w+4}{6+w^2+5\mathrm{j}w}$。

(1) 写出关联该系统的输入和输出的微分方程；

(2) 用最少数量的积分器，相加器和系数相乘器实现该系统；

解答:(1)将原式 $H(\mathrm{j}w)=\frac{\mathrm{j}w+4}{6+w^2+5\mathrm{j}w}$ 中的 $\mathrm{j}w$ 用 s 替换可得

$$H(s)=\frac{R(s)}{E(s)}=\frac{s+4}{6+s^2+5s}$$

即 $(6+s^2+5s)R(s)=(s+4)E(s)$

从而可得微分方程为

$$r''(t)+5r'(t)+6r(t)=e'(t)+4e(t)$$

(2) 由题可得系统的模拟框图 4.27 所示。

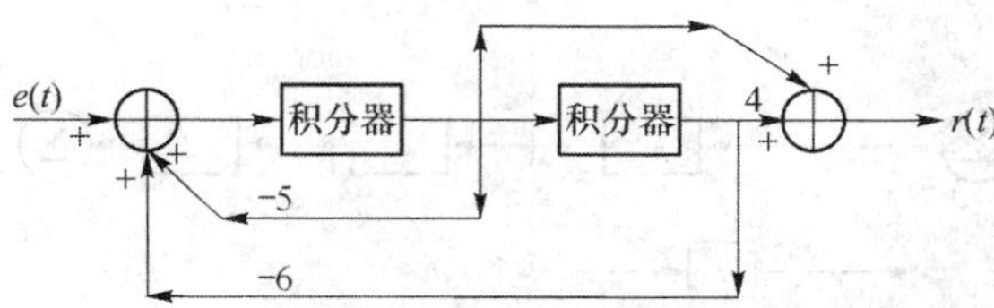

图 4.27

【例 4.5.4】 **(北京交通大学考研真题)**一线性时不变因果连续时间系统的微分方程描述为 $y''(t)+7y'(t)+10y(t)=2f'(t)+3f(t)$，已知 $f(t)=\mathrm{e}^{-t}u(t)$，$y(0^-)=1$，$y'(0^-)=1$，由 S 域求解：

(1) 零输入响应 $y_x(t)$，零状态响应 $y_f(t)$，完全响应 $y(t)$；

(2) 系统函数 $H(s)$，单位冲激响应 $h(t)$ 并判断系统是否稳定；

(3) 画出系统的直接型模拟框图。

解答：

(1)对微分方程的两边做单边拉普拉斯变换得

$$s^2Y(s)-sy(0^-)-y'(0^-)+7sY(s)-7y(0^-)+10Y(s)=(2s+3)F(s)$$

整理得

$$Y(s)=\frac{sy(0^-)+y'(0^-)+7y(0^-)}{s^2+7s+10}+\frac{2s+3}{s^2+7s+10}F(s)$$

零输入响应的 S 域表达式为

$$Y_x(s)=\frac{s+8}{s^2+7s+10}=\frac{2}{s+2}+\frac{-1}{s+5}$$

进行拉普拉斯反变换可得

$$y_x(t)=\mathscr{L}\{Y_x(s)\}=2\mathrm{e}^{-2t}-\mathrm{e}^{-5t},t\geqslant 0$$

零状态响应的S域表达式为

$$Y_f(s)=\frac{2s+3}{s^2+7s+10}F(s)=\frac{2s+3}{(s^2+7s+10)(s+1)}$$

$$=\frac{1/4}{s+1}+\frac{1/3}{s+2}+\frac{-12/7}{s+5}$$

进行拉普拉斯反变换可得

$$y_f(t)=\mathscr{L}^{-1}\{Y_f(s)\}=\left(\frac{1}{4}\mathrm{e}^{-t}+\frac{1}{3}\mathrm{e}^{-2t}-\frac{7}{12}\mathrm{e}^{-5t}\right)u(t)$$

完全响应为

$$y(t)=y_x(t)+y_f(t)=\frac{1}{4}\mathrm{e}^{-t}+\frac{7}{3}\mathrm{e}^{-2t}-\frac{19}{12}\mathrm{e}^{-5t},t\geqslant 0$$

(2) 根据系统函数的定义，可得

$$H(s)=\frac{Y_f(s)}{F(s)}=\frac{2s+3}{s^2+7s+10}=\frac{-1/3}{s+2}+\frac{7/3}{s+5}$$

进行拉普拉斯反变换可得

$$h(t)=\mathscr{L}^{-1}[H(s)]=\left(-\frac{1}{3}\mathrm{e}^{-2t}+\frac{7}{3}\mathrm{e}^{-5t}\right)u(t)$$

由于系统函数的极点为$-2,-5$，在左半s平面，故系统稳定。

(3) 将系统函数改写成

$$H(s)=\frac{2s^{-1}+3s^{-2}}{1+7s^{-1}+10s^{-2}}$$

由此可直接画出系统的直接型模拟框图，如图4.28所示。

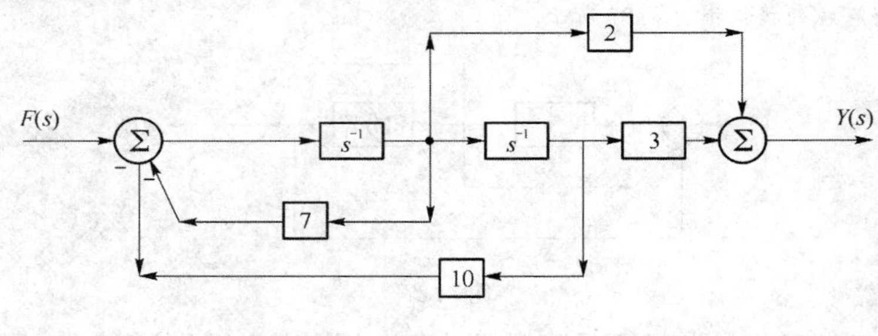

图 4.28

题型6　系统函数与系统特性

【例4.6.1】 某连续时间因果LTI系统由下列微分方程描述$y''(t)+5y'(t)+6y(t)=x''(t)-x'(t)-2x(t)$。

(1) 求该系统的系统函数$H(s)$，并指出其ROC，该系统是否稳定？

(2) 当系统的输入为$x(t)=u(t)$时，确定系统的响应$y(t)$；

(3) 该系统是否具有因果、稳定的逆系统，为什么？

(4) 画出该系统的直接2型结构框图。

解答：(1) $H(s)=\dfrac{s^2-s-2}{s^2+5s+6}=\dfrac{(s-2)(s+1)}{(s+2)(s+3)}$

因为系统是因果的，所以ROC为$\sigma>-2$，系统是稳定的。

(2) $y(t)=-\dfrac{1}{3}u(t)-2\mathrm{e}^{-2t}u(t)+\dfrac{10}{3}\mathrm{e}^{-3t}u(t)$

(3) 该系统没有因果稳定的逆系统。

(4) 系统的直接型结构如图 4.29 所示。

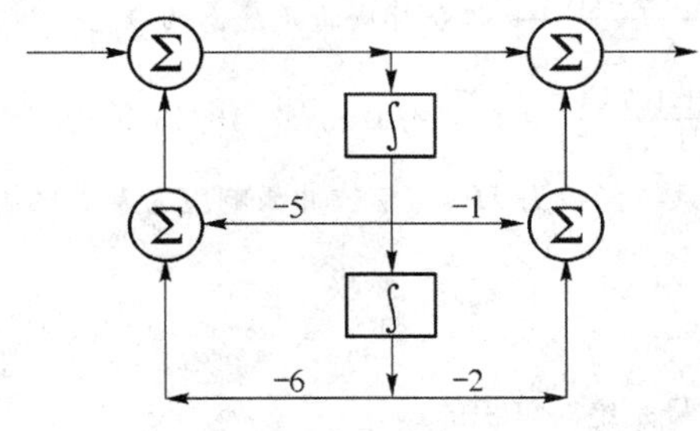

图 4.29

【例 4.6.2】 如图 4.30 所示试一反馈系统,试回答以下问题。

(1) 当 k 取何值时,系统稳定?

(2) 当 k 取何值时,系统临界稳定?并求出此时位于 $j\omega$ 轴上的极点;

(3) 当系统临界稳定时,若输入一信号 $e(t)=e^{-3t}\varepsilon(t)$,求稳态响应 $r_s(t)$。

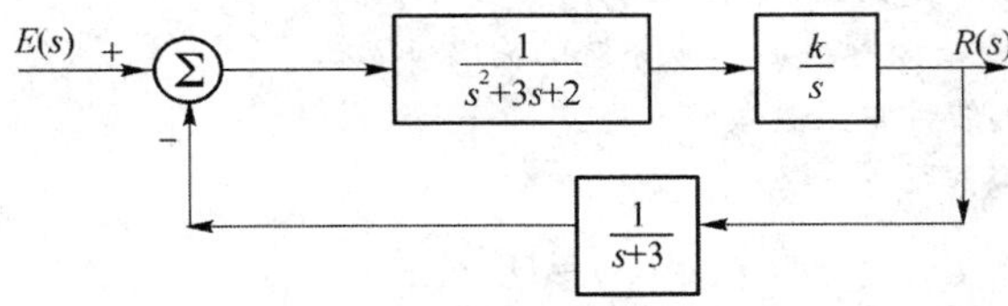

图 4.30

解答:(1) 由图可以写出

$$\left[E(s)-R(s)\cdot\frac{1}{s+3}\right]\cdot\frac{k}{s\,(s^2+3s+2)}=R(s)$$

从而有

$$H(s)=\frac{R(s)}{E(s)}=\frac{k\,(s+3)}{s^4+6s^3+11s^2+6s+k}$$

$$D(s)=s^4+6s^3+11s^2+6s+k$$

根据罗斯判据

$$\begin{array}{llll} s^4 & 1 & 11 & k \\ s^3 & 6 & 6 & 0 \end{array}$$

R-H 阵列为

$$\begin{array}{lll} s^2 & 10 & k \\ s^1 & 6-\frac{3}{5}k & 0 \\ s^0 & k & \end{array}$$

要使系统稳定,需 $\left.\begin{array}{l} k>0 \\ 6-\frac{3}{5}k>0 \end{array}\right\}\Rightarrow 0<k<10$

(2) 当 $k=10$ 时,系统临界稳定。

可由 $R-H$ 阵列第三行,令 $10s^2+10=0$,得到

位于 jw 轴上的极点为 $s_{1,2}=\pm j$。

(3) 当系统临界稳定时,$H(s)=\dfrac{k\,(s+3)}{s^4+6s^3+11s^2+6s+k}$,$E(s)=\dfrac{1}{s+3}$

则 $R(s)=H(s)\cdot E(s)=\dfrac{-20/39s+10/13}{s^2+1}+\dfrac{20/39s+30/13}{s^2+6s+10}$

由 $R(s)$ 可以看出，只有 $\dfrac{-20/39s+10/13}{s^2+1}$ 部分对应的是稳态响应。

所以 $r_s(t)=L^{-1}\left\{\dfrac{-20/39s+10/13}{s^2+1}\right\}=(-20/39\cos t+10/13\sin t)\varepsilon(t)$

【例 4.6.3】 假设关于一个系统函数为 $H(s)$，单位冲激响应为 $h(t)$ 的因果稳定的 LTI 系统，给出如下信息：

① $H(1)=\dfrac{1}{6}$；

② 当输入为 $u(t)$ 时，输出信号是绝对可积的；

③ 当输入为 $tu(t)$ 时，输出信号不是绝对可积的；

④ 信号 $\dfrac{d^2}{dt^2}h(t)+3\dfrac{d}{dt}h(t)+2h(t)$ 是有限持续期的；

⑤ $H(s)$ 在无穷远点只有一个零点。

(1) 试确定 $H(s)$，画出零极点图，并标明收敛域。

(2) 求出该系统的单位冲激响应 $h(t)$。

(3) 若输入为 $f(t)=e^{2t}$，$-\infty<t<\infty$，求系统的输出 $y(t)$。

(4) 写出表征该系统的线性常系数微分方程。

(5) 画出该系统的模拟框图。

解答：(1) 设
$$H(s)=H_0\cdot\frac{N(s)}{D(s)}$$

由④可知
$$D(s)=s^2+3s+2=(s+1)(s+2)$$

由①，③，⑤可知
$$N(s)=s$$

所以
$$H(s)=H_0\cdot\frac{N(s)}{D(s)}=H_0\cdot\frac{s}{(s+1)(s+2)}$$

又因为
$$H(1)=\frac{1}{6}$$

所以
$$H_0=1$$

因为
$$D(s)=s^2+3s+2=(s+1)(s+2)$$

由系统的因果稳定性可得 $H(s)$ 的收敛域为
$$\text{ROC}:\text{Re}\{s\}>-1$$

故
$$H(s)=\frac{s}{(s+1)(s+2)},\text{ROC}:\text{Re}\{s\}>-1$$

$H(s)$ 在 $s=0$ 处有一个一阶零点；在 $s=-1,-2$ 处分别有一个一阶极点。零极点图如图 4.31 所示。

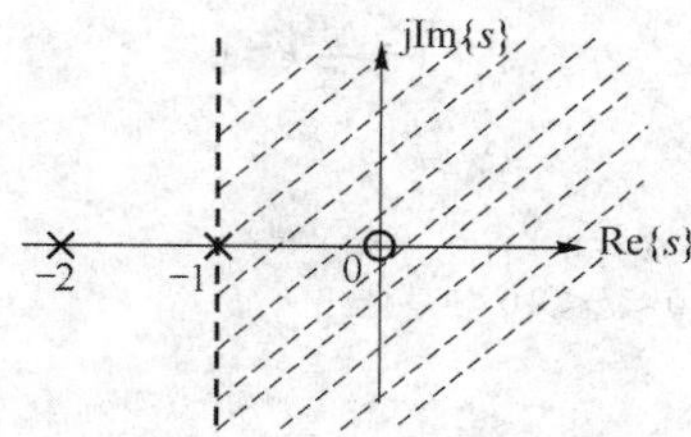

图 4.31

(2) 因为
$$H(s)=\frac{s}{(s+1)(s+2)}=\frac{2}{s+2}-\frac{1}{s+1};ROC:\text{Re}\{s\}>-1$$

所以 $$h(t)=(2e^{-2t}-e^{-t})u(t)$$

(3) 因为 $$y(t)=H(2)e^{2t} \quad H(2)=\frac{1}{6}$$

所以 $$y(t)=\frac{1}{6}e^{2t}, \quad -\infty<t<\infty$$

(4) 因为 $$H(s)=\frac{s}{(s+1)(s+2)}$$

所以 $$\frac{d^2}{dt^2}y(t)+3\frac{d}{dt}y(t)+2y(t)=\frac{d}{dt}f(t)$$

(5) 系统框图如图 4.32 所示。

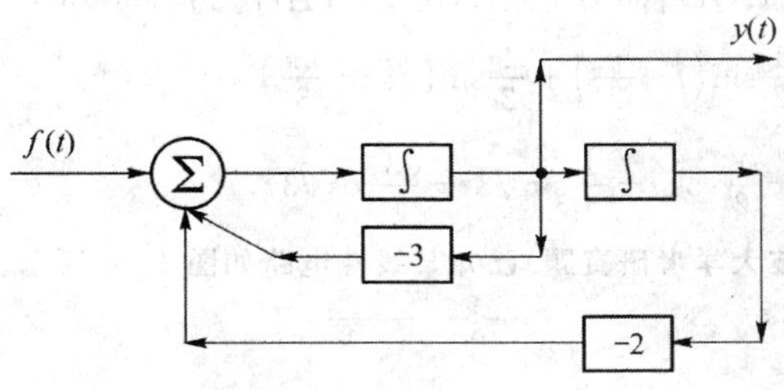

图 4.32

【例 4.6.4】 已知一个系统的电路如图 4.33 所示。

(1) 试求该系统函数;

(2) 要使该系统成为一个全通系统,电路中的参数应该满足什么条件?

(3) 假设 $R_1=R_2=R_3=1\ \Omega$,$C=1\text{F}$,激励信号 $f(t)=\sin t+\sin(\sqrt{3}t)$,求该系统的响应 $y(t)$。

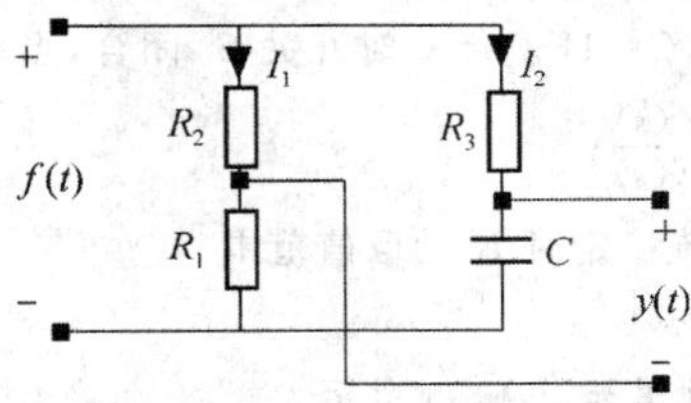

图 4.33

解答:(1)$Y(s)=-I_1(s)R_1+I_2(s)R_3=-\frac{F(s)}{R_1+R_2}R_1+\frac{F(s)}{R_3+\frac{1}{C_s}}R_3$

所以 $$H(s)=\frac{Y(s)}{F(s)}=\frac{-R_1}{R_1+R_2}+\frac{R_3}{R_3+\frac{1}{C_s}}=\frac{R_2R_3C_s-R_1}{(R_1+R_2)(1+R_3C_s)}$$

(2) 零点:$z_1=\frac{R_1}{R_2R_3C}$,极点:$p_1=-\frac{1}{R_3C}$

系统为全通系统,则零点和极点对于虚轴互为镜像,即$\frac{R_1}{R_2R_3C}=\frac{1}{R_3C}$,即 $R_1=R_2$。

(3) 将 $R_1=R_2=R_3=1$,$C=1$ 代入得

$$H(s)=\frac{s-1}{2(1+s)}$$

极点位于左平面,系统为稳定系统,故 $H(j\omega)=\frac{j\omega-1}{2(1+j\omega)}$

令 $\omega=1, H(\mathrm{j}1)=\dfrac{-1+\mathrm{j}1}{2(1+\mathrm{j}1)}$

$$|H(\mathrm{j}1)|=\frac{1}{2}, \angle H(\mathrm{j}1)=-2\arctan(1)=-\frac{\pi}{2}$$

令 $\omega=\sqrt{3}, H(\mathrm{j}\sqrt{3})=\dfrac{-1+\mathrm{j}\sqrt{3}}{2(1+\mathrm{j}\sqrt{3})}$

$$|H(\mathrm{j}\sqrt{3})|=\frac{1}{2}, \angle H(\mathrm{j}\sqrt{3})=-2\arctan(\sqrt{3})=-\frac{2\pi}{3}$$

所以，$f(t)=\sin t+\sin(\sqrt{3}t)$ 产生的响应为

$$\begin{aligned} y(t) &= |H(\mathrm{j}1)|\sin(t+\angle H(\mathrm{j}1))+|H(\mathrm{j}\sqrt{3})|\sin(\sqrt{3}t+\angle H(\mathrm{j}\sqrt{3})) \\ &= \frac{1}{2}\sin\left(t-\frac{\pi}{2}\right)+\frac{1}{2}\sin\left(\sqrt{3}t-\frac{2\pi}{3}\right) \\ &= -\frac{1}{2}\cos t-\frac{1}{4}\sin\sqrt{3}t-\frac{\sqrt{3}}{4}\cos\sqrt{3}t \end{aligned}$$

【例 4.6.5★】（华中科技大学考研真题）已知某线性电路如图 4.34 所示。

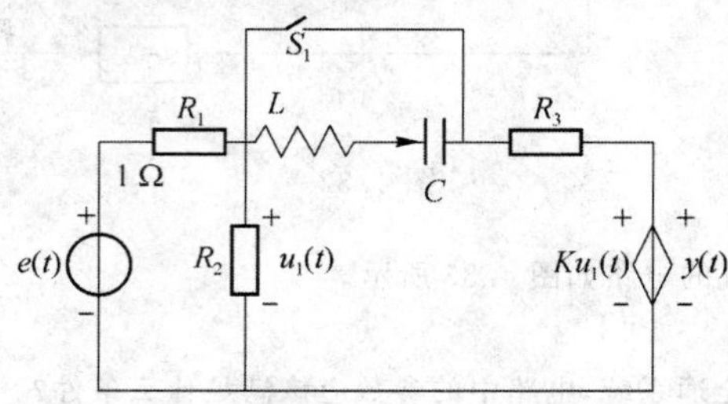

图 4.34

图中，$R_1=R_2=R_3=1\Omega, L=2\mathrm{H}, C=1\mathrm{F}$。$t<0$ 时开关 S_1 闭合，当 $t=0$ 时开关 S_1 打开。试求：

(1) $t>0$ 时的系统函数 $H(s)=\dfrac{Y(s)}{E(s)}$；

(2) 用“罗斯-霍维茨”法判断系统稳定时 K 的取值范围。

解答：

(1) 求系统函数 $H(s)$。S 域等效图如图 4.35 所示。

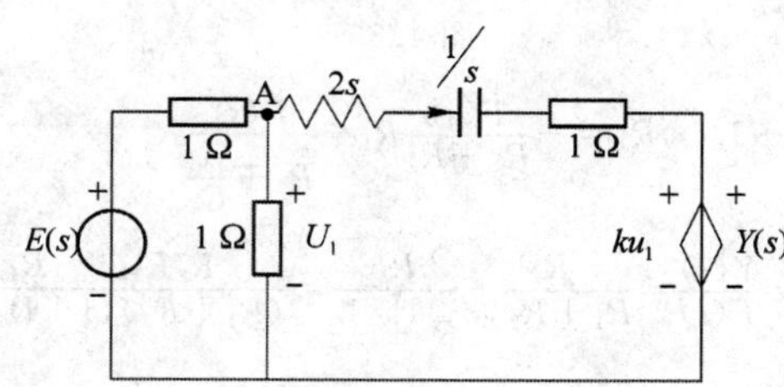

图 4.35

结点 A 电流方程：
$$\frac{E(s)}{1}=\frac{U_1}{1}+\frac{U_1-kU_1}{1+2s+\dfrac{1}{s}} \qquad ①$$

又 $Y(s)=kU_1$，所以 $U_1=\dfrac{Y(s)}{k}$ 代入式①可得：

$$\frac{E(s)}{1}=\frac{Y(s)}{k}+\frac{(1-k)Y(s)}{k(1+2s+1/s)}$$

$$=\frac{1+2s+1/s+1-k}{k(1+2s+1/s)}Y(s)$$

所以
$$H(s)=\frac{Y(s)}{E(s)}=\frac{k(2s^2+s+1)}{1+2s^2+(2-k)s}$$

(2) $H(s)=\frac{N(s)}{D(s)}$，求系统稳定时K的取值范围。

$$D(s)=1+2s^2+(2-k)s$$

R-H 阵列

s^2	2	1	
s	$2-k$	0	从 $R-H$ 阵列看 $2-k>0$
s^0	1	0	

所以 $k<2$ 时，系统是稳定的。

【例 4.6.6】 已知连续时间系统的框图如图 4.36 所示，试分析反馈系数 β 对系统稳定性的影响。

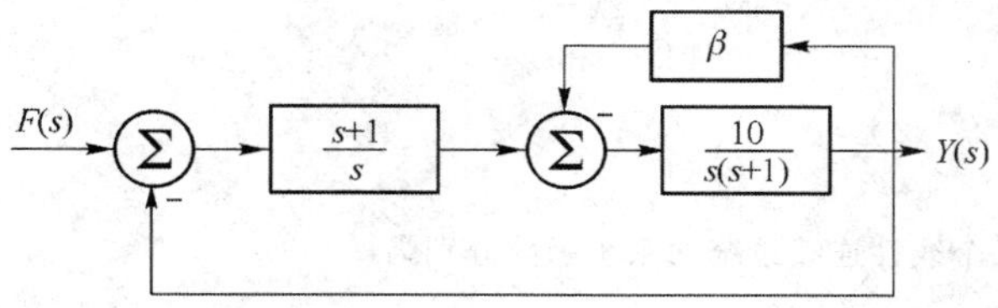

图 4.36

解答：记 $H_1(s)=\frac{s+1}{s}$，$H_2(s)=\frac{10}{s(s+1)}$

根据系统框图可以列出以下方程

$$\frac{Y(s)}{H_2(s)}=-\beta Y(s)+[F(s)-Y(s)]H_1(s)$$

解之可得

$$Y(s)=\frac{10(s+1)}{s^3+s^2+10(\beta+1)s+10}F(s)$$

从而可得系统函数为

$$H(s)=\frac{10(s+1)}{s^3+s^2+10(\beta+1)s+10}$$

劳斯-霍尔维茨阵列如下

1	$10(\beta+1)$
1	10
10β	0
0	0

根据劳斯-霍尔维茨准则可知

$\beta>0$ 时，系统稳定；

$\beta=0$ 时，系统临界稳定；

$\beta<0$ 时，系统不稳定。

【例 4.6.7】 如图 4.37 所示线性时不变系统，$H_1(s)=\frac{k(s+2)}{(s+1)(s-2)}$，求K为何值，系统稳定。

解答：由题图可得

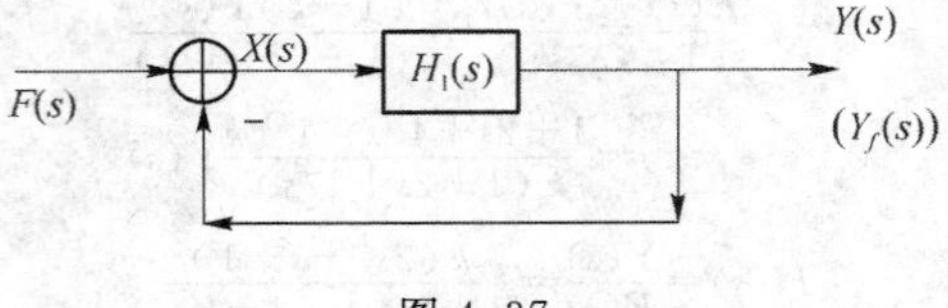

图 4.37

$$X(s)=F(s)-Y_f(s)$$

$$Y_f(s)=X(s)H_1(s)=[F(s)-Y_f(s)]H_1(s)$$

$$Y_f(s)=\frac{H_1(s)}{1+H_1(s)}F(s)$$

$$H(s)=\frac{H_1(s)}{1+H_1(s)}=\frac{k(s+2)}{s^2+(k-1)s+(2k-2)}$$

罗斯阵列：$n+1=3$

$$\begin{matrix} 1 & 2k-2 \\ k-1 & 0 \\ 2k-2 & 0 \\ 0 & 0 \end{matrix}$$

当 $(k-1)>0$ 时，$(2k-2)>0$

即当 $k>1$，系统稳定。

【例 4.6.8】 已知三个线性连续系统的系统函数分别为

$$H_1(s)=\frac{s+2}{s^4+2s^3+3s^2+5}$$

$$H_2(s)=\frac{2s+1}{s^5+3s^4-2s^3-3s^2+2s+1}$$

$$H_3(s)=\frac{s+1}{s^3+2s^2+3s+2}$$

试判断三个系统是否为稳定系统。

解答：$H_1(s)$的分母多项式的系数 $a_1=0$，$H_2(s)$分母多项式的符号不完全相同，所以 $H_1(s)$和 $H_2(s)$对应的系统为不稳定系统。$H_3(s)$的分母多项式无缺项且系数全为正值，因此，进一步用 R-H 准则判断。$H_3(s)$的分母为

$$A_3(s)=s^3+2s^2+3s+2$$

$A_3(s)$的系数组成的罗斯阵列的行数为 $n+1=4$，罗斯阵列为

$$\begin{matrix} 1 & 3 \\ 2 & 2 \\ c_2 & c_0 \\ d_2 & d_0 \end{matrix}$$

根据罗斯判据，得

$$c_2=\frac{-1}{2}\begin{vmatrix} 1 & 3 \\ 2 & 2 \end{vmatrix}=2;c_0=\frac{-1}{2}\begin{vmatrix} 1 & 0 \\ 2 & 0 \end{vmatrix}=0$$

$$d_2=\frac{-1}{2}\begin{vmatrix} 2 & 2 \\ 2 & 0 \end{vmatrix}=2;d_0=\frac{-1}{2}\begin{vmatrix} 2 & 0 \\ 0 & 0 \end{vmatrix}=0$$

因为 $A_3(s)$系数的罗斯阵列第一列元素全大于零，所以根据 R-H 准则，$H_3(s)$对应的系统为稳定系统。

第5章

离散时间系统的时域分析

【基本知识点】离散时间信号的定义和图形表示；卷积和的定义、性质和计算方法；LTI离散系统的差分方程、算子方程描述和模拟框图、信号流图表示；传输算子 $H(E)$ 和单位响应 $h(k)$ 的意义及应用；离散系统零输入响应、零状态响应和全响应的计算方法；离散系统响应的经典法计算。

【重点】离散系统的输入/输出描述(包括差分方程和算子方程描述以及根图与信号流图表示)；离散信号的卷积和运算；传输算子 $H(E)$ 和单位响应 $h(k)$ 的计算以及离散系统响应的时域解法，包括系统解法和经典解法。

【难点】LTI 离散系统单位响应的确定与计算；系统零状态响应的计算(包括数学工具卷积和正确运用)。

5.1 答疑解惑

5.1.1 什么是离散时间信号？

自变量(宗量)为离散点的信号(函数)，称为离散时间信号(函数)，记为 $f(n)$，$n\in Z$。它可以是连续时间信号经过抽样得来的信号，也可以是与连续信号无关的信号。

5.1.2 离散时间信号的表示方法有哪些？

1. 解析式

如：

$$f_1(n)=2(-1)^n、(n=0,\pm1,\pm2\cdots)$$

$$f_2(n)=n\left(\frac{1}{2}\right)^n、(n=0,1,2\cdots)$$

2. 序列形式

如：

$$f_1(n)=\{\cdots,\ 2,\ \underset{\uparrow}{-2},\ 2,\ -2,\ 2\ \cdots\}$$

$$f_2(n)=\left\{\underset{\uparrow}{0},\ \frac{1}{2},\ \frac{1}{2},\ \frac{3}{8},\ \frac{1}{4},\ \frac{5}{32}\ \cdots\right\}$$

3. 图形形式

在S平面上，满足上式的σ值的取值范围称为$F(s)$的收敛域，如图5.1所示。

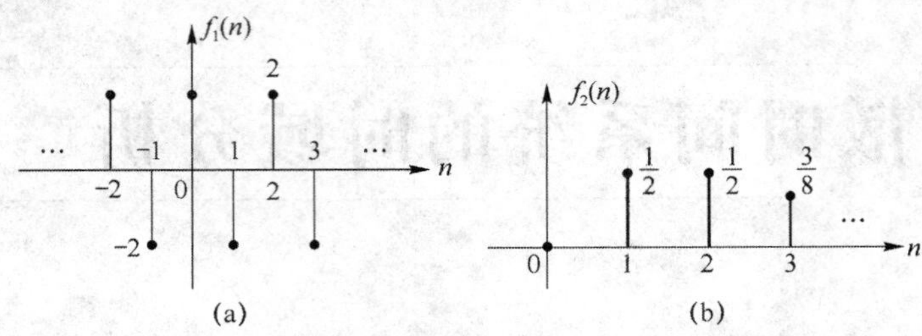

图 5.1

5.1.3 离散信号的基本运算有哪些?

1. 离散信号的和、差、积

将两离散信号序号相同的样值相加、相减、相乘而构成一个新的离散信号(序列)。

2. 离散信号的反褶

将$f(n)$的图形以纵轴为对称轴翻转180°，得到$f(-n)$。

3. 移序

将$f(n)$在时域平面内的图形沿n轴向前(左)或向后(右)移动，这时信号各样值的序号都将增加或减少某个值。

4. 离散时间信号的等量

离散时间信号$f(n)$的能量定义为

$$E=\sum_{n=-\infty}^{\infty}|f(n)|^2$$

5.1.4 离散信号的分解如何表示?

$$x(m)\delta(n-m)=\begin{cases}x(n), & m=n\\ 0, & m\neq n\end{cases}$$

$$x(n)=\sum_{m=-\infty}^{\infty}x(m)\delta(n-m)\stackrel{\Delta}{=}x(n)*\delta(n)$$

5.1.5 什么是线性非时变离散时间系统?

1. 线性

若$f_1(n)\to y_1(n)$，$f_2(n)\to y_2(n)$

则$c_1f_1(n)+c_2f_2(n)\to c_1y_1(n)+c_2y_2(n)$

2. 非移变

若$f_1(n)\to y_1(n)$

则 $f_1(k-i) \to y_1(k-i)$

3. 线性非移变系统

若 $f_1(n) \to y_1(n), f_2(n) \to y_2(n)$

则 $c_1 f_1(k-i) + c_2 f_2(k-j) \to c_1 y_1(k-i) + c_2 y_2(k-j)$

5.1.6 离散时间系统的数学模型——差分方程如何表示？

1. 差分运算

$$\frac{\mathrm{d}f(t)}{\mathrm{d}t} = \lim_{\Delta t \to 0} \frac{\Delta f(t)}{\Delta t} = \lim_{\Delta t \to 0} \frac{\Delta f(t+\Delta t) - f(t)}{\Delta t} = \lim_{\Delta t \to 0} \frac{f(t) - f(t-\Delta t)}{\Delta t}$$

离散时间信号的变化率有两种表示：

$$\frac{\Delta f(n)}{\Delta n} = \frac{f(n+1) - f(n)}{(n+1) - n}$$

$$\frac{\Delta f(n)}{\Delta n} = \frac{f(n) - f(n-1)}{n - (n-1)}$$

因此，可定义：

一阶前向差分定义：$\Delta f(n) = f(n+1) - f(n)$

一阶后向差分定义：$\nabla f(n) = f(n) - f(n-1)$

差分的线性性质：

$$\nabla [a f_1(n) + b f_2(k)] = a \nabla f_1(n) + b \nabla f_2(n)$$

二阶差分定义：

$$\nabla^2 f(n) = \nabla [\nabla f(n)] = \nabla [f(n) - f(n-1)] = \nabla f(n) - \nabla f(n-1)$$

M 阶差分：

$$\nabla^m f(k) = f(n) + b_1 f(n-1) + \cdots + b_m f(n-m)$$

2. 差分方程

包含未知序列 $y(n)$ 及其各阶差分的方程式称为差分方程。将差分展开为移位序列，得一般形式：

$$y(n) + a_{n-1} y(n-1) + \cdots + a_0 y(n-k) = b_m f(n) + \cdots + b_0 f(n-m)$$

差分方程的阶数：差分方程中未知函数中变量的最高和最低序号的差数。

注意：差分方程是处理离散变量的函数关系的一种数学工具，但离散变量并不局限于时间变量。

3. 差分方程的算子形式

令 E^{-1} 表示延迟算子，E 表示超前算子，即

$$E^{-1} f(k) = f(k-1), E^{-2} f(k) = f(k-2), \cdots$$

$$E f(k) = f(k+1), E^2 f(k) = f(k+2), \cdots$$

则差分方程

$$y(n) + a_{n-1} y(n-1) + \cdots + a_0 y(n-k) = b_m f(n) + \cdots + b_0 f(n-m)$$

表示成算子形式，可得

$$y(n) + a_{n-1} E^{-1} y(n) + \cdots + a_0 E^{-n} y(n) = b_m f(n) + b_{m-1} E^{-1} f(n) + \cdots + b_0 E^{-m} f(n)$$

也可写成

$$y(n)=\frac{b_m+b_{m-1}E^{-1}+b_{m-2}E^{-2}+\cdots+b_0E^{-m}}{1+a_{n-1}E^{n-1}+\cdots+a_0E^{-n}}f(n)=H(E)f(n)$$

式中，$H(E)$称为系统的传输算子，其表达式为

$$H(E)=\frac{b_m+b_{m-1}E^{-1}+b_{m-2}E^{-2}+\cdots+b_0E^{-m}}{1+a_{n-1}E^{n-1}+\cdots+a_0E^{-n}}$$

注意：E的正幂多项式可以相乘，也可以进行因式分解；差分算子方程两边的公因子或$H(E)$的公因子不能随意消去。

5.1.7 差分方程如何求解？

差分方程的求解方法和微分方程的求解方法一样，有多种解法，包括迭代法、经典法、零输入/零状态法、以及Z变换法。其中前三种方法都是时域法，本节将会分别介绍，Z变换法属于变换域法，将在下一章进行介绍。

5.1.8 什么是迭代法？

以初始值为起点，根据差分方程的表达式逐步顺次求解各点的值。

注意：迭代法不能得到差分方程的闭式解。

5.1.9 什么是经典法？

与微分方程类似，我们可以将差分方程的解分解为齐次解和特解，分别进行求解。

1. 齐次解

齐次方程

$$y(n)+a_1y(n-1)+\cdots+a_Ny(n-N)=0$$

令齐次方程的齐次解的形式为

$$y(n)=C\lambda^n$$

则 $\lambda^n+a_1\lambda^{n-1}+\cdots+a_{N-1}\lambda+a_N=0$ 为特征方程

其解 $\lambda_1,\lambda_2,\cdots,\lambda_N$ 为特征根

若 $\lambda_1,\lambda_2,\cdots,\lambda_N$ 均为单根，则齐次解的形式为

$$y_h(n)=[C_1\lambda_1^n+C_2\lambda_2^n+\cdots+C_N\lambda_N^2]u(n)$$

若 $\lambda_1=\lambda_2=\cdots=\lambda_k,\lambda_{k+1},\cdots,\lambda_N$ 为单根，则齐次解形式为

$$y_h(n)=[(C_1+C_2n+\cdots+C_kn^{k-1})\lambda_1^n+C_{k+1}\lambda_{k+1}^n+\cdots+C_N\lambda_N^2]u(n)$$

2. 特解

特解的形式与激励的形式相同。

(1) 激励 $f(n)=n^m(m\geqslant 0)$

当所有特征根均不等于1时，特解为

$$y_p(n)=A_mn^m+A_{m-1}n^{m-1}+\cdots+A_1n+A_0$$

当有k重等于1的特征根时，特解为

$$y_p(n)=n^k[A_mn^m+A_{m-1}n^{m-1}+\cdots+A_1n+A_0]$$

(2) 激励 $f(n)=a^n$

当a不等于特征根时，特解为

$$y_p(n)=Aa^n$$

当 a 是 k 重特征根时，特解为

$$y_p(n)=[A_kn^k+A_{k-1}n^{k-1}+\cdots+A_1n+A_0]a^n$$

(3) 激励 $f(n)=\cos(\beta n)$ 或 $\sin(\beta n)$，且所有的特征根均不等于 $e^{\pm j\beta}$ 时，特解为

$$y_p(n)=A\cos(\beta n)+C\sin(\beta n)$$

其中齐次解与特解的系数可以由初始条件来确定。

全解等于齐次解加特解，即

$$y(n)=y_h(n)+y_p(n)$$

5.1.10 什么是零输入/零状态响应法？

与微分方程的解一样，差分方程的解也可以分解为零输入响应和零状态响应。

1. 零输入响应

和经典解类似，设 λ_1 为 k 重特征根，其余特征根 λ_j 为单实根，则系统的零输入解的形式为

$$y_{zi}(n)=\sum_{i=1}^{k}c_{zi\,i}n^{k-i}\lambda_1^n+\sum_{j=k+1}^{N}c_{zi\,j}\lambda_j^n$$

式中，待定系数 $c_{zi\,i}$，$c_{zi\,j}$ 是系统的初始条件决定的。

2. 零状态响应

零状态响应是非齐次方程解，它一般应包括齐次解和特解两部分，可表示为

$$y_{zs}(n)=\sum_{i=1}^{k}c_{zs\,i}n^{k-i}\lambda_1^n+\sum_{j=k+1}^{N}c_{zs\,j}\lambda_j^n+y_p(n)$$

式中，$c_{zs\,i}$ 与 $c_{zs\,j}$ 为待定系数，它们是令初始值为零代入上式求得的。

系统的全响应可以表示为

$$y(n)=y_{zi}(n)+y_{zs}(n)$$

5.1.11 什么是单位函数响应 $h(n)$？

单位函数响应 $h(n)$ 的求解等价于输入为 $\delta(n)$ 的零状态响应的求解。

注意：离散线性时不变系统是因果系统的充要条件是 $h(n)=0\,(n<0)$。

5.1.12 什么是离散卷积？

$$y(n)=h(n)*x(n)=\sum_{m=-\infty}^{\infty}x(m)h(n-m)$$

$$h(n)=h(n)*\delta(n)$$

5.1.13 离散卷积的性质有哪些？

(1) 交换律：　$y(n)=h(n)*x(n)=x(n)*h(n)$

(2) 结合律：　$h_1(n)*[h_2(n)*x(n)]=[h_1(n)*h_2(n)]*x(n)$

(3) 分配率：　$[h_1(n)+h_2(n)]*x(n)=h_1(n)*x(n)+h_2(n)*x(n)$

(4) $\delta(n)$ 的卷积：　$\delta(n)*x(n)=x(n)$，$x(n)*\delta(n-n_0)=x(n-n_0)$

(5) 卷积的差分：$\nabla[f_1(n)*f_2(n)]=\nabla f_1(n)*f_2(n)=f_1(n)*\nabla f_2(n)$

5.1.14　离散卷积如何计算？

(1) 公式法：利用卷积的定义式进行计算。

(2) 图解法：利用序列的波形进行移位、相乘、求和等计算。

(3) 表格法：对于有限时宽序列，可以利用表格法进行计算。

(4) 变换域法：利用离散时间傅里叶变换（或 Z 变换），把时间域的卷积变换为频率域的乘积。计算后再反变换到时间域。

5.2 典型题解

题型 1　离散信号与系统基本概念

【例 5.1.1】 已知 $x_4(n)$ 如图 5.2(a)所示，画出 $x_4(2-2n)$ 序列的波形。

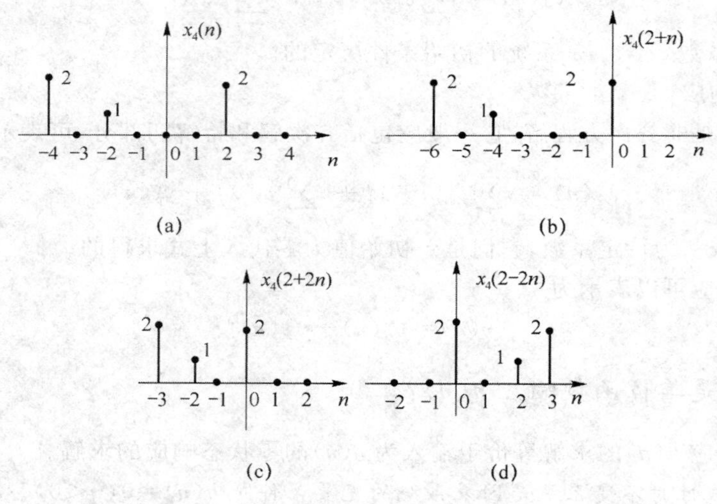

图 5.2

解答：对 $x_4(n)$ 左移 2 得 $x_4(2+n)$，如图 5.2(b)所示；再对 $x_4(2+n)$ 进行尺度变换得 $x_4(2+2n)$，如图 5.2(c)所示；最后对 $x_4(2+2n)$ 反转得 $x_4(2-2n)$，波形如图 5.2(d)所示。

【例 5.1.2】 序列和 $\sum_{n=-\infty}^{k}u[n]$ 等于（　　）。

(A) 1　　(B) $\delta[k]$　　(C) $ku[k]$　　(D) $(k+1)u[k]$

解答：由于 $\sum_{n=-\infty}^{k}u[n]=\begin{cases}k+1, k\geqslant 0\\ 0, k<0\end{cases}=(k+1)u[k]$

故答案为 D。

【例 5.1.3】 选择题。

(1) 下列信号中哪些不是周期的：　　（　　）

(A) $\cos\left(\frac{n\pi}{2}\right)\cdot\cos\left(\frac{n\pi}{4}\right)$　　(B) $\cos\left(\frac{n}{8}-\pi\right)$

(C) $\sin\left(\frac{6\pi}{7}+1\right)$　　(D) $\cos\left(\frac{n^2\pi}{8}\right)$

(2) 设 $x(n)=0$，$n<-2$ 和 $n>4$，试确定下列信号为零的 n 值。

① $x(n-3)$

(A) $n=3$　　(B) $n<7$　　(C) $n>7$　　(D) $n<1$ 且 $n>7$

② $x(-n-2)$

(A) $n>0$　　(B) $n>0$ 和 $n<-6$

(C) $n=-2$ 或 $n>0$　　(D) $n=-2$

③ 一个 LTI 系统输入 $x(n)=a^n u(n)$，单位样值响应 $h(n)=u(n)$ 则 $h(n)*u(n)$ 的结果是：

(A) $\frac{(1-a^n)u(n)}{1-a}$　　(B) $\frac{(1-a^{n+1})u(n)}{1-a}$

(C) $\frac{1-a^n}{1-a}$　　(D) $\frac{1-a^{n+1}}{1-a}$

解答：(1) 选(B)。因为对于(B)，由 $\frac{n}{8}=2\pi$，得 $n=16\pi$，不是有理数。

(C)$\sin(\frac{6\pi}{7}+1)$是常数，当然属于周期信号。

(D)设其周期为 m，则有：$(m+n)^2\ \frac{\pi}{8}=2k\pi+\frac{n^2}{8}\pi(k=0,1,2,3,\dots)\Rightarrow m^2+2mn=16k$，取周期 $m=8$ 即可满足，是周期信号。

(2) ①选(D)。令 $m=n-3$ 将各选项代入，若得 $m\cap[-2,4]=\varnothing$，则 $x(m)$ 为 0。

② 选(B)。令 $m=-n-2$，依照(1)方法进行判断。

③ 选(B)。利用卷积和公式 $a^n u(n)*u(n)=\frac{1-a^{n+1}}{1-a}u(n)$。

【例 5.1.4】 连续时间信号 $f(t)=\sin t$ 的周期 $T_0=$________，若对 $f(t)$ 以 $f_s=1$ Hz 进行抽样，所得离散序列 $f[k]=$________，该离散序列是否是周期序列________.

解答：连续时间信号 $f(t)=\sin t$ 的基本周期为 $T_0=\frac{2\pi}{\omega_0}=2\pi$，若对 $f(t)$ 以 $f_s=1$ Hz 进行抽样，所得离散序列 $f[k]=f(t)|_{t=kT}=\sin k$。由于离散序列 $f[k]=\sin k$ 的角频率 $\Omega_0=1$，$\frac{\Omega_0}{2\pi}=\frac{1}{2\pi}$ 不是有理数，故该序列不是周期序列。

题型 2　离散时间系统的描述和模拟

【例 5.2.1】 一质点沿水平方向作直线运动，其在某一秒内所走过的距离等于前一秒所走过距离的 2 倍，试列出该质点行程的方程式。

解答：设 k 秒末，质点的位移为 $y(k)$

某一秒：第 $(k+1)$ 秒→第 $(k+2)$ 秒位移 $[y(k+2)-y(k+1)]$

前一秒：第 k 秒→第 $(k+1)$ 秒位移 $[y(k+1)-y(k)]$

依题意：$[y(k+2)-y(k+1)]=2[y(k+1)-y(k)]$

即　$y(k+2)-3y(k+1)+2y(k)=0$

【例 5.2.2】 如图 5.3 所示电阻梯形网络，其中每一串臂电阻都为 R，每一并臂电阻值都为 aR，a 为某一正实数。每个结点对地的电压为 $u(k)$，$k=1,2,3,\cdots,n$。已知两边界结点电压为 $u(0)=E$，$u(0)=0$。试写出求第 k 个结点电压的差分方程式。

解答：为了写出此系统的差分方程，画出系统中第 $k+1$ 个结点。对于任一结点 $k+1$，运用 KCL 不难写出

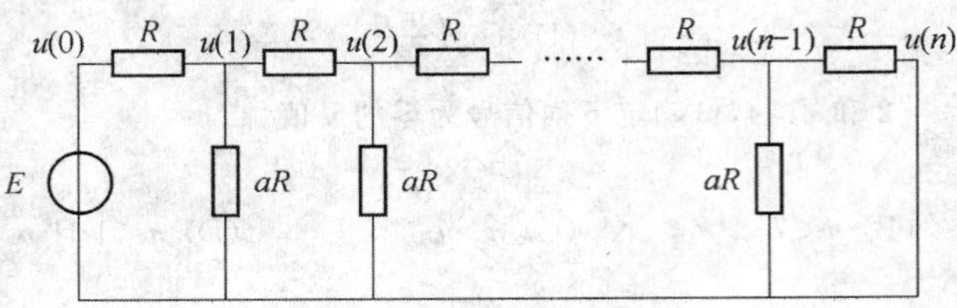

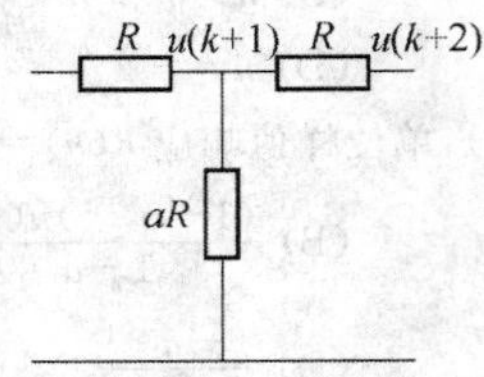

图 5.3

$$\frac{u(k+1)}{aR}=\frac{u(k)-u(k+1)}{R}+\frac{u(k+2)-u(k+1)}{R}$$

再经整理即得该系统的差分方程 $u(k+2)-\frac{2a+1}{a}u(k+1)+u(k)=0$

再利用 $u(0)=E,u(n)=0$ 两个边界条件，即可求得 $u(k)$。

【例 5.2.3】 选择题，用下列差分方程描述的系统为线性系统的是(　　)。

(A) $y(k)+y(k-1)=2f(k)+3$

(B) $y(k)+y(k-1)y(k-2)=2f(k)$

(C) $y(k)+ky(k-2)=f(1-k)+2f(k-1)$

(D) $y(k)+2y(k-1)=2|f(k)|$

解答：选(C)

(A) 方程右边出现常数 3。

(B) 出现 $y(k-1)y(k-2)$ 项。

(D) 出现 $|f(k)|$ 这些都是非线性关系。

【例 5.2.4】 如图 5.4 所示 LTI 离散系统，写出系统的差分算子方程，和传输算子 $H(E)$。

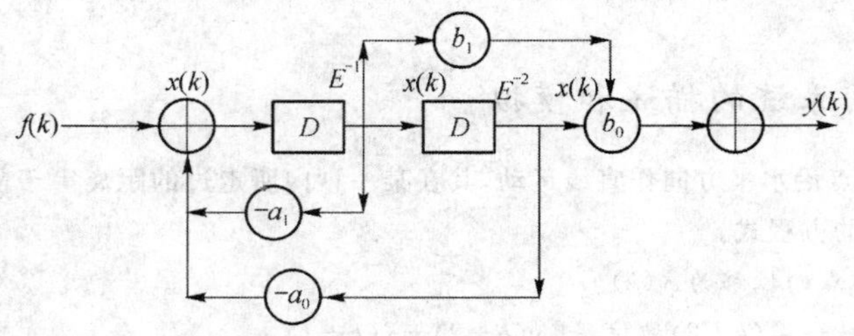

图 5.4

解答：由系统框图得：

$$x(k)=-a_1E^{-1}x(k)-a_0E^{-2}x(k)+f(k)$$

$$(1+a_1E^{-1}x(k)+a_0E^{-2})x(k)=f(k)$$

故得

$$x(k)=\frac{1}{(1+a_1E^{-1}x(k)+a_0E^{-2})}f(k)$$

$$y(k)=b_1E^{-1}x(k)+b_0E^{-2}x(k)=(b_1E^{-1}+b_0E^{-2})x(k)$$

$$=\frac{(b_1E^{-1}+b_0E^{-2})}{(1+a_1E^{-1}x(k)+a_0E^{-2})}f(k)$$

传输算子 $$H(E)=\frac{b_1E^{-1}+b_0E^{-2}}{1+a_1E^{-1}x(k)+a_0E^{-2}}=\frac{b_1E+b_0}{E^2+a_1E+a_0}$$

差分方程 $$y(k)+a_1y(k-1)+a_0y(k-2)=b_1f(k-1)+b_0f(k-2)$$

或 $$y(k+2)+a_1y(k+1)+a_0y(k)=b_1f(k+1)+b_0f(k)$$

【例 5.2.5】 如图 5.5 所示框图的离散系统差分方程为(　　)。

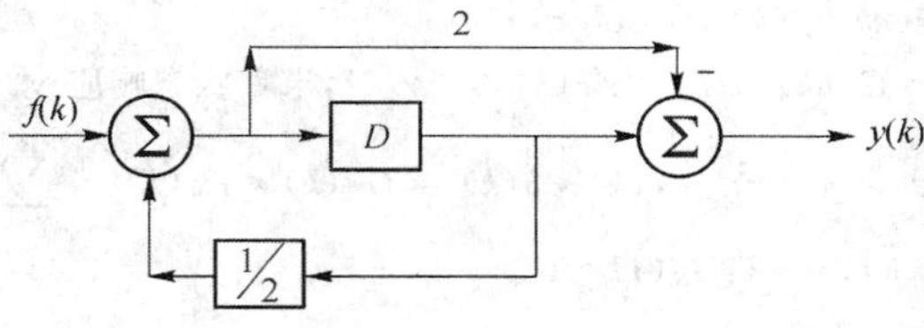

图 5.5

解答:$y(k)-\frac{1}{2}y(k-1)=-2f(k)+f(k-1)$

题型 3　差分方程的求解

【例 5.3.1】 已知 $y_{zi}(k+2)+4y_{zi}(k+1)+4y_{zi}(k)=0, y_{zi}(0)=y_{zi}(1)=2$,求 $y_{zi}(k)$

解答:

$$S^2+4S+4=0\rightarrow\gamma_1=\gamma_2=-2$$

$$y_{zi}(k)=(c_1+c_2k)(-2)^k$$

$$\left.\begin{aligned}&y_{zi}(0)=c_1=2\\&y_{zi}(1)=(c_1+c_2)(-2)=2\end{aligned}\right\}c_1=2,c_2=-3$$

$$y_{zi}(k)=[(2-3k)(-2)^k]\varepsilon(k)$$

【例 5.3.2】 已知 $y(k+2)-5y(k+1)+6y(k)=e(k+2)$,求 $h(k)$

解答:(1) 写出它的表达式:

$$h(k+2)-5h(k+1)+6h(k)=\delta(k+2)$$

$$h(k)=c_1\gamma_1^k+c_2\gamma_2^k=c_1(2)^k+c_2(3)^k, k\geqslant 0$$

(2) 求初始条件:用迭代法

$$h(k+2)=5h(k+1)-6h(k)+\delta(k+2)$$

$$k=-2:h(0)=5h(-1)-6h(-2)+\delta(0)=1$$

$$k=-1:h(1)=5h(0)-6h(-1)+\delta(1)=5$$

(3) 求 c_1, c_2 和 $h(k)$

由 $$\begin{cases}h(0)=c_1+c_2=1\\h(1)=2c_1+3c_2=5\end{cases}\Rightarrow\begin{cases}c_1=-2\\c_2=3\end{cases}$$

所以 $$h(k)=-2(2)^k+3(3)^k, k\geqslant 0$$

或 $$h(k)=(3^{k+1}-2^{k+1})\varepsilon(k)$$

【例 5.3.3】 已知 $H(S)=\frac{S(7S-2)}{(S-0.5)(S-0.2)}$求 $h(k)$。

解答:由题可知:$m=n$

【方法一】由 $H(S)=\frac{S(7S-2)}{(S-0.5)(S-0.2)}=7+\frac{2.5}{S-0.5}+\frac{0.4}{S-0.2}$,可得

$$h(k)=7\delta(k)+2.5(0.5)^{k-1}\varepsilon(k-1)+0.4(0.2)^{k-1}\varepsilon(k-1)$$
$$=7\delta(k)+[5(0.5)^k+2(0.2)^k]\varepsilon(k-1)$$

【方法二】$k=0$ 时，$h(k)=h(0)=7$

$$\frac{H(S)}{S}=\frac{7S-2}{(S-0.5)(S-0.2)}=\frac{5}{S-0.5}-\frac{2}{S-0.2}$$

$$H(S)=\frac{5S}{S-0.5}+\frac{2S}{S-0.2} \qquad k=0\text{ 时}$$

$$h(k)=[5(0.5)^5+2(0.2)^k]\varepsilon(k) \qquad h(k)=h(0)=7$$

$$\gamma^k\varepsilon(k)=\delta(k)+\gamma^k\varepsilon(k-1)$$

【例 5.3.4】 已知 $e(k)=G_N(k)$，$h(k)=\gamma^k\varepsilon(k)$，$0<\gamma<1$，求零状态响应 $y_{zs}(k)$

解答:【方法一】由定义式求 $y_{zs}(k)=e(k)*h(k)=G_N(k)*\gamma^k\varepsilon(k)=\sum_{j=0}^{k}G_N(j)\gamma^{k-j}$

(1) 当 $0<k<N-1$ 　j 从 $0-k$：$G_N(j)=1$

$$y_{zs}(k)=\sum_{j=0}^{k}G_N(j)\gamma^{k-j}=\gamma^k\sum_{j=0}^{k}\gamma^{-j}=\gamma^k(1+\gamma^{-1}+\gamma^{-2}+\cdots+\gamma^{-k})$$
$$=\gamma^k\frac{1-\gamma^{-(k+1)}}{1-\gamma^{-1}}=\frac{\gamma^{-1}-\gamma^k}{\gamma^{-1}-1}\quad(>0\text{ 且随 }k\text{ 的增加而增加})$$

(2) 当 $k\geqslant N-1$

$$G_N(j)=\begin{cases}1, & j\leqslant N-1\\ 0, & j>N-1\end{cases}$$

$$y_{zs}(k)=\sum_{j=0}^{k}G_N(j)\gamma^{k-j}=\sum_{j=0}^{k}G_N(j)\gamma^{k-j}+\sum_{j=N}^{k}G_N(j)\gamma^{k-j}=\sum_{j=0}^{k}\gamma^{k-j}=\gamma^k\sum_{j=0}^{N-1}\gamma^{-j}$$
$$=\gamma^k(1+\gamma^{-1}+\gamma^{-2}+\ldots+\gamma^{-(N-1)})=\gamma^k\frac{1-\gamma^{-N}}{1-\gamma^{-1}}=\frac{\gamma^{k-N}-\gamma^k}{\gamma^{-1}-1}(>0\text{ 且随 }k\text{ 的增加而增加})$$

【方法二】查表结合卷积代数运算

$$\begin{cases}f(k)*\delta(k)=f(k)\\ f(k)*\delta(k-m)=f(k-m)\end{cases}$$

$$y_{zs}(k)=G_N(k)*\gamma^k\varepsilon(k)=[\varepsilon(k)-\varepsilon(k-N)]*\gamma^k\varepsilon(k)$$
$$=\{\delta(k)+\delta(k-1)+\cdots+\delta[k-(N-1)]\}*\gamma^k\varepsilon(k)$$
$$=\gamma^k\varepsilon(k)+\gamma^{k-1}\varepsilon(k-1)+\cdots+\gamma^{k-(N-1)}\varepsilon[k-(N-1)]$$

当 $k\geqslant N-1$ 时，$y_{zs}(k)=\gamma^k[1+\gamma^{-1}+\gamma^{-2}+\cdots+\gamma^{-(N-1)}]$

当 $k\leqslant N-1$ 时，$y_{zs}(k)=\gamma^k\varepsilon(k)+\gamma^{k-1}\varepsilon(k-1)+\cdots+\gamma^{k-k}\varepsilon(k-k)=\gamma^k[1+\gamma^{-1}+\gamma^{-2}+\cdots+\gamma^{-(N-1)}]$

【例 5.3.5】 已知离散系统的差分方程 $y(k)-y(k-1)-2y(k-2)=e(k)$，初始状态 $y(-1)=0$，$y(-2)=1/6$，激励 $e(k)=\cos(k\pi)=(-1)^k\varepsilon(k)$，求系统的零输入响应、零状态响应和全响应，并判断系统是否稳定。

解答:(1) 求零输入响应 $y_{zi}(k)$

$y_{zi}(k)$满足：$y_{zi}(k)-y_{zi}(k-1)-2y_{zi}(k-2)=0$

及 　　$y_{zi}(-1)=y(-1)=0$，$y_{zi}(-2)=y(2)=1/6$

由迭代法可得：$y_{zi}(0)=y_{zi}(-1)+2y_{zi}(-2)=1/3$

$$y_{zi}(1)=y_{zi}(0)+2y_{zi}(-1)=1/3$$

两个单根：$\gamma_1=-1$，$\gamma_2=2$(由 $1-s^{-1}-2s^{-2}=0$ 求得)

故有 $y_{zi}=C_1(-1)^k+C_2(2)^k$

将 $y_{zi}(0)$，$y_{zi}(1)$代入求得

$C_1=1/9, C_2=2/9$

所以 $y_{zi}(k)=\frac{1}{9}(-1)^k+\frac{2}{9}(2)^k, k\geqslant 0$

(2) 求单位函数响应 $h(k)$ 和零状态响应

因为 $H(S)=\frac{\frac{1}{3}S}{S+1}+\frac{\frac{2}{3}S}{S-2}$　所以 $h(k)=\left[\frac{1}{3}(-1)^k+\frac{2}{3}(2)^k\right]\varepsilon(k)$

$$\begin{aligned}y_{zs}(k)&=h(k)*e(k)=\left[\frac{1}{3}(-1)^k+\frac{2}{3}(2)^k\right]\varepsilon(k)*(-1)\varepsilon(k)\\&=\frac{1}{3}(-1)^k\varepsilon(k)*(-1)^k\varepsilon(k)+\frac{2}{3}(2)^k\varepsilon(k)*(-1)^k\varepsilon(k)\\&=\frac{1}{3}(k+1)(-1)^k\varepsilon(k)+\frac{2}{3}\cdot\frac{2^{k+1}-(-1)^{k+1}}{2-(-1)}\varepsilon(k)\\&=\frac{1}{3}\left[k(-1)^k+\frac{5}{9}(-1)^k+\frac{4}{9}(2)^k\right]\varepsilon(k)\end{aligned}$$

(3) 求全响应

$$y(k)=y_{zi}(k)+y_{zs}(k)=\left[\frac{1}{3}(k+2)(-1)^k+\frac{2}{3}(2)^k\right]\varepsilon(k)$$

显然，由于特征根 $|\gamma_1|=1, |\gamma_2|>1$

且　$e(k)=(\gamma_1)^k\varepsilon(k)$

所以，该系统不稳定　$y(0)=y_{zi}(0)+y_{zs}(0)$

【例 5.3.6】 已知离散系统的差分方程为 $y(n+2)-3y(n+1)+2y(n)=f(n+1)-2f(n)$，输入信号 $f(n)=2^n u(n)$，初始条件 $y(0)=1, y(1)=1$，求系统的全响应？并指出零输入响应和零状态响应？

解答：系统的全响应可分解为零输入响应 $y_x(n)$ 和零状态响应 $y_f(n)$。

由差分方程可得系统的传输算子为

$$H(E)=\frac{E-2}{E^2-3E+2}$$

其零状态响应 $y_f(n)$ 为

$$\begin{aligned}y_f(n)&=H(E)f(n)\\&=\frac{E-2}{E^2-3E+2}\cdot\frac{E}{E-2}\delta(n)=\left[\frac{E}{E-2}-\frac{E}{E-1}\right]\delta(n)\\&=(2)^n u(n)-u(n)\end{aligned}$$

分别取 $n=1$ 和 $n=0$，由上式得

$$y_f(1)=0, y_f(0)=1$$

又已知初始条件 $y(0)=1, y(1)=1$，故可得

$$y_x(0)=0, y_x(1)=0$$

其零输入响应 $y_x(n)$ 为零。

【例 5.3.7】 用递推算法求差分方程 $y[n]+\frac{1}{2}y[n-1]-\frac{1}{2}y[n-1]=\sum_{k=0}^{\infty}x[n-k]$ 表示的离散时间因果 LTI 系统的单位冲激响应 $h[n]$，至少计算前 4 个序列值。

解答：当输入 $x[n]=\delta[n]$ 时，原方程的右边为 $\sum_{k=0}^{\infty}\delta[n-k]=u[n]$，

因此，系统的单位冲激响应 $h[n]$ 满足的差分方程为

$$h[n]+0.5h[n-1]-0.5h[n-2]=u[n]$$

由于系统为因果 LTI 系统，故有 $h[n]=0, n<0$，只要用后推方程递推出 $h[n]=0, n<0$ 的各个序列值，后推方程为

$$h[n]=u[n]-0.5h[n-1]+0.5h[n-2]$$

当 $n=0$ 时，$h[0]=u[0]-0.5h[-1]+0.5h[-2]=-1$

$n=1$ 时，$h[1]=u[1]-0.5h[0]+0.5h[-1]=0.5$

$n=2$ 时，$h[2]=u[2]-0.5h[1]+0.5h[0]=1.25$

$n=3$ 时，$h[3]=u[3]-0.5h[2]+0.5h[1]=0.625$

$n=4$ 时，$h[4]=u[4]-0.5h[3]+0.5h[2]=1.3125$

【例 5.3.8★】（中国科学技术大学考研真题）由差分方程 $y[n]-0.5y[n-1]=\sum_{k=0}^{4}(x[n-k]-2x[n-k-1])$ 和非零起始条件 $y[-1]=1$ 表示的离散时间因果系统，当系统输入 $x[n]=\delta[n]$ 时，试用递推算法求：

(1) 该系统的零状态响应 $y_{zs}[n]$（至少计算出前 6 个序列值）；

(2) 该系统的零输入响应 $y_{zi}[n]$（至少计算出前 4 个序列值）。

解答：(1) 零状态响应 $y_{zs}[n]$ 的方程可以化为

$$y_{zs}[n]-0.5y_{zs}[n-1]=x[n]-x[n-1]-x[n-2]-x[n-3]-x[n-4]-2x[n-5]$$

即

$$y_{zs}[n]=0.5y_{zs}[n-1]+x[n]-x[n-1]-x[n-2]-x[n-3]-x[n-4]-2x[n-5]$$

且有　$y_{zi}[n]=0,n<0$

当输入 $x[n]=\delta[n]$ 时，递推计算出的零状态响应 $y_{zs}[n]$ 的前 6 个序列值分别为

$$y_{zs}[0]=1$$
$$y_{zs}[1]=-0.5$$
$$y_{zs}[2]=-1.25$$
$$y_{zs}[3]=-13/8$$
$$y_{zs}[4]=-29/16$$
$$y_{zs}[5]=-93/32$$

(2) 零输入响应 $y_{zi}[n]$ 的递推方程可以化为

$$y_{zi}[n]=0.5y_{zi}[n-1]\text{；且有 } y_{zi}[-1]=y[-1]=-1\text{；}$$

递推计算出的零状态响应 $y_{zi}[n]$ 的前 4 个序列值分别为

$$y_{zi}[0]=-1/2$$
$$y_{zi}[1]=-1/4$$
$$y_{zi}[2]=-1/8$$
$$y_{zi}[3]=-1/16$$

【例 5.3.9★】（东南大学考研真题）已知离散时间系统的差分方程为：$y(n+2)+3y(n+1)+2y(n)=x(n+1)-x(n)$，$x(n)=(-2)^n u(n)$，零输入初始条件为 $y_{zi}(0)=0$，$y_{zi}(1)=1$，求零输入响应、零状态响应、全响应，并指出强迫响应与自由响应分量。

解答：由系统差分方程可得

$$y(n)=\frac{E-1}{E^2+3E+2}x(n)$$

当激励 $x(n)=(-2)^n u(n)$。则系统的零状态响应为

$$\begin{aligned}y_{zs}(n)&=\frac{E-1}{E^2+3E+2}\cdot\frac{E}{E+2}\delta(n)\\&=\left[\frac{-2E}{E+1}+\frac{2E}{E+2}+\frac{3E}{(E+2)^2}\right]\delta(n)\\&=[-2\cdot(-1)^n+2\cdot(-2)^n+3n\cdot(-2)^{n-1}]u(n)\end{aligned}$$

由系统的特征方程 $E^2+3E+2=0$ 可以求得特征方程的根为 $p_1=-1$，$p_2=-2$。

则系统的零输入响应可以设为

$$y_{zi}(n)=A_1\cdot(-1)^n+A_2\cdot(-2)^n$$

将 $y_{zi}(0)=0, y_{zi}(1)=1$ 代入上式，可解得 $A_1=1, A_2=-1$。

故 $y_{zi}(n)=(-1)^n-(-2)^n$。

则系统的全响应为

$$y(n)=y_{zs}(n)+y_{zi}(n)=-(-1)^n+(-2)^n+3n\cdot(-2)^{n-1}, n\geqslant 0$$

由于激励 $x(n)=(-2)^n u(n)$，而 -2 为特征根，则特解形式为 $B_n\cdot(-2)^n u(n)$，故强迫响应分量为 $3n\cdot(-2)^{n-1}u(n)$，自然响应分量为 $-(-1)^n+(-2)^n, n\geqslant 0$。

提示：本题的零状态响应还可借助单位样值响应和激励的卷积和求解。具体过程如下：

由系统的特征方程 $E^2+3E+2=0$ 可以求得特征方程的根为 $p_1=-1, p_2=-2$；

则系统的单位样值响应可以设为 $h(n)=A_1\cdot(-1)^n+A_2\cdot(-2)^n$。

通过迭代可得到单位样值响应的初始值为

$$h(0)=0, h(1)=1, h(2)=-4$$

将 $h(1), h(2)$ 代入 $h(n)=A_1\cdot(-1)^n+A_2\cdot(-2)^n$ 可解出

$$A_1=2, A_2=-\frac{3}{2}$$

则 $h(n)=[2\cdot(-1)^n-\frac{3}{2}\cdot(-2)^n]u(n-1)$，于是

$$\begin{aligned}y_{zs}(n)&=h(n)*x(n)\\&=\left[2\cdot(-1)^n-\frac{3}{2}\cdot(-2)^n\right]u(n-1)*(-2)^n u(n)\\&=\left[2\cdot(-1)\cdot\frac{(-1)^n-(-2)^n}{-1+2}-\frac{3}{2}\cdot n\cdot(-2)^n\right]u(n-1)\\&=[-2\cdot(-1)^n+2\cdot(-2)^n+3\cdot n\cdot(-2)^n]u(n-1)\end{aligned}$$

由于 $n=0$ 时，$-2\cdot(-1)^n+2\cdot(-2)^n+3\cdot n\cdot(-2)^n=0$。

故上式也可写为

$$y_{zs}(n)=[-2\cdot(-1)^n+2\cdot(-2)^n+3\cdot n\cdot(-2)^n]u(n)$$

【例 5.3.10★】（浙江大学考研真题）某因果离散时间 LTI 系统，当输入为 $f_1(n)=\left(\frac{1}{2}\right)^n u(n)$ 时，其输出的完全响应为 $y_1(n)=2^n u(n)-\left(\frac{1}{2}\right)^n u(n)$；系统的起始状态不变，当输入为 $f_2(n)=2\left(\frac{1}{2}\right)^n u(n)$，系统的全响应为 $y_2(n)=3\cdot 2^n u(n)-2\cdot\left(\frac{1}{2}\right)^n u(n)$。试求：

(1) 系统的零输入响应；

(2) 系统对输入为 $f_3(n)=0.5\cdot\left(\frac{1}{2}\right)^n u(n)$ 的完全响应（系统的初始状态保持不变）。

解答：设在相同初始状态下，其零输入响应为 $y_x(n)$

因 $y(n)=y_x(n)+y_f(n)$

(1) 由题意知：

$$y_1(n)=y_x(n)+y_{f_1}(n) \quad ①$$

$$y_2(n)=y_x(n)+y_{f_2}(n) \quad ②$$

因为是 LTI 系统，所以零状态响应也具有线性性，即

$$y_2(n)=y_x(n)+2y_{f_1}(n) \quad ③$$

式③～式①得：

$$y_{f_1}(n)=y_2(n)-y_1(n)$$

$$y_{f_1}(n)=\left[3\cdot 2^n u(n)-2\cdot\left(\frac{1}{2}\right)^n u(n)\right]-\left[2^n u(n)-\left(\frac{1}{2}\right)^n u(n)\right]$$

$$=2\cdot 2^n u(n)-\left(\frac{1}{2}\right)^n u(n)$$

由式①可得

$$y_x(n)=y_1(n)-y_{f_1}(n)=\left[2^n u(n)-\left(\frac{1}{2}\right)^n u(n)\right]-\left[2\cdot 2^n u(n)-\left(\frac{1}{2}\right)^n u(n)\right]$$

$$=-2^n u(n)$$

(2) 由题意可得：

$$y_3(n)=y_x(n)+y_{f_3}(n)$$

$$y_3(n)=y_x(n)+\frac{1}{2}y_{f_1}(n)$$

$$=-2^n u(n)+\frac{1}{2}\left[2\cdot 2^n u(n)-\left(\frac{1}{2}\right)^n u(n)\right]$$

$$=-\frac{1}{2}\left(\frac{1}{2}\right)^n u(n)$$

【例 5.3.11】 已知某系统的差分方程为 $y(k)-y(k-1)-2y(k-2)=f(k)$求单位序列相应 $h(k)$。

解答：根据 $h(k)$的定义有

$$h(k)-h(k-1)-2h(k-2)=\delta(k) \quad ①$$

$$h(-1)=h(-2)=0$$

(1) 递推求初始值 $h(0)$和 $h(1)$。

方程(1)移项写为

$$h(k)=h(k-1)+2h(k-2)+\delta(k)$$

$$h(0)=h(-1)+2h(-2)+\delta(0)=1$$

$$h(1)=h(0)+2h(-1)+\delta(1)=1$$

(2) 传统解法 $h(k)$。对于 $k>0$，$h(k)$满足齐次方程

$$h(k)-h(k-1)-2h(k-2)=0$$

其特征方程为
$$(\lambda+1)(\lambda-2)=0$$

所以
$$h(k)=C_1(-1)^k+C_2(2)^k,k>0$$

$$h(0)=C_1+C_2=1,h(1)=-C_1+2C_2=1$$

解得
$$C_1=1/3,C_2=2/3$$

$$h(k)=(1/3)(-1)^k+(2/3)(2)^k,k\geqslant 0$$

或写为
$$h(k)=[(1/3)(-1)^k+(2/3)(2)^k]\varepsilon(k)$$

【例 5.3.12】 已知离散时间系统的差分算子方程 $H(E)=\dfrac{E}{(E-2)(E+3)^2}$，求 $h(k)$。

解答：
$$\frac{H(E)}{E}=\frac{1}{(E-2)(E+3)^2}=\frac{A_1}{E-2}+\frac{A_{22}}{(E+3)^2}+\frac{A_{21}}{E+3}$$

$$H(E)=\frac{A_1E}{E-2}+\frac{A_{22}E}{(E+3)^2}+\frac{A_{21}E}{E+3}$$

$$h(k)=A_1 2^k\varepsilon(k)+A_{22}k(-3)^{k-1}\varepsilon(k)+A_{22}k(-3)^k\varepsilon(k)$$

【例 5.3.13】 已知系统的差分算子方程 $H(E)=\dfrac{E}{E-2}$，输入 $f(k)=\varepsilon(k)$ 求 $y_f(k)$。

解答：由 $H(E)$得：$h(k)=2^k\varepsilon(k)$。

从而可得：

$$y_f(k)=f(k)*h(k)=\sum_{i=-\infty}^{\infty}2^i\varepsilon(i)\varepsilon(k-i)$$

$$=\sum_{i=-\infty}^{\infty}2^i=\frac{2^{k+1}-1}{2-1}\varepsilon(k)$$

$$=(2^{k+1}-1)\varepsilon(k)$$

【例 5.3.14】 已知 $y(k)+3y(k-1)+2y(k-2)=f(k-1)$，$f(k)=\varepsilon(k)$，$y(0)=1$，$y(1)=2$，求

(1) $y_x(0)$，$y_x(1)$，$y_x(-1)$，$y_x(-2)$；

(2) $y_x(k)$。

解答：(1) 求 $y_x(-1)$，$y_x(-2)$

由 $y(k)$ 的方程得：

令 $k=1$： $y(1)+3y(0)+2y(-1)=f(0)=\varepsilon(0)=1$

$y(-1)=y_x(-1)=-2$

令 $k=0$： $y(0)+3y(-1)+2y(-2)=f(-2)=\varepsilon(-2)=0$

$y(-2)=y_x(-2)=2.5$

(2) 求 $y_x(0)$，$y_x(1)$：

$y_x(k)$ 的方程：$y_x(k)+3y_x(k-1)+2y_x(k-2)=0$

$y_x(0)+3y_x(-1)+2y_x(-2)=0$，$y_x(-1)=-2$，$y_x(-2)=2.5$

$y_x(1)+3y_x(0)+2y_x(-1)=0$

得 $y_x(0)=1$，$y_x(1)=1$

(3) 求 $y_x(k)$

$y_x(k)$ 的算子方程：$(1+3E^{-1}+2E^{-2})y_x(k)=0$

即：$(E^2+3E+2)y_x(k)=0$

$(E+1)(E+2)y_x(k)=0$，$A(E)=(E+1)(E+2)$

$r_1=-1$，$r_2=-2$

$y_x(k)=C_1(-1)^k+C_1(-1)^k$，$k\geqslant 0$

$$\begin{cases}y_x(0)=C_1+C_2=1\\ y_x(1)=-C_1-2C_2=1\end{cases}\quad 得\quad \begin{cases}C_1=3\\ C_2=-2\end{cases}$$

故可得

$$y_x(k)=3(-1)^k-2(-2)^k=3(-1)^k+(-2)^{k+1}, k\geqslant 0$$

【例 5.3.15】 描述某离散系统的差分方程为 $y(k)+3y(k-1)+2y(k-2)=f(k)$ 已知激励 $f(k)=2^k$，$k\geqslant 0$，初始状态 $y(-1)=0$，$y(-2)=1/2$，求系统的零输入响应、零状态响应和全响应。

解答：(1) $y_x(k)$ 满足方程 $y_x(k)+3y_x(k-1)+2y_x(k-2)=0$，其初始状态 $y_x(-1)=y(-1)=0$，$y_x(-2)=y(-2)=1/2$，

首先递推求出初始值：

$$y_x(k)=-2y_x(k-1)-2y_x(k-2)$$

$$y_x(0)=-3y_x(-1)-2y_x(-2)=-1$$

$$y_x(1)=-3y_x(0)-2y_x(-1)=3$$

方程的特征根为 $\lambda_1=-1$，$\lambda_2=-2$

其解为 $y_X(k)=C_{X1}(-1)^K+C_{X2}(-2)^K$

将初始值代入并解得 $C_{X1}=1$，$C_{X2}=-2$

所以 $y_X(k)=(-1)^K-2(-2)^K$，$k\geqslant 0$

(2) 零状态响应 $y_f(k)$ 满足 $y_f(k)+3y_f(k-1)+2y_f(k-2)=f(k)$ 初始状态 $y_f(-1)=y_f(-2)=0$。

递推求初始值 $y_f(0), y_f(1)$，

$$y_f(k)=-3y_f(k-1)-2y_f(k-2)+2^k, k\geqslant 0$$
$$y_f(0)=-3y_f(-1)-2y_f(-2)+1=1$$
$$y_f(1)=-3y_f(0)-2y_f(-1)+2=-1$$

分别求出奇次解和特解，得

$$y_f(k)=C_{f1}(-1)^k+C_{f2}(-2)^k+y_p(k)=C_{f1}(-1)^k+C_{f2}(-2)^k+(1/3)2^k$$

代入初始值，求得 $C_{f1}=-1/3, C_{f2}=1$

所以 $y_f(k)=-(-1)^{k/3}+(-2)^k+(1/3)2^k, k\geqslant 0$

【例 5.3.16】 一个输入为 $x(n)$，输出为 $y(n)$ 的离散时间 LTI，已知：(a)若对全部 n，$x(n)=(-2)^n$，则对全部 n，有 $y(n)=0$；(b)若对全部 n，$x(n)=2^{-n}u(n)$，有 $y(n)=\delta(n)+a\cdot 4^{-n}u(n)$，其中 a 为常数。求：

(1) 常数 a；

(2) 若系统输入对全部 n 有 $x(n)=1$，求响应 $y(n)$。

解答：(1) 对于离散时间 LTI 系统 T，满足 $T[z^n]=\lambda z^n$，其中 $\lambda=\sum\limits_{n=-\infty}^{+\infty}h(n)z^{-n}$。

由条件(a)：对于 $x(n)=(-2)^n$，$y(n)=0$，可知

$$\lambda=\sum_{n=-\infty}^{+\infty}h(n)\cdot(-2)^{-n}=0$$

由条件(b)：对于所有的 n，$x(n)=2^{-n}u(n)$，$y(n)=\delta(n)+a\cdot 4^{-n}u(n)$ 可得

$$\lambda=\sum_{n=-\infty}^{+\infty}h(n)\left(\frac{1}{2}\right)^{-n}$$

且 $\lambda\cdot\left(\frac{1}{2}\right)^n=\delta(n)+a\cdot 4^{-n}u(n)$，则 $\sum\limits_{n=-\infty}^{+\infty}h(n)2^n=\delta(n)+a\cdot 2^{-n}u(n)$。

通过系数比较可得

$$h(n)=0(n<0), h(0)=1+a, h(n)=a\cdot 4^{-n}(n\geqslant 1)$$

代入 $\sum\limits_{n=-\infty}^{+\infty}h(n)\cdot(-2)^n=0$，可得

$$1+a+\sum_{n=1}^{+\infty}a\cdot(-8)^{-n}=0$$

即 $1+a-\frac{1}{9}a=0$，解得 $a=-9/8$。

(2) 当 $x(n)=1$ 时，

$$\lambda=\sum_{n=-\infty}^{+\infty}h(n)\cdot 1^{-n}=\sum_{n=0}^{+\infty}h(n)=1+a+\frac{4^{-1}a}{1-4^{-1}}=-\frac{1}{4}$$

故 $y(n)=\lambda\cdot 1^n=-\frac{1}{4}$

【例 5.3.17】 设描述离散时间系统的差分方程为 $y(k+3)-1.2y(k+2)+0.45y(k+1)-0.05y(k)=11f(k+3)-3f(k+2)+0.25f(k+1)$，求系统的单位响应。

解答：由已知差分方程得系统传输算子

$$H(E)=\frac{11E^3-3E^2+0.25E}{E^3-1.2E^2+0.45E-0.05}$$

将 $\frac{H(E)}{E}$ 进行部分分式展开，得

$$\frac{H(E)}{E}=\frac{11E^3-3E^2+0.25E}{E(E^3-1.2E^2+0.45E-0.05)}=\frac{11E^2-3E+0.25}{(E-0.2)(E-0.5)^2}$$
$$=\frac{1}{E-0.2}+\frac{10}{E-0.5}+\frac{5}{(E-0.5)^2}$$

即

$$H(E)=\frac{E}{E-0.2}+\frac{10E}{E-0.5}+\frac{5E}{(E-0.5)^2}$$

又由

$$\frac{E}{E-0.2}\to 0.2^k\varepsilon(k)$$

$$\frac{10E}{E-0.5}\to 10(0.5)^k\varepsilon(k)$$

$$\frac{5E}{(E-0.5)^2}\to 5k(0.5)^k\varepsilon(k)$$

因此，系统单位响应为

$$h(k)=[0.2^k+10(0.5)^k+5k(0.5)^{k-1}]\varepsilon(k)$$

题型 4 离散时间系统的卷积

【例 5.4.1★】 已知 $f(k)=\begin{cases}1, & k=0,1,2\\0, & \text{其他}\end{cases}$ $h(k)=\begin{cases}k, & k=0,1,2,3\\0, & \text{其他}\end{cases}$ 求两序列卷积和。

解答：

$$y(k)=f(k)*h(k)=\sum_{j=0}^{k}f(j)h(k-j)$$

$$k=0:y(0)=\sum_{j=0}^{0}f(j)h(k-j)=f(0)h(0)=0$$

$$k=1:y(1)=\sum_{j=0}^{1}f(j)h(k-j)=f(0)h(1)+f(1)h(0)=1$$

$$k=2:y(2)=\sum_{j=0}^{2}f(j)h(k-j)=f(0)h(2)+f(1)h(1)=1$$

$$k=3:y(3)=f(0)h(3)+f(1)h(2)+f(2)h(1)+f(3)h(0)=6$$

$$y(4)=5$$

$$y(5)=3$$

$$y(6)=0$$

…

【例 5.4.2】 已知两个序列分别为 $x_1(n)=\left(\frac{1}{3}\right)^n u(n)$，$x_2(n)=u(n)-u(n-3)$；求 $n=2,n=4$ 时，$s(n)=x_1(n)*x_2(n)$ 的取值

解答：由于：

$$x_2(n)=u(n)-u(n-3)=\delta(n)+\delta(n-1)+\delta(n-2)$$

故

$$\begin{aligned}s(n)&=x_1(n)*x_2(n)\\&=\left(\frac{1}{3}\right)^n u(n)+\left(\frac{1}{3}\right)^{n-1}u(n-1)+\left(\frac{1}{3}\right)^{n-2}u(n-2)\end{aligned}$$

【例 5.4.3】 已知 $x(n)=u(n)+u(n-2)$，$h_1(n)=\delta(n)-\delta(n-1)$，$h_2(n)=a^n u(n-1)$，求 $y(n)=x(n)*h_1(n)*h_2(n)$。

解答：

$$\begin{aligned}x(n)*h_1(n)&=[u(n)-u(n-2)]*[\delta(n)-\delta(n-1)]\\&=u(n)-u(n-2)-u(n-1)-u(n-3)\\&=\delta(n)-\delta(n-2)\end{aligned}$$

则：

$$\begin{aligned}y(n)&=x(n)*h_1(n)*h_2(n)=[x(n)*h_1(n)]*h_2(n)\\&=[\delta(n)-\delta(n-2)]*a^nu(n-1)\\&=a^nu(n-1)-a^{n-2}u(n-3)\end{aligned}$$

【例 5.4.4】 若某离散时间 LTI 系统的单位脉冲响应 $h[k]=\{\overset{\downarrow}{2},1,3\}$，激励信号 $f[k]=\{1,\overset{\downarrow}{-2},1,2\}$，则该系统的零状态响应 $f[k]*h[k]=$________。

解答：利用排表法可得 $f[k]*h[k]=\{2,\overset{\downarrow}{-3},3,-1,5,6\}$

【例 5.4.5】 计算卷积和：$y(n)=f(n)*h(n)$，其中 $f(n)=\left(\frac{1}{2}\right)^nu(n)$，$h(n)$如图 5.6 所示。

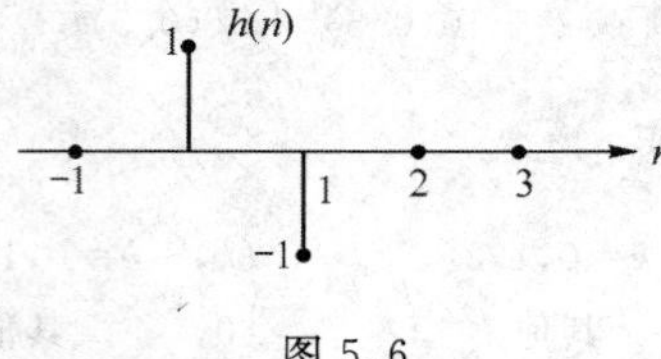

图 5.6

解答：由图可得

$$\begin{aligned}h(n)&=\delta(n)-\delta(n-1)\\y(n)&=f(n)*h(n)\\&=\left[\left(\frac{1}{2}\right)^nu(n)\right]*[\delta(n)-\delta(n-1)]\\&=\left(\frac{1}{2}\right)^nu(n)-\left(\frac{1}{2}\right)^{n-1}u(n-1)\end{aligned}$$

【例 5.4.6】 已知 $f(k)=a^k\varepsilon(k)$，$h(k)=b^k\varepsilon(k)$，用卷积定理求 $y_f(k)$。

解答：$y_f(k)=f(k)*h(k)=\sum_{i=-\infty}^{\infty}f(i)h(k-i)=\sum_{i=-\infty}^{\infty}a^i\varepsilon(i)b^{k-i}\varepsilon(k-i)$

$$y_f(k)=f(k)*h(k)=\sum_{i=-\infty}^{\infty}f(i)h(k-i)=\sum_{i=-\infty}^{\infty}a^i\varepsilon(i)b^{k-i}\varepsilon(k-i)$$

当 $i<0$，$\varepsilon(i)=0$；当 $i>k$ 时，$\varepsilon(k-i)=0$

$$y_f(k)=\left[\sum_{i=0}^{k}a^ib^{k-i}\right]\varepsilon(k)=b^k\left[\sum_{i=0}^{k}\left(\frac{a}{b}\right)^i\right]\varepsilon(k)=\begin{cases}b^k\dfrac{1-\left(\frac{a}{b}\right)^{k+1}}{1-\frac{a}{b}} & ,a\neq b\\ b^k(k+1) & ,a=b\end{cases}$$

这种卷积和的计算方法称为：解析法。

【例 5.4.7】 求下列卷积

(1) $f_1(k)=a^k\varepsilon(k)$，$f_2(k)\varepsilon(k-4)$，求 $f_1(k)*f_2(k)$。

(2) $\varepsilon(k)*\varepsilon(k)$。

(3) $\varepsilon(k-3)*\varepsilon(k-4)$。

解答：

(1) $f_1(k)*f_2(k)=a^k\varepsilon(k)*\varepsilon(k-4)$

$$\begin{aligned}&=\sum_{i=-\infty}^{\infty}a^k\varepsilon(i)*\varepsilon(k-4-i)\\&=\sum_{i=0}^{k-4}a^i=(1+a+a^2+\cdots+a^{k-4})\varepsilon(k-4)\end{aligned}$$

$$= \frac{a^{k-4}-1}{a-1}\varepsilon(k-4)$$

(2) $\varepsilon(k) * \varepsilon(k) = \sum_{i=0}^{\infty}\varepsilon(i) * \varepsilon(k-i)$

$$= \sum_{i=0}^{k} 1 = (k+1)\varepsilon(k)$$

(3) $\varepsilon(k-3) * \varepsilon(k-4) = \sum_{i=-\infty}^{\infty}\varepsilon(k-3)\varepsilon(k-4-i)$

$$= \sum_{i=3}^{k-4} 1 = (k-6)\varepsilon(k-7)$$

【例 5.4.8】 有一离散时间信号 $f[n]=a^n u[n]$，

(1) 画出 $g[n]=f[n]-af[n-1]$；

(2) 求序列 $h[n]=a^n u[n]$，使之满足 $h[n] * f[n]=\left(\frac{1}{2}\right)^n\{u[n+1]-u[n-1]\}$。

解答：(1) 因为：$g[n]=a^n u[n]-a^n u[n-1]=a^n\{u[n]-u[n-1]\}=a^n\delta[n]=\delta[n]$

所以：$g[n]=\delta[n]$

(2) 因为：$\left(\frac{1}{2}\right)^n\{u[n+1]-u[n-1]\}=2\delta[n+1]+\delta[n]$

所以：$h[n] * f[n]=2\delta[n+1]+\delta[n]$

又因为：$(\delta[n]-a\delta[n-1]) * f[n]=\delta[n]$

比较上述两式可得：

$$h[n]=2\delta[n+1]-2a\delta[n]+\delta[n]-a\delta[n-1]$$

故：

$$h[n]=2\delta[n+1]+(1-2a)\delta[n]-a\delta[n-1]$$

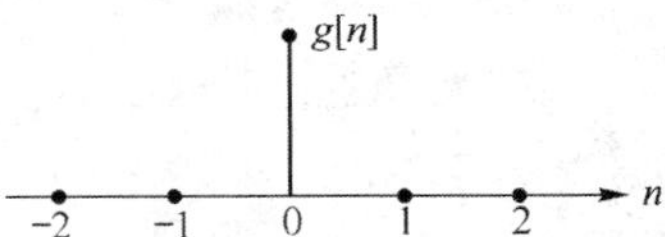

【例 5.4.9】 如图 5.7 所示的系统包括两个级联的线性时不变系统，它们的单位样值响应分别为 $h_1(n)$和$h_2(n)$。已知 $h_1(n)=\delta(n)-\delta(n-3)$，$h_2(n)=(0.8)^n u(n)$。令 $x(n)=u(n)$。

(1) 按下式求 $y(n)$

$$y(n)=[x(n) * h_1(n)] * h_2(n)$$

(2) 按下式求 $y(n)$

$$y(n)=x(n) * [h_1(n) * h_2(n)]$$

x(n) → $h_1(n)$ → $h_2(n)$ → y(n)

图 5.7

解答：(1)

$$\begin{aligned}
y(n) &= [x(n) * h_1(n)] * h_2(n)\\
&= \{u(n) * [\delta(n)-\delta(n-3)]\} * [(0.8)^n u(n)]\\
&= [u(n)-u(n-3)] * [(0.8)^n u(n)]\\
&= \sum_{m=-\infty}^{\infty}(0.8)^m u(m)u(n-m) - \sum_{m=-\infty}^{\infty}(0.8)^m u(m)u(n-m-3)\\
&= \sum_{m=0}^{n}(0.8)^m u(n) - \sum_{m=0}^{n-3}(0.8)^m u(m)u(n-3)\\
&= \frac{1-(0.8)^{n+}}{1-0.8}u(n) - \frac{1-(0.8)^{n-2}}{1-0.8}u(n-3)
\end{aligned}$$

$$= 5[(1-0.8)^{n-1}u(n)-(1-0.8)^{n-2}u(n-3)]$$

(2)

$$\begin{aligned}
y(n) &= x(n) * [h_1(n) * h_2(n)] \\
&= u(n) * [[\delta(n)-\delta(n-3)] * (0.8)^n u(n)] \\
&= u(n) * [(0.8)^n u(n)-(0.8)^{n-3}u(n-3)] \\
&= \sum_{m=-\infty}^{\infty}(0.8)^m u(m)u(n-m)-\sum_{m=-\infty}^{\infty}(0.8)^m u(m)u(n-m-3) \\
&= \sum_{m=0}^{n}(0.8)^m u(n)-\sum_{m=0}^{n-3}(0.8)^m u(m)u(n-3) \\
&= \frac{1-(0.8)^{n+}}{1-0.8}u(n)-\frac{1-(0.8)^{n-2}}{1-0.8}u(n-3) \\
&= 5[(1-0.8)^{n-1}u(n)-(1-0.8)^{n-2}u(n-3)]
\end{aligned}$$

第 6 章

离散时间系统的Z域分析

【基本知识点】双边 Z 变换的定义及收敛域；双边 Z 变换的性质，常用序列双边 Z 变换及收敛域；双边 Z 逆变换的定义及计算；单边 Z 变换的定义、性质、常用序列的单边 Z 变换、单边 Z 逆变换；离散信号的 Z 域分解；系统函数的定义及由系统函数求零状态响应的方法；离散系统差分方程的 Z 域解；系统频率响应；离散系统的表示和模拟；系统函数与系统特性。

【重点】常用序列的双边 Z 变换及收敛域、双边 Z 变换的性质、用部分分式法和性质求双边 Z 逆变换；常用序列的单边 Z 变换及收敛域、单边 Z 变换的性质、用部分分式法和性质求单边 Z 逆变换；系统函数的定义和计算，应用系统函数求零状态响应；离散系统差分方程的 Z 域解(求零输入响应、零状态响应、复合响应)；离散系统的表示和模拟；离散系统稳定的时域和 Z 域充要条件、系统稳定的 Z 域判别方法。

【难点】信号双边 Z 变换的计算及收敛域的确定；根据双边、单边 Z 变换的性质求 Z 逆变换。

6.1 答疑解惑

6.1.1 怎么从拉普拉斯变换到 Z 变换？

在连续系统中，为了避开解微分方程的困难，可以通过拉普拉斯变换把微分方程转换为代数方程。出于同样的动机，也可以通过一种称为 Z 变换的数学工具，把差分方程转换为代数方程。

对连续信号进行均匀冲激取样后，就得到离散信号

$$f_s(t) = f(t)\delta_T(t) = \sum_{n=-\infty}^{\infty} f(nT)\delta(t-nT)$$

两边取双边拉普拉斯变换，得

$$F_{bs}(s) = \sum_{n=-\infty}^{\infty} f(nT)e^{-nTs}$$

令 $z=e^{sT}$，上式将称为复变量 z 的函数，用 $F(z)$ 表示，T 取 1 可得

$$F(z)=\sum_{n=-\infty}^{\infty}f(n)z^{-n}\text{（称为序列的双边 Z 变换）}$$

$$F(z)=\sum_{n=0}^{\infty}f(n)z^{-n}\text{（称为序列的单边 Z 变换）}$$

若 $f(n)$ 为因果信号，则单边、双边 Z 变换相等，否则不相等。在本书中，若不致产生混淆，统称它们为 Z 变换。表示为

$$F(z)=Z[f(n)],f(n)=Z^{-1}[F(z)]$$
$$f(n)\leftrightarrow F(z)$$

6.1.2 什么是 Z 变换的收敛域？

定义：对于任意有界序列 $f(n)$，使得 $f(n)$ 的 Z 变换存在的 Z 值范围称为 Z 变换的收敛域。

若两序列分别为

$$f_1(n)=a^n\varepsilon(n),f_2(n)=-a^n\varepsilon(-n-1)$$

则根据定义

相应的傅里叶逆变换为

$$F_1(z)=\sum_{n=0}^{\infty}a^nz^{-n}=\frac{z}{z-a}(|z|>|a|)$$

$$F_2(z)=-\sum_{n=-\infty}^{-1}a^nz^{-n}=\frac{z}{z-a}(|z|<|a|)$$

由上面的例子说明：两个不同的序列由于收敛域不同，可能对应于相同的 Z 变换。因此，为了单值地确定 Z 变换所对应的序列，不仅要给出序列的 Z 变换式，而且必须同时标明它的收敛域。

级数 $\sum_{n=-\infty}^{\infty}f(n)z^{-n}$ 收敛的充分条件是其满足绝对可和的条件，即

$$\sum_{n=-\infty}^{\infty}|f(n)z^{-n}|<\infty$$

(1) 有限长序列 Z 变换的收敛域

$$F(z)=\sum_{n=n_1}^{n_2}f(n)z^{-n}$$

① 当 $n_1<0,n_2>0$ 时，$F(z)$ 的收敛域为 $0<|z|<\infty$；

② 当 $n_1<0,n_2\leqslant 0$ 时，$F(z)$ 的收敛域为 $|z|<\infty$（包含 $z=0$）；

③ 当 $n_1\geqslant 0,n_2>0$ 时，$F(z)$ 的收敛域为 $|z|>0$（包含 $z=\infty$）；

(2) 右边序列 Z 变换的收敛域

$$F(z)=\sum_{n=n_1}^{\infty}f(n)z^{-n}$$

① 当 $n_1\geqslant 0$ 时，$F(z)$ 的收敛域为 $|z|>R_1$（包含 $z=\infty$）；

② 当 $n_1<0$ 时，$F(z)$ 的收敛域为 $R_1<|z|<\infty$。

(3) 左边序列 Z 变换的收敛域

$$F(z) = \sum_{n=-\infty}^{n_2} f(n) z^{-n}$$

① 当 $n_2>0$ 时，$F(z)$的收敛域为 $0<|z|<R_2$；

② 当 $n_2\leqslant 0$ 时，$F(z)$的收敛域为 $|z|<R_2$（包含 $z=0$）。

6.1.3 Z 变换的基本性质有哪些？

1. 线性(叠加性)

Z 变换的线性表现在它的叠加性与均匀性，若：

$$Z[x(n)]=X(z),(R_{x1}<|z|<R_{x2})$$

$$Z[y(n)]=Y(z),(R_{y1}<|z|<R_{y2})$$

则

$$Z[ax(n)+by(n)]=aX(n)+bY(z),(R_1<|z|<R_2)$$

2. 位移性

(1) 双边 Z 变换

若序列 $x(n)$的双边 Z 变换为

$$Z[x(n)]=X(z)$$

则序列左移后，它的单边 Z 变换为

$$Z[x(n-m)]=z^{-m}X(z)$$

(2) 单边 Z 变换

若序列 $x(n)$是双边序列，它的单边 Z 变换为

$$Z[x(n)u(n)]=X(z)$$

则序列右移后，它的双边 Z 变换为

$$Z[x(n+m)u(n)]= z^{m}\left[X(z)-\sum_{k=0}^{m-1}x(k)z^{-k}\right]$$

若序列左移，那么它的单边 Z 变换为

$$Z[x(n-m)u(n)]= z^{-m}\left[X(z)+\sum_{k=-m}^{-1}x(k)z^{-k}\right]$$

3. 尺度变换

若序列 $x(n)$的 Z 变换为

$$Z[x(n)]=X(z)$$

则

$$Z[a^{n}x(n)]=X\left(\frac{z}{a}\right)$$

4. Z 域微分特性

若序列 $x(n)$的 Z 变换为

$$Z[x(n)]=X(z)$$

则

$$Z[nx(n)]=-z\frac{\mathrm{d}X(z)}{\mathrm{d}z}$$

5. Z 域积分特性

若序列 $x(n)$ 的 Z 变换为

$$Z[x(n)]=X(z)$$

则

$$Z\left[\frac{x(n)}{n+m}\right]=z^m\int_z^{\infty}x^{-(m+1)}X(x)\mathrm{d}x$$

6. 初值定理

若序列 $x(n)$ 为因果序列，已知

$$Z[x(n)]=X(z)=\sum_{n=0}^{\infty}x(n)z^{-n}$$

则

$$x(0)=\lim_{z\to\infty}X(z)$$

7. 终值

若序列 $x(n)$ 为因果序列，已知

$$Z[x(n)]=X(z)=\sum_{n=0}^{\infty}x(n)z^{-n}$$

则

$$\lim_{n\to\infty}x(n)=\lim_{z\to 1}[(z-1)X(z)]$$

注意：仅当在平面的虚轴上及其右边都为解析时（原点除外），终值定理才可以应用。

6.1.4 什么是 Z 域卷积定理？

1. 时域卷积

已知零序列 $x(n)$，$y(n)$，其 Z 变换为

$$Z[x(n)]=X(z),(R_{x1}<|z|<R_{x2})$$
$$Z[y(n)]=Y(z),(R_{y1}<|z|<R_{y2})$$

则

$$Z[x(n)*y(n)]=X(z)Y(z)$$

2. Z 域卷积

已知零序列 $x(n)$，$y(n)$，其 Z 变换为

$$Z[x(n)]=X(z),(R_{x1}<|z|<R_{x2})$$
$$Z[y(n)]=Y(z),(R_{y1}<|z|<R_{y2})$$

则

$$Z[x(n)y(n)]=\frac{1}{2\pi\mathrm{j}}\oint_{C_1}X(v)Y\left(\frac{z}{v}\right)v^{-1}\mathrm{d}v$$

或

$$Z[x(n)y(n)]=\frac{1}{2\pi\mathrm{j}}\oint_{C_2}Y(v)X\left(\frac{z}{v}\right)v^{-1}\mathrm{d}v$$

6.1.5 Z 逆变换如何求解？

利用拉普拉斯变换进行系统分析，常常需要从象函数 $F(s)$ 求出原函数 $f(t)$。对于少数

几种表达式简单的象函数 $F(s)$，可以利用拉普拉斯变换表直接查到 $f(t)$。当 $F(s)$ 的表达式比较复杂时，通常需要利用部分分式法或留数法才能求出 $f(t)$。

6.1.6 什么是幂级数展开法？

有始序列的 Z 变换

$$F(z)=\sum_{n=0}^{\infty}f(n)z^{-n},\mathrm{ROC}|z|>R$$

将其分解可得

$$F(z)=\sum_{n=0}^{\infty}f(n)z^{-n}=f(0)+f(1)z^{-1}+f(2)z^{-2}+\cdots$$

由此可以看出：将 $F(z)$ 在给定的收敛域内展开成 Z 的幂级数之和，该级数的各项系数就是序列 $f(n)$ 的对应项。

利用长除法可得到 $F(z)$ 的形式为

$$F(z)=A_0+A_1z^{-1}+A_2z^{-2}+\cdots$$

即可得

$$f(0)=A_0,f(1)=A_1,f(2)=A_2,\cdots$$

注意：同一个 $F(z)$ 的原函数 $f(n)$ 不是唯一的，已知 $F(z)$ 及其收敛域，$f(n)$ 才能唯一的确定。对于收敛域 $|z|>R$ 的情况，$F(z)$ 对应的序列为右边序列；对于收敛域 $|z|<R$ 的情况，$F(z)$ 对应的序列为左边序列；对于收敛域 $R_1<|z|<R_2$ 的情况，$F(z)$ 对应的序列为双边边序列。

6.1.7 什么是部分分式展开法？

当 $F(z)$ 表示为有理分式的形式时

$$F(z)=\frac{B(z)}{A(z)}=\frac{b_mz^m+b_{m-1}z^{m-1}+\cdots+b_1z+b_0}{z^n+a_{n-1}z^{n-1}+\cdots+a_1z+a_0}$$

可以用部分分式法求其逆变换，即先将 $\frac{F(z)}{z}$ 展开成部分分式之和 $\sum_m\frac{A_m}{z-z_m}$，然后再乘以 z，则有

$$F(z)=\sum_m\frac{A_mz}{z-z_m}$$

对每一项作逆 Z 变换，即可得到 $f(n)$。但对于不同的极点情况，其逆变换有不同的形式。

(1) $F(z)$ 均为单极点，且不为零

此种情况下，$\frac{F(z)}{z}$ 可展开为

$$F(z)=\frac{K_0}{z}+\frac{K_1}{z-z_1}+\cdots+\frac{K_n}{z-z_n}$$

$$F(z)=K_0+\sum_{i=1}^{n}\frac{K_iz}{z-z_i}$$

根据给定的收敛域，可将上式划分为 $F_1(z)$（$|z|>\alpha$）和 $F_2(z)$（$|z|<\beta$）两部分，根据

已知的变换对，分别求其逆变换。

(2) $F(z)$有共轭单根极点

如 $z_{1,2}=c\pm \mathrm{j}d=\alpha \mathrm{e}^{\pm \mathrm{j}\beta}$，则

$$\frac{F(z)}{z}=\frac{K_1}{z-c-\mathrm{j}d}+\frac{K_1^*}{z-c+\mathrm{j}d}$$

令 $K_1=|K_1|\mathrm{e}^{\mathrm{j}\theta}$可得

$$F(z)=\frac{|K_1|\mathrm{e}^{\mathrm{j}\theta}z}{z-\alpha \mathrm{e}^{\mathrm{j}\beta}}+\frac{|K_1|\mathrm{e}^{-\mathrm{j}\theta}z}{z-\alpha \mathrm{e}^{-\mathrm{j}\beta}}$$

若$|z|>\alpha$，则 $f(n)=2|K_1|\alpha^n\cos(\beta n+\theta)\varepsilon(n)$

若$|z|<\alpha$，则 $f(n)=-2|K_1|\alpha^n\cos(\beta n+\theta)\varepsilon(-n-1)$

(3) $F(z)$有重极点

当 $F(z)$展开式为

$$F(z)=\sum_{i=1}^{k}\frac{K_i z}{(z-z_{\mathrm{p}})^i}=\frac{K_1 z}{z-z_{\mathrm{p}}}+\frac{K_2 z}{(z-z_{\mathrm{p}})^2}+\cdots+\frac{K_k z}{(z-z_{\mathrm{p}})^k}$$

若$|z|>\alpha$，对应的原序列为

$$K_i=\frac{1}{(k-i)!}\left[\frac{\mathrm{d}^{k-i}}{\mathrm{d}z^{k-i}}(z-z_{\mathrm{p}})\frac{F(z)}{z}\right]_{z=z_{\mathrm{p}}}$$

6.1.8 什么是留数法？

利用留数法求解逆 Z 变换时，可以用以下公式进行计算：

$$f(n)=\frac{1}{2\pi \mathrm{j}}\oint_C F(z)z^{n-1}\mathrm{d}z$$

$$=\begin{cases}-\sum\limits_{C外极点}\mathrm{Res}[F(z)z^{n-1}], n<0\\ \sum\limits_{C内极点}\mathrm{Res}[F(z)z^{n-1}], n\geqslant 0\end{cases}$$

若 $F(z)z^{n-1}$在 $z=z_{\mathrm{p}}$ 处有一阶极点，则该极点的留数为

$$\mathrm{Res}[F(z)z^{n-1}]=[(z-z_p)F(z)z^{n-1}]\big|_{z=z_{\mathrm{p}}}$$

若 $F(z)z^{n-1}$在 $z=z_{\mathrm{p}}$ 处有 k 阶(重)极点，该极点的留数为

$$\mathrm{Res}[F(z)z^{n-1}]=\frac{1}{(n-1)!}\cdot\frac{\mathrm{d}^{n-1}}{\mathrm{d}z^{n-1}}[(z-z_{\mathrm{p}})^n F(z)z^{n-1}]\big|_{z=z_{\mathrm{p}}}$$

6.1.9 差分方程的 Z 域如何求解？

对于线性时不变离散时间系统差分方程还可以利用 Z 变换进行求解，求解的过程一般是先利用 Z 变换的移位性质将时域方程转换到 Z 域方程的求解，然后通过代入系统的输入/输出的初始条件进行求解，得到输出函数的 Z 域形式，最后在利用 Z 逆变换求解输出函数的时域表达式。

6.1.10 如何对系统的零输入与零状态响应求解？

1. 零输入响应 $Y_{zi}(z)$，$y_{zi}(n)$

考虑一个二阶系统：

$$y(n+2)+a_1y(n+1)+a_0y(n)=b_2f(n+2)+b_1f(k+1)+b_0f(k)$$

零输入时：

$$f(n)=0、y_{zi}(n+2)+a_1y_{zi}(n+1)+a_0y_{zi}(n)=0$$

取 Z 变换：

$$(z^2+a_1z+z_0)Y_{zi}(z)-y_{zi}(0)z^2-y_{zi}(1)z-a_1y_{zi}(0)z=0$$

$$Y_{zi}(z)=\frac{y_{zi}(0)z^2+[y_{zi}(1)+a_1y_{zi}(0)]z}{(z^2+a_1z+z_0)}=\frac{C_1z}{z-z_1}+\frac{C_2z}{z-z_2}$$

$$y_{zi}(n)=Z^{-1}[Y_{zi}(z)]=C_1z_1^n+C_2z_2^n,n\geqslant 0$$

C_1、C_2 由零输入初始值 $y_{zi}(0)$、$y_{zi}(1)$决定。

由上可以总结出用 Z 变换求系统零输入响应的一般步骤为

(1) 对系统的齐次方程进行 Z 变换；

(2) 代入初始条件，求出 Z 域内的零输入响应；

(3) 对 $Y_{zi}(z)$进行反 Z 变换，即可得到零输入响应 $y_{zi}(n)$。

2. 零状态响应 $Y_{zs}(z)$，$y_{zi}(n)$

考虑一个二阶系统

$$y(n+2)+a_1y(n+1)+a_0y(n)=b_2f(n+2)+b_1f(k+1)+b_0f(k)$$

取 Z 变换可得

$$(z^2+a_1z+z_0)Y(z)-y(0)z^2-y(1)z-a_1y(0)z$$
$$=(b_2z^2+b_1z+b_0)F(z)-b_2f(0)z^2-b_2f(1)z-b_1f(0)z$$

这里：$Y(z)=Y_{zi}(z)+Y_{zs}(z)$，$y(0)=y_{zi}(0)+y_{zs}(0)$，$y(1)=y_{zi}(1)+y_{zs}(1)$

令 $y_{zi}(0)=y_{zi}(1)=0$，则可得

$$(z^2+a_1z+z_0)Y_{zs}(z)-y_{zs}(0)z^2-y_{zs}(1)z-a_1y_{zs}(0)z$$
$$=(b_2z^2+b_1z+b_0)F(z)-b_2f(0)z^2-b_2f(1)z-b_1f(0)z$$

令 $n=-2$，$n=-1$ 得到 $y_{zs}(n)$的初始条件，再代入上式可得

$$(z^2+a_1z+z_0)Y_{zs}(z)=(b_2z^2+b_1z+b_0)F(z)$$

$$D(z)Y_{zs}(z)=N(z)F(z)$$

$$Y_{zs}(z)=\frac{N(z)}{D(z)}F(z)=\frac{(b_2z^2+b_1z+b_0)}{(z^2+a_1z+z_0)}F(z)=H(z)F(z)$$

从而可得 $y_{zs}(n)$为

$$y_{zs}(n)=Z^{-1}[Y_{zs}(n)]$$

由上可以总结出用 Z 变换求系统零状态响应的一般步骤为

(1) 用移序算子将系统的差分方程写成算子形式；

(2) 写出转移算子 $H(s)$，以 z 代替 s 即得系统的系统函数；

(3) 以 $e(n)$的 Z 变换 $E(z)$与 $H(z)$相乘，得到 $Y_{zi}(z)$；

(4) 对 $Y_{zi}(z)$进行 Z 反变换即得 $y_{zs}(n)$。

6.1.11 如何对系统响应直接 Z 变换求解？

直接对方程取 Z 变换(消去有关激励信号的初始值 $e(0)$，$e(1)$的诸项)

$$Z\{y(n+2)+a_1y(n+1)+a_0y(n)\}=Z\{b_2f(n+2)+b_1f(k+1)+b_0f(k)\}$$

$$(z^2+a_1z+z_0)Y(z)-y_{zi}(0)z^2-y_{zi}(1)z-a_1y_{zi}(0)z=(b_2z^2+b_1z+b_0)F(z)$$

$y_{zi}(0)$，$y_{zi}(1)$是与所加的激励无关的零输入初始值

系统响应的总初始值为

$$y_{zs}(0)+y_{zi}(0)=y(0)$$
$$y_{zs}(1)+y_{zi}(1)=y(1)$$

6.1.12 Z变换与拉普拉斯变换有何关系？

Z变换与拉普拉斯变换的关系

(1) 抽样信号 $f_s(t)$的拉普拉斯变换 $F_s(s)$与抽样序列 $f(n)$的Z变换 $F(z)$的关系为

$$F_\delta(s)\big|_{s=\frac{1}{T}\ln z}=F(z)$$
$$F(z)\big|_{z=e^{sT}}=F_\delta(s)$$

(2) $F(z)$与响应的连续函数 $f(t)$的拉普拉斯变换 $F(s)$的关系

对拉普拉斯逆变换的公式

$$f(t)=\frac{1}{2\pi j}\int_{\sigma-j\infty}^{\sigma+j\infty}F(s)e^{st}\,ds$$

进行抽样，可得

$$f(nT)=\frac{1}{2\pi j}\int_{\sigma-j\infty}^{\sigma+j\infty}F(s)e^{snT}\,ds\,(n=0,1,2\ldots)$$

$$F(z)=\sum_{n=0}^{\infty}f(nT)z^{-n}=\sum_{n=0}^{\infty}\frac{1}{2\pi j}\int_{\sigma-j\infty}^{\sigma+j\infty}F(s)e^{snT}\,ds\cdot z^{-n}$$

$$F(z)=\frac{1}{2\pi j}\int_{\sigma-j\infty}^{\sigma+j\infty}F(s)\sum_{n=0}^{\infty}(e^{snT}z^{-n})\,ds$$

当$|z|>|e^{sT}|$时，$\sum_{n=0}^{\infty}(e^{sT}z^{-1})^n=\frac{1}{1-e^{sT}z^{-1}}$，故可得

$$F(z)=\frac{1}{2\pi j}\int_{\sigma-j\infty}^{\sigma+j\infty}\frac{F(s)}{1-e^{sT}z^{-1}}ds=\sum_i\mathrm{Res}\left[\frac{zF(s)}{z-e^{sT}}\right]_{s=s_i}$$

若 $f(t)\leftrightarrow F(s)$，且 $F(s)=\sum_i\frac{A_i}{s-s_i}$，则有

$$F(z)=\sum_i\mathrm{Res}\left[\frac{zF(s)}{z-e^{sT}}\right]_{s=s_i}=\sum_i\frac{A_iz}{z-e^{s_iT}}$$

(3) Z平面与S平面的映射关系

S平面的虚轴($\sigma=0$)映射到Z平面的单位圆($|z|=1$)；

S右半平面的虚轴($\sigma>0$)映射到Z平面的单位圆外部($|z|>1$)；

S左半平面的虚轴($\sigma>0$)映射到Z平面的单位圆内部($|z|<1$)；

S平面的实轴($\omega=0$)映射到Z平面的正实轴($\theta=0$)；

S平面的原点($\sigma=0,\omega=0$)映射到Z平面的单位圆与正实轴的交点($z=1$)。

注意：从S平面到Z平面的映射是单值的，但是从Z平面到S平面的映射却是多值的。

6.1.13 什么是离散时间系统的系统函数 $H(z)$？

1. $H(z)$的定义

设离散时间系统的输入为 $f(n)$，其Z变换为 $F(z)$；相应的零状态响应为 $y_{zs}(n)$，其Z

变换为 $Y_{zs}(z)$。则系统函数 $H(z)$ 为

$$H(z)=\frac{Y_{zs}(z)}{F(z)}=\text{零状态响应的 Z 变换/激励的 Z 变换}$$

2. $H(z)$的物理特性

$H(z)$是系统单位序列响应 $h(n)$的 Z 变换

即

$$H(z)=\mathrm{Z}[h(n)]$$

3. $H(z)$的求解方法

离散时间系统函数 $H(z)$的求解方法有多种,归纳起来,一般为以下几种

(1) 利用单位序列响应 $h(n)$的 Z 变换进行求解,即 $H(z)=\mathrm{Z}[h(n)]$;

(2) 对系统零状态响应的差分方程进行 Z 变换求解 $H(z)$;

(3) 根据系统的模拟框图求解 $H(z)$;

(4) 由信号流图根据梅森公式来求解 $H(z)$;

(5)根据 $H(z)$的零极点图进行求解。

6.1.14 什么是离散时间系统的频率响应?

1. 系统的频率响应特性与系统函数的关系

若 LTI 因果离散系统的系统函数 $H(z)$的收敛域包含单位圆(ROC:$|z|>\alpha,\alpha<1$),则 $H(e^{j\omega t})$称为 LTI 因果离散系统的频率响应。其中

$$H(e^{j\omega t})=H(z)\big|_{z=e^{j\omega t}}$$

$$H(e^{j\omega t})=|H(e^{j\omega t})|e^{j\phi(\omega t)}$$

$|H(e^{j\omega t})|$称为系统的幅频响应,$\phi(\omega t)$称为系统的相频响应。

2. 由系统函数的零极点分布确定单位函数响应

对于一 n 阶离散时间系统

$$y(k+n)+a_{n-1}(k+n-1)+\cdots+a_1 y(k+1)=b_m f(k+m)+\cdots+b_1 f(k)$$

其系统函数的表示形式可写为

$$H(z)=\frac{B(z)}{A(z)}=\frac{b_m z^m+b_{m-1}z^{m-1}+\cdots+b_1 z+b_0}{z^n+a_{n-1}z^{n-1}+\cdots+a_1 z+a_0}$$

$H(z)$为有理函数,则有

$$H(z)=\frac{\sum_{i=0}^{m}b_i z^i}{\sum_{j=0}^{n}a_j z^j}=b_m\frac{\prod_{i=1}^{m}(z-z_i)}{\prod_{j=1}^{n}(z-p_j)}\text{(z_i 表示零点,p_i 表示极点)}$$

若 $p_j(j=1,2,\ldots,n)$都为一阶极点,则有

$$h(n)=Z^{-1}\{H(z)\}=Z^{-1}\left\{\sum_{j=0}^{n}\frac{A_j z}{z-p_j}\right\}$$

当 $m=n$ 时,$h(n)=Z^{-1}\{H(z)\}=Z^{-1}\left\{A_0+\sum_{j=1}^{n}\frac{A_j z}{z-p_j}\right\}=A_0\delta(n)+\sum_{j=1}^{n}A_j p_j^n\varepsilon(n)$

当 $m<n$ 时,$h(n)=Z^{-1}\{H(z)\}=Z^{-1}\left\{\sum_{j=1}^{n}\frac{A_j z}{z-p_j}\right\}=\sum_{j=1}^{n}A_j p_j^n\varepsilon(n)$

由上式可知：单位函数响应 $h(n)$ 的特性取决于 $H(z)$ 的极点，其幅值有系数 A_j 决定，而 A_j 与 $H(z)$ 的零点分布有关。与拉普拉斯变换类似，$H(z)$ 的极点取决于 $h(n)$ 的波形特性，而零点只影响 $h(n)$ 的幅度与相位。

3. $H(z)$ 的极点与离散时间系统特性的关系：

(1) 因果性

若为因果离散时间系统，则 $H(z)$ 收敛域满足 $a<|z|\leqslant\infty$（其中 a 表示 $H(z)$ 最外面的极点所对应的圆）。或 $h(n)=0(n<0)$。

(2) 稳定性

若为稳定离散时间系统，则 $H(z)$ 收敛域包含单位圆。或 $\sum\limits_{n=-\infty}^{\infty}|h(n)|<\infty$

6.2 典型题解

题型 1　Z 变换

【例 6.1.1】 求以下序列的 Z 变换，并标明其收敛域。

(1) $\left(\frac{1}{4}\right)^n u(n)-\left(\frac{2}{3}\right)^n u(n)$；

(2) $-\left(\frac{1}{2}\right)^n u(-n-1)$。

解答：(1) 设 $x(n)=\left(\frac{1}{4}\right)^n u(n)-\left(\frac{2}{3}\right)^n u(n)$，则

$$X(z)=\sum_{n=-\infty}^{+\infty}x(n)\cdot z^{-n}=\sum_{n=0}^{+\infty}(\frac{1}{4})^n z^{-n}-\sum_{n=0}^{+\infty}(\frac{2}{3})^n z^{-n}$$
$$=\frac{1}{1-\frac{1}{4}z^{-1}}-\frac{1}{1-\frac{2}{3}z^{-1}}$$

(2)

$$X(z)=\sum_{n=-\infty}^{+\infty}x(n)\cdot z^{-n}=\sum_{n=-\infty}^{-1}-(\frac{1}{2}^n)z^{-n}=-\sum_{n=1}^{+\infty}2^n z^n$$
$$=1-\sum_{n=0}^{+\infty}2^n z^n=1-\frac{1}{1-2z}=\frac{1}{1-\frac{1}{2}z^{-1}},|z|<\frac{1}{2}$$

【例 6.1.2】 序列 $x(n)=(0.5)^n[\varepsilon(n)-\varepsilon(n-8)]$，求其单边 Z 变换，并标注收敛域。

解答：

$$x(n)=(0.5)^n[\varepsilon(n)-\varepsilon(n-8)]$$
$$=(0.5)^n\varepsilon(n)-(0.5)^8(0.5)^{n-8}\varepsilon(n-8)$$
$$\xi[x(n)]=\frac{z}{z-0.5}-(0.5)^8\frac{z}{z-0.5}z^{-8}=\frac{z^8-(0.5)^8}{z^7(z-0.5)}$$
$$=z^{-7}(z^4+0.5^4)(z^2+0.25)(z+0.5)$$

收敛域为：$|z|>0$

【例 6.1.3】 求序列 $f(k)=2^{-k}\varepsilon(-k-1)+\delta(k-2)$ 的变换，并标明收敛域。

解答：因为：$2^{-k}\varepsilon(-k-1)\xleftrightarrow{ZT}-\frac{z}{z-\frac{1}{2}},|z|<\frac{1}{2}$

$$\delta(k-2)\xleftrightarrow{ZT}z^{-2},\infty\geqslant|z|>0$$

所以：$F(z)=z^{-2}-\dfrac{z}{z-1/2},0<|z|<\dfrac{1}{2}$。

【例 6.1.4】 离散序列 $f(k)=\sum\limits_{m=0}^{\infty}(-1)^m\delta(k-m)$ 的 Z 变换及收敛域为(　　)。

(A) $\dfrac{z}{z-1},|z|<1$　　(B) $\dfrac{z}{z-1},|z|>1$

(C) $\dfrac{z}{z+1},|z|<1$　　(D) $\dfrac{z}{z+1},|z|>1$

解答：选(D)。

$$f(k)=\sum_{m=0}^{\infty}(-1)^m\delta(k-m)=\sum_{m=0}^{\infty}(-1)^k\delta(k-m)$$

$$=(-1)^k\sum_{m=0}^{\infty}\delta(k-m)=(-1)^k\varepsilon(k)$$

$$f(k)\leftrightarrow\frac{z}{z+1},|z|>1$$

【例 6.1.5】 求离散时间序列 $x(n)=2^nu(-n+2)$ 的傅里叶变换 $X(e^{j\omega})$。

解答：对 $x(n)$ 求 Z 变换可得

$$X(z)=\frac{4z^{-2}}{1-\frac{1}{2}z}$$

故可得：$x(n)$ 的傅里叶变换为

$$X(e^{j\omega})=\frac{4e^{-j2\omega}}{1-\frac{1}{2}e^{j\omega}}$$

题型 2　Z 变换的性质

【例 6.2.1】 求下列有始序列的 Z 变换。

(1) $\delta(k)-8\delta(k-3)$

(2) $k\varepsilon(k)$

(3) $a^k\varepsilon(k-2)$

解答：(1) 由 $\delta(k)$ 的 Z 变换 $Z[\delta(k)]=1$，根据时移性质可得

$$Z[\delta(k-3)]=z^{-3}\ (|z|>0)$$

故可得 $\delta(k)-8\delta(k-3)$ 的 Z 变换为

$$Z[\delta(k)-8\delta(k-3)]=1-8z^{-3}\ (|z|>0)$$

(2) $Z[\varepsilon(k)]=\sum\limits_{k=0}^{\infty}\varepsilon(k)z^{-k}=\dfrac{1}{1-z^{-1}}=\dfrac{z}{z-1}=F_1(z)\ (|z|>1)$

$$Z[k\varepsilon(k)]=-z\frac{d}{dz}F_1(z)=-z\frac{d}{dz}\left(\frac{z}{z-1}\right)=\frac{z}{(z-1)^2}\ (|z|>1)$$

(3) $a^k\varepsilon(k-2)=a^2\cdot a^{k-2}\varepsilon(k-2)\leftrightarrow F(z)$

【方法一】先尺度变换，再延迟。

$$F_1(z)=Z[a^k\varepsilon(k)]=\frac{1}{1-\left(\frac{z}{a}\right)^{-1}}=\frac{z}{z-a}\ (|z|>|a|)$$

$$F(z)=a^2\cdot z^{-2}F_1(z)=a^2z^{-2}\frac{z}{z-a}=\frac{a^2}{z(z-a)}\ (|z|>|a|)$$

【方法二】先延迟，再尺度变换。

$$Z[\varepsilon(k)]=\frac{z}{z-1}(|z|>1)$$

$$Z[\varepsilon(k-2)]=z^{-2}\cdot\frac{z}{z-1}=\frac{1}{z(z-1)}=F_1(z)(|z|>1)$$

$$Z[a^k\varepsilon(k-2)]=F_1\left(\frac{z}{a}\right)=F(z)(|z|>|a|)$$

$$F(z)=\frac{1}{\frac{z}{a}\left(\frac{z}{a}-1\right)}=\frac{a^2}{z(z-a)}(|z|>|a|)$$

【例 6.2.2】 求卷积 $f(k)=a^{k-1}\varepsilon(k-1)*\varepsilon(k)$。

解答：

$$Z[f_1(k)]=Z[a^{k-1}\varepsilon(k-1)]=\frac{1}{z-a}(|z|>|a|)$$

$$Z[f_2(k)]=Z[\varepsilon(k)]=\frac{1}{z-a}(|z|>1)$$

$$F(z)=Z[f(k)]=\frac{1}{z-a}\cdot\frac{z}{z-1}=\frac{\frac{1}{1-a}}{z-1}-\frac{\frac{a}{1-a}}{z-a}$$

$$=\frac{1}{1-a}\left(\frac{z^{-1}\cdot z}{z-1}-\frac{a}{z-a}\right)(|z|>\max(|a|,1))$$

$$f(k)=\frac{1}{1-a}[\varepsilon(k-1)-a\cdot a^{k-1}\varepsilon(k-1)]=\frac{1-a^k}{1-a}\varepsilon(k-1)$$

【例 6.2.3★】(中国科学技术大学考研真题)　概画出离散时间序列 $x[n]=\sum_{k=0}^{\infty}(-1)^k u[n-4k]$ 的序列图形，并求它的 Z 变换 $X(z)$，以及概画出 $X(z)$ 的零极点图和收敛域。

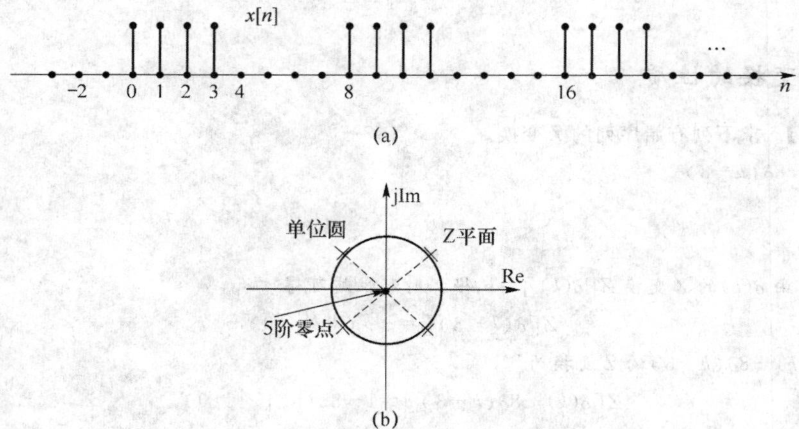

图 6.1

解答：$x[n]$的序列图形如图 6.1(a)所示。

$x[n]=(u[n]-u[n-4])*\sum_{k=0}^{\infty}\delta[n-8k]$，其 Z 变换 $X(z)$ 为

$X(z)=\frac{1}{1-z^{-1}}(1-z^{-4})\frac{1}{1-z^{-8}}=\frac{1}{(1-z^{-1})(1+z^{-4})}$，收敛域为：$|z|>1$

或者直接对 $x[n]=\sum_{k=0}^{\infty}(-1)^k u[n-4k]$ 求 Z 变换，得到

$$X(z)=\sum_{k=0}^{\infty}(-1)^k\frac{z^{-4k}}{1-z^{-1}}=\frac{1}{(1-z^{-1})}\sum_{k=0}^{\infty}(-z^{-4})^k=\frac{1}{(1-z^{-1})(1-z^{-4})},|z|>1$$

$X(z)$得零极点如图6.1(b)所示。

【例6.2.4】 已知序列 $f(k)=k(k-1)...(k-n+1)a^{k-n}\varepsilon(k)$,求该序列的Z变换 $F(z)$。

解答:$f(k)=k(k-1)\cdots(k-n+1)a^{k-n}\varepsilon(k)$

$$a^k\varepsilon(k)\xrightarrow{ZT}\frac{z}{z-a}$$

$$\frac{\mathrm{d}}{\mathrm{d}a}[a^k\varepsilon(k)]\xrightarrow{ZT}\frac{z}{(z-a)^2}=\frac{\mathrm{d}}{\mathrm{d}a}\left[\frac{z}{z-a}\right]$$

$$\frac{\mathrm{d}^2}{\mathrm{d}a^2}[a^k\varepsilon(k)]\xrightarrow{ZT}\frac{2z}{(z-a)^3}=\frac{\mathrm{d}}{\mathrm{d}a}\left[\frac{z}{(z-a)^2}\right]$$

$$\vdots \qquad\qquad \vdots$$

$$\frac{\mathrm{d}^n}{\mathrm{d}a^n}[a^k\varepsilon(k)]\xrightarrow{ZT}\frac{n!\,z}{(z-a)^{n+1}}=\frac{\mathrm{d}}{\mathrm{d}a}\left[\frac{(n-1)!\,z}{(z-a)^n}\right]$$

又:$\frac{\mathrm{d}^n}{\mathrm{d}a^n}[a^k\varepsilon(k)]=k(k-1)\cdots(k-n+1)a^{k-n}\varepsilon(k)$

所以:$F(z)=\frac{n!\,z}{(z-a)^{n+1}}$

【例6.2.5】 已知某有始离散时间序列 $f_1(n)$ 的Z变换为 $F_1(z)$,收敛域为 $|z|>1$。试求离散时间序列 $f_2(n)=\sum_{i=0}^{n}f_1(i)$ 的Z变换。

解答:由题知有序列 $f_1(n)$是右边序列,设 $n=n_0$ 为起始时刻,则

$$f_2(n)=\sum_{i=0}^{n}f_1(i)=[f_1(n)u(n)]*u(n)=\begin{cases}[f_1(n)-\sum_{i=n_0}^{-1}f_1(i)]*u(n),n_0<0\\ f_1(n)*u(n),\quad n_0\geqslant 0\end{cases}$$

$$\Rightarrow F_2(z)=\begin{cases}[F_1(z)-\sum_{i=n_0}^{-1}f_1(i)z^{-i}]\frac{z}{z-1},n_0<0\quad |z|>1\\ F_1(z)\frac{z}{z-1},\quad n_0\geqslant 0\end{cases}$$

【注意】容易出现的计算错误如下:

$$f_2(n+1)-f_2(n)=\sum_{i=0}^{n+1}f_1(i)-\sum_{i=0}^{n}f_1(i)=f_1(n+1)$$

$$\Rightarrow\xi[f_2(n+1)-f_2(n)]=\xi[f_1(n+1)]$$

$$\Rightarrow zF_2(z)-F_2(z)=zF_1(z)$$

$$\Rightarrow F_2(z)=\frac{z}{z-1}F_1(z)$$

另解

$$f_2(n+1)-f_2(n)=\sum_{i=0}^{n+1}f_1(i)-\sum_{i=0}^{n}f_1(i)=f_1(n+1),n\geqslant 0$$

应用单边Z变换时移性质:

$$\Rightarrow[zF_2(z)-zf_2(0)]-F_2(z)=z\xi[f_1(n)u(n)]-zf_1(0)$$

$$\Rightarrow F_2(z)=\frac{z}{z-1}\xi[f_1(n)u(n)],|z|>1$$

【例 6.2.6】 已知离散序列 $f(k)=\frac{a^k}{k+1},k\geqslant 0$，求 Z 变换 $F(z)$，指出收敛域。

解答：令 $f_1(k)=a^kU(k)$，则 $f(k)=\frac{f_1(k)}{k+1}$，$F_1(z)=\frac{z}{z-a}$，$|z|>|a|$。故根据 z 域积分性质，有

$$F(z)=z\int_z^{\infty}\frac{F_1(x)}{x^2}\mathrm{d}x=z\int_z^{\infty}\frac{1}{x(x-a)}\mathrm{d}x=\frac{z}{a}\int_z^{\infty}(\frac{1}{x-a}-\frac{1}{x})\mathrm{d}x$$

$$=\frac{z}{a}\ln(\frac{x-a}{x})\Big|_z^{\infty}=\frac{z}{a}\ln\frac{z}{z-a},|z|>|a|$$

【例 6.2.7】 利用 Z 变换的性质求下列序列的 Z 变换。

(1) $k(-1)^k\varepsilon(k)$

(2) $(k-1)^2\varepsilon(k-1)$

解答：(1)【方法一】

令 $f_1(k)=(-1)^k\varepsilon(k)$，可得

$$F_1(z)=Z[f_1(k)]=\frac{z}{z+1},(|z|>1)$$

则

$$F(z)=Z[kf_1(k)]=-z\frac{d}{dz}F_1(z)=\frac{-z}{(z+1)^2},(|z|>1)$$

【方法二】

令 $f_1(k)=k\varepsilon(k)$，可得

$$F_1(z)=Z[f_1(k)]=-z\frac{d}{dz}\left(\frac{z}{z-1}\right)=\frac{z}{(z-1)^2},(|z|>1)$$

因为 $f(k)=(-1)^kf_1(k)$

故根据 Z 域尺度变换性质可得：

$$F(z)=F_1\left(\frac{z}{-1}\right)=\frac{-z}{(z+1)^2},(|z|>1)$$

(2) 令 $f_1(k)=(k-1)\varepsilon(k-1)$，根据移序性质，可得

$$F_1(z)=Z[f_1(k)]=\frac{z}{(z-1)^2}z^{-1}=\frac{1}{(z-1)^2},(|z|>1)$$

因为 $f(k)=(k-1)f_1(k)=kf_1(k)-f_1(k)$

故由线性与 Z 域微分性质可得

$$F(z)=-z\frac{\mathrm{d}}{\mathrm{d}z}(F_1(z))-F_1(z)$$

$$=\frac{2z}{(z-1)^3}-\frac{1}{(z-1)^2}$$

$$=\frac{z+1}{(z-1)^3},\ (|z|>1)$$

【例 6.2.8】 若因果序列 $x_1(n)=\cos(\beta nT)u(n)$ 的 Z 变换为 $X_1(z)=\frac{z[z-\cos(\beta T)]}{z^2-2z\cos(\beta T)+1}$，求函数 $x(n)=\mathrm{e}^{-4nT}\cdot nT\cos(n\pi)u(n)$ 的 Z 变换 $X(z)$。

分析：这是一道 Z 变换性质层层嵌套的考题，用到了频域微分性质，Z 域尺度变换性质。

解答：$x_2(n)\triangleq\cos n\pi\cdot u(n)\leftrightarrow\frac{z(z-\cos\pi)}{z^2-2z\cos\pi+1}=\frac{z}{z+1}\triangleq X_2(z)$

则

$$x_3(n)=nT\cos n\pi\cdot u(n)=nT\cdot x_2(n)\leftrightarrow -z\cdot X_2'(z)\cdot T=-\frac{zT}{(z+1)^2}\triangleq X_3(z)$$

$$x(n)=\mathrm{e}^{-4nT}\cdot x_3(n)=(\mathrm{e}^{-4T})^n\cdot x_3(n)\leftrightarrow X_3(\frac{z}{\mathrm{e}^{-4T}})=-\frac{\mathrm{e}^{4T}zT}{(\mathrm{e}^{4T}z+1)^2}$$

即 $X(z)=-\frac{T\mathrm{e}^{4T}z}{(\mathrm{e}^{4T}z+1)^2}$

题型 3 Z 逆变换的求解

【例 6.3.1★】(中国科学院电子学研究所) 分别利用部分分式展开法和留数法(围线积分法),求当(1) $x(n)$是右边序列;(2) $x(n)$是左边序列;(3) $x(n)$是双边序列等三种情况下,$X(z)=\dfrac{-3z}{2z^2-5z+2}$所对应的序列 $x(n)$。

解答:【解法一】用部分分式求逆变换,由

$$X(z)=\frac{-3z}{2z^2-5z+2}$$

$$\frac{X(z)}{z}=\frac{-3}{(2z-1)(z-2)}=\frac{c_1}{2z-1}+\frac{c_2}{z-2}$$

其中: $c_1=\left[\dfrac{X(z)}{z}\cdot(2z-1)\right]_{z=\frac{1}{2}}=\dfrac{-3}{(z-2)}\Big|_{z=\frac{1}{2}}=2$

$c_2=\left[\dfrac{X(z)}{z}\cdot(z-2)\right]_{z=2}=\dfrac{-3}{(2z-1)}\Big|_{z=2}=-1$

则

$$X(z)=\frac{2z}{2z-1}-\frac{z}{z-2}\quad (*)$$

① 当$|z|>2$时,$X(z)$对应的序列 $x(n)$为右边序列

$$x(n)=\left(\frac{1}{2}\right)^n\varepsilon(n)-(2)^n\varepsilon(n)$$

② 当$|z|<\dfrac{1}{2}$时,$X(z)$对应的序列 $x(n)$为左边序列

$$x(n)=-\left(\frac{1}{2}\right)^n\varepsilon(-n-1)+(2)^n\varepsilon(-n-1)$$

③ 当$\dfrac{1}{2}<|z|<2$时,(*)式第一项对应的序列为右边序列,而第二项对应的是左边序列

$$x(n)=\left(\frac{1}{2}\right)^n\varepsilon(n)+(2)^n\varepsilon(-n-1)$$

【解法二】用围线积分求逆变换,由

$$X(z)=\frac{-3z}{(2z-1)(z-2)}$$

① 当$|z|>2$时,$X(z)$对应的序列 $x(n)$为右边序列,也是因果序列,只需要考虑 $n\geqslant 0$ 的情况。

根据公式 $x(n)=\dfrac{1}{2\pi j}\oint_c X(z)z^{n-1}\mathrm{d}z=\sum_i \mathrm{Res}[X(z)z^{n-1}]\big|_{z=z_i}$

其中 z_i 为 $X(z)z^{n-1}$在围线 c 内的极点。

则有

$$x(n)=\sum_i Res\left[\frac{-3z\cdot z^{n-1}}{(2z-1)(z-2)}\right]\Big|_{z=z_i}$$

围线 c 内的极点为 $z=\dfrac{1}{2}$,$z=2$,故

$$x(n)=\sum_i \mathrm{Res}\left[\frac{-3z\cdot z^{n-1}\cdot\frac{1}{2}}{(2z-1)(z-2)}(2z-1)\right]\Big|_{z=\frac{1}{2}}+\sum_i \mathrm{Res}\left[\frac{-3z\cdot z^{n-1}\cdot(z-2)}{(2z-1)(z-2)}\right]\Big|_{z=2}$$

$$=\left(\frac{1}{2}\right)^n-2^n,n\geqslant 0$$

② 当$|z|<\dfrac{1}{2}$时,$X(z)$对应的序列 $x(n)$为左边序列,也是反因果序列,

当 $n<0$ 时，$X(z)\cdot z^{n-1}$ 的极点阶数 $z=0$ 随 n 变化而变化，如果仍然采用逐阶求 $z=0$ 处的留数，将使计算相当烦琐，为此，我们采用公式

$$x(n)=\frac{-1}{2\pi j}\oint_{c'}X(z)z^{n-1}\mathrm{d}z=-\sum_i \mathrm{Res}[X(z)z^{n-1}]|_{z=z_i}$$

c' 为收敛域内与 c 反方向的围线，z_i 为 c 外部（围线 c' 左侧）的极点，因此

$$x(n)=-\sum_i \mathrm{Res}\left[\frac{-3z\cdot z^{n-1}}{(2z-1)(z-2)}\right]\bigg|_{z=z_i}$$

只有极点 $z=\frac{1}{2}$，$z=2$ 在围线 c' 左侧，如图 6.2(a)所示。

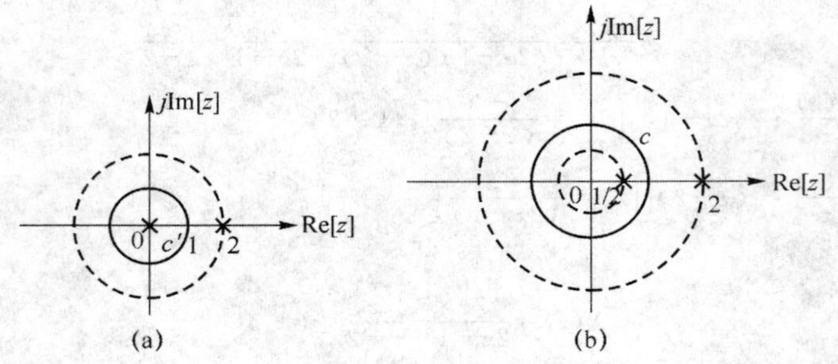

图 6.2

当 $n<0$ 时

$$x(n)=-\left[\frac{-3z\cdot z^{n-1}\cdot\frac{1}{2}}{(2z-1)(z-2)}(2z-1)\right]\bigg|_{z=\frac{1}{2}}-\left[\frac{-3z\cdot z^{n-1}\cdot(z-2)}{(2z-1)(z-2)}\right]\bigg|_{z=2}$$

$$=-\left(\frac{1}{2}\right)^n+2^n \qquad (n<0)$$

③ 当 $\frac{1}{2}<|z|<2$ 时，$x(n)$ 为双边序列，如图 6.2(b)所示。

$n\geqslant 0$ 时，$X(z)\cdot z^{n-1}$ 在围线 c 内只有极点 $z=\frac{1}{2}$，则

$$x(n)=\left[\frac{-3z\cdot z^{n-1}\cdot\frac{1}{2}}{(2z-1)(z-2)}(2z-1)\right]\bigg|_{z=\frac{1}{2}}=\frac{1}{2}\left[\frac{-3z^n}{z-2}\right]_{z=\frac{1}{2}}$$

$$=\left(\frac{1}{2}\right)^n \qquad (n\geqslant 0)$$

$n<0$ 时，$X(z)\cdot z^{n-1}$ 在围线 c 外只有极点 $z=2$，则

$$x(n)=-\left[\frac{-3z\cdot z^{n-1}\cdot(z-2)}{(2z-1)(z-2)}\right]\bigg|_{z=2}\ (n<0)$$

所以

$$x(n)=\left(\frac{1}{2}\right)^n\varepsilon(n)+(2)^n\varepsilon(-n-1)$$

【例 6.3.2】 已知信号 $f(k)$ 的 Z 变换 $F(z)=\frac{z^2}{z^2-2.5z+1}$，且 $\sum_{k=-\infty}^{\infty}|f(k)|<\infty f(k)$，求 $f(k)$。

解答：$F(z)=z\frac{z}{(z-2)(z-0.5)}=z\left[\frac{\frac{4}{3}}{z-2}+\frac{-\frac{1}{3}}{z-0.5}\right]=\frac{\frac{4}{3}z}{z-2}-\frac{\frac{1}{3}z}{z-0.5}$，$0.5<|z|<2$

因已知有 $\sum_{k=-\infty}^{\infty}|f(k)|<\infty$，即 $f(k)$ 绝对可和，故得

$$f(k)=-\frac{4}{3}(2)^kU(-k-1)-\frac{1}{3}(0.5)^kU(k)$$

亦即 $F(z)$的收敛域为 $0.5<|z|<2$。

【例 6.3.3】 已知 Z 变换象函数 $F(z)=e^{a/z}$，$|z|>0$,，求相应的右边原序列 $f(k)$。

解答：因为：$F(z)=e^{a/z}=\sum_{n=0}^{\infty}\frac{a^n}{n!}z^{-n}$（$e^r$ 为 Taylor 级数展开）。

写成：$F(z)=\sum_{n=0}^{\infty}\frac{a^k}{k!}z^{-k}=\sum_{n=0}^{\infty}f(k)z^{-k}$　为单边 Z 变换定义式。

所以：$f(k)=\frac{a^k}{k!}\varepsilon(k)$。

【例 6.3.4】 已知 $F(z)=\frac{1+2z^{-1}}{1-2z^{-1}+z^{-2}}$，求收敛域为 $|z|>1$ 和 $|z|<1$ 两种情况下的 $f(k)$。

解答：(1) 当收敛域为 $|z|>1$ 时，$f(k)$为右边序列（有始序列）

$$\begin{aligned}F(z)&=\frac{1+2z^{-1}}{1-2z^{-1}+z^{-2}}\text{（按 }Z\text{ 的降幂排列）}\\&=1+4z^{-1}+7z^{-2}+10z^{-3}+13z^{-4}+\cdots\\&=\sum_{k=0}^{\infty}(3k+1)z^{-k}\end{aligned}$$

所以 $f(k)=(3k+1)\varepsilon(k)$

(2) 当收敛域为 $|z|<1$ 时，$f(k)$为左边序列

$$\begin{aligned}F(z)&=\frac{1+2z^{-1}}{1-2z^{-1}+z^{-2}}\text{（按 Z 的升幂排列）}\\&=2z+5z^2+8z^3+11z^4\cdots\\&=\sum_{k=1}^{\infty}(3k-1)z^{-k}\\&=\sum_{m=-1}^{-\infty}(-3m-1)z^m\\&=-\sum_{k=-\infty}^{-1}(3k+1)z^{-k}\end{aligned}$$

所以 $f(k)=-(3k+1)\varepsilon(-k-1)$

※点评：(1) 收敛域 $|z|>R$，$F(z)$对应的序列为右边序列。

收敛域 $|z|<R$，$F(z)$对应的序列为左边序列。

(2) 同一个 $F(z)$的 $f(k)$不是唯一的，已知 $F(z)$和收敛域，$f(k)$才能唯一确定。

【例 6.3.5】 求 $F(z)=\frac{3z^2-5z}{(z-1)(z-2)}$，$1<|z|<2$ 的原时间序列 $f(k)$。

解答：$F(z)z^{k-1}=\frac{3z^2-5z}{(z-1)(z-2)}\cdot z^{k-1}=\frac{(3z-5)z^k}{(z-1)(z-2)}$（有两个单极点：$z=1$、$z=2$）

【解法一】

在收敛域内作闭合路径 C，则在围线 C 内有一个极点 $z=1$（单阶）

$$\begin{aligned}f_r(k)&=\operatorname*{Res}_{z=1}[F(z)z^{k-1}]=[(z-1)F(z)z^{k-1}]_{z=1}\\&=\left[\frac{(3z-5)z^k}{z-2}\right]_{z=1}=2,k\geqslant0\end{aligned}$$

在围线 C 外有极点 $z=2$（单阶）

$$\begin{aligned}f_l(k)&=-\operatorname*{Res}_{z=2}[F(z)z^{k-1}]=-[(z-2)F(z)z^{k-1}]_{z=2}\\&=-\left[\frac{(3z-5)z^k}{z-1}\right]_{z=1}=-2^k,k<0\end{aligned}$$

$$f(k)=f_l(k)+f_r(k)=2\varepsilon(k)-2^k\varepsilon(-k-1)$$

【解法二】

令 $F(z)=\dfrac{3z^2-5z}{(z-1)(z-2)}=\dfrac{2z}{(z-1)}+\dfrac{z}{(z-2)}=F_1(z)+F_2(z)$

其中 $F_1(z)=\dfrac{2z}{(z-1)}$，$|z|>1$ 对应右边序列 $f_r(k)$

$F_2(z)=\dfrac{z}{(z-2)}$，$|z|<2$ 对应左边序列 $f_l(k)$

$$f_r(k)=\underset{z=1}{\mathrm{Res}}[F_1(z)z^{k-1}]=\left[(z-1)\frac{2z}{(z-1)}z^{k-1}\right]_{z=1}=2,k\geqslant 0$$

$$f_l(k)=-\underset{z=2}{\mathrm{Res}}[F_2(z)z^{k-1}]=-\left[(z-2)\frac{z}{(z-2)}z^{k-1}\right]_{z=2}=-2^k,k<0$$

$$f(k)=f_l(k)+f_r(k)=2\varepsilon(k)-2^k\varepsilon(-k-1)$$

※点评：求双边反Z变换与求双边反拉普拉斯变换一样：关键在于弄清极点的归属问题！

【例 6.3.6】 已知象函数求 $F(z)=\dfrac{z^3+z^2}{(z-1)^3}$，$|z|>1$，求其原序列 $f(k)$。

解答：$\dfrac{F(z)}{z}=\dfrac{z+z^2}{(z-1)^3}=\dfrac{z+z^2}{(z-1)^3}=\dfrac{K_{11}}{(z-1)^3}+\dfrac{K_{12}}{(z-1)^2}+\dfrac{K_{13}}{(z-1)}$

$$\begin{cases}K_{11}=(z-1)^3\dfrac{F(z)}{z}|_{z=1}=2\\K_{12}=\dfrac{\mathrm{d}}{\mathrm{d}z}\left[(z-1)^3\dfrac{F(z)}{z}\right]|_{z=1}=3\\K_{13}=-\dfrac{1}{2}\dfrac{\mathrm{d}^2}{\mathrm{d}z^2}\left[(z-1)^3\dfrac{F(z)}{z}\right]|_{z=1}=1\end{cases}$$

$$F(z)=\frac{2z}{(z-1)^3}+\frac{3z}{(z-1)^2}+\frac{z}{(z-1)}$$

故可得

$$f(k)=[k(k-1)+3k+1]\varepsilon(k)$$

【例 6.3.7】 已知 $F(z)=\dfrac{1}{(z-2)(z-3)}$，$|z|>3$，求其逆变换 $f(k)$。

解答：【解法一】 $\dfrac{F(z)}{z}=\dfrac{1}{z(z-2)(z-3)}=\dfrac{1/6}{z}+\dfrac{-1/2}{(z-2)}+\dfrac{1/3}{(z-3)}$

$$F(z)=\frac{1}{6}-\frac{1}{2}\frac{z}{z-2}+\frac{1}{3}\frac{z}{z-3}$$

$$f(k)=\frac{1}{6}\delta(k)-\left(\frac{1}{2}\times 2^k-\frac{1}{3}\times 3^k\right)\varepsilon(k)$$

$$=\frac{1}{6}\delta(k)-(2^{k-1}-3^{k+1})\varepsilon(k)$$

【解法二】

$$F(z)=\frac{1}{(z-2)(z-3)}=\frac{-1}{z-1}+\frac{1}{z-3}$$

$$=z^{-1}\left(\frac{-z}{z-2}+\frac{z}{z-3}\right)$$

$$f(k)=-2^{k-1}\varepsilon(k-1)+3^{k-1}\varepsilon(k-1)$$

$$=(3^{k-1}-2^{k-1})\varepsilon(k-1)$$

【例 6.3.8】 已知某离散信号的单边 z 变换为 $F(z)=\dfrac{2s^2+z}{(z-2)(z+3)}$，$(|z|>3)$，求其反变换 $f[k]=$________。

解答：$F(z)=\dfrac{2z^2+z}{(z-2)(z+3)}=\dfrac{2+z^{-1}}{(1-2z^{-1})(1+3z^{-1})}=\dfrac{1}{1-2z^{-1}}+\dfrac{1}{1+3z^{-1}}$

$f[k]=\mathscr{Z}^{-1}[F(z)]=[2^k+(-3)^k]u[k]$

【例 6.3.9】 试求下式的 Z 变换或反 Z 变换。

(1) 已知序列 $f(k)=k(k-1)...(k-n+1)a^{k-n}\varepsilon(k)$，求该序列的 Z 变换 $F(z)$。

(2) 已知 Z 变换象函数 $F(z)=e^{a/z}$，$|z|>0$，求相应的右边原序列 $f(k)$。

分析：本题考查 Z 变换以及其逆变换的求解。

解答：

(1) $f(k)=k(k-1)\cdots(k-n+1)a^{k-n}\varepsilon(k)$

$$a^k\varepsilon(k)\xrightarrow{ZT}\frac{z}{z-a}$$

$$\frac{\mathrm{d}}{\mathrm{d}a}[a^k\varepsilon(k)]\xrightarrow{ZT}\frac{z}{(z-a)^2}=\frac{\mathrm{d}}{\mathrm{d}a}\left[\frac{z}{z-a}\right]$$

$$\frac{\mathrm{d}^2}{\mathrm{d}a^2}[a^k\varepsilon(k)]\xrightarrow{ZT}\frac{2z}{(z-a)^3}=\frac{\mathrm{d}}{\mathrm{d}a}\left[\frac{z}{(z-a)^2}\right]$$

$$\vdots \qquad\qquad \vdots$$

$$\frac{\mathrm{d}^n}{\mathrm{d}a^n}[a^k\varepsilon(k)]\xrightarrow{ZT}\frac{n!\ z}{(z-a)^{n+1}}=\frac{\mathrm{d}}{\mathrm{d}a}\left[\frac{(n-1)!\ z}{(z-a)^n}\right]$$

又：$\dfrac{\mathrm{d}^n}{\mathrm{d}a^n}[a^k\varepsilon(k)]=k(k-1)\cdots(k-n+1)a^{k-n}\varepsilon(k)$

所以：$F(z)=\dfrac{n!\ z}{(z-a)^{n+1}}$

(2) 因为：$F(z)=e^{a/z}=\sum\limits_{n=0}^{\infty}\dfrac{a^n}{n!}z^{-n}$（$e^r$ 为 Taylor 级数展开）。

写成：$F(z)=\sum\limits_{n=0}^{\infty}\dfrac{a^k}{k!}z^{-k}=\sum\limits_{n=0}^{\infty}f(k)z^{-k}$ 为单边 Z 变换定义式

所以：$f(k)=\dfrac{a^k}{k!}\varepsilon(k)$

题型 4 离散时间系统的 Z 域分析

【例 6.4.1】 已知下列差分方程以及相关的输入和初始条件，确定输出 $y[n]$。

(1) $y[n]-\dfrac{1}{2}y[n-1]=x[n]$，且 $x[n]=\left(\dfrac{1}{3}\right)^n$，$y[-1]=1$；

(2) $3y[n]-4y[n-1]+y[n-2]=x[n]$，且 $x[n]=\left(\dfrac{1}{2}\right)^n$，$y[-1]=1$，$y[-2]=2$。

解答：(1)

$$x[n]\leftrightarrow X(z)=\frac{z}{z-\frac{1}{3}},\ |z|>\frac{1}{3}$$

对上式差分方程进行单边 Z 变换，得

$$Y(z)-\frac{1}{2}[z^{-1}Y(z)+y[-1]]=X(z)$$

将 $y[-1]=1$ 和 $X(z)$ 代入上式，得

$$\left(1-\frac{1}{2}z^{-1}\right)Y(z)=\frac{1}{2}+\frac{z}{z-\frac{1}{3}}$$

或

$$\left(\frac{z-\frac{1}{2}}{z}\right)Y(z)=\frac{1}{2}+\frac{z}{z-\frac{1}{3}}$$

则

$$\left(\frac{z-\frac{1}{2}}{z}\right)Y(z)=\frac{1}{2}\frac{z}{z-\frac{1}{2}}+\frac{z^2}{\left(z-\frac{1}{2}\right)\left(z-\frac{1}{3}\right)}=\frac{7}{2}\frac{z}{z-\frac{1}{2}}-2\frac{z}{z-\frac{1}{3}}$$

因此

$$y[n]=7\left(\frac{1}{2}\right)^{n+1}-2\left(\frac{1}{3}\right)^n,n\geqslant-1$$

(2)

$$x[n]\leftrightarrow X(z)=\frac{z}{z-\frac{1}{2}},|z|>\frac{1}{2}$$

$$3y[n]-4y[n-1]+y[n-2]=x[n]$$

对上式差分方程进行单边Z变换，得

$$3Y(z)-4[z^{-1}Y(z)+y[-1]]+[z^{-2}Y(z)+z^{-1}y[-1]+y[-2]]=X(z)$$

将 $y[-1]=1,y[-2]=2$ 和 $X(z)$ 代入上式，得

$$\frac{3(z-1)\left(z-\frac{1}{3}\right)}{z^2}Y(z)=\frac{3z^2-2z+\frac{1}{2}}{z\left(z-\frac{1}{2}\right)}$$

则

$$Y(z)=\frac{z\left(3z^2-2z+\frac{1}{2}\right)}{\left(z-\frac{1}{2}\right)(z-1)\left(z-\frac{1}{3}\right)}=\frac{3}{2}\frac{z}{z-1}-\frac{z}{z-\frac{1}{2}}+\frac{1}{2}\frac{z}{z-\frac{1}{3}}$$

因此

$$y[n]=\frac{3}{2}-\left(\frac{1}{2}\right)^n+\frac{1}{2}\left(\frac{1}{3}\right)^n,n\geqslant-2$$

【例 6.4.2】 一个离散时间 LTI 系统，如果输入 $x[n]$ 为 $u[n]$，输出 $y[n]$ 为 $2\left(\frac{1}{3}\right)^n u[n]$。

(1) 求出系统的单位冲激响应 $h[n]$；

(2) 求输入 $x[n]$ 为 $\left(\frac{1}{2}\right)^n u[n]$ 时的输出 $y[n]$。

解答：(1)

$$x[n]=u[n]\leftrightarrow X(z)=\frac{z}{z-1},|z|>1$$

$$y[n]=2\left(\frac{1}{3}\right)^n u[n]\leftrightarrow Y(z)=\frac{2z}{z-\frac{1}{3}},|z|>1$$

因此，系统函数 $H(z)$ 为

$$H(z)=\frac{Y(z)}{X(z)}=\frac{2(z-1)}{z-\frac{1}{3}},|z|>\frac{1}{3}$$

利用部分分式展开法，得

$$y[n]=2\left(\frac{1}{3}\right)^n u[n]\leftrightarrow\frac{H(z)}{z}=\frac{2(z-1)}{z\left(z-\frac{1}{3}\right)}=\frac{c_1}{z}+\frac{c_2}{z-\frac{1}{3}}$$

其中

$$c_1=\frac{2(z-1)}{\left(z-\frac{1}{3}\right)}\Big|_{z=0}=6,c_2=\frac{2(z-1)}{z}\Big|_{z=\frac{1}{3}}=-4$$

因此

$$H(z)=6-4\frac{z}{z-\frac{1}{3}},|z|>\frac{1}{3}$$

对 $H(z)$进行 Z 反变换,得到

$$h[n]=6\delta[n]-4\left(\frac{1}{3}\right)^{n}u[n]$$

(2)
$$x[n]=\left(\frac{1}{2}\right)^{n}u[n]\leftrightarrow X(z)=\frac{z}{z-\frac{1}{2}},|z|>\frac{1}{2}$$

则

$$Y(z)=H(z)X(z)=\frac{2z(z-1)}{\left(z-\frac{1}{2}\right)\left(z-\frac{1}{3}\right)},|z|<\frac{1}{2}$$

利用部分分式展开法,得

$$\frac{Y(z)}{z}=\frac{2(z-1)}{\left(z-\frac{1}{2}\right)\left(z-\frac{1}{3}\right)}=\frac{c_1}{z-\frac{1}{2}}+\frac{c_2}{z-\frac{1}{3}}$$

其中

$$c_1=\frac{2(z-1)}{\left(z-\frac{1}{3}\right)}\bigg|_{z=\frac{1}{2}}=-6,c_2=\frac{2(z-1)}{z-\frac{1}{2}}\bigg|_{z=\frac{1}{3}}=8$$

因此

$$Y(z)=-6\frac{z}{z-\frac{1}{2}}+8\frac{z}{z-\frac{1}{3}},|z|>\frac{1}{2}$$

对 $Y(z)$进行 Z 反变换,得

$$y[n]=\left[-6\left(\frac{1}{2}\right)^{n}+8\left(\frac{1}{3}\right)^{n}\right]u[n]$$

【例 6.4.3】 已知一因果离散系统的差分方程为 $y[n]+\frac{1}{2}y[n-1]=x[n]+x[n-1]$,且知 $x[n]=\left(\frac{1}{2}\right)^{n}u[n]$,$y[-1]=2$。求输出 $y[n]$。

解答:因为是因果系统,由系统方程可得 $y[0]=0$

$$Y(z)+\frac{1}{2}z^{-1}Y(z)+\frac{1}{2}y(-1)=F(z)+z^{-1}F(z)$$

$$F(z)=\frac{1}{1-\frac{1}{2}z^{-1}}$$

所以
$$Y(z)=\frac{1+z^{-1}}{1+\frac{1}{2}z^{-1}}F(z)-\frac{1}{1+\frac{1}{2}z^{-1}}=\frac{1+z^{-1}}{\left(1+\frac{1}{2}z^{-1}\right)\left(1-\frac{1}{2}z^{-1}\right)}-\frac{1}{1+\frac{1}{2}z^{-1}}$$

$$=\frac{\frac{3}{2}}{1-\frac{1}{2}z^{-1}}-\frac{\frac{1}{2}}{1+\frac{1}{2}z^{-1}}$$

所以
$$y[n]=\frac{3}{2}\left(\frac{1}{2}\right)^{n}u[n]-\frac{1}{2}\left(-\frac{1}{2}\right)^{n}u[n]$$

【例 6.4.4】 描述某离散时间系统的差分方程为 $y(n+2)+3y(n+1)+2y(n)=x(n+1)+3x(n)$,输入信号 $x(n)=u(n)$,若初始条件 $y(1)=1,y(2)=3$。

(1) 画出该系统的信号流图;

(2) 求出该系统的零输入响应 $y_0(n)$、零状态响应 $y_x(n)$和全响应 $y(n)$。

解答:对题中差分方程取单边 Z 变换,得

$$z^2Y(z)-z^2y(0)-zy(1)+3zY(z)-3zy(0)+2Y(z)=zX(z)-zx(0)+3X(z)$$

解得

$$Y(z)=\frac{z+3}{z^2+3z+2}X(z)+\frac{z^2y(0)+zy(1)+3zy(0)-zx(0)}{z2+3z+2} \quad ①$$

(1) 由式①可得系统函数

$$H(z)=\frac{z+3}{z^2+3z+2}=\frac{z^{-1}+3z^{-2}}{1+3z^{-1}+2z^{-2}}$$

由上式可画出直接形式的信号流图,如图 6.3 所示。

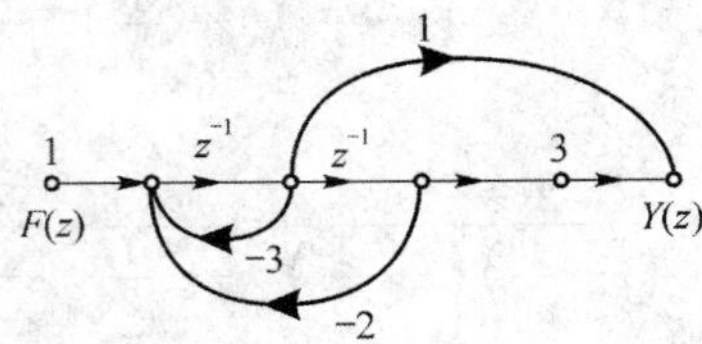

图 6.3

(2) 令题中差分方程中,$k=0$,得

$$y(2)+3y(1)+2y(0)=x(1)+3x(0)$$

将题中条件代入,得

$$\begin{aligned}y(0)&=0.5[u(1)+3u(0)-y(2)-3y(1)]\\&=0.5[1+3-3-3]=-1\end{aligned}$$

$$X(z)=\xi[x(n)]=\frac{z}{z-1}$$

由式①可得零输入响应和零状态响应的象函数

$$Y_0(z)=\frac{z^2y(0)+zy(1)+3zy(0)-zx(0)}{z2+3z+2}$$

$$Y_x(z)=\frac{z+3}{z^2+3z+2}X(z)$$

将上述条件代入上面两式,得

$$Y_0(z)=\frac{-z^2+z-3z-z}{z^2+3z+2}=\frac{-2z}{z+1}+\frac{z}{z+2}$$

$$Y_x(z)=\frac{z+3}{z^2+3z+2}\cdot\frac{z}{z-1}=\frac{\frac{2}{3}z}{z-1}+\frac{-z}{z-1}+\frac{\frac{1}{3}z}{z+2}$$

取逆变换,得

$$y_0(n)=-2(-1)^n+(-2)^n,n\geqslant 0$$

$$y_x(n)=[\frac{2}{3}-(-1)^n+\frac{1}{3}(-2)^n]u(n)$$

$$y_x(n)=y_0(n)+y_x(n)=\frac{2}{3}-3(-1)^n+\frac{4}{3}(-2)^n,n\geqslant 0$$

【例 6.4.5】 已知:某离散系统由下面的差分方程描述 $y(n)+4y(n-1)+4y(n-2)=x(n)-x(n-1)$,若给定:$x(n)=u(n)$及 $y(0)=1,y(1)=2$,试求 $y(n)$。

解答:差分方程又可写为

$$y(n+2)+4y(n+1)+4y(n)=x(n+2)-x(n+1)$$

两边取单边 Z 变换,有

$$z^2Y(z)-z^2y(0)-zy(1)+4[zY(z)-zy(0)]+4Y(z)$$
$$=z^2X(z)-z^2x(0)-zx(1)-[zX(z)-zx(0)]$$

由于 $x(n)=u(n)$，故 $X(z)=\dfrac{z}{z-1}$，$x(0)=x(1)=1$，将它们和 $y(0)=1$，$y(1)=2$，代入上式，经过整理可得

$$Y(z)=\frac{z^2+6z}{z^2+4z+4}=\frac{z}{z+2}+\frac{4z}{(z+2)^2}$$
$$y(n)=(-2)^n u(n)+4n(-2)^{n-1}u(n)$$

【例 6.4.6★】(华中科技大学考研真题) 已知某线性移不变离散系统差分方程：

$$\begin{cases}y_1(k+1)+2y_1(k)-y_2(k)=f(k)\\-y_1(k)+y_2(k+1)+2y_2(k)=0\end{cases}$$

初始状态：$y_1(0)=2$，$y_2(0)=1$，激励：$f(k)=\delta(k)$，试用 Z 变换法求零输入响应 $y_{1zi}(k)$，$y_{2zi}(k)$；零状态响应 $y_{1zs}(k)$，$y_{2zs}(k)$。

解答：
$$\begin{cases}y_1(k+1)+2y_1(k)-y_2(k)=f(k),y_1(0)=2,y_2(0)=1\\y_2(k+1)-y_1(k)+2y_2(k)=0,f(k)=\varepsilon(k)\end{cases}$$

对差分方程进行带初始状态的 Z 变换

$$\begin{cases}zY_1(z)-zy_1(0)+zY_1(z)-Y_2(z)=F(z) & ①\\-Y_1(z)+zY_2(z)-zy_2(0)+2y_2(z)=0 & ②\end{cases}$$

由式②得：$Y_2(z)=\dfrac{Y_1(z)+z}{z+2}$代入式①可得：

$$zY_1(z)-2z+2Y_1(z)-\frac{Y_1(z)+z}{z+2}=F(z)$$
$$\left(z+2-\frac{1}{z+2}\right)Y_1(z)=2z+\frac{z}{z+2}+F(z)$$
$$Y_1(z)=\frac{2z^2+5z}{z^2+4z+3}+\frac{z+2}{z^2+4z+3}F(z)，又 F(z)=\frac{z}{z-1}$$

所以：$$Y_{1zi}(z)=\frac{z(2z+5)}{(z+1)(z+3)}=\frac{3/2z}{z+1}+\frac{1/2z}{z+3}\to y_{1zi}(k)=\left[\frac{3}{2}(-1)^k-\frac{1}{2}(-3)^k\right]\varepsilon(k)$$
$$Y_{1zs}(z)=\frac{z(z+2)}{(z+1)(z+3)(z-1)}=\frac{-1/4z}{z+1}+\frac{-1/8z}{z+3}+\frac{3/8z}{z-1}$$
$$\to y_{1zs}(k)=\left[\frac{3}{8}-\frac{1}{4}(-1)^k-\frac{1}{8}(-3)^k\right]\varepsilon(k)$$
$$Y_2(z)=\frac{2z^2+5z+z^3+4z^2+3z}{(z+1)(z+2)(z+3)}+\frac{1}{(z+1)(z+3)}F(z)$$

所以：
$$Y_{2zi}(z)=\frac{z(z^2+6z+8)}{(z+1)(z+2)(z+3)}=\frac{3/2z}{z+1}+\frac{1/2z}{z+3}$$
$$\to y_{2zi(k)}=\left[\frac{3}{2}(-1)^k-\frac{1}{2}(-3)^k\right]\varepsilon(k)$$
$$Y_{2zs}(z)=\frac{z}{(z+1)(z+2)(z-13)}=\frac{-1/4z}{z+1}+\frac{1/8z}{z+3}+\frac{1/8z}{z-1}$$
$$\to y_{2zs(k)}=\left[\frac{1}{8}-\frac{1}{4}(-1)^k+\frac{1}{8}(-3)^k\right]\varepsilon(k)$$

【例 6.4.7】 描述某 LTI 离散系统的差分方程为 $y(n)-2y(n-1)+y(n-2)=x(n)$。已知 $y_{zi}(0)=y_{zi}(1)=2$，$x(n)=2^n u(n)$，试用 z 变换分析法求响应 $y(n)$，并指出零输入响应 $y_{zi}(n)$和零状态响应 $y_{zs}(n)$。

分析：考虑初值对差分方程两边做 Z 变换，代入初值后可以把零状态响应和零输入响应 Z 变换表达式分开，做逆 Z 变换就可求出对应的响应。

解答：差分方程也可写为

$$y(n+2)-2y(n+1)+y(n)=x(n+2)$$

两边作单边Z变换有：

$$z^2Y(z)-zy(1)-z^2y(0)-2[zY(z)-zy(0)]+Y(z)=z^2X(z)$$

由于 $x(n)=2^nu(n)$，故 $X(z)=\dfrac{z}{z-2}$。

同时，将 $y_{zi}(0)=y_{zi}(1)=2$ 代入上式得

$$Y(z)=\frac{z^2}{z^2-2z+1}\cdot X(z)+\frac{2z}{z-1},$$

式中，$\dfrac{z^2}{z^2-2z+1}\cdot X(z)$ 对应于 $y_{zs}(n)$，$\dfrac{2z}{z-1}$ 对应于 $y_{zi}(n)$。故由

$$Y_{zi}(z)=\frac{z^2}{z^2-2z+1}\cdot\frac{z}{z-2}=\frac{4z}{z-2}-\frac{3z}{z-1}-\frac{z}{(z-1)^2}$$

得

$$y_{zs}(n)=4\cdot 2^nu(n)-3u(n)-nu(n)=[4\cdot 2^n-3-n]u(n)$$

由 $Y_{zi}(z)=\dfrac{2z}{z-1}$ 得

$$y_{zi}(n)=2u(n)$$

则全响应为

$$y(n)=(4\cdot 2^n-1-n)u(n)$$

【例 6.4.8*】(中国科学技术大学考研真题) 试求用相同差分方程和起始条件 $y[-1]=\dfrac{2}{9}$，$y[-2]=-\dfrac{4}{3}$ 表示的离散时间因果系统，在输入 $x[n]=u[n]$ 时的零输入响应 $y_{zi}[n]$ 和零状态响应 $y_{zs}[n]$，并分别写出其稳态响应和暂态响应。

解答：由上面可知，该离散时间因果系统的差分方程可以改写为

$$y[n]+0.25y[n-1]-0.125y[n-2]=x[n]*(0.5)^nu[n]$$

首先，求零状态响应 $y_{zs}[n]$。系统在输入 $x[n]=u[n]$ 时的零状态响应 $y_{zs}[n]$，就是上述差分方程表示的因果 LTI 系统在输入 $x[n]=u[n]$ 时的输出。因此，利用上面已得的 $H(z)$ 的部分分式展开式，$y_{zs}[n]$ 的拉普拉斯变换为

$$\begin{aligned}Y_{zs}(z)=H(z)X(z)&=\left[\frac{1}{(1-0.5z^{-1})}+\frac{1/3}{(1+0.5z^{-1})}-\frac{1/3}{(1-0.25z^{-1})}\right]\frac{1}{1-z^{-1}}\\&=\frac{1}{(1-0.5z^{-1})}\frac{1}{1-z^{-1}}+\frac{1/3}{(1+0.5z^{-1})}\frac{1}{1-z^{-1}}-\frac{1/3}{(1-0.25z^{-1})}\frac{1}{1-z^{-1}},|z|>1\end{aligned}$$

进一步部分分式展开为

$$\begin{aligned}Y_{zs}(z)&=\left[\frac{2}{1-z^{-1}}-\frac{1}{(1-0.5z^{-1})}\right]+\frac{1}{3}\left[\frac{2/3}{1-z^{-1}}+\frac{1/3}{(1+0.5z^{-1})}\right]-\frac{1}{3}\left[\frac{4/3}{1-z^{-1}}-\frac{1/3}{(1-0.25z^{-1})}\right]\\&=\frac{1}{(1-0.5z^{-1})}+\frac{1/9}{(1+0.5z^{-1})}-\frac{1/9}{(1-0.25z^{-1})}+\frac{16/9}{1-z^{-1}},|z|>1\end{aligned}$$

对它进行拉普拉斯反变换，得到零状态响应 $y_{zs}[n]$ 为

$$y_{zs}[n]=(16/9)u[n]-(0.5)^nu[n]+(1/9)(-0.5)^nu[n]+(1/9)(0.25)^nu[n]$$

然后，再求零输入响应 $y_{zi}[n]$，$y_{zi}[n]$ 就是满足如下齐次差分方程和非零起始条件 $y_{zi}[-1]=\dfrac{2}{9}$，$y[-2]_{zi}=-\dfrac{4}{3}$ 的解。

$$y_{zi}[n]+0.25y_{zi}[n-1]-0.125y_{zi}[n-2]=0$$

对该齐次差分方程取单边拉普拉斯变换，并代入起始条件 $y_{zi}[-1]=\dfrac{2}{9}$，$y[-2]_{zi}=-\dfrac{4}{3}$ 得到

$$Y_{uzi}(s)=\frac{-2/9+(1/36)z^{-1}}{1+0.25z^{-1}-0.125z^{-2}}=\frac{-2/9+(1/36)z^{-1}}{(1+0.5z^{-1})(1-0.25z^{-1})}$$

$$=\frac{-1/9}{1+0.5z^{-1}}-\frac{1/9}{1-0.25z^{-1}},|z|>1$$

对它进行单边拉普拉斯反变换，得到零输入响应 $y_{zi}[n]$ 为

$$y_{zi}[n]=-(1/9)(-0.5)^n u[n]-(1/9)(0.25)^n u[n]$$

最后，可以得到在输入 $x[n]=u[n]$ 时系统的全响应 $y[n]$ 为

$$y[n]=y_{zi}[n]+y_{zs}[n]=(16/9)u[n]-(0.5)^n u[n]$$

式中，暂态响应为 $y_{zt}[n]=-(0.5)^n u[n]$，稳态响应为 $y_{wt}[n]=(16/9)u[n]$

题型5 离散时间系统的频率响应及性质

【例6.5.1★】(电子科技大学考研真题) 某LTI系统，在输入激励 $f[n]$ 作用下，产生输出响应：$y[n]=-2\varepsilon[-n-1]+(0.5)^n\varepsilon[n]$，其中 $f[n]=0, n\geqslant 0$，其Z变换为：$F(z)=\dfrac{1-\frac{2}{3}z^{-1}}{1-z^{-1}}$。

(1) 试求该系统的系统函数 $H(z)$，画出零极点图，并标明收敛域；

(2) 试求该系统的单位脉冲响应 $h[n]$，判断系统的因果稳定性；

(3) 若输入激励 $f[n]=(1/3)^n\varepsilon[n]$，求系统的输出 $y[n]$；

(4) 若输入激励 $f[n]=(-1)^n, -\infty<n<\infty$，求系统的输出 $y[n]$。

解答：(1) 由于 $f[n]$ 为反因果序列，故 $F(z)$ 的收敛域为 $|z|<1$。

$$Y(z)=\xi(y[n])=\frac{2z}{z-1}+\frac{z}{z-0.5}=\frac{2z^2}{(z-1)(z-0.5)},0.5<|z|<1$$

$$H(z)=\frac{Y(z)}{F(z)}=\frac{\dfrac{2z^2}{(z-1)(z-0.5)}}{\dfrac{z-\frac{2}{3}}{z-1}}=\frac{2z^2}{(z-0.5)(z-\frac{2}{3})}$$

其收敛域为 $0.5<|z|<\frac{2}{3}$ 或 $|z|>\frac{2}{3}$，零极点图如图6.4所示。

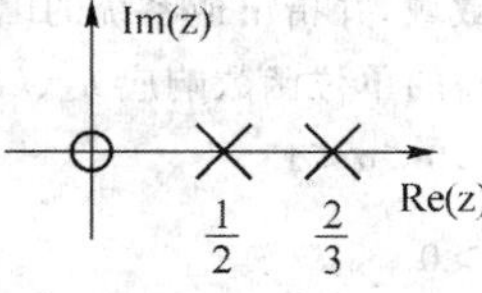

图6.4

(2) $$H(z)=\frac{2z^2}{(z-0.5)(z-\frac{2}{3})}=\frac{8z}{z-\frac{2}{3}}-\frac{6z}{z-0.5}$$

若 $H(z)$ 收敛域为 $0.5<|z|<\frac{2}{3}$

$$h[n]=-8(\frac{2}{3})^n\varepsilon[-n-1]-6(0.5)^n\varepsilon[n]$$

由于收敛域为不含单位圆的环状收敛域，故系统为非因果不稳定系统。

若 $H(z)$ 收敛域为 $|z|>\frac{2}{3}$

$$h[n]=-8(\frac{2}{3})^n\varepsilon[n1]-6(0.5)^n\varepsilon[n]$$

由于收敛含单位圆和$|z|=\infty$,故系统为因果稳定系统。

(3) 若输入激励 $f[n]=(1/3)^n\varepsilon[n]$,则

$$F(z)=\xi(f[z])=\frac{z}{z-\frac{1}{3}},|z|>\frac{1}{3}$$

$$Y(z)=H(z)F(z)=\frac{2z^2}{(z-0.5)(z-\frac{2}{3})}\frac{z}{z-\frac{1}{3}}$$

$$=\frac{16z}{z-\frac{2}{3}}+\frac{4z}{z-\frac{1}{3}}+\frac{-18z}{z-0.5}$$

当 $H(z)$收敛域为 $0.5<|z|<\frac{2}{3}$时

$$y[n]=-16(\frac{2}{3})^n\varepsilon[-n-1]+4(\frac{1}{3})^n\varepsilon[n]-18(0.5)^n\varepsilon[n]$$

当 $H(z)$收敛域为$|z|>\frac{2}{3}$时

$$y[n]=16(\frac{2}{3})^n\varepsilon[n]+4(\frac{1}{3})^n\varepsilon[n]-18(0.5)^n\varepsilon[n]$$

(4) 若输入激励 $f[n]=(-1)^n,-\infty<n<\infty$,当 $H(z)$收敛域为 $0.5<|z|<\frac{2}{3}$时,系统输出不存在;当 $H(z)$收敛域为$|z|>\frac{2}{3}$时

$$y[n]=(-1)^nH(-1)=\frac{4}{5}(-1)^n$$

【例 6.5.2】 已知描述线性移不变系统的差分方程为 $y(k)=e(k)-\mathrm{e}^{-8a}e(k-8)$,其中 $0<a<1$,试求:

(1) 系统函数 $H_1(z)=\frac{Y(z)}{E(z)}$及其收敛域,并在 z 平面中画出零、极点图。

(2) 该系统对应逆系统的系统函数为 $H_2(z)=\frac{X(z)}{Y(z)}$,当 $y(k)$作为逆系统的输入时,系统的输出 $x(k)=e(k)$,试给出 $H_2(z)$所有可能的收敛域,并指出逆系统的因果性和稳定性。

(3) 逆系统 $x(k)=h_2(k)*y(k)=e(k)$的单位函数响应 $h_2(k)$,并分析可能使 $e(k)$得以恢复的条件。

解答:(1) $Y(z)=E(z)-\mathrm{e}^{-8a}z^{-8}E(z),0<a<1$

所以:$H_1(z)=\frac{Y(z)}{E(z)}=\frac{z^8-\mathrm{e}^{-8a}}{z^8},|z|>0$

极点:$z_{pn}=0$ 为 8 重极点,零点 $z^8-\mathrm{e}^{-8a}=0$

设 $z_{zn}=p\mathrm{e}^{\mathrm{j}\theta_n}$,则 $p^8\mathrm{e}^{\mathrm{j}\theta_n 8}=\mathrm{e}^{-8a}\cdot\mathrm{e}^{\mathrm{j}2n\pi}$

所以:$p=\mathrm{e}^{-a},0<a<1,\theta_n=\frac{\pi}{4}n.(n=0.1.2\cdots7)$

(2) $H_2(z)=\frac{X(z)}{Y(z)}=\frac{E(z)}{Y(z)}=\frac{1}{H_1(z)}=\frac{z^8}{z^8-\mathrm{e}^{-8a}}$

$H_2(z)$有 8 个极点分布在半径为 p 的圆周上,

即:$z_{pn}=p\mathrm{e}^{\mathrm{j}\frac{\pi}{4}n}.(n=0.1.2...7),|z|>p.\ p=\mathrm{e}^{-a}$

因为:$0<a<1,\mathrm{e}^{-1}<p<1$

所以:极点都在单位圆内,$H_2(z)$系统是稳定的,也是因果的($h_2(k)=0,k<0$)

(3) $H_2(z)=\frac{z^8}{z^8-\mathrm{e}^{-8a}}=z\frac{z^7}{z^8-\mathrm{e}^{-8a}}=z\sum_{n=0}^{\infty}\frac{k_n}{z-\mathrm{e}^{-a}\mathrm{e}^{\mathrm{j}\frac{\pi}{4}n}}.\ |z|>p$

$$k_n=\frac{N(z)}{P'(z)}=\frac{z^7}{(z^8-\mathrm{e}^{-8a})'}\bigg|_{z=\mathrm{e}^{-a}\mathrm{e}^{\mathrm{j}\frac{\pi}{4}n}}=\frac{z^7}{8z^7}=\frac{1}{8}$$

所以：$H_2(z)=\sum_{n=0}^{\infty}\frac{\frac{1}{8}z}{z-\mathrm{e}^{-a}\mathrm{e}^{\mathrm{j}\frac{\pi}{4}n}}$

$\Rightarrow h_2(k)=Z^{-1}[H_2(z)]=\frac{1}{8}\sum_{n=0}^{\infty}(\mathrm{e}^{-a}\mathrm{e}^{\mathrm{j}\frac{\pi}{4}n})^k\varepsilon(k)=\frac{\mathrm{e}^{-ak}}{8}\sum_{n=0}^{\infty}(\mathrm{e}^{\mathrm{j}\frac{\pi}{4}nk})\varepsilon(k)$

$e(k)=x(k)=y(k)*h_2(k)$

使 $e(k)$ 得以恢复的条件是需要一个因果的稳定的可逆系统 $H_2(z)$。

【例 6.5.3】 某离散系统的系统函数的零极点分布如图 6.5(a)所示。试求：

(1) 该系统的单位样值响应 $h(n)$（允许差一系数）；

(2) 粗略画出其幅频特性，并说明系统属于低通、高通还是带通滤波器。

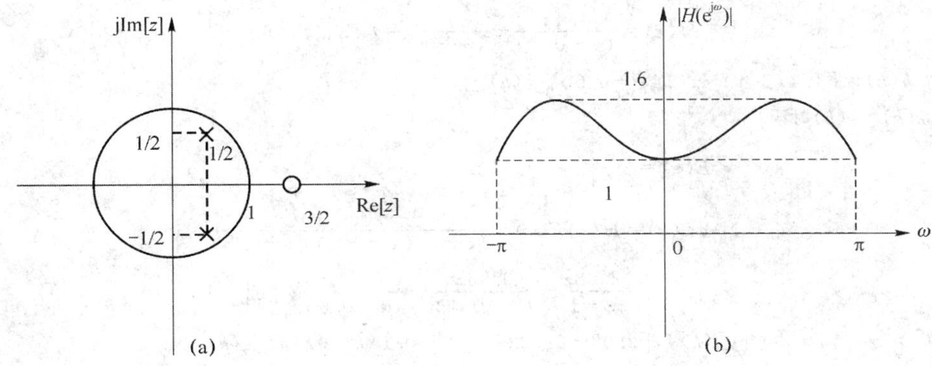

图 6.5

解答：(1)根据其零极点图，可写出其系统函数：

$$H(z)=K\cdot\frac{z-\frac{3}{2}}{(z-\frac{1}{2}-\frac{1}{2}\mathrm{j})(z-\frac{1}{2}+\frac{1}{2}\mathrm{j})}=K\cdot\frac{z-\frac{3}{2}}{z^2-z+\frac{1}{2}}$$

不妨设 $K=1$，则

$$H(z)=\frac{z-\frac{3}{2}}{z^2-z+\frac{1}{2}}=\frac{z-\frac{1}{2}-1}{z^2-z+\frac{1}{2}}=z^{-1}\cdot\frac{z(z-\frac{\sqrt{2}}{2}\cos\frac{\pi}{4})-2z\cdot\frac{\sqrt{2}}{2}\sin\frac{\pi}{4}}{z^2-2z\cdot\frac{\sqrt{2}}{2}\cos\frac{\pi}{4}+(\frac{\sqrt{2}}{2})^2}$$

则

$$h(n)=Z^{-1}[H(z)]=(\frac{\sqrt{2}}{2})^{n-1}[\cos\frac{\pi}{4}(n-1)+2\sin\frac{\pi}{4}(n-1)]u(n-1)$$

(2) 系统函数中的 Z 用 $\mathrm{e}^{\mathrm{j}\omega}$ 代替就可以得到系统的频率响应为 $H(\mathrm{e}^{\mathrm{j}\omega})=\frac{\mathrm{e}^{\mathrm{j}\omega}-\frac{3}{2}}{\mathrm{e}^{2\mathrm{j}\omega}-\mathrm{e}^{\mathrm{j}\omega}+\frac{1}{2}}$，其幅频响应曲线如图 6.5(b)所示，故该系统为带通滤波器。

【例 6.5.4】 某离散时间系统的差分方程为 $y(k)+0.2y(k-1)-0.24y(k-2)=e(k)+e(k-1)$

(1) 求系统函数 $H(z)$；

(2) 讨论此因果系统的收敛域和稳定性；

(3) 求单位函数响应 $h(k)$；

(4) 当激励为阶跃响应时，求零状态响应。

解答：(1) 对差分方程两边取Z变换，得

$$Y(z)+0.2z^{-1}Y(z)-0.24z^{-2}Y(z)=E(z)+z^{-1}E(z)$$

于是，可得

$$H(z)=\frac{Y(z)}{E(z)}=\frac{1+z^{-1}}{1+0.2z^{-1}-0.24z^{-2}}=\frac{z(z+1)}{z^2+0.2z-0.24}=\frac{z(z+1)}{(z-0.4)(z+0.6)}$$

(2) 由于该系统为因果系统，故其收敛域为

$$0.6<|z|\leqslant\infty$$

又因为 $H(z)$ 的两个极点分别位于0.4和−0.6，它们都在单位圆内，所以该系统是一个稳定的因果系统。

(3) $\dfrac{H(z)}{z}=\dfrac{z+1}{(z-0.4)(z+0.6)}=\dfrac{1.4}{(z-0.4)}-\dfrac{0.4}{(z+0.6)}$

$$H(z)=\frac{1.4z}{(z-0.4)}-\frac{0.4z}{(z+0.6)}\ (|z|>0.6)$$

所以 $h(k)=[1.4(0.4)^k-0.4(-0.6)^k]\varepsilon(k)$

(4) $e(k)=\varepsilon(k)$ 时

$$E(z)=\frac{z}{z-1}\ (|z|>1)$$

$$Y_{zs}(z)=H(z)E(z)=\frac{z^2(z+1)}{(z-1)(z-0.4)(z+0.6)}$$

$$=\frac{2.08z}{z-1}-\frac{0.93z}{(z-0.4)}-\frac{0.15z}{(z+0.6)}\ (|z|>1)$$

所以 $$y_{zs}(k)=[2.08-0.93(0.4)^k-0.15(-0.6)^k]\varepsilon(k)$$

【例6.5.5】 已知离散时间系统如图6.6所示，$0<a<1$，求 $H(e^{j\Omega t})$

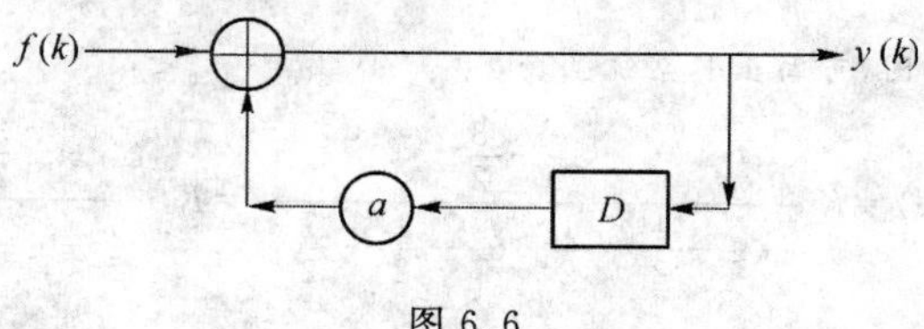

图6.6

解答：系统的差分方程为

$$y(k)-ay(k-1)=f(k),(f(k)\text{为因果信号})$$

故可得系统函数 $H(z)$ 为

$$y_f(k)-ay_f(k-1)=f(k)$$

$$Y_f(z)-aY_f(z-1)=F(z)$$

$$H(z)=\frac{Y_f(z)}{F(z)}=\frac{1}{1-az^{-1}}=\frac{z}{z-a},|z|>a$$

因为 $0<a<1$，所以 $H(z)$ 的收敛域含单位圆，故系统的频率响应为

$$H(e^{j\Omega T})=H(z)|_{z=e^{j\Omega T}}=\frac{e^{j\Omega T}}{e^{j\Omega T}-a}$$

$$|H(e^{j\Omega T})|=\frac{1}{|e^{j\Omega T}-a|}=\frac{1}{|\cos\Omega t+j\sin\Omega t-a|}$$

$$=\frac{1}{\sqrt{(\cos\Omega t-a)^2+\sin^2\Omega t}}$$

$$=\frac{1}{\sqrt{(1+a)^2-2a\cos\Omega t}}$$

幅频响应曲线如图 6.7 所示。

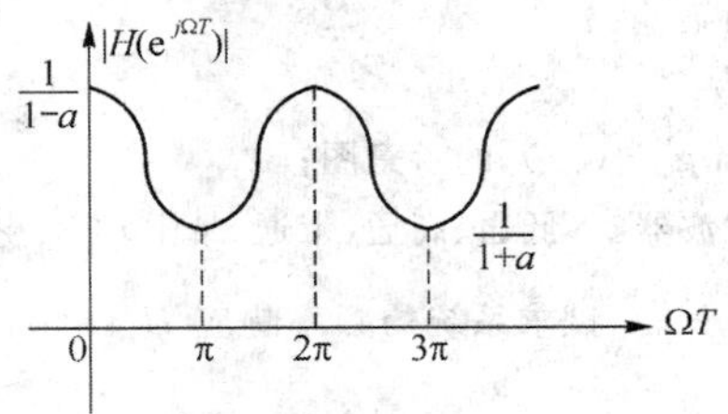

图 6.7

【例 6.5.6】 某离散时间 LTI 系统对输入信号 $x(n)=\left(\frac{1}{3}\right)^n u(n)$ 的响应为 $y(n)=\left[\left(\frac{1}{3}\right)^n+\left(-\frac{2}{3}\right)^n\right]u(n)$，已知系统是因果稳定的，且最初松弛。

(1) 求系统函数 $H(z)$，并画出系统的零极点图；

(2) 求该系统的单位脉冲响应 $h(n)$；

(3) 当系统的输入为 $x(n)=(-1)^n$ 时，求系统的输出 $y(n)$；

(4) 根据系统的零极点图概略画出系统的幅频特性，并标注出 $\omega=0,\frac{\pi}{2},\pi$ 时的幅值。

答：(1) $H(z)=\dfrac{Y(z)}{X(z)}=\dfrac{2+\frac{1}{3}z^{-1}}{1+\frac{2}{3}z^{-1}}=\dfrac{2}{1+\frac{2}{3}z^{-1}}+\dfrac{\frac{1}{3}z^{-1}}{1+\frac{2}{3}z^{-1}}$

系统的零极点图为

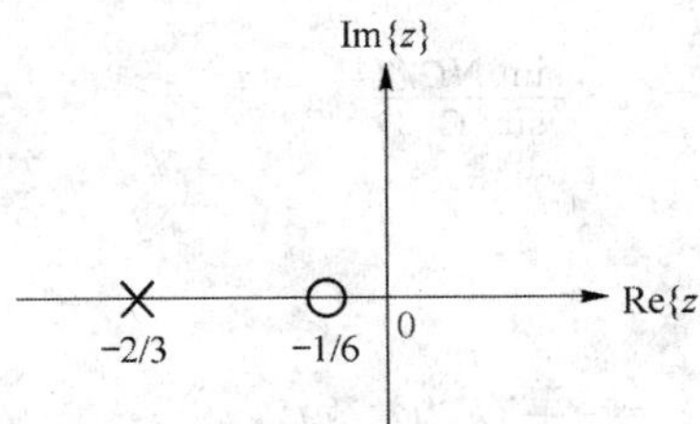

(2) $h(n)=2\times\left(-\frac{2}{3}\right)^n u(n)-\frac{1}{2}\times\left(-\frac{2}{3}\right)^n u(n-1)$ 或

$h(n)=2\times\left(-\frac{2}{3}\right)^n u(n)+\frac{1}{3}\times\left(-\frac{2}{3}\right)^{n-1} u(n-1)$

(3) $y(n)=(-1)^n H(-1)=5\times(-1)^n$

(4) 系统的幅频特性如图 6.8 所示。

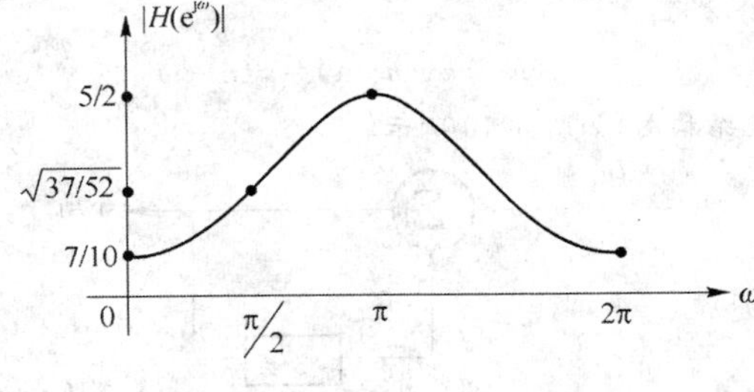

图 6.8

【例 6.5.7】 离散 LIT 系统的单位脉冲响应 $h(n)=R_N(n)$

(1) 试判断系统和稳定性和因果性；

(2) 求系统的频率响应 $H(e^{j\Omega})$；

(3) 当 $N=5$，作 $|H(e^{j\Omega})|$ 与 $\arg[H(e^{j\Omega})]$ 的示意图；

(4) 该系统属于何种类型的滤波器？(低通、高通、带通、带阻)

(5) 令 $h_1(n)=\delta(n-\frac{N-1}{2})-\frac{h(n)}{N}$，试求系统的频率响应 $H_1(e^{j\Omega})$，并指出该系统属于何种类型的滤波器？

解答：(1) $H(z)=\frac{1-z^{-N}}{1-z^{-1}}$，$0<|z|\leqslant\infty$；系统是稳定的因果的。

(2) $H(e^{j\Omega})=\frac{1-H(e^{jN\Omega})}{1-H(e^{j\Omega})}=\frac{\sin(N\Omega/2)}{\sin(\Omega/2)}e^{-j\frac{(N-1)}{2}\Omega}$

(3) 示意图如图 6.9 所示。

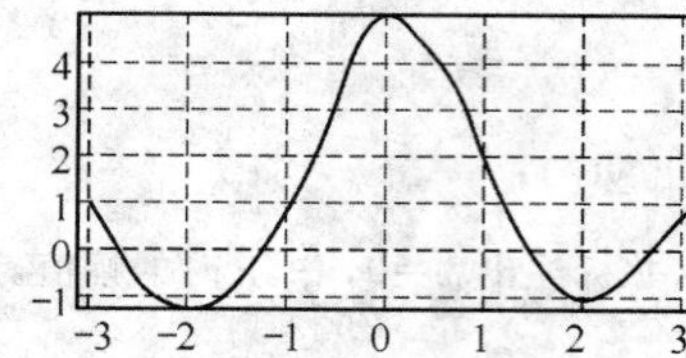

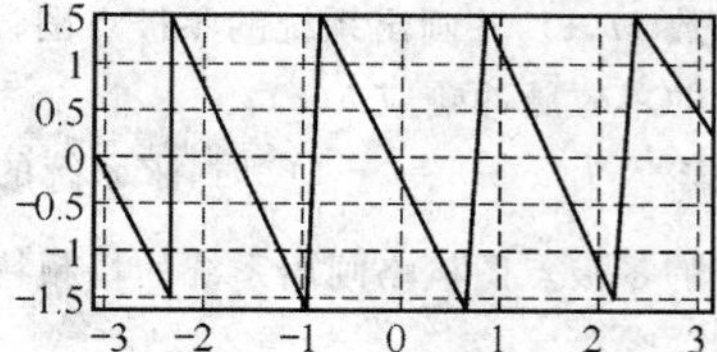

图 6.9

(4) 为低通滤波器。

(5) $H_1(z)=z^{-\frac{N-1}{2}}-\frac{1}{N}\cdot\frac{1-z^{-N}}{1-z^{-1}}$

$\Rightarrow H_1(e^{j\Omega})=e^{-j\frac{(N-1)}{2}\Omega}-\frac{H(e^{j\Omega})}{N}=(1-\frac{\sin(N\Omega/2)}{\sin(\Omega/2)})e^{-j\frac{(N-1)}{2}\Omega}$

因为 $\lim\limits_{\Omega\to\infty}(1-\frac{\sin(N\Omega/2)}{\sin(\Omega/2)})=0$

所以 $H_1(e^{j\Omega})$ 是高通滤波器。

【例 6.5.8】 已知系统函数 $H(z)=\frac{z}{z-k}$(k 为常数)

(1) 写出对应的差分方程。

(2) 画出该系统的结构图。

(3) 求系统的频率响应，并画出 $k=0,0.5,1$ 三种情况下系统的幅度响应和相位响应。

解答：(1)

$$H(z)=\frac{Y(z)}{X(z)}=\frac{z}{z-k}=\frac{1}{1-kz^{-1}}$$

$$(1-kz^{-1})Y(z)=X(z)$$

两边取逆 Z 变换可得差分方程

$$y(n)-ky(n-1)=x(n)$$

(2) 由差分方程可得系统结构图，如图 6.10 所示。

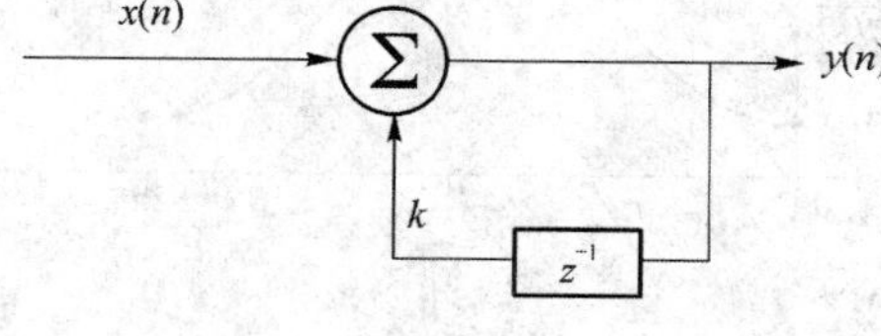

图 6.10

(3) 系统的频率响应为

$$H(e^{j\omega})=H(z)\big|_{z=e^{j\omega}}=\frac{e^{j\omega}}{e^{j\omega}-k}=\frac{1}{1-ke^{j\omega}}=\frac{1}{(1-k\cos\omega)+jk\sin\omega}$$

故　幅度响应为　$|H(e^{j\omega})|=\dfrac{1}{\sqrt{1+k^2-2k\cos\omega}}$

相位响应为　$\varphi(\omega)=-\tan^{-1}\dfrac{k\sin\omega}{1-k\cos\omega}$

① $k=0$ 时，$|H(e^{j\omega})|=1,\varphi(\omega)=0$

② $k=0.5$ 时，$|H(e^{j\omega})|=\dfrac{1}{\sqrt{1.25-\cos\omega}},\varphi(\omega)=-\tan^{-1}\dfrac{\sin\omega}{2-\cos\omega}$

③ $k=1$ 时，$|H(e^{j\omega})|=\dfrac{1}{\sqrt{2(1-\cos\omega)}}=\dfrac{1}{2\left|\sin\dfrac{\omega}{2}\right|}$，

$$\varphi(\omega)=-\tan^{-1}\frac{\sin\omega}{1-\cos\omega}=-\tan^{-1}\left(\cot\frac{\omega}{2}\right)=\frac{\omega-\pi}{2}$$

当 $k=0$ 时，幅频响应如图 6.11 所示。

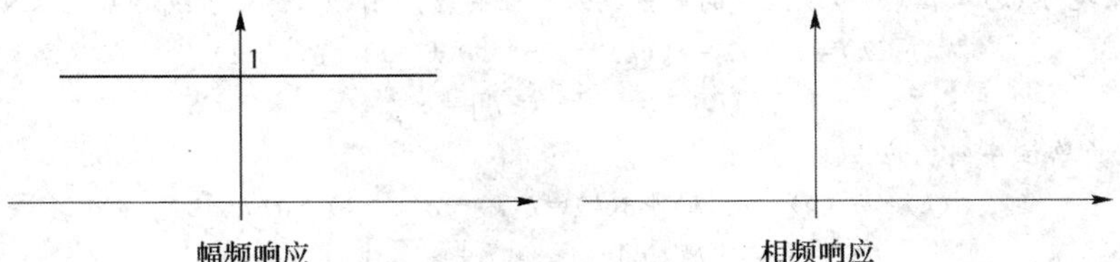

图 6.11

当 $k=0.5$ 时，幅频响应如图 6.12 所示。

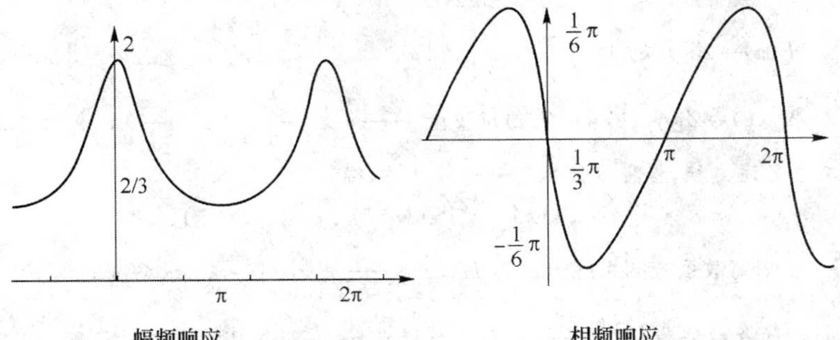

图 6.12

当 $k=1$ 时，幅频响应如图 6.13 所示。

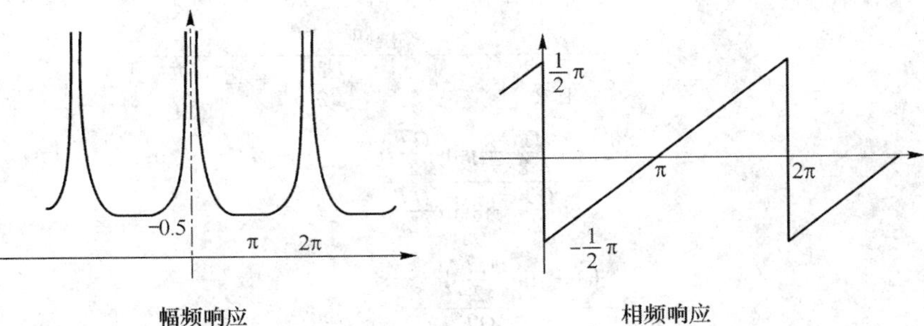

图 6.13

【例 6.5.9】 已知离散系统的框图表示如图 6.14 所示。图中，$h_1(k)=\delta(k-2)$，$h_2(k)=\delta(k)$，$h_3(k)=\delta(k-1)$。

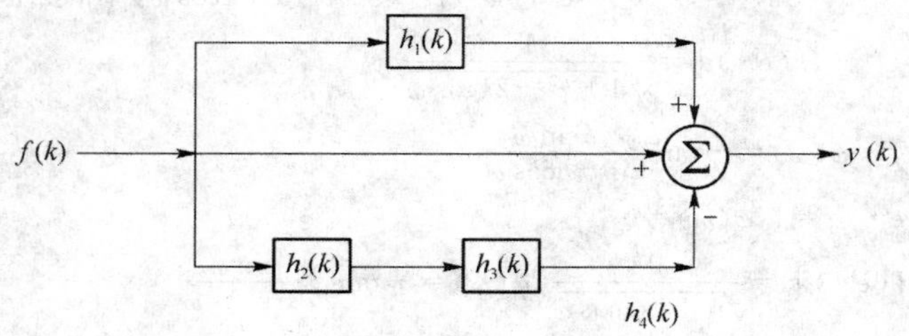

图 6.14

(1) 求系统的单位序列响应 $h(k)$；

(2) 若系统输入 $f(k)=a^k\varepsilon(k)$，求系统的零状态响应 $y_f(k)$。

解答：(1) 求 $h(k)$：

设有与子系统 $h_2(k)$ 和 $h_3(k)$ 串联组成的子系统的单位响应为 $h_4(k)$，该子系统的系统函数为 $H_4(z)$，则

$$h_4(k)=h_2(k)*h_3(k)=\delta(k)*\delta(k-1)=\delta(k-1)$$

$$H_4(z)=Z[h_4(k)]=z^{-1}$$

因此，系统的单位序列响应 $h(k)$ 为

$$h(k)=h_1(k)-h_4(k)+\delta(k)=\delta(k)-\delta(k-1)+\delta(k-2)$$

$$H(z)=Z[h(k)]=1-z^{-1}+z^{-2},\ |z|>0$$

(2) 求系统的零状态响应 $y_f(k)$

$$\begin{aligned}y_f(k)=f(k)*h(k)&=a^k\varepsilon(k)*[\delta(k)-\delta(k-1)+\delta(k-2)]\\&=a^k\varepsilon(k)-a^{k-1}\varepsilon(k-1)+a^{k-2}\varepsilon(k-2)\end{aligned}$$

或者，
$$F(z)=Z[f(k)]=\frac{z}{z-a},\ |z|>|a|$$

$$Y_f(z)=Z[y_f(k)]=F(z)H(z)=\frac{z}{z-a}-z^{-1}\frac{z}{z-a}+z^{-2}\frac{z}{z-a},\ |z|>|a|$$

求 $Y_f(z)$ 的单边 Z 逆变换，根据线性性质和位移性质，得

$$y_f(k)=a^k\varepsilon(k)-a^{k-1}\varepsilon(k-1)+a^{k-2}\varepsilon(k-2)$$

【例 6.5.10】 已知离散系统的系统函数为 $H(z)=\dfrac{z}{z-1/2}$，$|z|>\dfrac{1}{2}$；求系统的频率响应。

解答：因为 $H(z)$ 的收敛域为 $|z|>\dfrac{1}{2}$，只有一个极点 $z=\dfrac{1}{2}$，并且极点在单位圆内。因此，系统的频率响应为

$$\begin{aligned}H(\mathrm{e}^{\mathrm{j}\Omega T})=H(z)\big|_{z=\mathrm{e}^{\mathrm{j}\Omega T}}&=\frac{\mathrm{e}^{\mathrm{j}\Omega T}}{\mathrm{e}^{\mathrm{j}\Omega T}-1/2}=\frac{2\mathrm{e}^{\mathrm{j}\Omega T}}{2\mathrm{e}^{\mathrm{j}\Omega T}-1}\\&=\frac{2\mathrm{e}^{\mathrm{j}\Omega T}}{\mathrm{e}^{\mathrm{j}\frac{\Omega T}{2}}\left[\frac{1}{2}(\mathrm{e}^{\mathrm{j}\frac{\Omega T}{2}}+\mathrm{e}^{-\mathrm{j}\frac{\Omega T}{2}})+\frac{3}{2}(\mathrm{e}^{\mathrm{j}\frac{\Omega T}{2}}-\mathrm{e}^{-\mathrm{j}\frac{\Omega T}{2}})\right]}\\&=\frac{2\left(\cos\frac{\Omega T}{2}+\mathrm{j}\sin\frac{\Omega T}{2}\right)}{\cos\frac{\Omega T}{2}+\mathrm{j}3\sin\frac{\Omega T}{2}}\\&=\frac{2\left(1+\mathrm{j}\tan\frac{\Omega T}{2}\right)}{1+\mathrm{j}3\tan\frac{\Omega T}{2}}\end{aligned}$$

系统的频率响应和相频响应分别为

$$|H(e^{j\Omega T})|=2\sqrt{\frac{1+\left(\tan\frac{\Omega T}{2}\right)^2}{1+9\left(\tan\frac{\Omega T}{2}\right)^2}}$$

$$\varphi(\Omega T)=\arctan\left(\tan\frac{\Omega T}{2}\right)-\arctan\left(3\tan\frac{\Omega T}{2}\right)=\frac{\Omega T}{2}-\arctan\left(3\tan\frac{\Omega T}{2}\right)$$

第7章

系统的状态空间分析

【基本知识点】理解状态变量与状态方程的概念；掌握连续系统状态方程与输出方程的列写方法；掌握连续系统状态方程与输出方程的时域和S域解法；掌握离散系统状态方程与输出方程的列写方法；掌握离散系统状态方程与输出方程的时域和Z域解法；掌握根据状态方程判定系统稳定性的方法。

【重点】由电路图直接列写状态方程和输出方程；由系统的模拟框图或信号流图列写状态方程和输出方程；连续系统状态方程与输出方程S域解法；离散系统状态方程与输出方程Z域解法；根据状态方程判定系统的稳定性。

【难点】由电路图直接列写状态方程和输出方程；由系统的模拟框图或信号流图列写状态方程和输出方程；连续系统状态方程与输出方程S域解法；离散系统状态方程与输出方程Z域解法；根据状态方程判定系统的稳定性。

7.1 答疑解惑

7.1.1 状态方程如何建立？

1. 电路状态方程的列写

建立状态方程的方法大致可分为直接法和间接法两种类型。直接编写法是根据给定的网络直接列出状态方程和输出方程；间接编写法则是根据系统的输入/输出方程及系统函数或系统的信号流图写出状态方程和输出方程。

电路状态方程的编写步骤一般分为以下三步：

(1) 选所有的独立电容电压和电感电流作为状态变量；

(2) 对每一个独立电容，写出独立的结点电流方程；对每一个独立电感，写出独立的回路电压方程；

(3) 按上述步骤所列的方程中，若含有除激励以外的非状态变量，则应利用适当的结点电流方程或回路方程将它们消去，然后整理成 $\dot{x}(t)=Ax(t)+Bf(t)$ 的标准形式。最后由状态变量和输入函数构成输出方程 $y(t)=Cx(t)+Df(t)$的形式。

2. 连续系统状态方程的建立

(1) 在连续系统分析中，可根据具体的系统，写出描述它的微分方程，然后选择适当的状态变量把微分方程化为关于状态变量的一阶微分方程组，这个微分方程组就是该系统的状态方程；

(2) 直接由微分方程列写状态方程仍然比较麻烦，如果将微分方程用方框图或信号流图来表示，那么列写状态方程就比较方便。

(3) 若把"s^{-1}"看作是积分器的"符号"，或称算子，而将转移函数看作是对输入/输出及其各阶导数的一种运算"关系"，我们就可以"形式"地运用转移函数和S域流图，以它们为中介，写出状态方程。

(4) 转移函数相同(其微分方程也相同)的系统，其状态变量的选择并非唯一。选取不同的状态变量，其状态方程和输出方程也不同，但它们的特征根相同，因而特征多项式也相同。所以，对同一系统而言，其系统矩阵相似。

3. 连续系统状态方程的建立

(1) 离散系统是用差分方程描述的，选择适当的状态变量把差分方程化为关于状态变量的一阶差分方程组，这个差分方程组就是该系统的状态方程。

(2) 将 z^{-1}看作是延时单元的符号或称为算子，而将转移函数 $H(z)$看作是输入/输出及各延时项的一种运算"关系"。我们可用系统的转移函数和Z域信号流图，以它们为中介，列写系统的状态方程。

7.1.2 状态方程的一般形式如何表示？

以离散系统为例，有 p 个输入，q 个输出的 n 阶离散系统，其状态方程的一般形式是

$$\begin{pmatrix} x_1(k+1) \\ x_2(k+1) \\ \cdots \\ x_n(k+1) \end{pmatrix} = \begin{pmatrix} a_{11} & a_{12} & \cdots & a_{1n} \\ a_{21} & a_{22} & \cdots & a_{2n} \\ \cdots & \cdots & \cdots & \cdots \\ a_{n1} & a_{n2} & \cdots & a_{nn} \end{pmatrix} \begin{pmatrix} x_1(k) \\ x_2(k) \\ \cdots \\ x_n(k) \end{pmatrix} + \begin{pmatrix} b_{11} & b_{12} & \cdots & b_{1p} \\ b_{21} & b_{22} & \cdots & b_{2p} \\ \cdots & \cdots & \cdots & \cdots \\ b_{n1} & b_{n2} & \cdots & b_{np} \end{pmatrix} \begin{pmatrix} f_1(k) \\ f_2(k) \\ \cdots \\ f_p(k) \end{pmatrix}$$

输出方程为

$$\begin{pmatrix} y_1(k) \\ y_2(k) \\ \cdots \\ y_n(k) \end{pmatrix} = \begin{pmatrix} c_{11} & c_{12} & \cdots & c_{1n} \\ c_{21} & c_{22} & \cdots & c_{2n} \\ \cdots & \cdots & \cdots & \cdots \\ c_{q1} & c_{q2} & \cdots & c_{qn} \end{pmatrix} \begin{pmatrix} x_1(k) \\ x_2(k) \\ \cdots \\ x_n(k) \end{pmatrix} + \begin{pmatrix} d_{11} & d_{12} & \cdots & d_{1p} \\ d_{21} & d_{22} & \cdots & d_{2p} \\ \cdots & \cdots & \cdots & \cdots \\ d_{q1} & d_{q2} & \cdots & d_{qp} \end{pmatrix} \begin{pmatrix} f_1(k) \\ f_2(k) \\ \cdots \\ f_p(k) \end{pmatrix}$$

以上两式可简记为

$$x(k+1)=\boldsymbol{A}x(k)+\boldsymbol{B}f(k)$$
$$y(k)=\boldsymbol{C}x(k)+\boldsymbol{D}f(k)$$

$$x(k)=(x_1(k) \quad x_2(k) \quad \cdots \quad x_n(k))^{\mathrm{T}}$$

式中，$f(k)=(f_1(k) \quad f_2(k) \quad \cdots \quad f_p(k))^{\mathrm{T}}$

$$y(k)=(y_1(k) \quad y_2(k) \quad \cdots \quad y_q(k))^{\mathrm{T}}$$

分别是状态矢量，输入矢量和输出矢量，其各分量都是离散序列。各系数矩阵为

$$\boldsymbol{A}_{nn}=\begin{bmatrix}a_{11} & a_{12} & \cdots & a_{1n}\\ a_{21} & a_{22} & \cdots & a_{2n}\\ \cdots & \cdots & \cdots & \cdots\\ a_{n1} & a_{n2} & \cdots & a_{nn}\end{bmatrix}\qquad \boldsymbol{B}_{np}=\begin{bmatrix}b_{11} & b_{12} & \cdots & b_{1p}\\ b_{21} & b_{22} & \cdots & b_{2p}\\ \cdots & \cdots & \cdots & \cdots\\ b_{n1} & b_{n2} & \cdots & b_{np}\end{bmatrix}$$

$$\boldsymbol{C}_{qn}=\begin{bmatrix}c_{11} & c_{12} & \cdots & c_{1n}\\ c_{21} & c_{22} & \cdots & c_{2n}\\ \cdots & \cdots & \cdots & \cdots\\ c_{q1} & c_{q2} & \cdots & c_{qn}\end{bmatrix}\qquad \boldsymbol{D}_{qp}=\begin{bmatrix}d_{11} & d_{12} & \cdots & d_{1p}\\ d_{21} & d_{22} & \cdots & d_{2p}\\ \cdots & \cdots & \cdots & \cdots\\ d_{q1} & d_{q2} & \cdots & d_{qp}\end{bmatrix}$$

式中，$\boldsymbol{A}$ 称为系统矩阵，$\boldsymbol{B}$ 称为控制矩阵，$\boldsymbol{C}$ 称为输出矩阵。对于线性非时变系统，它们都是常量矩阵；对于线性时变系统，这些矩阵的元素是离散变量 k 的函数。

7.1.3 什么是矩阵函数？

1. 矩阵函数的定义

设 $\boldsymbol{A}$ 为 n 阶方阵，对于收敛的幂级数 $f(x)=\sum\limits_{i=0}\alpha_i x^i$，定义矩阵函数 $f(\boldsymbol{A})$，

$$f(\boldsymbol{A})=\sum_{i=0}\alpha_i\boldsymbol{A}^i$$

2. 矩阵指数函数的定义

设 $\boldsymbol{A}$ 为 n 阶方阵，对于指数函数 $f(x)=\mathrm{e}^x$，

$$f(x)=\mathrm{e}^x=1+x+\frac{1}{2!}x^2+\cdots=\sum_{i=0}\frac{1}{i!}x^i$$

定义矩阵指数函数 e^A 和 e^{At} 分别为

$$\mathrm{e}^A=I+At+\frac{1}{2!}A^2+\cdots=\sum_{i=0}\frac{1}{i!}A^i$$

$$\mathrm{e}^{At}=I+At+\frac{t^2}{2!}A^2+\cdots=\sum_{i=0}\frac{t^i}{i!}A^i$$

3. e^{At} 的计算

(1) 当 $\boldsymbol{A}$ 的特征根为单根时，计算步骤如下：

① 求 n 阶方阵 $\boldsymbol{A}$ 的特征根 λ_i，$i=1,2,\cdots,n$。

② 由 n 个特征根建立以下 n 个方程：

$$\begin{cases}\mathrm{e}^{\lambda_1 t}=\alpha_0+\alpha_1\lambda_1+\alpha_2\lambda_1^2+\cdots+\alpha_{n-1}\lambda_1^{n-1}\\ \mathrm{e}^{\lambda_2 t}=\alpha_0+\alpha_1\lambda_2+\alpha_2\lambda_2^2+\cdots+\alpha_{n-1}\lambda_2^{n-1}\\ \quad\vdots\\ \mathrm{e}^{\lambda_3 t}=\alpha_0+\alpha_1\lambda_3+\alpha_2\lambda_3^2+\cdots+\alpha_{n-1}\lambda_3^{n-1}\end{cases}$$

③ 解上面的方程组，求 α_i，$i=1,2,\cdots,n-1$。

④ 把 α_i 代入下式，求 e^{At}

$$\mathrm{e}^{At}=\alpha_0 I+\alpha_1\boldsymbol{A}+\alpha_2\boldsymbol{A}^2+\cdots+\alpha_{n-1}\boldsymbol{A}^{n-1}$$

(2) 若 A 的特征根有重根：设 λ_1 为 m 重根，令有 $n-m$ 个单根

① 求 n 阶方阵 $\boldsymbol{A}$ 的特征根 λ_i，$i=1,2,\cdots,q$，$q=n-m+1$

② 由特征根建立以下 n 个方程：

$$\begin{cases} e^{\lambda_1 t}=\alpha_0+\alpha_1\lambda_1+\alpha_2\lambda_1^2+\cdots+\alpha_{n-1}\lambda_1^{n-1} \\ \dfrac{d}{d\lambda_1}(e^{\lambda_1 t})=\dfrac{d}{d\lambda_1}(\alpha_0+\alpha_1\lambda_1+\alpha_2\lambda_1^2+\cdots+\alpha_{n-1}\lambda_1^{n-1}) \\ \dfrac{d^2}{d\lambda_1^2}(e^{\lambda_1 t})=\dfrac{d^2}{d\lambda_1^2}(\alpha_0+\alpha_1\lambda_1+\alpha_2\lambda_1^2+\cdots+\alpha_{n-1}\lambda_1^{n-1}) \\ \vdots \\ \dfrac{d^{m-1}}{d\lambda_1^{m-1}}(e^{\lambda_1 t})=\dfrac{d^{m-1}}{d\lambda_1^{m-1}}(\alpha_0+\alpha_1\lambda_1+\alpha_2\lambda_1^2+\cdots+\alpha_{n-1}\lambda_1^{n-1}) \end{cases}$$

$$\begin{cases} e^{\lambda_2 t}=\alpha_0+\alpha_1\lambda_2+\alpha_2\lambda_2^2+\cdots+\alpha_{n-1}\lambda_2^{n-1} \\ e^{\lambda_3 t}=\alpha_0+\alpha_1\lambda_3+\alpha_2\lambda_3^2+\cdots+\alpha_{n-1}\lambda_3^{n-1} \\ \cdots \\ e^{\lambda_q t}=\alpha_0+\alpha_1\lambda_q+\alpha_2\lambda_q^2+\cdots+\alpha_{n-1}\lambda_q^{n-1} \end{cases}$$

③ 解上面的方程组,求 $\alpha_i, i=1,2,\cdots,n-1$;

④ 把 α_i 代入下式,求 e^{At}

$$e^{At}=\alpha_0 I+\alpha_1 A+\alpha_2 A^2+\cdots+\alpha_{n-1}A^{n-1}$$

7.1.4 状态方程的时域解如何表示?

连续系统状态方程的一般形式为

$$\dot{x}(t)=\boldsymbol{A}x(t)+\boldsymbol{B}f(t)$$
$$y(t)=\boldsymbol{C}x(t)+\boldsymbol{D}f(t)$$

式中

$$x(t)=[x_1(t) \quad x_2(t) \quad \cdots \quad x_n(t)]^{\mathrm{T}}$$
$$f(t)=[f_1(t) \quad f_2(t) \quad \cdots \quad f_p(t)]^{\mathrm{T}}$$
$$y(t)=[y_1(t) \quad y_2(t) \quad \cdots \quad y_q(t)]^{\mathrm{T}}$$

$\boldsymbol{A}_{n\times n},\boldsymbol{B}_{n\times p},\boldsymbol{C}_{q\times n},\boldsymbol{D}_{q\times p}$是系数矩阵,对于线形非时变系统,它们都是常量矩阵。状态方程的求解有时域法和变换法。

对于线形非时变系统,$\dot{x}(t)=\boldsymbol{A}x(t)+\boldsymbol{B}f(t)$所表示的是一组常系数一阶线性微分方程,可称之为常系数线性矢量微分方程。

1. 状态方程的解

利用函数矩阵卷积和状态转移矩阵的定义,并设 $t_0=0$(理解为 0^-),考虑矩阵 $\boldsymbol{B}$ 是常量矩阵,状态方程的解为

$$\begin{aligned} x(t) &= e^{At}x(0)+\int_0^t e^{At}\boldsymbol{B}f(\tau)d\tau = e^{At}x(0)+e^{At}\boldsymbol{B}*f(t) \\ &=\varphi(t)x(0)+\varphi(t)\boldsymbol{B}*f(t) \end{aligned}$$

2. 输出矢量

将 $x(t)=\varphi(t)x(0)+\varphi(t)\boldsymbol{B}*f(t)$代入方程 $y(t)=\boldsymbol{C}x(t)+\boldsymbol{D}f(t)$,得到系统的输出矢量

$$\begin{aligned} y(t) &= Ce^{At}x(0)+C\int_0^t e^{A(t-\tau)}\boldsymbol{B}f(\tau)d\tau+\boldsymbol{D}f(t) \\ &= C\varphi(t)x(0)+[\boldsymbol{C}\varphi(t)\boldsymbol{B}*f(t)+\boldsymbol{D}f(t)] \end{aligned}$$

上式中的第一项是零输入响应,括号内的项是零状态响应。

$x(t)=\varphi(t)x(0)+\varphi(t)B*f(t)$和 $y(t)=C\varphi(t)x(0)+[\boldsymbol{C}\varphi(t)\boldsymbol{B}*f(t)+\boldsymbol{D}f(t)]$两式表明，若已知系统的初始状态 $x(t)$和 $t\geqslant 0$ 时的激励 $f(t)$，就可求得系统在 $t\geqslant 0$ 的任意时刻的状态 $x(t)$和输出 $y(t)$。由式可见，求解状态转移矩阵是关键步骤。

3. 冲激响应矩阵

由上面的推导可以得出冲激响应矩阵的表达式为

$$h(t)=\boldsymbol{C}\varphi(t)x(0)+\boldsymbol{D}\delta(t)$$

7.1.5 状态方程的变换域解如何表示？

记状态矢量 $x(t)$的拉普拉斯变换为 $X(s)$。

即
$$X(s)=\mathscr{L}[x(t)]$$
同样
$$F(s)=\mathscr{L}[f(t)]$$
$$Y(s)=\mathscr{L}[y(t)]$$
可得
$$X(s)=\boldsymbol{\varphi}(s)x(0)+\varphi(s)\boldsymbol{B}F(s)$$

式中，$\varphi(s)=\mathscr{L}[\varphi(t)]=(sI-A)^{-1}$为预解矩阵，取上式的逆变换就可以得到 $x(t)=\varphi(t)x(0)+\varphi(t)\boldsymbol{B}*f(t)$

对输出方程式 $y(t)=\boldsymbol{C}x(t)+\boldsymbol{D}f(t)$取拉普拉斯变换，得到

$$Y(s)=\boldsymbol{C}X(s)+\boldsymbol{D}F(s)$$

将式 $X(s)=\varphi(s)x(0)+\varphi(s)\boldsymbol{BF}(s)$代入上式，可得

$$\begin{aligned}Y(s)&=\boldsymbol{C}[\varphi(s)x(0)+\varphi(s)\boldsymbol{B}F(s)]+\boldsymbol{D}F(s)\\&=\boldsymbol{C}\varphi(s)x(0)+[\boldsymbol{C}\varphi(s)\boldsymbol{B}+\boldsymbol{D}]F(s)\end{aligned}$$

上式第一项是输出矢量的零输入响应的象函数矩阵，第二项是零状态响应的象函数矩阵。

系统函数矩阵或转移函数矩阵为

$$H(s)=\boldsymbol{C}\varphi(s)\boldsymbol{B}+\boldsymbol{D}$$

冲激响应矩阵 $\boldsymbol{h}(t)$是系统转移矩阵 $H(s)$的拉谱拉斯逆变换，即

$$\boldsymbol{h}(t)=\mathscr{L}^{-1}[H(s)]$$

7.1.6 状态方程的时域解如何表示？

离散系统状态方程的一般形式为

$$x(k+1)=\boldsymbol{A}x(k)+\boldsymbol{B}f(k)$$
$$y(k)=\boldsymbol{C}x(k)+\boldsymbol{D}f(k)$$

式中
$$x(k)=[x_1(k)\quad x_2(k)\quad\cdots\quad x_n(k)]^{\mathrm{T}}$$
$$f(k)=[f_1(k)\quad f_2(k)\quad\cdots\quad f_p(k)]^{\mathrm{T}}$$
$$y(k)=[y_1(k)\quad y_2(k)\quad\cdots\quad y_q(k)]^{\mathrm{T}}$$

它们都是离散时间序列。$\boldsymbol{A}_{n\times n},\boldsymbol{B}_{n\times p},\boldsymbol{C}_{q\times n},\boldsymbol{D}_{q\times p}$是系数矩阵，对于线性非时变系统，它们都是常量矩阵。状态方程的求解有时域法和变换法。

求解矢量差分方程的方法之一是迭代法或递推法。

1. 状态方程的解

利用序列矩阵的卷积和状态转移矩阵的定义，设 $k_0=0$，则

$$x(k) = \boldsymbol{A}^k x(0) + \sum_{i=0}^{k-1} \boldsymbol{A}^{k-i-1} \boldsymbol{B} f(i)$$

$$= \varphi(k)x(0) + \sum_{i=0}^{k-1} \varphi(k-i-1) \boldsymbol{B} f(i)$$

$$= \varphi(k)x(0) + \varphi(k-1) * \boldsymbol{B} f(i)$$

2. 系统的输出矢量

将 $x(k)=\varphi(k)x(0)+\varphi(k-1)*\boldsymbol{B}f(i)$代入方程 $y(k)=\boldsymbol{C}x(k)+\boldsymbol{D}f(k)$中,得到系统的输出矢量

$$y(k) = \boldsymbol{CA}^k x(0) + \sum_{i=0}^{k-1} \boldsymbol{CA}^{k-i-1} \boldsymbol{B} f(i) + \boldsymbol{D} f(k)$$

$$= \boldsymbol{C}\varphi(k)x(0) + \boldsymbol{C}\varphi(k-1) * \boldsymbol{B} f(i) + \boldsymbol{D} f(k)$$

上式中的第一项是零输入响应,第二项是零状态响应。

3. 冲激响应矩阵

系统的冲激响应矩阵的形式为

$$h(k)=\boldsymbol{C}\varphi(k-1)\boldsymbol{B}+\boldsymbol{D}\delta(k)$$

综上,若已知系统的初始状态 $x(0)$和 $k\geqslant 0$ 时的激励 $f(k)$,就可求得系统在 $k\geqslant 0$ 的任意时刻的状态和输出。在用状态分析系统时,求解状态转移矩阵是关键步骤。

7.1.7 状态方程的变换域解如何表示?

记状态矢量 $x(k)$的 Z 变换为 $X(z)$

即 $$X(z)=\ell[x(k)]$$

同样 $$F(z)=\ell[f(k)]$$

$$Y(z)=\ell[y(k)]$$

可得 $$X(z)=\varphi(z)x(0)+z^{-1}\varphi(z)\boldsymbol{B}F(z)$$

式中,$\varphi(z)=Z[\varphi(t)]=(z\boldsymbol{I}-A)^{-1}\boldsymbol{z}$ 为预解矩阵。

对输出方程式 $Y(z)=\boldsymbol{C}X(z)+\boldsymbol{D}F(z)$取拉普拉斯变换,得到

$$Y(s)=\boldsymbol{C}X(s)+\boldsymbol{D}F(s)$$

将式 $X(z)=\varphi(z)x(0)+z^{-1}\varphi(z)\boldsymbol{B}F(z)$代入上式,可得

$$\begin{aligned} Y(z) &= \boldsymbol{C}(zI-A)^{-1}zx(0)+\boldsymbol{C}(zI-\boldsymbol{A})^{-1}\boldsymbol{B}F(z)+\boldsymbol{D}F(z) \\ &= \boldsymbol{C}\varphi(z)x(0)+[Cz^{-1}\varphi(z)\boldsymbol{B}+\boldsymbol{D}]F(z) \\ &= \boldsymbol{C}\varphi(z)x(0)+H(z)F(z) \end{aligned}$$

上式第一项是输出矢量的零输入响应的象函数矩阵,第二项是零状态响应的象函数矩阵。

式中,$H(z)=[\boldsymbol{C}z^{-1}\varphi(z)\boldsymbol{B}+\boldsymbol{D}]=\boldsymbol{C}(zI-A)^{-1}\boldsymbol{B}+\boldsymbol{D}$

它是一个 $q\times p$ 矩阵,称为系统函数矩阵或转移函数矩阵。其第 i 行第 j 列元素 $H_{ij}(z)$ 是第 i 个输出分量对于第 j 个输入分量的转移函数。它是单位响应矩阵 $h(k)$的 z 变换,即

$$Z[h(k)]=H(z)=\boldsymbol{C}z^{-1}\varphi(z)\boldsymbol{B}+\boldsymbol{D}=\boldsymbol{C}(zI-A)^{-1}\boldsymbol{B}+\boldsymbol{D}$$

7.2 典型题解

题型 1 状态空间方程的建立

【例 7.1.1】 如图 7.1 所示，已知系统输入：$f_1(t)$，$f_2(t)$系统输出：$y_1(t)=i_c(t)$，$y_2(t)=u_c(t)$，求系统的状态：$u_c(t)$，$i_L(t)$。

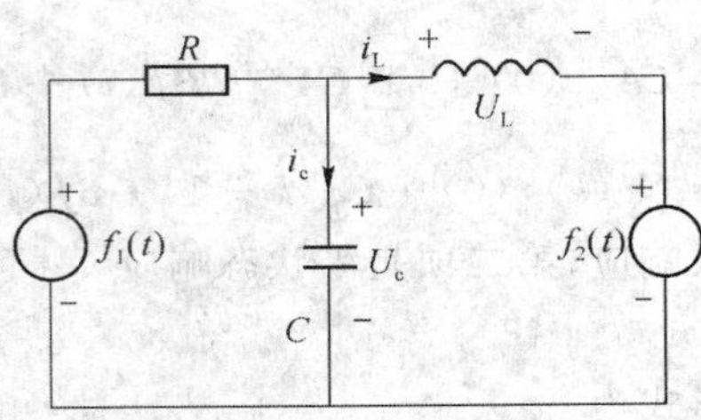

图 7.1

解答：由 KCL 和 KVL 得

$$\begin{cases} c\,\dfrac{\mathrm{d}u_c}{\mathrm{d}t}=\dfrac{1}{R}(f_1-u_c)-i_L \\ L\,\dfrac{\mathrm{d}i_L}{\mathrm{d}t}=u_c-f_2 \end{cases}$$

令 $u_c=x_1, i_L=x_2, \dot{u}_c=\dot{x}_1, \dot{i}_L=\dot{x}_2$ 可得

$$\begin{cases} \dot{x}=-\dfrac{1}{RC}x_1-\dfrac{1}{C}x_x+\dfrac{1}{RC}f_1 \\ \dot{x}_2=\dfrac{1}{L}x_1-\dfrac{1}{L}f_2 \end{cases}$$

上面的方程组称图示 RLC 系统的状态方程，其矩阵形式为

$$\begin{bmatrix} \dot{x}_1 \\ \dot{x}_2 \end{bmatrix}=\begin{bmatrix} -\dfrac{1}{RC} & -\dfrac{1}{C} \\ \dfrac{1}{L} & 0 \end{bmatrix}\begin{bmatrix} x_1 \\ x_2 \end{bmatrix}+\begin{bmatrix} \dfrac{1}{RC} & 0 \\ 0 & -\dfrac{1}{L} \end{bmatrix}\begin{bmatrix} f_1 \\ f_2 \end{bmatrix}$$

【例 7.1.2】 如图 7.2 所示电路图，选状态变量：$x_1=i_L$，$x_2=i_{L2}$，$x_3=u_c$，输出：$y_1=u_{L2}$，$y_2=u_{ab}$，求系统的状态方程。

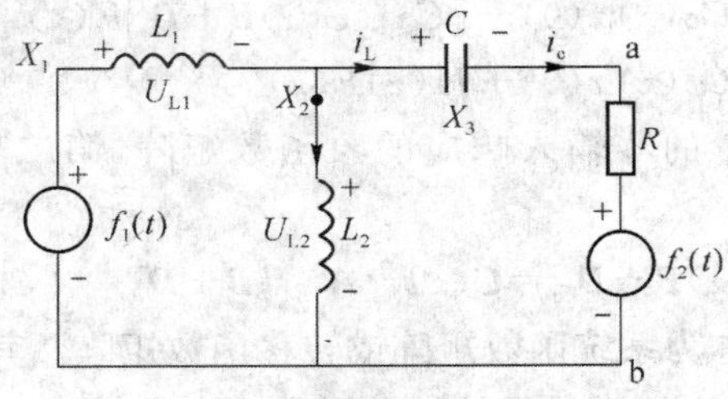

图 7.2

解答：列出状态方程。

第一步：关于 $L_1\dot{x}_1$，$L_2\dot{x}_2$（电感电压）列 KVL 方程。

$$L_1\dot{x}_1=u_{L1}=f_1-x_3-R(x_1-x_2)-f_2=-Rx_1+Rx_2-x_3+f_1-f_2$$

$$L_2\dot{x}_2=u_{L2}=x_3+R(x_1-x_2)+f_2=-Rx_1-Rx_2+x_3+f_2$$

第二步：关于 $C\dot{x}_3$（电流容量）列 KCL 方程。

$$C\dot{x}_3=i_c=x_1-x_2$$

第三步：消去除状态变量和输入以外的其他变量，把状态方程整理成标准形式。

$$\begin{cases}\dot{x}_1=-\dfrac{R}{L_1}x_1+\dfrac{R}{L_1}x_2-\dfrac{1}{L_1}x_3+\dfrac{1}{L_1}f_1-\dfrac{1}{L_1}f_2\\ \dot{x}_2=-\dfrac{R}{L_2}x_1-\dfrac{R}{L_2}x_2+\dfrac{1}{L_2}x_3+\dfrac{1}{L_2}f_2\\ \dot{x}_3=\dfrac{1}{C}x_1-\dfrac{1}{C}x_2\end{cases}$$

$$\begin{pmatrix}\dot{x}_1\\ \dot{x}_2\\ \dot{x}_3\end{pmatrix}=\begin{pmatrix}-\dfrac{R}{L_1} & \dfrac{R}{L_1} & -\dfrac{1}{L_1}\\ \dfrac{R}{L_2} & -\dfrac{R}{L_2} & \dfrac{1}{L_2}\\ \dfrac{1}{C} & -\dfrac{1}{C} & 0\end{pmatrix}\begin{pmatrix}x_1\\ x_2\\ x_3\end{pmatrix}+\begin{pmatrix}\dfrac{1}{L_1} & -\dfrac{1}{L_1}\\ 0 & \dfrac{1}{L_2}\\ 0 & 0\end{pmatrix}\begin{pmatrix}f_1\\ f_2\end{pmatrix}$$

列出输出方程：

$$\begin{cases}y_1=u_{L2}=L_2\dot{x}_2=Rx_1-Rx_2+x_3+f_2\\ y_2=u_{ab}=i_cR+f_2=c\dot{x}_3R+f_2=Rx_1-Rx_2+f_2\end{cases}$$

$$\begin{pmatrix}y_1\\ y_2\end{pmatrix}=\begin{pmatrix}R & -R & 1\\ R & -R & 0\end{pmatrix}\begin{pmatrix}x_1\\ x_2\\ x_3\end{pmatrix}+\begin{pmatrix}0 & 1\\ 0 & 1\end{pmatrix}\begin{pmatrix}f_1\\ f_2\end{pmatrix}$$

【例 7.1.3】 已知系统方程为 $y'''(t)+a_2y''(t)+a_1y'(t)+a_0(t)=b_0f(t)$，列出系统的状态方程和输出方程。

解答：(1) 选择状态变量：令 $x_1=y, x_2=\dot{y}, x_3=\ddot{y}$

(2) 列出状态方程：$\begin{cases}\dot{x}_1=x_2\\ \dot{x}_2=x_3\\ \dot{x}_3=-a_0x_1-a_1x_2-a_2x_3+b_0f\end{cases}$

(3) 输出方程：$y=x_1$

矩阵形式：$\begin{pmatrix}\dot{x}_1\\ \dot{x}_2\\ \dot{x}_3\end{pmatrix}=\begin{pmatrix}0 & 1 & 0\\ 0 & 0 & 1\\ -a_0 & -a_1 & -a_2\end{pmatrix}\begin{pmatrix}x_1\\ x_2\\ x_3\end{pmatrix}+\begin{pmatrix}0\\ 0\\ b_0\end{pmatrix}f$

$$y=(1\quad 0\quad 0)\begin{pmatrix}x_1\\ x_2\\ x_3\end{pmatrix}$$

【例 7.1.4】 已知某电路如图 7.3 所示，求电路的状态方程，若以电流 i_c 和电压 u 为输出，列出输出方程。

解答：(1) 选电容电压 u_c 和电感电流 i_{L2}, i_{L3} 为状态变量，并令 $\left.\begin{matrix}x_1=u_c\\ x_2=i_{L2}\\ x_3=i_{L3}\end{matrix}\right\}$

(2) 对于接有电容 C 的结点 b，可列出电流方程 $i_c=c\dfrac{\mathrm{d}u_c}{\mathrm{d}t}=C\dot{x}_1=x_2+x_3$ 选包含 C，L_2 的回路和包含 C，L_3、R 的回路，列出两个电压方程：

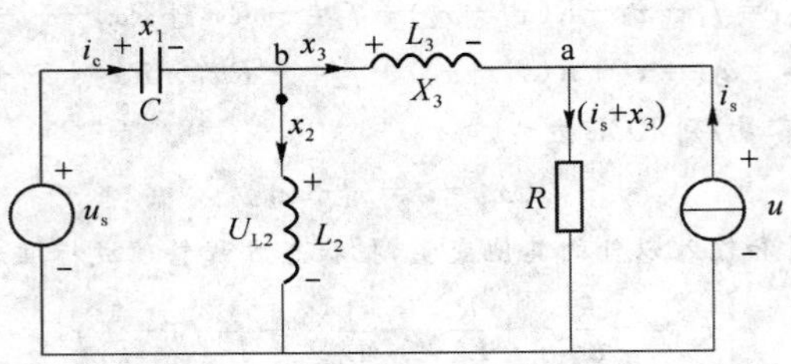

图 7.3

$$\left.\begin{aligned} u_s&=u_c+L_2\frac{di_{L2}}{dt} \\ u_s&=u_c+L3\frac{di_{L3}}{dt}+R(i_s+i_{L3}) \end{aligned}\right\}\Rightarrow\begin{cases} u_s=x_1+L_2x_2 \\ u_s=x_1+L_3x_3+R(i_s+i_{L3}) \end{cases}$$

(3) 对三个方程加以整理,得

$$\begin{cases} x_1'=\dfrac{1}{C}x_2+\dfrac{1}{C}x_3 \\ x_2'=-\dfrac{1}{L_2}x_1+\dfrac{1}{L_2}u_s \\ x_3'=-\dfrac{1}{L_3}x_1-\dfrac{R}{L_3}x_3+\dfrac{1}{L_3}u_s-\dfrac{R}{L_3}i_s \end{cases}$$

$$\begin{pmatrix} x_1' \\ x_2' \\ x_3' \end{pmatrix}=\begin{pmatrix} 0 & \dfrac{1}{C} & \dfrac{1}{C} \\ -\dfrac{1}{L_2} & 0 & 0 \\ -\dfrac{1}{L_3} & 0 & -\dfrac{R}{L_3} \end{pmatrix}\begin{pmatrix} x_1 \\ x_2 \\ x_3 \end{pmatrix}+\begin{pmatrix} 0 & 0 \\ \dfrac{1}{L_2} & 0 \\ \dfrac{1}{L_3} & -\dfrac{R}{L_3} \end{pmatrix}\begin{pmatrix} u_s \\ i_s \end{pmatrix}\begin{pmatrix} y_1 \\ y_2 \end{pmatrix}=\begin{pmatrix} i_c \\ u \end{pmatrix}=\begin{pmatrix} 0 & 1 & 2 \\ 0 & 0 & R \end{pmatrix}\begin{pmatrix} x_1 \\ x_2 \\ x_3 \end{pmatrix}+\begin{pmatrix} 0 & 0 \\ 0 & R \end{pmatrix}\begin{pmatrix} u_s \\ i_s \end{pmatrix}$$

【例 7.1.5】 已知系统方程为 $y(k)+a_1y(k-1)+a_0y(k-2)=bf(k)$列状态方程和输出方程。

解答:(1) 状态变量选择:令 $x_1(k)=y(k-2),x_2(k)=y(k-1)$

(2) 状态方程

$$\begin{cases} x_1(k+1)=x_2(k) \\ x_2(k+1)=-a_0x_1(k)-a_1x_2(k)+bf(k) \end{cases}$$

(3) 输出方程

$$y(k)=-a_0x_1(k)-a_1x_2(k)+bf(k)$$

矩阵形式

$$\begin{pmatrix} x_1(k) \\ x_2(k) \end{pmatrix}=\begin{pmatrix} 0 & 1 \\ -a_0 & -a_1 \end{pmatrix}\begin{pmatrix} x_1(k) \\ x_2(k) \end{pmatrix}+\begin{pmatrix} 0 \\ b \end{pmatrix}f(k)$$

$$y(k)=(-a_0\quad -a_1)\begin{pmatrix} x_1(k) \\ x_2(k) \end{pmatrix}+bf(k)$$

【例 7.1.6】 已知系统方程为 $y(k+2)+a_1y(k+1)+a_0y(k)=bf(k)$,列写系统状态方程和输出方程。

解答:(1) 状态变量选择:令 $x_1(k)=y(k),x_2(k)=y(k+1)$

(2) 状态方程

$$\begin{cases} x_1(k+1)=x_2(k) \\ x_2(k+1)=-a_0x_1(k)-a_1x_2(k)+bf(k) \end{cases}$$

(3) 输出方程

$$y(k)=x_1(k)$$

【例 7.1.7】 系统如图 7.4 所示，求下列系统的状态方程和输出方程。

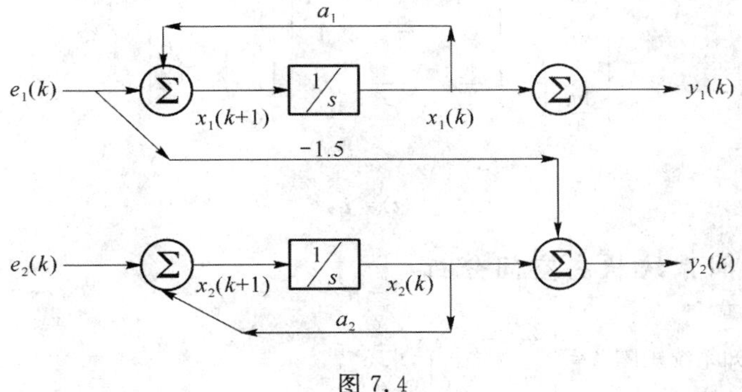

图 7.4

解答：设状态变量 $x_1(k)$，$x_2(k)$

状态方程：$\begin{cases} x_1(k+1)=a_1x_1(k)+e_1(k) \\ x_2(k+1)=a_2x_2(k)+e_2(k) \end{cases}$

输出方程：$\begin{cases} y_1(k)=x_1(k)+x_2(k) \\ y_2(k)=e_1(k)+x_2(k) \end{cases}$

整理成矩阵形式：

$$\begin{pmatrix} x_1(n+1) \\ x_2(n+1) \end{pmatrix}=\begin{pmatrix} a_1 & 0 \\ 0 & a_2 \end{pmatrix}\begin{pmatrix} x_1(n) \\ x_2(n) \end{pmatrix}+\begin{pmatrix} 1 & 0 \\ 0 & 1 \end{pmatrix}\begin{pmatrix} f_1(n) \\ f_2(n) \end{pmatrix}$$

$$\begin{pmatrix} y_1(n) \\ y_2(n) \end{pmatrix}=\begin{pmatrix} 1 & 1 \\ 0 & 1 \end{pmatrix}\begin{pmatrix} x_1(n) \\ x_2(n) \end{pmatrix}+\begin{pmatrix} 0 & 0 \\ 1 & 0 \end{pmatrix}\begin{pmatrix} f_1(n) \\ f_2(n) \end{pmatrix}$$

【例 7.1.8*】（华中科技大学考研真题） 写出如图 7.5 所示网络的状态方程和输出方程。图中 $R=1\Omega, L=1H, C=2F$。

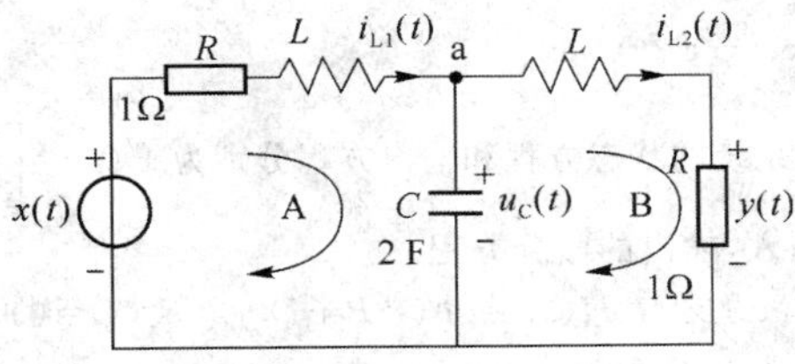

图 7.5

解答：设 i_{L1}，i_{L2}，u_C 分别为三个状态变量，$x(t)$ 为输入，$y(t)$ 为输出。再设结点 a，回路 A、B 如图 7.5 中所标。

由结点 a，利用 KCL 得

$$\frac{du_C}{dt}=\frac{1}{2}i_{L1}-\frac{1}{2}i_{L2}$$

由回路 A、B 分别列写 KVL 方程，得

$$\frac{di_{L1}}{dt}=-1\times i_{L1}+x-u_C=-i_{L1}-u_C+x$$

$$\frac{di_{L2}}{dt}=u_C-1\times i_{L2}=-i_{L2}+u_C$$

故得状态方程

$$\begin{pmatrix} \frac{di_{L1}}{dt} \\ \frac{di_{L2}}{dt} \\ \frac{du_C}{dt} \end{pmatrix} = \begin{pmatrix} -1 & 0 & -1 \\ 0 & -1 & 1 \\ \frac{1}{2} & -\frac{1}{2} & 0 \end{pmatrix} \begin{pmatrix} i_{L1} \\ i_{L2} \\ u_C \end{pmatrix} + \begin{pmatrix} 1 \\ 0 \\ 0 \end{pmatrix} s$$

输出方程为

$$y(t)=i_{L2}$$

题型 2　连续时间系统状态空间分析

【例 7.2.1】 已知系统矩阵 $\boldsymbol{A}=\begin{pmatrix} -1 & 0 \\ 1 & -2 \end{pmatrix}$，求 $e^{\boldsymbol{A}t}$。

解答：(1) 求 $\boldsymbol{A}-\lambda T$

$$\boldsymbol{A}-\lambda T=\begin{pmatrix} -1 & 0 \\ 1 & -2 \end{pmatrix}-\begin{pmatrix} \lambda & 0 \\ 0 & \lambda \end{pmatrix}=\begin{pmatrix} -1-\lambda & 0 \\ 1 & -2-\lambda \end{pmatrix}$$

(2) 求 $\boldsymbol{A}$ 的特征根

$$|\boldsymbol{A}-\lambda I|=(\lambda+1)(\lambda+2)=0\Rightarrow\lambda_1=-1,\lambda_2=-2$$

(3) 建立求 a_i 的方程，求 a_i

$$\begin{cases} e^{\lambda_1 t}=a_0+a_1\lambda_1 \\ e^{\lambda_2 t}=a_0+a_2\lambda, \end{cases}\begin{cases} e^{-t}=a_0-a_1 \\ e^{-2t}=a_0-2a_1 \end{cases}$$

(4) 求 $e^{\boldsymbol{A}t}$

$$e^{\boldsymbol{A}t}=a_0 I+a_1\boldsymbol{A}=(2e^{-t}-e^{-2t})\begin{pmatrix} 1 & 0 \\ 0 & 1 \end{pmatrix}+(e^{-t}-e^{-2t})\begin{pmatrix} -1 & 0 \\ 0 & -2 \end{pmatrix}$$

$$=\begin{pmatrix} e^{-t} & 0 \\ (e^{-t}-e^{-2t}) & e^{-2t} \end{pmatrix}$$

【例 7.2.2】 描述二阶连续系统的状态方程和输出方程分别为 $x_t'(t)=\begin{bmatrix} 0 & -2 \\ 1 & -2 \end{bmatrix}x(t)+\begin{bmatrix} 1 \\ 0 \end{bmatrix}e(t)$，$y(t)=[1 \quad 1]x(t)$，求描述该系统地输入，输出的微分方程。

解答：由 $H(s)\rightarrow$ 输入，输出微分方程 $H(s)=c\boldsymbol{\Phi}(s)B+D$　　$(D=0)$

$$\boldsymbol{\Phi}(s)=(sI-A)^{-1}=\frac{\mathrm{adj}\begin{pmatrix} s & 2 \\ -1 & s+2 \end{pmatrix}}{\begin{vmatrix} s & 2 \\ -1 & s+2 \end{vmatrix}}=\frac{1}{s^2+2s+2}\begin{pmatrix} s+2 & -2 \\ 1 & s \end{pmatrix}$$

$$H(s)=(1 \quad 1)\cdot\frac{1}{s^2+2s+2}\begin{pmatrix} s+2 & -2 \\ 1 & s \end{pmatrix}\cdot\begin{pmatrix} 1 \\ 0 \end{pmatrix}=\frac{s+3}{s^2+2s+2}$$

微分方程：
$$(p^2+2p+2)y(t)=(p+3)e(t)$$
即：
$$y''(t)+2y'(t)+2y(t)=e'(t)+3e(t)$$

【例 7.2.3】 设系统状态方程为 $\begin{pmatrix} \dot{x}_1(t) \\ \dot{x}_2(t) \end{pmatrix}=A\begin{pmatrix} x_1(t) \\ x_2(t) \end{pmatrix}+Bf(t)$，$y(t)=C\begin{pmatrix} x_1(t) \\ x_2(t) \end{pmatrix}+Df(t)$，状态转移矩阵为 $\boldsymbol{\Phi}(t)=\begin{pmatrix} 2e^{-t}-e^{-2t} & -2e^{-t}+2e^{-2t} \\ e^{-t}-e^{-2t} & -e^{-t}+2e^{-2t} \end{pmatrix}u(t)$，在 $f(t)=\delta(t)$ 作用下零状态解和零状态响应分别为

$\begin{pmatrix} x_1(t) \\ x_2(t) \end{pmatrix} = \begin{pmatrix} 12e^{-t}-12e^{-2t} \\ 6e^{-t}-12e^{-2t} \end{pmatrix} u(t)$，$y(t)=\delta(t)+(6e^{-t}-12e^{-2t})u(t)$，求系统的 A,B,C,D 矩阵。

解答：因为

$$\frac{d\boldsymbol{\Phi}(t)}{dt}=\frac{de^{At}}{dt}=\boldsymbol{A}e^{At}$$

所以

$$\boldsymbol{A}=\frac{de^{At}}{dt}\Big|_{t=0}=\begin{pmatrix} -2e^{-t}+2e^{-2t} & 2e^{-t}-4e^{-2t} \\ -e^{-t}+2e^{-2t} & e^{-t}-4e^{-2t} \end{pmatrix}_{t=0}=\begin{pmatrix} 0 & -2 \\ 1 & -3 \end{pmatrix}$$

又因为

$$\begin{aligned}\begin{pmatrix} x_1(t) \\ x_2(t) \end{pmatrix} &= e^{At}\boldsymbol{B} * f(t)=\begin{pmatrix} 2e^{-t}-e^{-2t} & -2e^{-t}+2e^{-2t} \\ e^{-t}-e^{-2t} & -e^{-t}+2e^{-2t} \end{pmatrix}\begin{pmatrix} b_1 \\ b_2 \end{pmatrix} u(t) * \delta(t) \\ &= \begin{pmatrix} b_1(2e^{-t}-e^{-2t})+b_2(-2e^{-t}+2e^{-2t}) \\ b_1(e^{-t}-e^{-2t})+b_2(-e^{-t}+2e^{-2t}) \end{pmatrix} u(t) \\ &= \begin{pmatrix} (2b_1-2b_2)e^{-t}+(-b_1+2b_2)e^{-2t} \\ (b_1-b_2)e^{-t}+(-b_1+2b_2)e^{-2t} \end{pmatrix} u(t)\end{aligned}$$

由题给定

$$\begin{pmatrix} x_1(t) \\ x_2(t) \end{pmatrix} = \begin{pmatrix} 12e^{-t}-12e^{-2t} \\ 6e^{-t}-12e^{-2t} \end{pmatrix} u(t)$$

比较以上两式得

$$b_1=0, b_2=-6$$

所以

$$B=\begin{pmatrix} 0 \\ -6 \end{pmatrix}$$

由题意知

$$y(t)=\delta(t)+(6e^{-t}-12e^{-2t})u(t)$$

又

$$\begin{aligned} y(t) &= C_x(t)+Df(t)=(c_1 \quad c_2)\begin{pmatrix} 12e^{-t}-12e^{-2t} \\ 6e^{-t}-12e^{-2t} \end{pmatrix}+d\cdot\delta(t) \\ &= c_1(12e^{-t}-12e^{-2t})+c_2(6e^{-t}-12e^{-2t})+d\cdot\delta(t) \\ &= (12c_1+6c_2)e^{-t}+(-12c_1-12c_2)e^{-2t}+d\cdot\delta(t) \end{aligned}$$

比较上面两式对应系数可得

$$\begin{cases} 12c_1+6c_2=6 \\ -12c_1-12c_2=-12 \end{cases} \Rightarrow c_1=0, c_2=1, d=1$$

即

$$C=(0 \quad 1), D=1$$

【例 7.2.4】 已知单输入/单输出系统如图 7.6 所示。

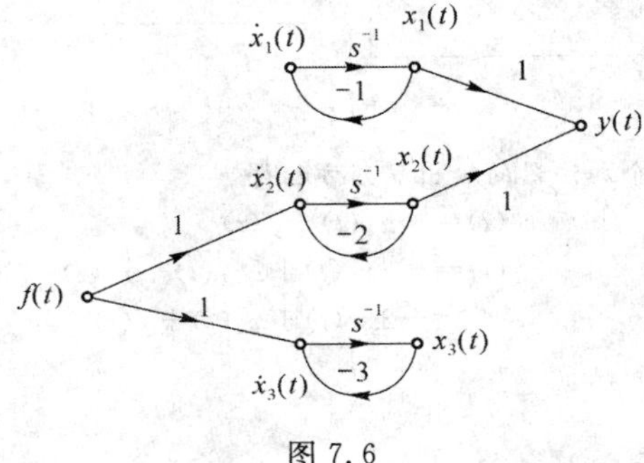

图 7.6

(1) 列写系统的状态方程与输出方程；

(2) 求 $H(s)$与 $h(t)$；

(3) 若已知 $x(0^-)=\begin{pmatrix}1\\1\\1\end{pmatrix}$，求零输入响应 $y_x(t)$。

解答：(1) $\dot{x}_1(t)=x_1(t)$

$\dot{x}_2(t)=-2x_2(t)+f(t)$

$\dot{x}_3(t)=-3x_3(t)+f(t)$

$y(t)=x_1(t)+x_2(t)$

即

$$\begin{pmatrix}\dot{x}_1(t)\\\dot{x}_2(t)\\\dot{x}_3(t)\end{pmatrix}=\begin{pmatrix}-1&0&0\\0&-2&0\\0&0&-3\end{pmatrix}\begin{pmatrix}x_1(t)\\x_2(t)\\x_3(t)\end{pmatrix}+\begin{pmatrix}0\\1\\1\end{pmatrix}f(t)$$

$$y(t)=(1\quad 1\quad 0)\begin{pmatrix}x_1(t)\\x_2(t)\\x_3(t)\end{pmatrix}$$

(2) $H(s)=\boldsymbol{C}[sI-\boldsymbol{A}]^{-1}\boldsymbol{B}+\boldsymbol{D}=\dfrac{1}{s+2}$

$h(t)=\mathrm{e}^{-2t}u(t)$

(3) $$\boldsymbol{\Phi}(s)=[sI-\boldsymbol{A}]^{-1}=\begin{pmatrix}\dfrac{1}{s+1}&0&0\\0&\dfrac{1}{s+2}&0\\0&0&\dfrac{1}{s+3}\end{pmatrix}$$

$$\boldsymbol{\Phi}(t)=\xi^{-1}[\boldsymbol{\Phi}(s)]=\begin{pmatrix}\mathrm{e}^{-t}&0&0\\0&\mathrm{e}^{-2t}&0\\0&0&\mathrm{e}^{-3t}\end{pmatrix}$$

$y_x(t)=\boldsymbol{C\Phi}(t)x(0^-)=(\mathrm{e}^{-t}+\mathrm{e}^{-2t})u(t)$

【例 7.2.5★】 (中国科学院电子学研究所考研真题)对如图 7.7 所示因果系统，

(1) 以 $x_1(t)$，$x_2(t)$为状态变量，列出其状态方程和输出方程；

(2) 求状态转移矩阵 e^{At}；

(3) 求系统的固有频率，并判断系统的稳定性。

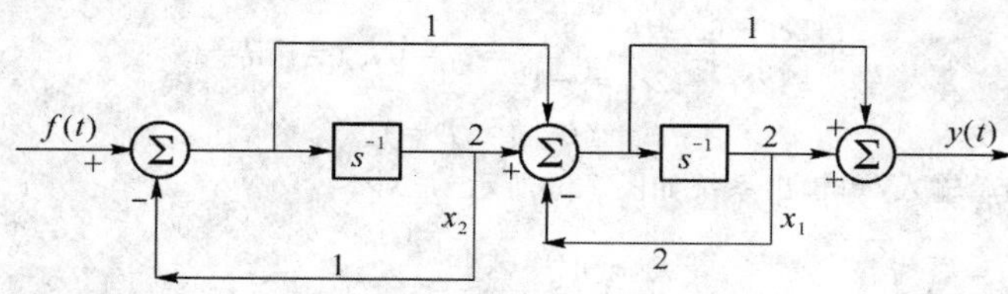

图 7.7

解答：(1) 在第一个和第二个加法器的输出端列方程得

$$\begin{aligned}\dot{x}_2(t)&=-x_2(t)+f(t)\\\dot{x}_1(t)&=-2x_1(t)+2x_2(t)+\dot{x}_2(t)\\&=-2x_1(t)+x_2(t)+f(t)\end{aligned}$$

故可得状态方程为

$$\begin{pmatrix}\dot{x}_1(t)\\ \dot{x}_2(t)\end{pmatrix}=\begin{pmatrix}-2 & 1\\ 0 & -1\end{pmatrix}\begin{pmatrix}x_1(t)\\ x_2(t)\end{pmatrix}+\begin{pmatrix}1\\ 1\end{pmatrix}f(t)$$

在第三个加法器的输出端列方程，有

$$y(t)=2x_1(t)+\dot{x}_1(t)=x_2(t)+f(t)$$

故得输出端方程为

$$y(t)=(0\quad 1)\begin{pmatrix}x_1(t)\\ x_2(t)\end{pmatrix}+f(t)$$

(2) $\boldsymbol{\Phi}(s)=\begin{pmatrix}sI-\boldsymbol{A}\end{pmatrix}^{-1}=\begin{pmatrix}s\begin{pmatrix}1 & 0\\ 0 & 1\end{pmatrix}-\begin{pmatrix}-2 & 1\\ 0 & -1\end{pmatrix}\end{pmatrix}^{-1}$

$$=\begin{pmatrix}\dfrac{1}{s+2} & \dfrac{1}{s+1}-\dfrac{1}{s+2}\\ 0 & \dfrac{1}{s+1}\end{pmatrix}$$

故得 $\varphi(t)=\mathrm{e}^{\boldsymbol{A}t}=\begin{pmatrix}\mathrm{e}^{-2t} & \mathrm{e}^{-t}-\mathrm{e}^{-2t}\\ 0 & \mathrm{e}^{-t}\end{pmatrix}\varepsilon(t)$

(3) 系统的特征方程为

$$|sI-\boldsymbol{A}|=(s+1)(s+2)=0$$

故：固有频率为 $\lambda_1=-1,\lambda_2=-2$。系统稳定。

【例 7.2.6★】(华中科技大学考研真题) 已知描述线性时不变系统的信号流图如图 7.8 所示。

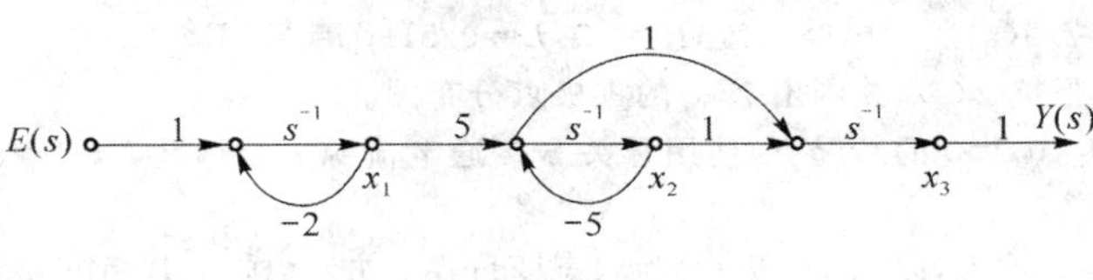

图 7.8

试求解以下问题：

(1) 以 $x_1(t)$、$x_2(t)$、$x_3(t)$为状态变量列出状态方程，以 $y(t)$为输出列出输出方程。

(2) 求系统函数 $H(s)=\dfrac{Y(s)}{E(s)}$。

(3) 当 $e(t)=\mathrm{e}^{-t}\varepsilon(t)$时，求出系统零状态响应 $y_{zs}(t)$。

(4) 当 $y(0)=1,y'(0)=2,y''(0)=1$ 时，求 $x_1(0),x_2(0),x_3(0)$。

解答：

(1) $\begin{pmatrix}x_1'(t)\\ x_2'(t)\\ x_3'(t)\end{pmatrix}=\begin{pmatrix}-2 & 0 & 0\\ 5 & -5 & 0\\ 5 & -4 & 0\end{pmatrix}\begin{pmatrix}x_1(t)\\ x_2(t)\\ x_3(t)\end{pmatrix}+\begin{pmatrix}1\\ 0\\ 0\end{pmatrix}e(t)$

$y(t)=x_3(t)=(0\quad 0)\begin{pmatrix}x_1(t)\\ x_2(t)\\ x_3(t)\end{pmatrix}$

(2) $H(s)=\boldsymbol{C}(sI-\boldsymbol{A})^{-1}\boldsymbol{B}+\boldsymbol{D}$

$$=(0\quad 0\quad 1)\begin{pmatrix}s+2 & 0 & 0\\ -5 & s+5 & 0\\ -5 & 4 & s\end{pmatrix}^{-1}\begin{pmatrix}1\\ 0\\ 0\end{pmatrix}=\frac{5(s+1)}{(s+2)(s+5)s}$$

或者从流图得到：$H(s)=\frac{5}{(s+2)}\cdot\frac{s+1}{(s+5)}\cdot\frac{1}{s}=\frac{5(s+1)}{(s+2)(s+5)s}$

(3) $Y_{zs}(s)=H(s)E(s)=\frac{5(s+1)}{(s+2)(s+5)s}\cdot\frac{1}{s+1}=\frac{5}{(s+2)(s+5)s}$

$$=\frac{1/2}{s}-\frac{5/6}{s+2}+\frac{1/3}{s+5}$$

$y_{zs}(t)=\left(0.5-\frac{5}{6}e^{-2t}+\frac{1}{3}e^{-5t}\right)\varepsilon(t)$

(4) $y_{zi}(t)=Ce^{At}x(0),y'_{zi}(t)=\boldsymbol{A}Ce^{At}x(0),y''_{zi}(t)=\boldsymbol{CA}^2e^{At}x(0)$

$y_{zi}(0)=y(0),y'_{zi}(0)=y'(0),y''_{zi}(0)=y''(0)$，得

$$y_{zi}(0)=CIX(0)=(0\quad 0\quad 1)\begin{pmatrix}1&0&0\\0&1&0\\0&0&1\end{pmatrix}\begin{pmatrix}x_1(0)\\x_2(0)\\x_3(0)\end{pmatrix}=x_3(0)=y(0)$$

$$y'_{zi}(0)=\boldsymbol{CA}X(0)=(0\quad 0\quad 1)\begin{pmatrix}-2&0&0\\5&-5&0\\5&-4&0\end{pmatrix}\begin{pmatrix}x_1(0)\\x_2(0)\\x_3(0)\end{pmatrix}=5x_1(0)-4x_2(0)=y'(0)$$

$$y''_{zi}(0)=\boldsymbol{CA}^2X(0)=(0\quad 0\quad 1)\begin{pmatrix}-2&0&0\\5&-5&0\\5&-4&0\end{pmatrix}^2\begin{pmatrix}x_1(0)\\x_2(0)\\x_3(0)\end{pmatrix}$$

$$=-30x_1(0)+20x_2(0)=y''(0)$$

即$\begin{cases}x_3(0)=1\\5x_1(0)-4x_2(0)=2\\-30x_1(0)+20x_2(0)=1\end{cases}\Rightarrow\begin{cases}x_1(0)=-11/2\\x_2(0)=-13/4\\x_3(0)=1\end{cases}$

【例 7.2.7】 如图 7.9(a)所示电路系统，$R=1\Omega,L=0.5\text{H},C=8/5\text{F}$。

(1) 求电路的输入阻抗 $Z(s)$，并画出 $Z(s)$的零极点分布图。

(2) 在 $u_C(0)=0,i_L(0)=0$ 的情况下，使用开关 S 接通电流源 $i_S(t)$，且 $i_S(t)=\varepsilon(t)\ A$，用拉氏变换求 $u_C(t)$。

(3) 以电源源 $i_S(t)$为输入，以 $u_C(t)$、$i_L(t)$为状态变量建立方程，求 $\boldsymbol{A}$、$\boldsymbol{B}$ 矩阵和状态转移矩阵 e^{At}。

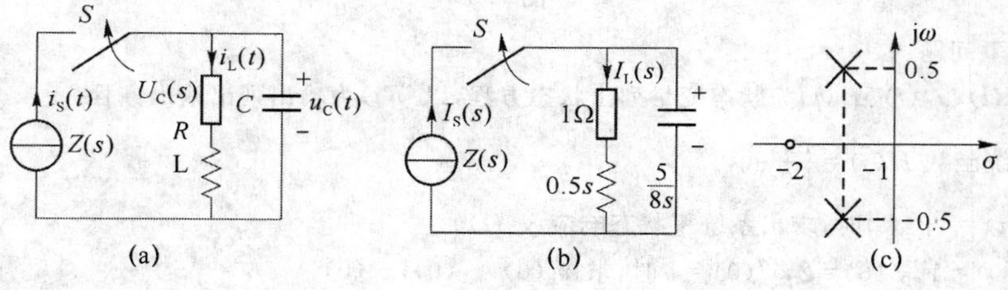

图 7.9

解答：(1) 画出零状态下的 S 域电路模型，如图 7.9(b)所示。

$$Z(s)=(R+sL)//[1/(sC)]=(1+0.5s)//(\frac{5}{8s})$$

$$=\frac{5s+10}{8s^2+16s+10}$$

$Z(s)$有一个零点 $\xi_1=-2$，两个极点 $p_{1,2}=-1\pm j0.5$，

其零极点分布图如图 7.9(c)所示。

(2) $U_C(s)=Z(s)I_s(s)=\frac{5s+10}{8s^2+16s+10}\times\frac{1}{s}$

$$=\frac{1}{s}-\frac{s+1}{(s+1)^2+0.5^2}-\frac{3}{4}\frac{0.5}{(s+1)^2+0.5^2}$$

取逆变换，得

$$U_C(t)=[1-e^{-t}\cos(0.5t)-0.75e^{-t}\sin(0.5t)]\varepsilon(t)\text{V}$$

(3) 列写状态方程

由 KCL 得

$$C\frac{du_C(t)}{dt}=-i_L(t)+i_S(t)$$

由 KVL 得

$$L\frac{di_L(t)}{dt}=u_C(t)-Ri_L(t)$$

代入数值并整理,得

$$\begin{pmatrix}\frac{du_C(t)}{dt}\\ \frac{di_L(t)}{dt}\end{pmatrix}=\begin{pmatrix}0 & -\frac{8}{5}\\ 2 & -2\end{pmatrix}\begin{pmatrix}u_C(t)\\ i_L(t)\end{pmatrix}+\begin{pmatrix}\frac{8}{5}\\ 0\end{pmatrix}i_S(t)$$

故矩阵

$$A=\begin{pmatrix}0 & -\frac{8}{5}\\ 2 & -2\end{pmatrix},B=\begin{pmatrix}\frac{5}{8}\\ 0\end{pmatrix}$$

求状态转移矩阵

$$\det[\lambda I-\boldsymbol{A}]=\begin{vmatrix}\lambda & \frac{5}{8}\\ -2 & \lambda+2\end{vmatrix}=0$$

解得 $\lambda_1=-1+j0.5,\lambda_2=-1-j0.5$

$$e^{\lambda_1}=e^{-1+j0.5}=C_0+C_1(-1+j0.5)$$
$$e^{\lambda_2}=e^{-1-j0.5}=C_0+C_1(-1-j0.5)$$

解上两式可得

$$C_0=e^{-t}\cos(0.5t-63.4^\circ)$$
$$C_1=e^{-t}\sin(0.5t)$$

故

$$\begin{aligned}e^{At}&=C_0I+C_1A\\&=\begin{bmatrix}e^{-t}\cos(0.5t-63.4^\circ) & 1.25e^{-t}\sin(0.5t)\\ 0 & e^{-t}\cos(0.5t-63.4^\circ)-4e^{-t}\sin(0.5t)\end{bmatrix}\end{aligned}$$

【例 7.2.8】 已知如图 7.10 所示线性系统,取积分器输出为状态变量(x_1,x_2)

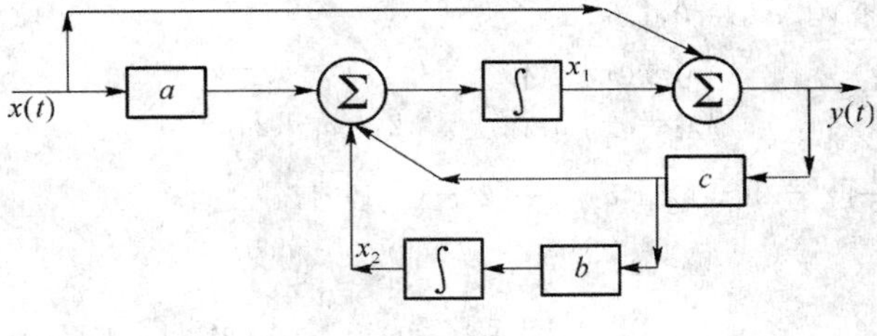

图 7.10

(1) 求系统状态方程;

(2) 若再激励 $e(t)=\delta(t)$时,有零状态响应 $\begin{pmatrix}x_1(t)\\ x_2(t)\end{pmatrix}=\begin{pmatrix}-8e^{-2t}+3e^{-t}\\ -8e^{-2t}+6e^{-t}\end{pmatrix}\varepsilon(t)$,求图 7.10 中 a、b、c 的参数值。

解答：(1) $x_1'(t)=ae(t)+x_2+cy(t)$

又 $y(t)=x_1+e(t)$

$x_1'(t)=(a+c)e(t)+x_2+cx_1$

$x_2'(t)=cby(t)=bcx_1+bce(t)$

所以 $\begin{bmatrix} x_1'(t) \\ x_2'(t) \end{bmatrix}=\begin{bmatrix} c & 1 \\ bc & 0 \end{bmatrix}\begin{bmatrix} x_1(t) \\ x_2(t) \end{bmatrix}+\begin{bmatrix} a+c \\ bc \end{bmatrix}e(t)$

(2) $\boldsymbol{\Phi}(s)=(sI-A)^{-1}=\begin{bmatrix} s-c & 1 \\ bc & s \end{bmatrix}^{-1}=\dfrac{1}{s^2-cs-bc}\begin{bmatrix} s & 1 \\ bc & s-c \end{bmatrix}$

又 $E(s)=L^{-1}\{\delta(t)\}=1$

$X_{zs}(s)=\boldsymbol{\Phi}(s)BE(s)=\dfrac{1}{s^2-cs-bc}\begin{bmatrix} s & 1 \\ bc & s-c \end{bmatrix}\begin{bmatrix} a+c \\ bc \end{bmatrix}=\dfrac{1}{s^2-cs-bc}\begin{bmatrix} s(a+c)+bc \\ sbc+abc \end{bmatrix}$

又 $X_{zs}(s)=L\left\{\begin{matrix} (-8e^{-2t}+3e^{-3t})\varepsilon(t) \\ (-8e^{-2t}+6e^{-3t})\varepsilon(t) \end{matrix}\right\}=\begin{bmatrix} \dfrac{-8}{s+2}+\dfrac{3}{s+1} \\ \dfrac{-8}{s+2}+\dfrac{6}{s+1} \end{bmatrix}$

$$=\frac{1}{s^2+3s+2}\begin{bmatrix} -8(s+1)+3(s+2) \\ -8(s+1)+6(s+2) \end{bmatrix}=\frac{1}{s^2+3s+2}\begin{bmatrix} -5s-2 \\ -2s+4 \end{bmatrix}$$

比较上述两式可得

$$\begin{cases} a+c=-5 \\ bc=-2 \\ abc=4 \end{cases} \Rightarrow \begin{cases} a=-2 \\ b=2/3 \\ c=-3 \end{cases}$$

题型 3　离散时间系统状态空间分析

【例 7.3.1】 已知系统矩阵 $\boldsymbol{A}=\begin{bmatrix} 0 & 1 \\ 2 & 1 \end{bmatrix}$，求 $\vartheta(k)=\boldsymbol{A}^k$。

解答：(1) 求 $\boldsymbol{A}-\lambda I$：$\boldsymbol{A}-\lambda I=\begin{bmatrix} -1-\lambda & 0 \\ -2 & -1-\lambda \end{bmatrix}$；

(2) 求 $|\boldsymbol{A}-\lambda I|=0$ 的根

$$|\boldsymbol{A}-\lambda I|=(\lambda+1)(\lambda-2)=0,\lambda_1=-1,\lambda_2=2$$

(3) 建立求 a_i 得方程，求 a_i，$i=0,1$。

$$\begin{cases} \lambda_1^k=a_0+a_1\lambda_1 \\ \lambda_2^k=a_0+a_1\lambda_2 \end{cases},\begin{cases} (-1)^k=a_0-a_1 \\ 2^k=a_0+2a_1 \end{cases}$$

解方程组，得 $a_0=\dfrac{1}{3}[2^k+2(-1)^k]$，$a_1=\dfrac{1}{3}[2^k-(-1)^k]$。

(4) 求 $\boldsymbol{A}^k$：

$$\boldsymbol{A}^k=a_0I+a_1A=\begin{bmatrix} \frac{1}{3}[2^k+2(-1)^k] & \frac{1}{3}[2^k-(-1)^k] \\ \frac{2}{3}[2^k-(-1)^k] & \frac{1}{3}[2^{k+1}+(-1)^k] \end{bmatrix}$$

【例 7.3.2】 已知离散系统的状态方程与输出方程为 $\begin{bmatrix} x_1(k+1) \\ x_2(k+1) \end{bmatrix}=\begin{bmatrix} \frac{1}{2} & \frac{1}{4} \\ 1 & \frac{1}{2} \end{bmatrix}\begin{bmatrix} x_1(k) \\ x_2(k) \end{bmatrix}+\begin{bmatrix} 1 \\ 0 \end{bmatrix}f(k)$，

$\begin{pmatrix} y_1(k) \\ y_2(k) \end{pmatrix} = \begin{pmatrix} 1 & 0 \\ 0 & 1 \end{pmatrix} \begin{pmatrix} x_1(k) \\ x_2(k) \end{pmatrix} + \begin{pmatrix} 1 \\ 1 \end{pmatrix} f(k)$，初始状态为$\begin{pmatrix} x_1(0) \\ x_2(0) \end{pmatrix} = \begin{pmatrix} 1 \\ 1 \end{pmatrix}$，激励 $f(k)=u(k)$。用 Z 变换法求：

(1) 状态转移矩阵 $\boldsymbol{A}^k$；

(2) 状态向量 $x(k)$；

(3) 响应向量 $y(k)$；

(4) 转移函数矩阵 $\boldsymbol{H}(z)$；

(5) 单位响应矩阵 $\boldsymbol{h}(k)$。

解答：(1) $[zI-\boldsymbol{A}]^{-1} = \dfrac{1}{z(z-1)} \begin{pmatrix} z-\frac{1}{2} & \frac{1}{4} \\ 1 & z-\frac{1}{2} \end{pmatrix}$

故 $\boldsymbol{A}^k = \xi^{-1}\{[zI-\boldsymbol{A}]^{-1}z\} = \xi^{-1} \begin{pmatrix} \dfrac{z-1/2}{z-1} & \dfrac{1/4}{z-1} \\ \dfrac{1}{z} & \dfrac{z-1/2}{z-1} \end{pmatrix}$

$$= \begin{pmatrix} \delta(k)+\frac{1}{2}u(k-1) & \frac{1}{4}u(k-1) \\ u(k-1) & \delta(k)+\frac{1}{2}u(k-1) \end{pmatrix}$$

(2) $X(z)=[zI-\boldsymbol{A}]^{-1}zx(0)+[zI-\boldsymbol{A}]^{-1}BF(z)$

$$= \begin{pmatrix} \dfrac{z-1/2}{z-1} & \dfrac{1/4}{z-1} \\ \dfrac{1}{z} & \dfrac{z-1/2}{z-1} \end{pmatrix} \begin{pmatrix} 1 \\ 1 \end{pmatrix} + \begin{pmatrix} \dfrac{z-1/2}{z-1} & \dfrac{1/4}{z-1} \\ \dfrac{1}{z} & \dfrac{z-1/2}{z-1} \end{pmatrix} \begin{pmatrix} 1 \\ 0 \end{pmatrix} \left(\frac{z}{z-1}\right)$$

$$= \begin{pmatrix} \dfrac{z-1/4}{z-1} \\ \dfrac{z+1/2}{z-1} \end{pmatrix} + \begin{pmatrix} \dfrac{z-1/2}{(z-1)^2} \\ \dfrac{1}{(z-1)^2} \end{pmatrix}$$

故得 $x(k) = \begin{pmatrix} x_1(k) \\ x_2(k) \end{pmatrix} = \begin{pmatrix} \delta(k)+\frac{3}{4}u(k-1) \\ \delta(k)+\frac{3}{2}u(k-1) \end{pmatrix} + \begin{pmatrix} ku(k)-\frac{1}{2}(k-1)u(k-1) \\ (k-1)u(k-1) \end{pmatrix}$

(3) $Y(z)=\boldsymbol{C}[zI-\boldsymbol{A}]^{-1}zx(0)+C[zI-\boldsymbol{A}]^{-1}\boldsymbol{B}F(z)+\boldsymbol{D}F(z)$

$$= \begin{pmatrix} \dfrac{z-1/4}{z-1} \\ \dfrac{z+1/2}{z-1} \end{pmatrix} + \begin{pmatrix} \dfrac{z-1/2}{(z-1)^2} \\ \dfrac{1}{(z-1)^2} \end{pmatrix}$$

故得

$y(k) = \begin{pmatrix} y_1(k) \\ y_2(k) \end{pmatrix}$

$$= \begin{pmatrix} \delta(k)+\frac{3}{4}u(k-1) \\ \delta(k)+\frac{3}{2}u(k-1) \end{pmatrix} + \begin{pmatrix} \delta(k)+2ku(k)-\frac{3}{2}(k-1)u(k-1) \\ \delta(k)+ku(k) \end{pmatrix}$$

(4) $\boldsymbol{H}(z)=\boldsymbol{C}[zI-\boldsymbol{A}]^{-1}\boldsymbol{B}+\boldsymbol{D} = \begin{pmatrix} \dfrac{z^2-1/2}{z(z-1)} \\ \dfrac{z^2-z+1}{z(z-1)} \end{pmatrix} = \begin{pmatrix} 1+\dfrac{1/2}{z}+\dfrac{1/2}{z-1} \\ 1-\dfrac{1}{z}+\dfrac{1}{z-1} \end{pmatrix}$

(5) $\boldsymbol{h}(k)=\xi^{-1}[\boldsymbol{H}(z)] = \begin{pmatrix} \delta(k)+\frac{1}{2}\delta(k-1)+\frac{1}{2}u(k-1) \\ \delta(k)-\delta(k-1)+u(k-1) \end{pmatrix}$

【例 7.3.3】 系统的状态方程和测量方程为 $\begin{bmatrix} x_1(n+1) \\ x_2(n+1) \end{bmatrix} = \begin{bmatrix} 0 & 1 \\ a & b \end{bmatrix} \begin{bmatrix} x_1(n) \\ x_2(n) \end{bmatrix}$，$y(n)=(3\quad 1)\begin{pmatrix} x_1(n) \\ x_2(n) \end{pmatrix}$，已知系统的响应为：$y(n)=(-1)^n+3(3)^n, n\geqslant 0$，求：

(1) 求 a 和 b；

(2) 求 $\begin{bmatrix} x_1(n) \\ x_2(n) \end{bmatrix}$。

解答：对差分方程求 Z 变换得

$$Y(z)=C(zI-\boldsymbol{A})^{-1}zx(0)$$

(1) $(zI-\boldsymbol{A})^{-1}z=\begin{bmatrix} z & -1 \\ -a & z-b \end{bmatrix}^{-1} z=\dfrac{z}{z(z-b)-a}\begin{bmatrix} z-b & 1 \\ a & z \end{bmatrix}$

由 $y(n)=(-1)^n+3(3)^n, n\geqslant 0$ 可得特征方程为

$$(z+1)(z-3)=z^2-2z-3$$

从而可得

$$a=3, b=2$$

(2) $Y(z)=C(zI-\boldsymbol{A})^{-1}zx(0)$

$$=\frac{z}{z^2-2z-3}(3\quad 1)\begin{bmatrix} z-2 & 1 \\ 3 & z \end{bmatrix}\begin{bmatrix} x_1(0) \\ x_2(0) \end{bmatrix}$$

$$=\frac{z\{[3x_1(0)+x_2(0)]z+[-3x_1(0)+3x_2(0))]}{z^2-2z-3}$$

由 $y(n)=(-1)^n+3(3)^n, n\geqslant 0$ 可得

$$Y(z)=\frac{z}{z+1}+\frac{2z}{z-3}=\frac{4z^2}{z^2-2z-3}$$

比较两式可得

$$x_1(0)=x_2(0)=1$$

(3) $X(z)=(zI-\boldsymbol{A})^{-1}zx(0)=\dfrac{z}{z^2-2z-3}\begin{bmatrix} z-2 & 1 \\ 3 & z \end{bmatrix}\begin{bmatrix} 1 \\ 1 \end{bmatrix}$

$$=\frac{z}{z^2-2z-3}\begin{bmatrix} z-1 \\ z+3 \end{bmatrix}=\begin{bmatrix} \frac{1}{2}\frac{z}{z+1} & \frac{1}{2}\frac{z}{z-3} \\ -\frac{1}{2}\frac{z}{z+1} & \frac{3}{2}\frac{z}{z-3} \end{bmatrix}$$

从而可得

$$x(n)=\begin{bmatrix} \frac{1}{2}(-1)^n+\frac{1}{2}(3)^n \\ -\frac{1}{2}(-1)^n+\frac{3}{2}(3)^n \end{bmatrix}, n\geqslant 0$$

【例 7.3.4★】(电子科技大学考研真题) 已知一离散时间线性时不变系统如图 7.11 所示。

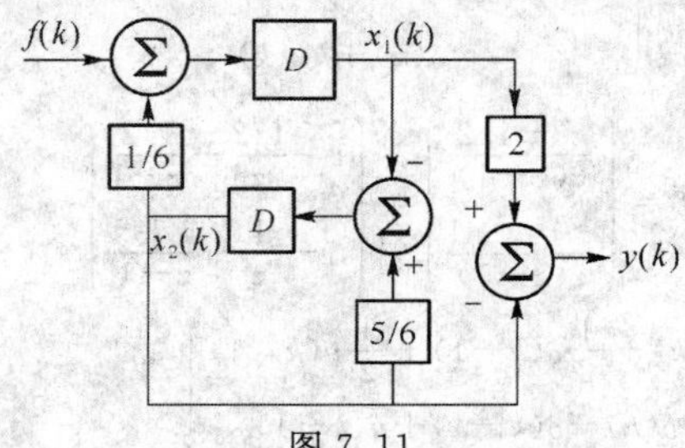

图 7.11

(1) 以 $x_1(k)$、$x_2(k)$为状态变量,列出该系统的状态方程和输出方程。

(2) 系统是否稳定?

(3) 求该系统的系统函数 $\boldsymbol{H}(z)$。

解答:(1) 由图可知

$$x_1(k+1)=\frac{1}{6}x_2(k)+f(k)$$

$$x_2(k+1)=-x_1(k)+\frac{5}{6}x_2(k)$$

$$y(k)=2x_1(k)-x_2(k)$$

整理可得

$$\begin{pmatrix} x_1(k+1) \\ x_2(k+1) \end{pmatrix}=\begin{pmatrix} 0 & \frac{1}{6} \\ -1 & \frac{5}{6} \end{pmatrix}\begin{pmatrix} x_1(k) \\ x_2(k) \end{pmatrix}+\begin{pmatrix} 1 \\ 0 \end{pmatrix}f(k)$$

$$y(k)=(2 \quad -1)\begin{pmatrix} x_1(k) \\ x_2(k) \end{pmatrix}$$

$$(2)(z\boldsymbol{I}-\boldsymbol{A})^{-1}=\begin{pmatrix} z & -\frac{1}{6} \\ 1 & z-\frac{5}{6} \end{pmatrix}^{-1}=\frac{1}{z^2-\frac{5}{6}z+\frac{1}{6}}\begin{pmatrix} z-\frac{5}{6} & \frac{1}{6} \\ -1 & z \end{pmatrix}$$

$$z^2-\frac{5}{6}z+\frac{1}{6}=0$$

极点为 $z_1=\frac{1}{2},z_2=\frac{1}{3}$

极点都位于单位圆内,该系统为稳定系统。

(3) $\boldsymbol{H}(z)=\boldsymbol{C}(z\boldsymbol{I}-\boldsymbol{A})^{-1}\boldsymbol{B}$

$$=(2 \quad -1)\frac{1}{(z-\frac{1}{2})(z-\frac{1}{3})}\begin{pmatrix} z-\frac{5}{6} & \frac{1}{6} \\ -1 & z \end{pmatrix}\begin{pmatrix} 1 \\ 0 \end{pmatrix}$$

$$=\frac{2(z-\frac{1}{3})}{z^2-\frac{5}{6}z+\frac{1}{6}}=\frac{2z-\frac{2}{3}}{z^2-\frac{5}{6}z+\frac{1}{6}}$$

【例 7.3.5】 一线性时不变系统由二阶差分方程描述,已知输入激励为 $e(k)=\varepsilon(k)$,系统零初始状态响应 $y(k)=(2^k-3^k+1)\varepsilon(k)$。

(1) 试求该系统的输入一输出差分方程及状态方程;

(2) 若激励为 $e(k)=2G_{10}(k)$,求响应。

解答:(1) $E(z)=Z\{e(k)\}=Z\{\varepsilon(k)\}=\frac{z}{z-1}$

$$Y_{zs}(z)=Z\{y(k)\}=\frac{z}{z-2}-\frac{z}{z-3}+\frac{z}{z-1}=\frac{z(z^2-6z+7)}{z^3-6z^2+11z-6}$$

$$H(z)=\frac{Y_{zs}(z)}{E(z)}=\frac{z(z^2-6z+7)}{(z-2)(z-3)(z-1)}\times\frac{z-1}{z}=\frac{z^2-6z+7}{z^3-6z^2+11z-6}$$

差分方程:$y(k+2)-5y(k+1)+6y(k)=e(k+2)-6e(k+1)+7e(k)$

状态方程:$\begin{pmatrix} x_1(k+1) \\ x_2(k+1) \end{pmatrix}=\begin{pmatrix} 0 & 1 \\ -a_0 & -a_1 \end{pmatrix}\begin{pmatrix} x_1(k) \\ x_2(k) \end{pmatrix}+\begin{pmatrix} 0 \\ 1 \end{pmatrix}e(k)$

即 $\begin{pmatrix} x_1(k+1) \\ x_2(k+1) \end{pmatrix} = \begin{pmatrix} 0 & 1 \\ -6 & 5 \end{pmatrix} \begin{pmatrix} x_1(k) \\ x_2(k) \end{pmatrix} + \begin{pmatrix} 0 \\ 1 \end{pmatrix} e(k)$

输出方程：$y(k) = (b_0 - b_2 a_0 \quad b_1 - b_2 a_1) \begin{pmatrix} x_1(k) \\ x_2(k) \end{pmatrix} + e(k) 2\varepsilon(k) - 2\varepsilon(k-10)$

即 $y(k) = (1 \quad -1) \begin{pmatrix} x_1(k) \\ x_2(k) \end{pmatrix} + e(k)$

$e(k) = 2G_{10}(k) = 2[\varepsilon(k) - \varepsilon(k-10)] = 2\varepsilon(k) - 2\varepsilon(k-10)$

$y(k) = y_1(k) + y_2(k)$

(2) $e_1(k) = 2\varepsilon(k) \leftrightarrow y_1(k) = 2[2^k - 3^k + 1]\varepsilon(k)$

$e_2(k) = -2\varepsilon(k-10) \leftrightarrow y_2(k) = -y_1(k-10) = -2[2^{k-10} - 3^{k-10} + 1]\varepsilon(k-10)$

$y(k) = 2[2^k - 3^k + 1]\varepsilon(k) - 2[2^{k-10} - 3^{k-10} + 1]\varepsilon(k-10)$

【例 7.3.6】 某系统的差分方程为 $y(n) - 0.6y(n-1) + 0.05y(n-2) = f(n) - 0.2f(n-1)$。

(1) 画出级联形式的信号流图，并在所画流图上建立状态方程和输出方程；

(2) 若 $y(-1)=1, y(-2)=2, y(n)=\delta(n)$，求系统的零输入响应和零状态响应。

解答：(1) 由差分方程得

$$H(z) = \frac{z(z-0.2)}{z^2 - 0.6z + 0.05}$$

$$H(z) = \frac{z(z-0.2)}{z^2 - 0.6z + 0.05} = \frac{1 - 0.2z^{-1}}{1 - 0.1z^{-1}} \cdot \frac{1}{1 - 0.5z^{-1}}$$

由此得到级联形式的信号流图如图 7.12 所示。

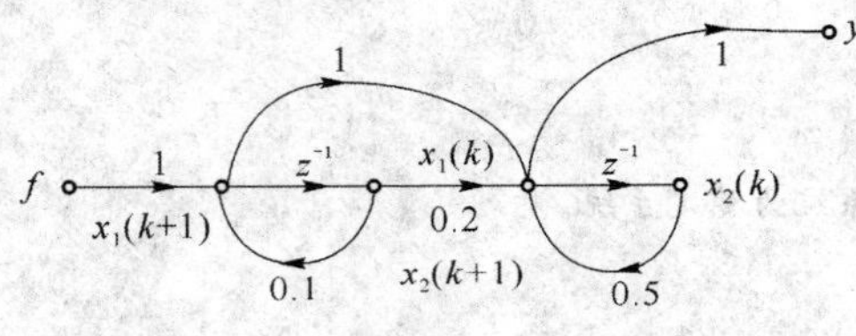

图 7.12

根据信号流图列写状态方程：

$$\begin{cases} x_1(n+1) = f(n) + 0.1x_1(n) \\ x_2(n+1) = x_1(n+1) - 0.1x_1(n) + 0.5x_2(n) \end{cases}$$

$$y(n) = x_2(n+1)$$

整理成矩阵形式：

$$\begin{pmatrix} x_1(n+1) \\ x_2(n+1) \end{pmatrix} = \begin{pmatrix} 0.1 & 0 \\ -0.1 & 0.5 \end{pmatrix} \begin{pmatrix} x_1(n) \\ x_2(n) \end{pmatrix} + \begin{pmatrix} 1 \\ 1 \end{pmatrix} f(n)$$

$$y(n) = (-0.1 \quad 0.5) \begin{pmatrix} x_1(n) \\ x_2(n) \end{pmatrix} + f(n)$$

(2) 本题给定初始条件是 $y(-1)=1, y(-2)=2$，据此解初始状态较烦琐，而采用经典方法求解更方便：

$$H(z) = \frac{z(z-0.2)}{z^2 - 0.6z + 0.05} = \frac{1}{4}\left(\frac{z}{z-0.1} + \frac{3z}{z-0.5}\right)$$

$$\Rightarrow h(n) = \frac{1}{4}(0.1^n + 3 \cdot 0.5^n)u(n)$$

$$y_f(n) = h(n) * f(n) = \frac{1}{4}(0.1^n + 3 \cdot 0.5^n)u(n)$$

$$\Rightarrow y_x(n) = c_1 \cdot 0.1^n + c_2 \cdot 0.5^n = 0.5^{n+1}$$

【例 7.3.7*】(华中科技大学考研真题)　已知一因果离散系统的状态方程和输出方程为

$$\begin{bmatrix} x_1(k+1) \\ x_2(k+1) \end{bmatrix} = \begin{bmatrix} 0 & 1 \\ -0.08 & 0.6 \end{bmatrix} \begin{bmatrix} x_1(k) \\ x_2(k) \end{bmatrix} + \begin{bmatrix} 0 \\ 1 \end{bmatrix} e(k)$$

$$\begin{bmatrix} y_1(k) \\ y_2(k) \end{bmatrix} = \begin{bmatrix} 1 & 1 \\ 1 & -1 \end{bmatrix} \begin{bmatrix} x_1(k) \\ x_2(k) \end{bmatrix}$$

初始状态 $x_1(0)=0, x_2(0)=0$,,激励 $e(k)=12\varepsilon(k)$。试回答以下问题：

(1) 求状态过渡矩阵 $\boldsymbol{\varphi}(k)$；

(2) 求状态矢量 $x(k)$

(3) 求输出矢量 $y(k)$；

(4) 求系统的自然频率,并判断系统的稳定性。

解答:(1) $\varphi(z)=(I-z^{-1}\mathbf{A})^{-1}=\dfrac{z}{(z-0.4)(z-0.2)}\begin{bmatrix} z-0.6 & 1 \\ -0.08 & z \end{bmatrix}$

$$=\begin{bmatrix} \dfrac{2z}{z-0.2}-\dfrac{z}{z-0.4} & \dfrac{5z}{z-0.4}-\dfrac{5z}{z-0.2} \\ \dfrac{0.4z}{z-0.2}-\dfrac{0.4z}{z-0.4} & \dfrac{2z}{z-0.2}-\dfrac{z}{z-0.4} \end{bmatrix}$$

$$\varphi(k)=Z^{-1}\{\varphi(z)\}=\begin{bmatrix} 2\cdot(0.2)^k-(0.4)^k & 5\cdot(0.2)^k-5\cdot(0.4)^k \\ 0.4\cdot(0.2)^k-0.4\cdot(0.4)^k & 2\cdot(0.2)^k-(0.4)^k \end{bmatrix}\varepsilon(k)$$

(2) $X(z)=\boldsymbol{\varphi}(z)z^{-1}BE(z), E(z)=\dfrac{12z}{z-1}$

$$X(z)=\begin{bmatrix} \dfrac{25z}{z-1}+\dfrac{75z}{z-0.2}+\dfrac{-100z}{z-0.4} \\ \dfrac{25z}{z-1}+\dfrac{15z}{z-0.2}+\dfrac{-40z}{z-0.4} \end{bmatrix} \Rightarrow \begin{bmatrix} x_1(k) \\ x_2(k) \end{bmatrix}=\begin{bmatrix} 25+75\cdot(0.2)^k-100\cdot(0.4)^k \\ 25+15\cdot(0.2)^k-40\cdot(0.4)^k \end{bmatrix}\varepsilon(k)$$

(3) $\begin{bmatrix} y_1(k) \\ y_2(k) \end{bmatrix}=\begin{bmatrix} 1 & 1 \\ 1 & -1 \end{bmatrix}\begin{bmatrix} x_1(k) \\ x_2(k) \end{bmatrix}=\begin{bmatrix} 50+90\cdot(0.2)^k-140\cdot(0.4)^k \\ 60\cdot(0.2)^k-60\cdot(0.4)^k \end{bmatrix}\varepsilon(k)$

(4) 由特征方程 $|zI-\mathbf{A}|=z^2-0.6z+0.8=0$ 可得：

自然频率为:$\lambda_1=0.2, \lambda_2=0.4$ 两者均在单位圆内,故系统稳定。

【例 7.3.8*】　已知某线性移不变离散系统的状态过渡矩阵:$\boldsymbol{\Phi}(z)=\begin{bmatrix} \delta(k) & 2\delta(k-1) & 6\delta(k-2) \\ 0 & \delta(k) & 3\delta(k-1) \\ 0 & 0 & \delta(k) \end{bmatrix}$；

状态方程和输出方程部分矩阵 $\boldsymbol{B}=\begin{bmatrix} 0 \\ 0 \\ 1 \end{bmatrix}$;$D=0$。

当初始状态 $\bar{x}(0)=\begin{bmatrix} 1 \\ 0 \\ 0 \end{bmatrix}$ 时,$y_{zi}(k)=0.5\delta(k)$；

当初始状态 $\bar{x}(0)=\begin{bmatrix} 0 \\ 1 \\ 0 \end{bmatrix}$ 时,$y_{zi}(k)=\delta(k-1)+\delta(k)$；

当初始状态 $\bar{x}(0)=\begin{bmatrix} 0 \\ 0 \\ 1 \end{bmatrix}$ 时,$y_{zi}(k)=3\delta(k-2)+3\delta(k-1)+2\delta(k)$；

试求状态方程和输出方程,并画出系统模拟框图。

解答:由题可得

$$\boldsymbol{\varphi}(k)=\begin{pmatrix}\delta(k) & 2\delta(k-1) & 6\delta(k-2)\\ 0 & \delta(k) & 3\delta(k-1)\\ 0 & 0 & \delta(k)\end{pmatrix}$$

对其求 Z 变换可得

$$\boldsymbol{\Phi}(z)=Z\{\varphi(k)\}=\begin{pmatrix}1 & 2z^{-1} & 6z^{-2}\\ 0 & 1 & 3z^{-1}\\ 0 & 0 & 1\end{pmatrix}=\begin{pmatrix}1 & 2z^{-1} & 0\\ 0 & 1 & 3z^{-1}\\ 0 & 0 & 1\end{pmatrix}^{-1}=[I-z^{-1}\mathbf{A}]^{-1}$$

故得：

$$\mathbf{A}=\begin{pmatrix}0 & 2 & 0\\ 0 & 0 & 3\\ 0 & 0 & 0\end{pmatrix}$$

由 $y_{zi}(k)=c\boldsymbol{\varphi}(k)\bar{x}(0)=[c_1\quad c_2\quad c_3]\boldsymbol{\varphi}(k)\bar{x}(0)$；

$\bar{x}(0)=\begin{pmatrix}1\\0\\0\end{pmatrix}\to y_{zi}(k)=0.5\delta(k)$；

$\bar{x}(0)=\begin{pmatrix}0\\1\\0\end{pmatrix}\to y_{zi}(k)=\delta(k-1)+\delta(k)$；

$\bar{x}(0)=\begin{pmatrix}0\\0\\1\end{pmatrix}\to y_{zi}(k)=3\delta(k-2)+3\delta(k-1)+2\delta(k)$。

从而得到

$$c=[0.5\quad 1\quad 2]$$

又，已知 $\boldsymbol{B}=\begin{pmatrix}0\\0\\1\end{pmatrix}$，$\boldsymbol{D}=0$，则状态方程为

$$\begin{pmatrix}x_1(k+1)\\x_2(k+1)\\x_3(k+1)\end{pmatrix}=\begin{pmatrix}0 & 2 & 0\\ 0 & 0 & 3\\ 0 & 0 & 0\end{pmatrix}\begin{pmatrix}x_1(k)\\x_2(k)\\x_3(k)\end{pmatrix}+\begin{pmatrix}0\\0\\1\end{pmatrix}f(k)$$

$$y(k)=(0.5\quad 1\quad 2)\begin{pmatrix}x_1(k)\\x_2(k)\\x_3(k)\end{pmatrix}$$

系统模拟框图如图 7.13 所示

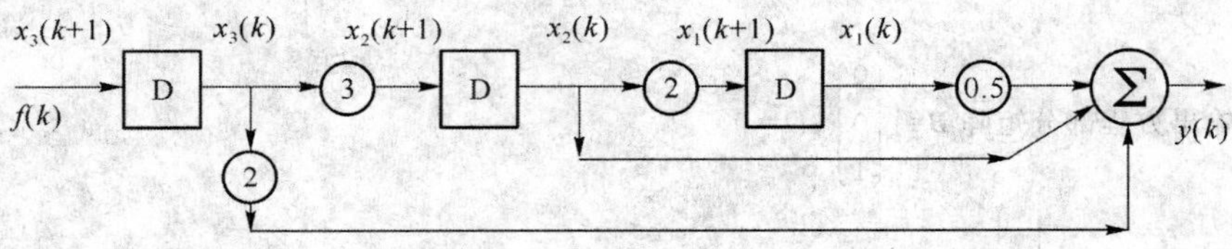

图 7.13

第8章

课程测试及考研真题

8.1 期末考试模拟题

一、判断题 (共14分,每题2分)

1. 一系统 $y(t)=\sum_{n=-\infty}^{\infty}x(t)\delta(t-nT)$,该系统是线性的系统( )、时不变系统( )。

2. 连续时间系统稳定的条件是,系统函数 $H(s)$ 的极点应位于 s 平面的右半平面( )。

3. 离散时间系统的频率响应 $H(e^{j\omega})$ 为 $H(z)$ 在单位圆上的Z变换( )。

4. 若 $t<0$ 时,有 $f(t)=0$,$t\geqslant 0$ 时,有 $f(t)\neq 0$,则 $f(t)$ 称为因果信号( )。

5. 频域的传输函数定义为系统响应的傅里叶变换与系统激励的傅里叶变换之比( )。

6. 两个有限长序列,第一个序列长度为5点,第二个序列长度为6点,为使两个序列的线性卷积与循环卷积相等,则第一个序列最少应该为6个零点( )。第二个序列最少应该是4个零点( )。

7. 状态变量在某一确定时刻 t_0 的值,即为系统在时刻的状态( )。状态方程与输出方程共同构成描述系统特征的完整方程,共同称为系统方程( )。

二、选择题(共16分,每题2分)

1. 用下列差分方程描述的系统为线性系统的是________。

(A) $y(k)+y(k-1)=2f(k)+3$

(B) $y(k)+y(k-1)y(k-2)=2f(k)$

(C) $y(k)+ky(k-2)=f(1-k)+2f(k-1)$

(D) $y(k)+2y(k-1)=2|f(k)|$

2. 积分 $\int_{-\infty}^{\infty}(t^2+2)[\delta'(t-1)+\delta(t-1)]\mathrm{d}t$ 等于________。

(A) 0　　(B) 1　　(C) 3　　(D) 5

3. 下列等式不成立的是________。

(A) $f_1(t-t_0)*f_2(t+t_0)=f_1(t)*f_2(t)$

(B) $\frac{\mathrm{d}}{\mathrm{d}t}[f_1(t)*f_2(t)]=\frac{\mathrm{d}}{\mathrm{d}t}[f_1(t)]*\frac{\mathrm{d}}{\mathrm{d}t}[f_2(t)]$

(C) $f(t)*\delta'(t)=f'(t)$

(D) $f(t)*\delta(t)=f(t)$

4. 信号 $f_1(t)$ 与 $f_2(t)$ 的波形如图 8.1(a)、(b)所示。则 $y(t)=f_1(t)*f_2(t)$ 等于

(A) 2　　(B) 4　　(C) −2　　(D) −4

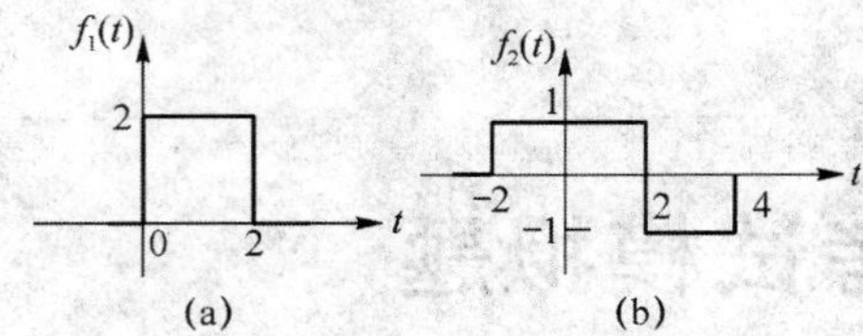

图 8.1

5. 系统的幅频特性 $|H(\mathrm{j}\omega)|$ 和相频特性如图 8.2(a)、(b)所示，则下列信号通过该系统时，不产生失真的是________。

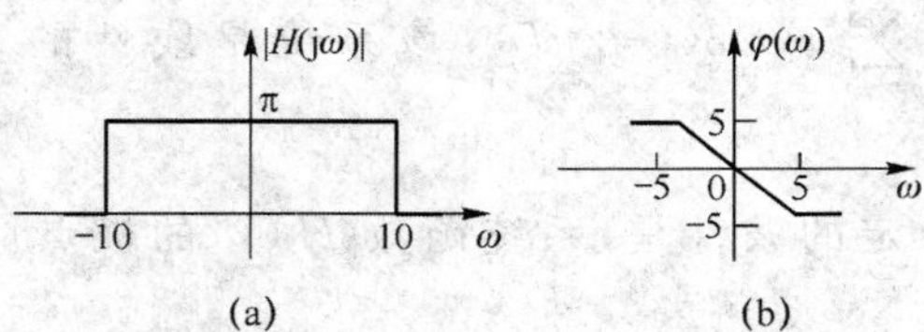

图 8.2

(A) $f(t)=\cos(t)+\cos(8t)$

(B) $f(t)=\sin(2t)+\sin(4t)$

(C) $f(t)=\sin(2t)\sin(4t)$

(D) $f(t)=\cos^2(4t)$

6. 信号 $f(t)=\frac{\mathrm{d}}{\mathrm{d}t}[\mathrm{e}^{-2(t-1)}\varepsilon(t)]$ 的傅里叶变换 $F(\mathrm{j}\omega)$ 等于________。

(A) $\frac{\mathrm{j}\omega\mathrm{e}^2}{2+\mathrm{j}\omega}$　　(B) $\frac{\mathrm{j}\omega\mathrm{e}^2}{-2+\mathrm{j}\omega}$　　(C) $\frac{\mathrm{j}\omega\mathrm{e}^{\mathrm{j}\omega}}{2+\mathrm{j}\omega}$　　(D) $\frac{\mathrm{j}\omega\mathrm{e}^{\mathrm{j}\omega}}{-2+\mathrm{j}\omega}$

7. 离散序列 $f(k)=\sum_{m=0}^{\infty}(-1)^m\delta(k-m)$ 的 Z 变换及收敛域为________。

(A) $\frac{z}{z-1},|z|<1$　　(B) $\frac{z}{z-1},|z|>1$

(C) $\frac{z}{z+1},|z|<1$　　(D) $\frac{z}{z+1},|z|>1$

8. 单边拉普拉斯变换 $F(s)=\frac{e^{-s}}{s^2+1}$ 的原函数为________。

(A) $\sin(t-1)\varepsilon(t-1)$　　(B) $\sin(t-1)\varepsilon(t)$

(C) $\cos(t-1)\varepsilon(t-1)$　　(D) $\cos(t-1)\varepsilon(t)$

三、简答与计算(30 分)

1. (5 分)已知信号 $f(t)$ 的波形如图 8.3 所示,试画出 $f(-3t-2)$ 的波形。

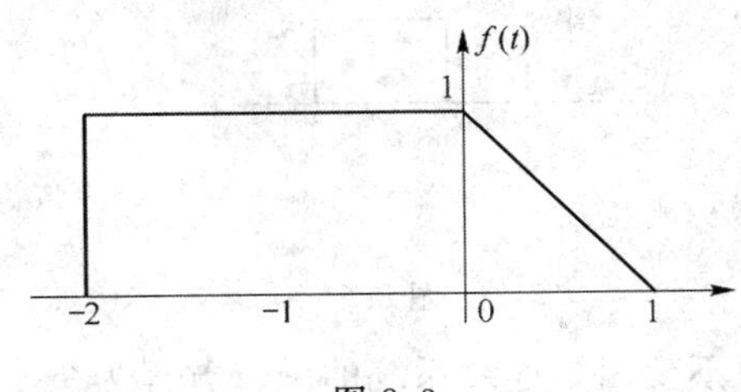

图 8.3

2. (5 分)如图 8.4 所示系统是由几个子系统组成的。各子系统的冲激响应分别为

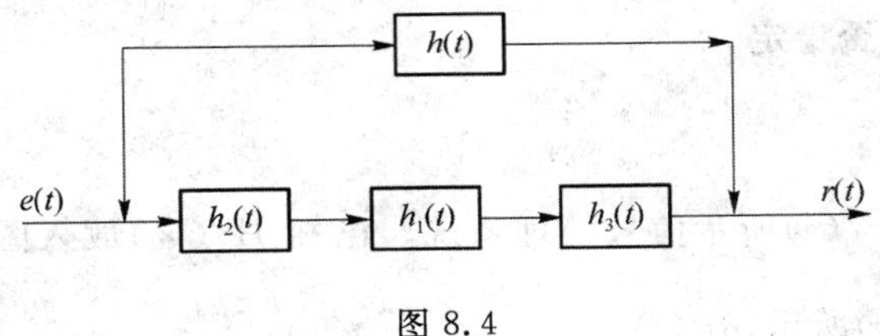

图 8.4

$h_1(t)=u(t)$(积分器)

$h_2(t)=\delta(t-1)$(单位延时)

$h_3(t)=-\delta(t)$(倒相器)

试求总的系统的冲激响应。

3. (6 分)若匹配滤波器输入信号为 $f(t)$,冲激响应为 $h(t)=s(T-t)$,求:

(1) 给出描述输出信号 $r(t)$ 的表达式;

(2) 求 $t=T$ 时刻的输出 $r(t)=r(T)$;

(3) 由以上的结果证明,可以利用如图 8.5 所示的框图来实现匹配滤波器的功能。

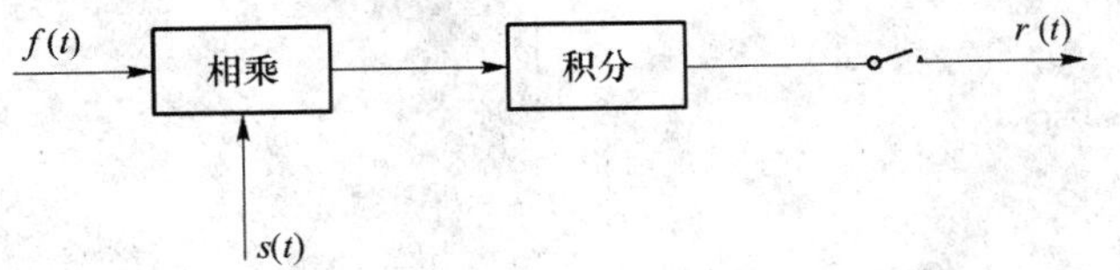

图 8.5

4. (6 分) $f_1(t)$,$f_2(t)$,$f_3(t)$ 的波形如图 8.6 所示。

(1) 求 $f_1(t)*f_3(t)$

(2) 求 $f_2(t)*f_3(t)$,并画出各卷积的波形。

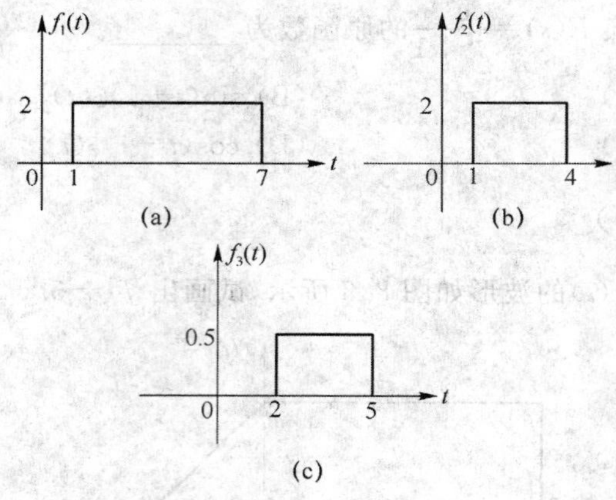

图 8.6

5. (8 分)描述某线性时不变因果连续系统的微分方程为

$$y''(t)+4y'(t)+3y(t)=4f'(t)+2f(t)$$

(1) 求系统的冲激响应 $h(t)$;

(2) 判定该系统是否稳定。

四、综合题(40 分)

1. (16 分) 如图 8.7(a)所示信号处理系统。已知 $H_1(\mathrm{j}\omega)$放入图形如图 8.7(b)所示,$f_1(t)$的波形如图 8.7(c)所示,$\delta_T(t)=\sum_{n=-\infty}^{\infty}\delta(t-kT)$。

(1) 画出信号 $f(t)$的频谱图;

(2) 欲使信号 $f_s(t)$中包含信号 $f(t)$中的全部信息,则 $\delta_T(t)$的最大抽样间隔(即奈奎斯特间隔)T_N 应该为多大?

(3) 分别画出奈奎斯特角频率 Ω_N、$2\Omega_N$ 时信号 $f_s(t)$的频谱 $F_s(\mathrm{j}\omega)$;

(4) 在 $2\Omega_N$ 的抽样频率时,欲使响应信号 $y(t)=f(t)$,则理想低通滤波器 $H_2(\mathrm{j}\omega)$截止频率 ω_c 的最小值应该为多大?

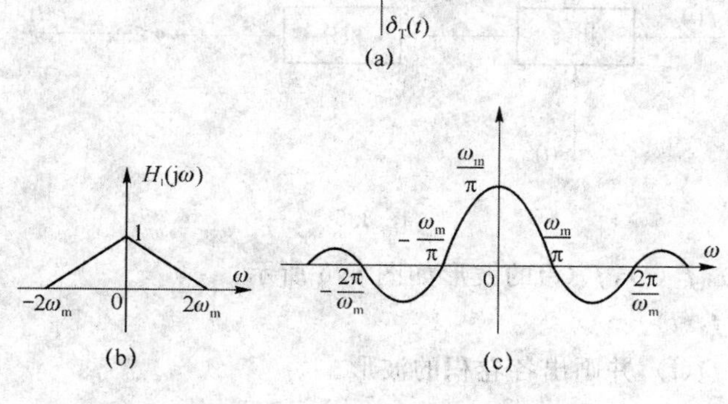

图 8.7

2.（12 分）已知单输入/单输出系统如图 8.8 所示。

（1）列写系统的状态方程与输出方程；

（2）求 $H(s)$与 $h(t)$；

（3）若已知 $x(0^-)=\begin{pmatrix}1\\1\\1\end{pmatrix}$，求零输入响应 $y_x(t)$。

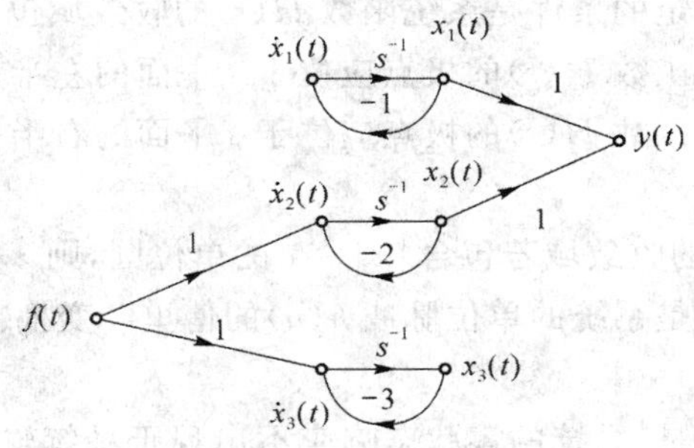

图 8.8

3.（12 分）描述某离散时间系统的差分方程为

$$y(n+2)+3y(n+1)+2y(n)=x(n+1)+3x(n)$$

输入信号 $x(n)=u(n)$，若初始条件 $y(1)=1, y(2)=3$

（1）画出该系统的信号流图；

（2）求出该系统的零输入响应 $y_0(n)$、零状态响应 $y_x(n)$和全响应 $y(n)$；

（3）判断系统是否稳定，说明理由。

8.2 课程测试参考答案

一、判断题

1. 正确；错误

理由：设 $x_1(t) \to y_1(t) = \sum\limits_{n=-\infty}^{\infty} x_1(t)\delta(t-nT)$；$x_2(t) \to y_2(t)$

$$= \sum_{n=-\infty}^{\infty} x_2(t)\delta(t-nT)$$

$$x_3(t) = ax_1(t) + bx_2(t) \to y_3(t) = \sum_{n=-\infty}^{\infty} [ax_1(t)+bx_2(t)]\delta(t-nT)$$

$$= a\sum_{n=-\infty}^{\infty} x_1(t)\delta(t-nT) + b\sum_{n=-\infty}^{\infty} x_2(t)\delta(t-nT)$$

$$= ay_1(t) + by_2(t)$$

故知该系统是线性系统。

$$x_3(t)=x(t-t_0)\to y_4(t)=\sum_{n=-\infty}^{\infty}x_4(t)\delta(t-nT)$$

$$=\sum_{n=-\infty}^{\infty}x(t-t_0)\delta(t-nT)\neq y(t-t_0)$$

故知该系统不是时不变系统。

2. 错误

理由:连续时间系统稳定的条件是系统函数 $H(s)$的收敛域包含虚轴。对于连续时间因果系统,稳定的条件是系统函数 $H(s)$的极点应位于 s 平面的左半平面。对于连续时间反因果系统,稳定的条件是系统函数 $H(s)$的极点应位于 s 平面的右半平面。

3. 正确

理由:系统函数 $H(z)$的收敛域若包含 $|z|=1$ 的单位圆,则 z 在单位圆上取值的 z 变换即是系统的频率响应,也即是系统的单位脉冲 $h(n)$的傅里叶变换。

4. 正确

理由:因果系统的定义是,系统的零状态响应不出现于系统输入信号之前的系统(即有"因",才有"果")。当定义了系统的冲激响应 $h(n)$后,常用 $t<0$ 时,有 $h(n)=0$,$t\geqslant 0$ 时,有 $h(n)\neq 0$ 作为判断系统是否为因果系统的充分必要条件。在涉及各种信号时,借用了系统的"因果"概念,也就本题叙述的一类信号称为因果信号。

5. 正确

理由:这是频响函数的定义。频域传输函数即是系统的频响函数。频域分析的响应指的是零状态响应。

6. 错误;正确

理由:两个条件中给出的序列线性卷积的结果序列长度应该为 $N_1+N_2-1=5+6-1=10$;为使两个序列循环卷积的结果序列在主值序列区间等于两序列的线性卷积结果序列,必使每一个序列的长度通过补零至少达到 10,所以第一个序列应至少补 5 个零点,第二个序列至少补 4 个零点。

7. 正确;正确

理由:能够反映系统状态的变量称为状态变量,当 $t=t_0$ 时刻状态变量的值,当然就是系统在 t_0 时刻的状态。系统方程应分为输入/输出方程描述方式(又称外部描述方程)与状态空间描述方式,状态方程连同输出方程称为系统的动态方程,可以说这种方程可以完整的描述系统的特征。

二、选择题

1. 选(C)。

(A)方程右边出现常数 3,(B)出现 $y(k-1)y(k-2)$项,(D)出现 $|f(k)|$这些都是非线性关系。

2. 选(B)。

$$原式=\int_{-\infty}^{\infty}(t^2+2)\delta'(t-1)\mathrm{d}t+\int_{-\infty}^{\infty}(t^2+2)\delta(t-1)\mathrm{d}t=-2+3=1$$

3. 选(B)。

$$\frac{d}{dt}[f_1(t)*f_2(t)]=\frac{d}{dt}[f_1(t)]*f_2(t)=f_1(t)*\frac{d}{dt}[f_2(t)]$$

4. 选(D)。

利用图解法最方便。

5. 选(B)。

由系统的幅频特性和相频特性可知：若输入信号的频率均处于 $\omega=-5\sim5$ 之间，既不产生幅度失真又不产生相位失真。只有(B)满足这一条件。

6. 选(A)。

$$原式=e^2\frac{d}{dt}[e^{-2t}\varepsilon(t)]$$

$$e^{-2t}\varepsilon(t)\leftrightarrow\frac{1}{2+j\omega}$$

利用时域微分性质，有 $e^2\frac{d}{dt}[e^{-2t}\varepsilon(t)]\leftrightarrow\frac{e^2 j\omega}{j\omega+2}$

7. 选(D)。

$$f(k)=\sum_{m=0}^{\infty}(-1)^m\delta(k-m)=\sum_{m=0}^{\infty}(-1)^k\delta(k-m)$$

$$=(-1)^k\sum_{m=0}^{\infty}\delta(k-m)=(-1)^k\varepsilon(k)$$

$$f(k)\leftrightarrow\frac{z}{z+1},|z|>1|z|<1$$

8. 选(A)。

$$\frac{1}{s^2+1}\leftrightarrow\sin(t)\varepsilon(t),\frac{e^{-s}}{s^2+1}\leftrightarrow\sin(t-1)\varepsilon(t-1)$$

三、简答与计算

1. 解答

方法一：

(1) 首先考虑移位信号的作用，求得 $f(t-2)$ 的波形如图 8.9(b)所示。

(2) 将 $f(t-2)$ 做尺度倍乘，求得 $f(3t-2)$ 如图 8.9(c)所示。

(3) 将 $f(3t-2)$ 反褶，得到 $f(-3t-2)$ 的波形如图 8.9(d)所示。

即：$f(t)\to f(t-2)\to f(3t-2)\to f(-3t-2)$

方法二：

$$f(t)\to f(3t)\to f\left(3\left(t-\frac{2}{3}\right)\right)\to f(-3t-2)$$

方法三：

$$f(t)\to f(-t)\to f(-(t+2))\to f(-3t-2)$$

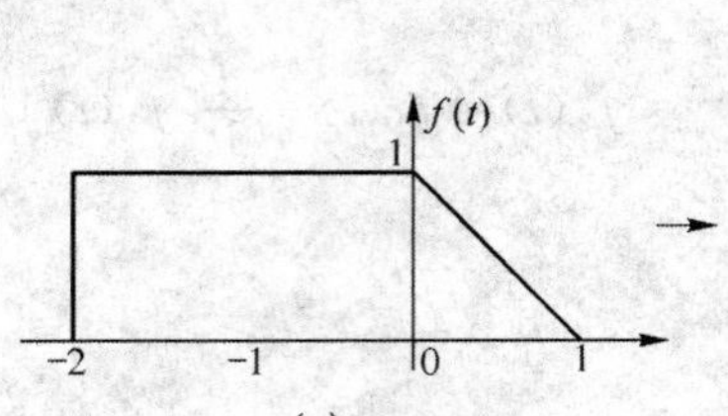

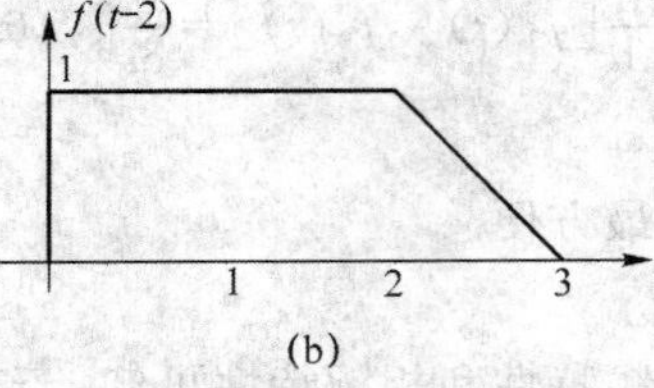

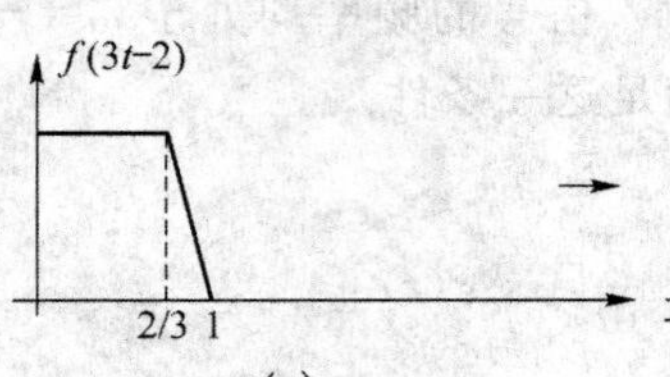

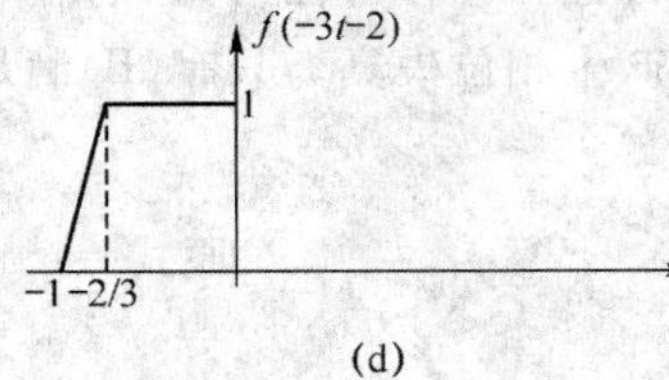

图 8.9

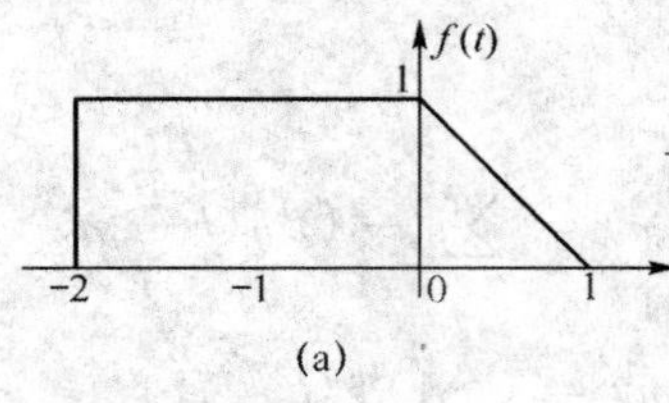

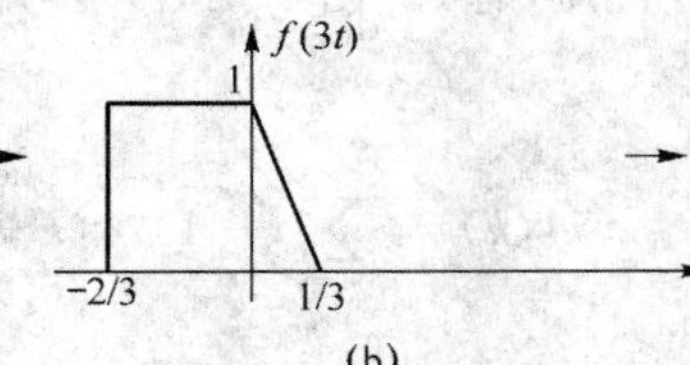

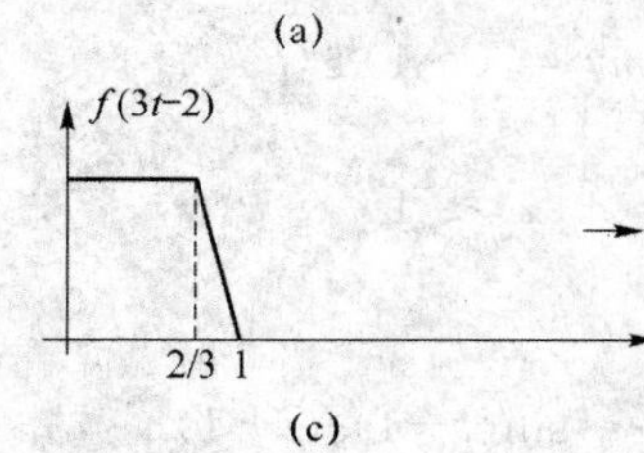

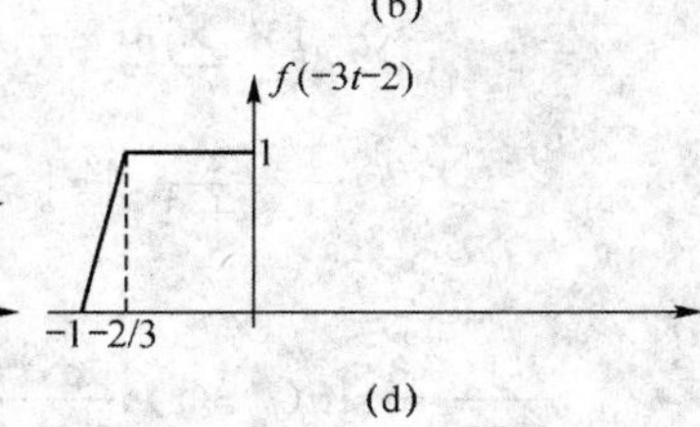

图 8.10

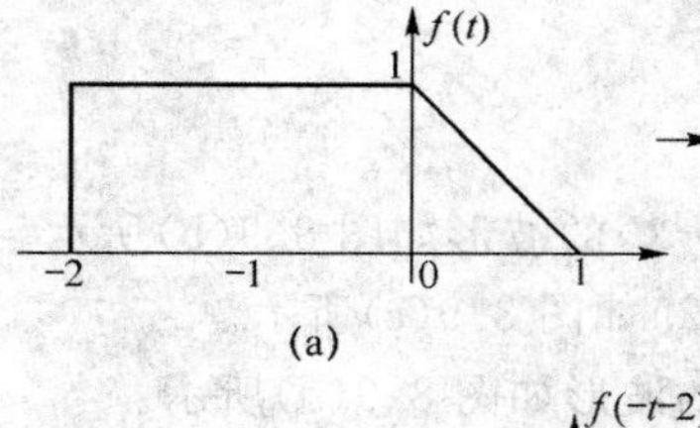

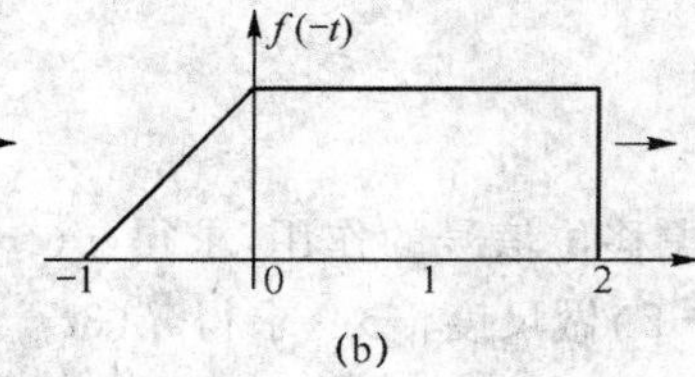

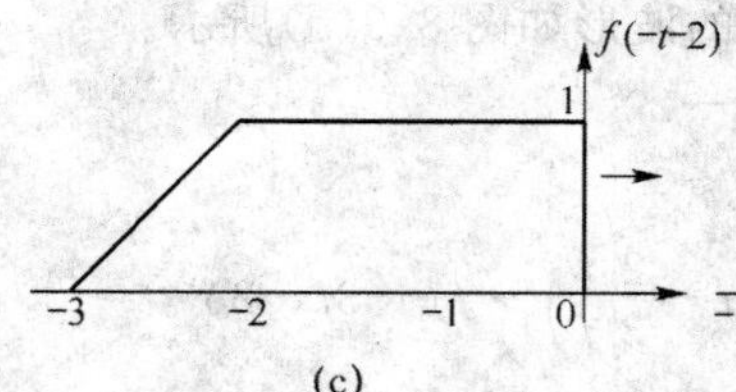

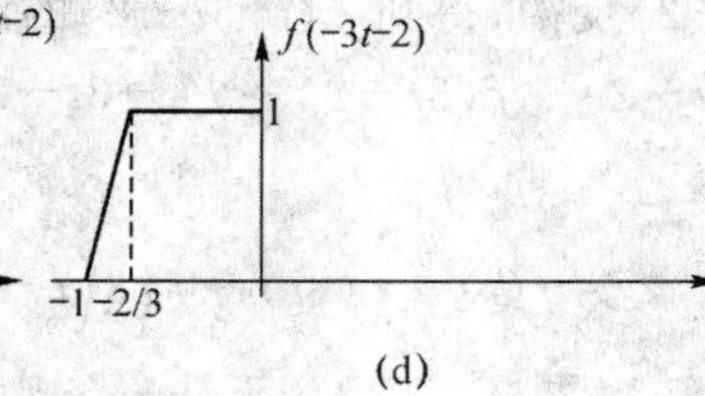

图 8.11

2. 解答：

由系统框图知：

$$
\begin{aligned}
r(t)&=e(t)*h_1(t)+e(t)*h_2(t)*h_1(t)*h_3(t)\\
&=e(t)*[h_1(t)+h_2(t)*h_1(t)*h_3(t)]\\
&=e(t)*h(t)
\end{aligned}
$$

所以 $h(t)=h_1(t)+h_2(t)*h_1(t)*h_3(t)$

其中 $h_1(t)=u(t),h_2(t)*h_1(t)*h_3(t)=\delta(t-1)*u(t)*[-\delta(t)]=-u(t-1)$

所以 $h(t)=u(t)-u(t-1)$

3. 解答：

(1)

$$
\begin{aligned}
r(t)&=f(t)*h(t)\\
&=\int_{-\infty}^{\infty}f(\tau)h(t-\tau)\mathrm{d}\tau\\
&=\int_{-\infty}^{\infty}f(\tau)s(T+\tau-t)\mathrm{d}\tau
\end{aligned}
$$

(2) $t=T$ 时，$r(t)=r(T)=\int_{-\infty}^{\infty}f(\tau)s(\tau)\mathrm{d}\tau$

(3) 由图可知：

$$
r(T)=\int_{-\infty}^{\infty}f(\tau)s(\tau)\mathrm{d}\tau
$$

又冲激响应 $h(t)=s(T-t)$ 是信号 $s(t)$ 的匹配滤波器冲激响应，则 $s(t)=0,t>T$

所以第(2)题中

$$
\begin{aligned}
r(T)&=\int_{-\infty}^{\infty}f(\tau)s(\tau)\mathrm{d}\tau\\
&=\int_{-\infty}^{T}f(\tau)s(\tau)\mathrm{d}\tau
\end{aligned}
$$

4. 解答：

(1) 由于 $f_1(t)=2U(t-1)-2U(t-7)$ 为时限信号，$f_3(t)=\frac{1}{2}U(t-2)-\frac{1}{2}U(t-5)$ 也为时限信号，故

$$
\frac{\mathrm{d}f_1(t)}{\mathrm{d}t}=2\delta(t-1)-2\delta(t-7)
$$

$$
\begin{aligned}
\int_{-\infty}^{t}f_3(\tau)\mathrm{d}\tau&=\int_{-\infty}^{t}\frac{1}{2}[U(\tau-2)-U(\tau-5)]\mathrm{d}\tau=f_3^{(-1)}(t)\\
&=\frac{1}{2}(t-2)U(t-2)-\frac{1}{2}(t-5)U(t-5)
\end{aligned}
$$

$\frac{\mathrm{d}f_1(t)}{\mathrm{d}t}$ 与 $\int_{-\infty}^{t}f_3(\tau)\mathrm{d}\tau$ 的波形如图 8.12 所示，故得

$$
f_1(t)*f_3(t)=\frac{\mathrm{d}f_1(t)}{\mathrm{d}t}*\int_{-\infty}^{t}f_3(\tau)\mathrm{d}\tau=2f_3^{(-1)}(t-1)-2f_3^{(-1)}(t-7)
$$

即

$$
\begin{aligned}
f_1(t)*f_3(t)=&(t-3)U(t-3)-(t-6)U(t-6)-(t-9)U(t-9)\\
&+(t-12)U(t-12)
\end{aligned}
$$

或写成分段函数表示形式，即

$$f_1(t) * f_3(t)=\begin{cases} 0, & t<3 \\ t-3, & 3\leqslant t<6 \\ 3, & 6\leqslant t<9 \\ 12-t, & 9\leqslant t<12 \\ 0, & t\geqslant 12 \end{cases}$$

(2) 因 $\dfrac{\mathrm{d}f_2(t)}{\mathrm{d}t}=2\delta(t-1)-2\delta(t-4)$

$$\int_{-\infty}^{t} f_3(\tau)\mathrm{d}\tau=\int_{-\infty}^{t}\frac{1}{2}[U(\tau-2)-U(\tau-5)]\mathrm{d}\tau=f_3^{(-1)}(t)$$

$$=\frac{1}{2}(t-2)U(t-2)-\frac{1}{2}(t-5)U(t-5)$$

故 $\quad f_2(t) * f_3(t)=\dfrac{\mathrm{d}f_2(t)}{\mathrm{d}t} * \displaystyle\int_{-\infty}^{t} f_3(\tau)\mathrm{d}\tau=2f_3^{(-1)}(t-1)-2f_3^{(-1)}(t-4)$

即 $\quad f_1(t) * f_3(t)=(t-3)U(t-3)-(t-6)U(t-6)-(t-9)U(t-9)$

或写成分段函数表示形式,即

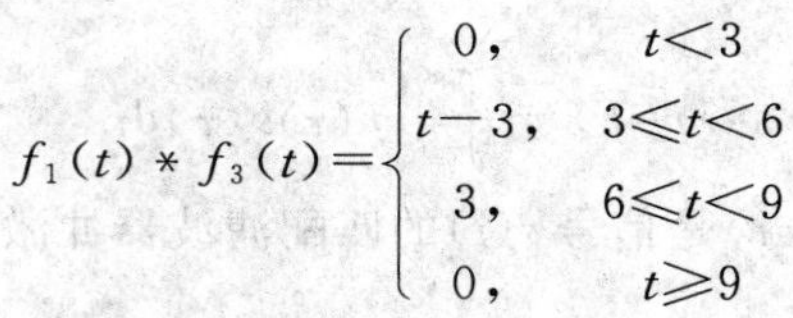

$$f_1(t) * f_3(t)=\begin{cases} 0, & t<3 \\ t-3, & 3\leqslant t<6 \\ 3, & 6\leqslant t<9 \\ 0, & t\geqslant 9 \end{cases}$$

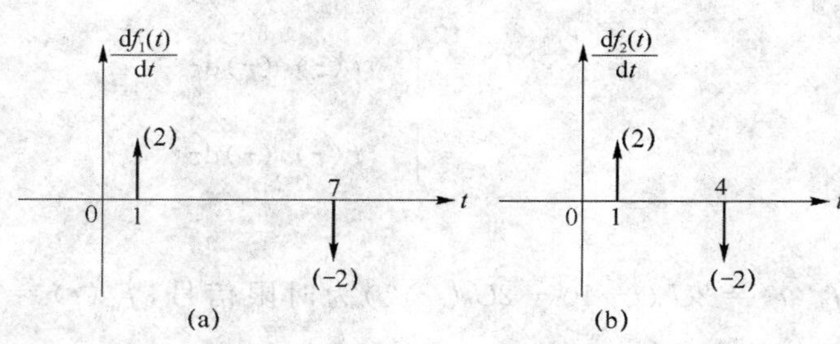

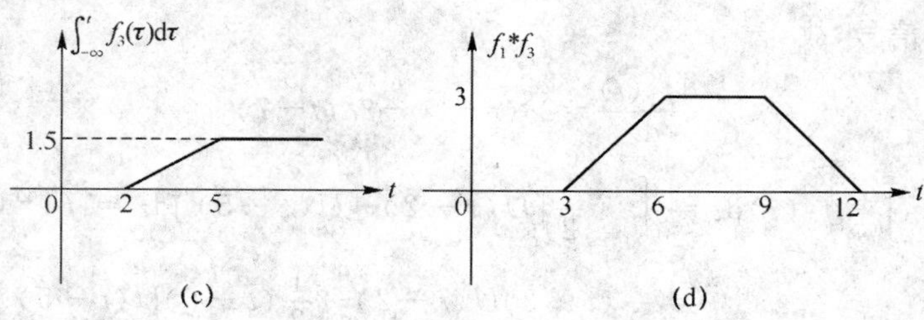

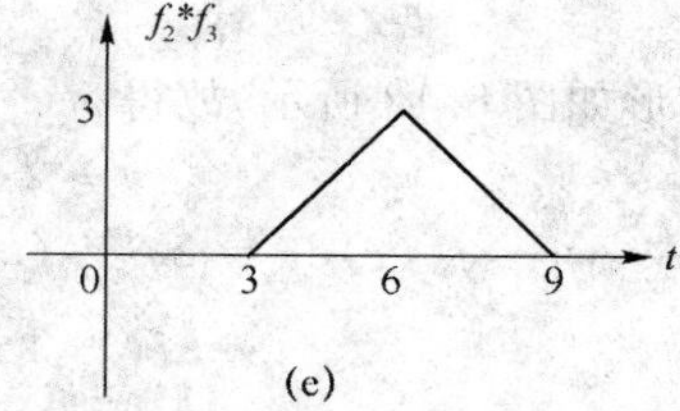

图 8.12

5. **解答**:(1)设零状态,对方程取拉普拉斯变换,得

$$s^2Y_f(s)+4sY_f(s)+3Y_f(s)=4sF(s)+2F(s)$$

解得

$$H(s)=\frac{Y_f(s)}{F(s)}=\frac{4s+2}{s^2+4s+3}=\frac{4s+2}{(s+1)(s+3)}$$
$$=\frac{5}{s+3}-\frac{1}{s+1}$$

故

$$h(t)=(5\mathrm{e}^{-3t}-\mathrm{e}^{-t})\varepsilon(t)$$

(2) 由 $H(s)$分母多项式可以看出:有两个极点分别为

$$\lambda_1=-1,\lambda_2=-3$$

均在 s 左平面,故判定该因果系统稳定。

四、综合题

1. 解答:

(1) 从图 8.7(c)中可得:

$$f_1(t)=\frac{\omega_m}{\pi}\mathrm{Sa}(\omega_m t)$$

又因为

$$G_\tau(t)=\tau\mathrm{Sa}\left(\frac{\omega\tau}{2}\right)$$

取$\frac{\omega\tau}{2}=\omega_m\omega$,得 $\tau=2\omega_m$。故有

$$G_{2\omega_m}(t)\Leftrightarrow 2\omega_m\mathrm{Sa}(\omega_m\omega)$$

有傅里叶变换的对称性质可得

$$2\pi G_{2\omega_m}(\omega)\Leftrightarrow 2\omega_m\mathrm{Sa}(\omega_m t)$$

$$G_{2\omega_m}(\omega)\Leftrightarrow\frac{\omega_m}{\pi}\mathrm{Sa}(\omega_m t)$$

故得

$$F_1(\mathrm{j}\omega)=\zeta[f_1(t)]=G_{2\omega_m}(\omega)$$

$F_1(\mathrm{j}\omega)$的图形如图 8.13(a)所示。又得信号 $f(t)$的频谱为

$$F(\mathrm{j}\omega)=H_1(\mathrm{j}\omega)F_1(\mathrm{j}\omega)$$

$F(\mathrm{j}\omega)$的图形如图 8.13(b)所示。

(2) $\delta_T(t)$的最大抽样间隔(即奈奎斯特间隔)T_N 应该为

$$T_N=\frac{\pi}{\omega_m}$$

(3) 奈奎斯特角频率 $\Omega_N=2\omega_m$,故当抽样频率为 Ω_N、$2\Omega_N$ 时,信号 $f_s(t)$的频谱 $F_s(\mathrm{j}\omega)$相应的如图 8.13(c)、(d)所示。

(4) 欲使 $y(t)=f(t)$,则理想低通滤波器的截至频率 ω_c 的最小值应该为 $\omega_c=2\omega_m$,且$|\omega_c|$不能大于 $3\omega_m$

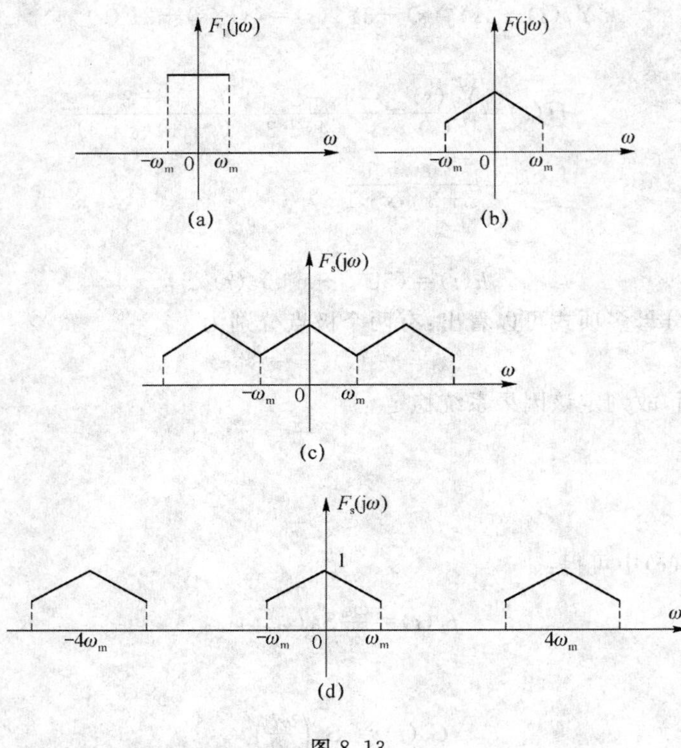

图 8.13

2. 解答

(1) $\dot{x}_1(t)=x_1(t)$

$\dot{x}_2(t)=-2x_2(t)+f(t)$

$\dot{x}_3(t)=-3x_3(t)+f(t)$

$y(t)=x_1(t)+x_2(t)$

即

$$\begin{bmatrix}\dot{x}_1(t)\\ \dot{x}_2(t)\\ \dot{x}_3(t)\end{bmatrix}=\begin{bmatrix}-1 & 0 & 0\\ 0 & -2 & 0\\ 0 & 0 & -3\end{bmatrix}\begin{bmatrix}x_1(t)\\ x_2(t)\\ x_3(t)\end{bmatrix}+\begin{bmatrix}0\\ 1\\ 1\end{bmatrix}f(t)$$

$$y(t)=(1\quad 1\quad 0)\begin{bmatrix}x_1(t)\\ x_2(t)\\ x_3(t)\end{bmatrix}$$

(2) $H(s)=\boldsymbol{C}[sI-\boldsymbol{A}]^{-1}\boldsymbol{B}+\boldsymbol{D}=\dfrac{1}{s+2}$

$h(t)=\mathrm{e}^{-2t}u(t)$

(3) $$\boldsymbol{\Phi}(s)=[sI-\boldsymbol{A}]^{-1}=\begin{bmatrix}\dfrac{1}{s+1} & 0 & 0\\ 0 & \dfrac{1}{s+2} & 0\\ 0 & 0 & \dfrac{1}{s+3}\end{bmatrix}$$

$$\boldsymbol{\Phi}(t)=\xi^{-1}[\boldsymbol{\Phi}(s)]=\begin{bmatrix} e^{-t} & 0 & 0 \\ 0 & e^{-2t} & 0 \\ 0 & 0 & e^{-3t} \end{bmatrix}$$

$$y_x(t)=\boldsymbol{C\Phi}(t)x(0^-)=(e^{-t}+e^{-2t})u(t)$$

3. 解答:对题中差分方程取单边 Z 变换,得

$$z^2Y(z)-z^2y(0)-zy(1)+3zY(z)-3zy(0)+2Y(z)$$
$$=zX(z)-zx(0)+3X(z)$$

解得

$$Y(z)=\frac{z+3}{z^2+3z+2}X(z)+\frac{z^2y(0)+zy(1)+3zy(0)-zx(0)}{z2+3z+2} \quad ①$$

(1) 由式(1)可得系统函数

$$H(z)=\frac{z+3}{z^2+3z+2}=\frac{z^{-1}+3z^{-2}}{1+3z^{-1}+2z^{-2}}$$

由上式可画出直接形式的信号流图,如图 8.14 所示。

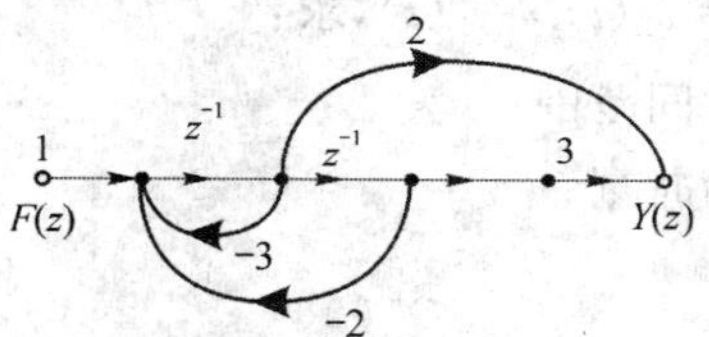

图 8.14

(2) 令题中差分方程中,$k=0$,得

$$y(2)+3y(1)+2y(0)=x(1)+3x(0)$$

将题中条件代入,得

$$y(0)=0.5[u(1)+3u(0)-y(2)-3y(1)]$$
$$=0.5[1+3-3-3]=-1$$
$$X(z)=\xi[x(n)]=\frac{z}{z-1}$$

由式(1)可得零输入响应和零状态响应的象函数

$$Y_0(z)=\frac{z^2y(0)+zy(1)+3zy(0)-zx(0)}{z2+3z+2}$$

$$Y_x(z)=\frac{z+3}{z^2+3z+2}X(z)$$

将上述条件代入上面两式,得

$$Y_0(z)=\frac{-z^2+z-3z-z}{z^2+3z+2}=\frac{-2z}{z+1}+\frac{z}{z+2}$$

$$Y_x(z)=\frac{z+3}{z^2+3z+2}\cdot\frac{z}{z-1}=\frac{\frac{2}{3}z}{z-1}+\frac{-z}{z-1}+\frac{\frac{1}{3}z}{z+2}$$

取逆变换，得

$$y_0(n)=-2(-1)^n+(-2)^n, n\geqslant 0$$

$$y_x(n)=[\frac{2}{3}-(-1)^n+\frac{1}{3}(-2)^n]u(n)$$

$$y_x(n)=y_0(n)+y_x(n)=\frac{2}{3}-3(-1)^n+\frac{4}{3}(-2)^n, n\geqslant 0$$

(3) 由差分方程可见，该系统为因果系统。对因果系统，$H(z)$的极点为-1和-2，均不在单位圆内，故系统为不稳定系统。

8.3 研究生入学模拟考试模拟题

1. 已知图 8.15 中的两个信号

如果满足卷积计算 $v_1(t)=x_1(t)*y_1(t)$，求：

(1) 给出 $v_1(t)$不为零的时间范围；

(2) 给出 $v_1(t)$取最大值的时刻；

(3) 给出 $v_1(t)$的最大值。

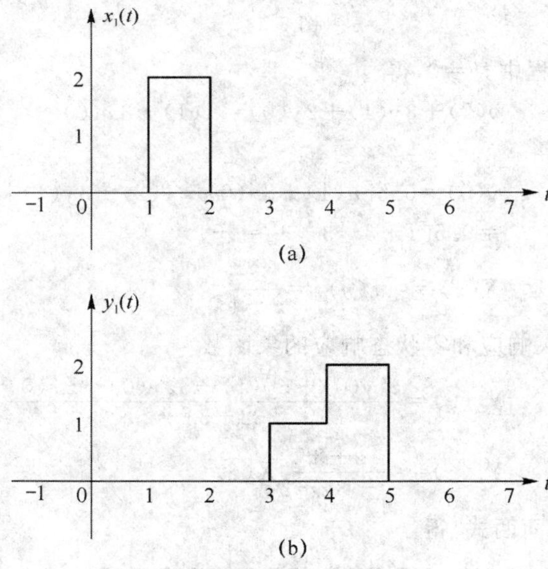

图 8.15

2. 考虑图 8.16 的级联系统：

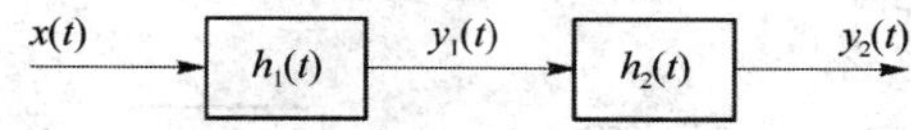

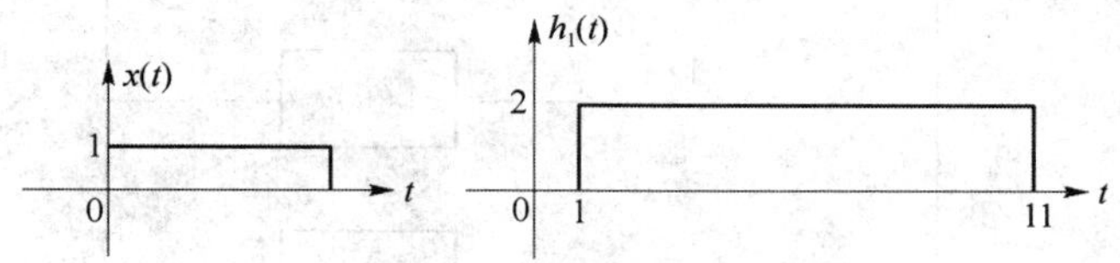

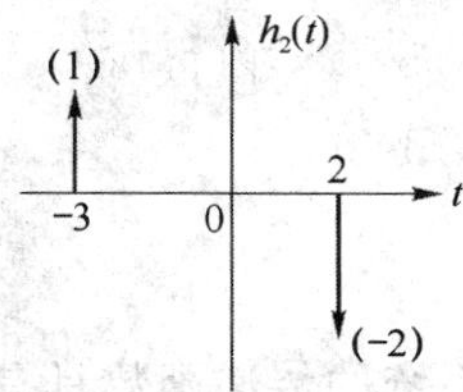

图 8.16

求：

(1) 画出整个系统的冲激响应 $h_3(t)$。

(2) 画出整个系统的输出 $y_2(t)$。

3. 考虑图 8.17 的级联系统：

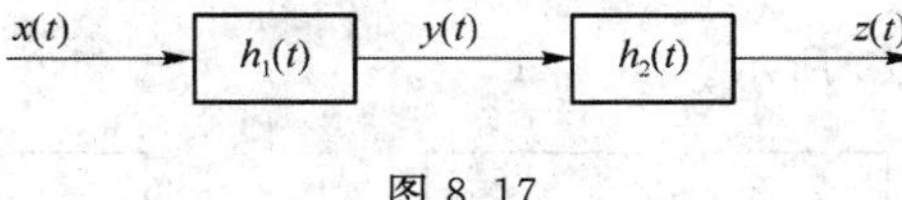

图 8.17

已知条件：

(1) $h_1(t)=10^3 t\mathrm{e}^{-10t}u(t)$

(2) $\dfrac{\mathrm{d}^3}{\mathrm{d}t^3}z(t)+21\dfrac{\mathrm{d}^2}{\mathrm{d}t^2}z(t)+120\dfrac{\mathrm{d}}{\mathrm{d}t}z(t)+100z(t)=500\dfrac{\mathrm{d}}{\mathrm{d}t}x(t)$

求：

(1) $y(t)$和 $z(t)$的微分方程关系。

(2) 分析该级联系统的特性，确定其滤波器类型。

4. 某一离散系统如下：

$$y[n]=\begin{cases}(an+1)x[n-1] & n\in \text{even}\\ (x[n+1])^b & n\in \text{odd}\end{cases}$$

其中，a，b 为实常数

求

(1) 如果该系统是线性的，确定 a，b 的取值。

(2) 如果该系统是时不变的，确定 a，b 的取值。

(3) 如果该系统是因果的，确定 a，b 的取值。

(4) 如果该系统是无记忆的，确定 a，b 的取值。

(5) 如果该系统是稳定的，确定 a,b 的取值。

5. 某系统如图 8.18 所示。

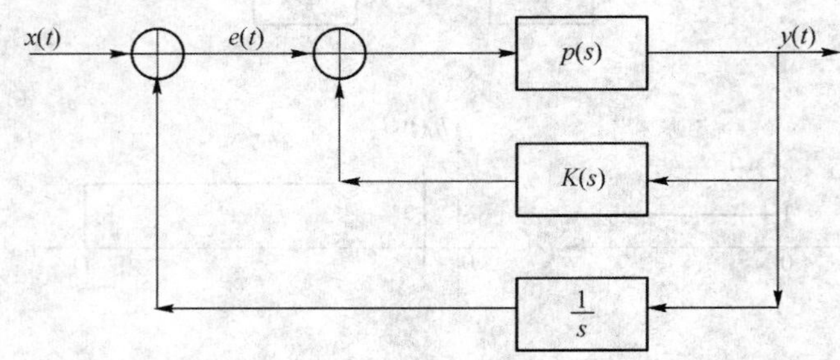

图 8.18

其中 $p(s)=\dfrac{1}{s(s-3)}$，求：

(1) 证明 $p(s)$是不稳定的。

(2) 假设 $K(s)=\alpha+\beta\cdot s$，该系统的传递函数具有下面形式：

$$H(s)=\frac{d\cdot s}{s^3+as^2+bs+c}$$

确定 a,b,c,d 的取值，

(3) 如果该系统是稳定的，画出 α,β 的取值范围。

(4) 如果该系统是稳定的，试判断下列输入时，该系统是否存在零稳态响应。

① $x(t)=u(t)$

② $x(t)=tu(t)$

6. 某调制系统如图 8.19 所示。

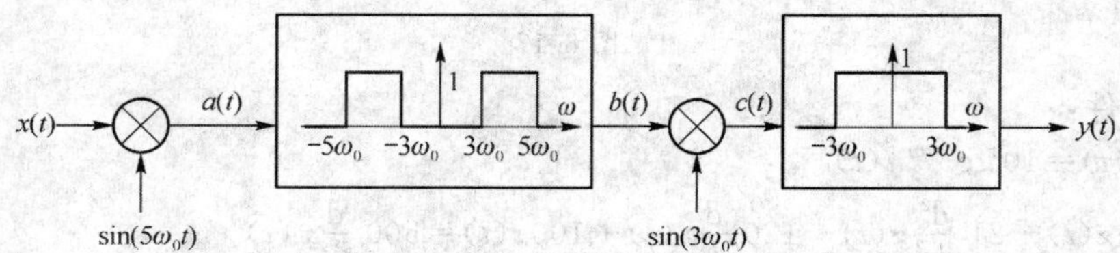

图 8.19

其中，输入信号 $x(t)$的频谱的实部与虚部如图 8.20 所示。

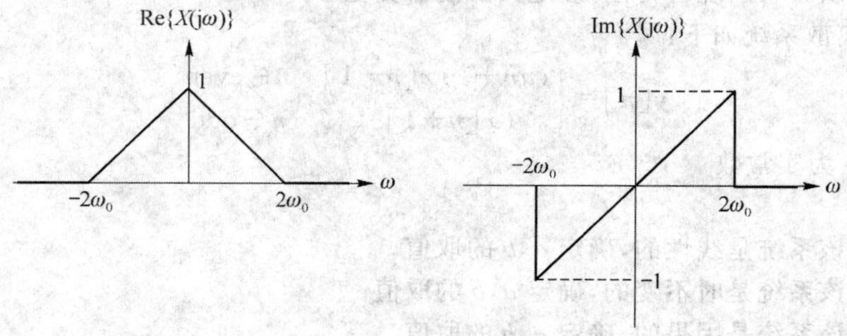

图 8.20

求：

(1) 画出该系统中信号 $a(t)$ 的频谱的实部与虚部。

(2) 画出该系统中信号 $b(t)$ 的频谱的实部与虚部。

(3) 画出该系统中输出信号 $y(t)$ 的频谱的实部与虚部。

7. 某一离散线性时不变及其单位冲激响应如下：

$$h[n]=\boldsymbol{A}\alpha^n u[n]+\boldsymbol{B}\beta^n u[n+4]+\boldsymbol{C}\gamma^n u[-n-1]$$

其中 A,B,C 为有限值。

求：

(1) 确定参数 α,β,γ 的取值范围；

(2) 当该系统的阶跃响应满足 $s[-10]=0$，参数 C 如何；

(3) 假设 $h[n]=\left(\frac{1}{2}\right)^n u[-n-1]$，输入信号 $x[n]=\left(\frac{1}{4}\right)^n u[n]$，求输出信号 $y[n]$；

(4) 假设 $h[n]=2^n u[n]$，输入信号如图 8.21 所示，求输出信号 $y[4]$。

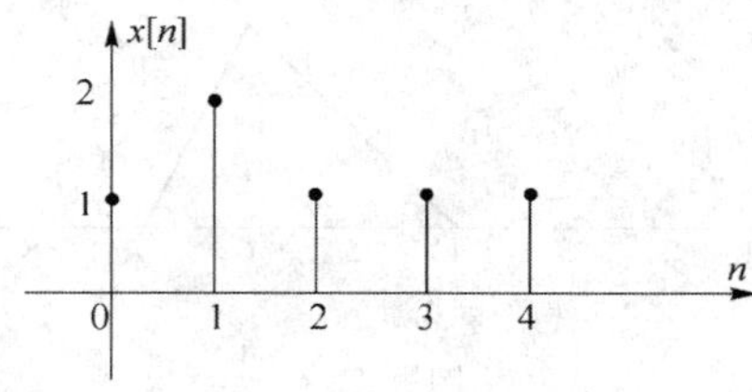

图 8.21

8. 求解下列两小题。

(1) 已知离散序列

$$r[n]=\begin{cases}1 & 0\leqslant n\leqslant M, M\geqslant 1\\ 0 & \text{其他}\end{cases}$$

求它的傅里叶变换 $W(\mathrm{e}^{\mathrm{j}\omega})$；

(2) 已知离散序列

$$w[n]=\begin{cases}\frac{1}{2}\left(1-\cos\left(\frac{2\pi n}{M}\right)\right) & 0\leqslant n\leqslant M\\ 0 & \text{其他}\end{cases}$$

根据(1)的结果，求它的傅里叶变换 $W(\mathrm{e}^{\mathrm{j}\omega})$；

(3) 是否存在整数 M 使 $W(\mathrm{e}^{\mathrm{j}\omega})$ 为实数？

9. 已知离散序列 $x[n]$ 的离散傅里叶变换如图 8.22 所示。

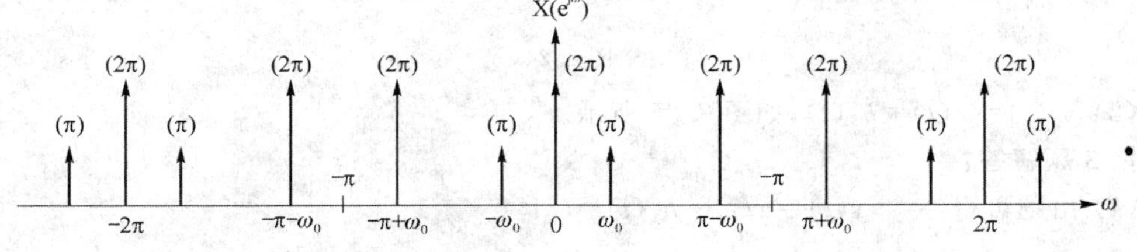

图 8.22

求：

(1) 写出 $X(e^{j\omega})$的表达式；

(2) 写出 $x[n]$的结果；

(3) 假设 $\omega_0=\dfrac{\pi}{10}$,当 $x[n]=\sum\limits_{k=0}^{N-1}a_k e^{j\frac{2\pi}{N}kn}$ 时，求 a_k 和 N。

8.4 考研模拟题参考答案

第 1 题解答：

由题可得：

$v_1(t)=x_1(t)*y_1(t)$的图形如图 8.23 所示：

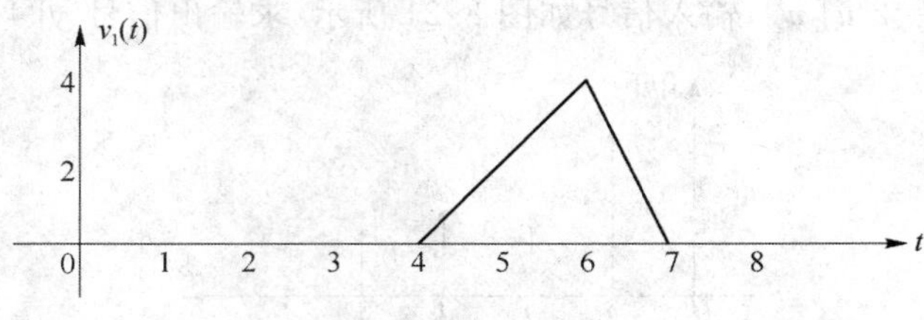

图 8.23

故，由 $v_1(t)$的图形可得

(1) $v_1(t)$不为零的时间范围为 $t\in[4\quad 7]$；

(2) $v_1(t)$取最大值的时刻是 $t=6$；

(3) $v_1(t)$的最大值为 4.

第 2 题解答：

(1) $h_3(t)=h_1(t)*h_2(t)$，如图 8.24 所示。

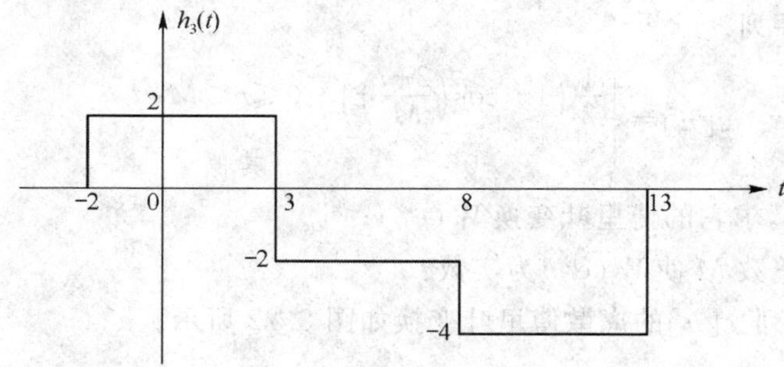

图 8.24

(2) $y_2(t)=x(t)*h_3(t)$，如图 8.25 所示。

第 3 题解答：

(1) 由题可得： $y(t)=x(t)*h_1(t)$

故 $$Y(s)=X(s)\cdot H_1(s)=X(s)\cdot 10^3\cdot\frac{1}{(s+10)^2}$$

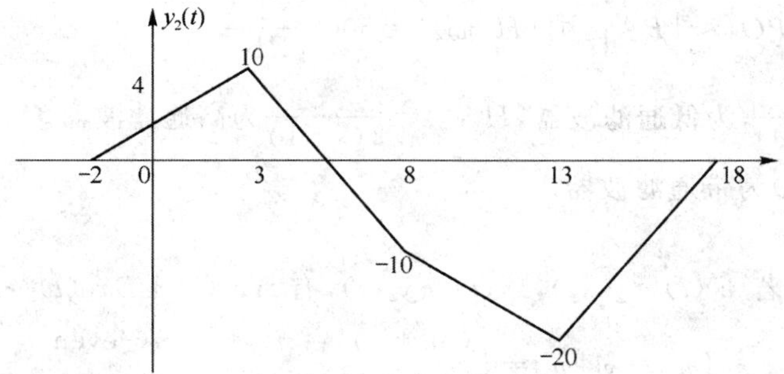

图 8.25

$$X(s)=Y(s)\cdot 10^{-3}\cdot (s+10)^2=Y(s)\cdot 10^{-3}\cdot (s^2+20s+100)$$

由微分方程可得：

$$H(s)=\frac{Z(s)}{H(s)}=\frac{500s}{s^3+21s^2+120s+100}$$

由 $h_1(t)=10^3 t\mathrm{e}^{-10t}u(t)$ 可得

$$H_1(s)=\frac{10^3}{(s+10)^2}$$

$$H_2(s)=\frac{H(s)}{H_1(s)}=\frac{500s}{s^3+21s^2+120s+100}\cdot\frac{(s+10)^2}{10^3}=\frac{s}{2(s+1)}$$

即

$$\frac{Z(s)}{Y(s)}=\frac{s}{2s+2}$$

$$2sZ(s)+2Z(s)=sY(s)$$

从而可得：

$$2\frac{d}{dt}z(t)+2z(t)=\frac{\mathrm{d}}{\mathrm{d}t}y(t)$$

(2) 因为 $H(s)=\dfrac{500s}{(s+1)(s+10)^2}$，其零极点分布如图 8.26 所示。

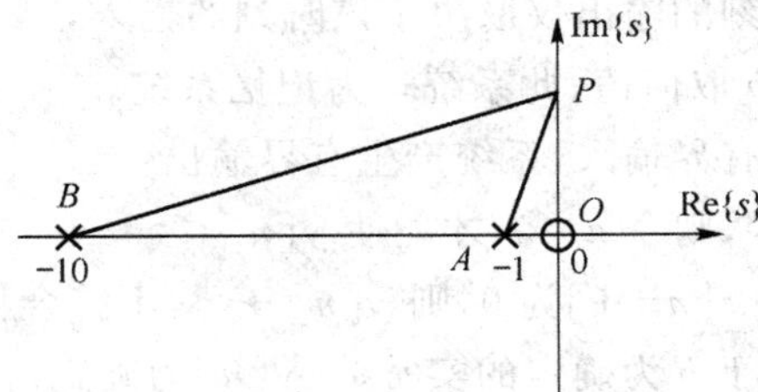

图 8.26

利用几何分析法，得

$$|H(\mathrm{j}\omega)|=500\frac{|PO|}{|PA|\,|PB|^2}$$

当 ω 较小时，$|PO|$ 相对于 $|PA|$，$|PB|$ 较短，则 $|H(\mathrm{j}\omega)|$ 值较小。

当 ω 较小时，$|PO|\approx|PA|$，则 $|H(j\omega)|=500\dfrac{1}{|PB|^2}$。

$H_1(s)=\dfrac{10^3}{(s+10)^2}$为低通滤波器，$H_2(s)=\dfrac{s}{2(s+1)}$为高通滤波器。

分析可得：$H(s)$为带通滤波器。

第 4 题解答：

(1) 线性　即：若 $x_1(t)\to y_1(t)$，$x_2(t)\to y_2(t)$，有 $Ax_1(t)+Bx_2(t)\to Ay_1(t)+By_2(t)$

$$x_1[n]\to y_1[n]=\begin{cases}(an+1)x_1[n-1] & n\in \text{even}\\ (x_1[n+1])^b & n\in \text{odd}\end{cases}$$

$$x_2[n]\to y_2[n]=\begin{cases}(an+1)x_2[n-1] & n\in \text{even}\\ (x_2[n+1])^b & n\in \text{odd}\end{cases}$$

$$Ay_1[n]+By_2[n]=\begin{cases}A(an+1)x_1[n-1]+B(an+1)x_2[n-1] & n\in \text{even}\\ A(x[n+1])^b+B(x_2[n+1])^b & n\in \text{odd}\end{cases}$$

$$Ax_1[n]+Bx_2[n]\to y[n]=\begin{cases}(an+1)\{Ax_1[n-1]+Bx_2[n-1]\} & n\in \text{even}\\ [A(x[n+1])+B(x_2[n+1])]^b & n\in \text{odd}\end{cases}$$

若要使 $y[n]=Ay_1[n]+By_2[n]$，a 可取任意实常数，$b=1$。

(2)
$$y[n-m]=\begin{cases}(an-am+1)x[n-m-1] & n\in \text{even}\\ (x[n-m+1])^b & n\in \text{odd}\end{cases}$$

$$x[n-m]\to y[n]=\begin{cases}(an+1)x[n-m-1] & n\in \text{even}\\ (x[n-m+1])^b & n\in \text{odd}\end{cases}$$

若要使 $y[n-m]=y[n]$，则需 $a=0$，b 取任意实常数。

(3) 由于当 n 为奇数时，$y[n]=(x[n+1])^b$ 取决于超前的输入

故：当 $b=0$ 时，$y[n]$为因果系统。

当 $b\neq0$ 时，$y[n]$为非因果系统。

当 n 为偶数时，$y[n]=(an+1)x[n-m-1]$为因果系统

故，要使 $y[n]$为因果系统，则 $b=0$，a 可取任意实常数。

(4) 无记忆　　即该时刻的输出仅取决于该时刻的输入，与以前时刻的输入无关。

根据题意可得：无论 a，b 取何值，此系统均为记忆系统。

(5) 系统稳定　　即对有界输入，系统产生有界输出。

由于当 $n\to\infty$ 时，$an\to\infty$，则令 $a=0$，才能使 $y[n]<\infty$

另外　　当 $b<0$ 时，若 $x[n+1]$为 0，则 $y[n]\to\infty$，不符合稳定性条件。

　　　　当 $b\geqslant0$ 时，由于 b 为确定的实常数，$y[n]$为确定值，故符合稳定条件。

故，要使系统稳定，则

$$a=0,\ 0\leqslant b\leqslant\infty$$

第 5 题解答：

(1) 因为 $p(s)=\dfrac{1}{s(s-3)}$，$s=0$，$s=3$ 为系统的极点。

由系统的稳定性判据，只有当系统的极点都位于 s 平面的左半平面时，系统才稳定。

而 $p(s)$极点位于原点和右半平面。

故系统不是稳定的。

(2) 由图可得

$$H(s)=\frac{\dfrac{p(s)}{1+p(s)K(s)}}{1+\dfrac{p(s)}{1+p(s)K(s)}\cdot\dfrac{1}{s}}=\frac{sp(s)}{s[1+p(s)K(s)]+p(s)}$$

将 $p(s)=\frac{1}{s(s-3)}$，$K(s)=\alpha+\beta\cdot s$ 代入可得

$$H(s)=\frac{s\cdot\dfrac{1}{s(s-3)}}{s\left[1+\dfrac{1}{s(s-3)}(\alpha+\beta\cdot s)\right]+\dfrac{1}{s(s-3)}}=\frac{s}{s^3+(\beta-3)s+\alpha s+1}$$

因为系统的传递函数具有以下形式：$H(s)=\frac{d\cdot s}{s^3+as^2+bs+c}$

故
$$\frac{s}{s^3+(\beta-3)s+\alpha s+1}=\frac{d\cdot s}{s^3+as^2+bs+c}$$

解得：
$$d=1,c=1,a=\beta-3,b=\alpha$$

即：
$$\begin{cases}a=\beta-3\\b=\alpha\\c=1\\d=1\end{cases}$$

(3) 由(2)可得系统的特征方程为 $s^3+(\beta-3)s+\alpha s+1=0$

利用劳斯判据可得

$$\begin{array}{ccc}s^3 & 1 & \alpha\\ s^2 & \beta-3 & 1\\ s & \dfrac{\alpha(\beta-3)}{\beta-3} & \end{array}$$

若要使系统稳定，则有

$$\begin{cases}\beta-3>0\\ \dfrac{\alpha(\beta-3)}{\beta-3}\end{cases}\Rightarrow\begin{cases}\beta>3\\ \alpha>\dfrac{1}{\beta-3}\end{cases}$$

(4) ① $X(s)=\frac{1}{s}$

$$Y(s)=H(s)X(s)=\frac{1}{s}\cdot\frac{s}{s^3+(\beta-3)s+\alpha s+1}=\frac{1}{s^3+(\beta-3)s+\alpha s+1}$$

因为系统稳定，故极点都在 s 平面的左半平面。

$y(t)$的解的结构为 $e^{-\lambda t}$，则存在零稳态响应

② $X(s)=\frac{1}{s^2}$

$$Y(s)=\frac{1}{s^3+(\beta-3)s+\alpha s+1}$$

有一个在原点的极点，则$\lim\limits_{t\to\infty}y(t)=k$（$k$ 为非零常数）

故不存在零稳态响应。

第 6 题解答：

(1)
$$A(\mathrm{j}\omega)=\frac{1}{2\pi}X(\mathrm{j}\omega)*\mathrm{j}\pi[\delta(\omega+5\omega_0)-\delta(\omega-5\omega_0)]$$
$$=\frac{\mathrm{j}}{2}[X(\omega+5\omega_0)-X(\omega-5\omega_0)]$$
$$=\frac{\mathrm{j}}{2}[\mathrm{Re}[X(\omega+5\omega_0)]+\mathrm{jIm}[X(\omega+5\omega_0)]]$$
$$-\frac{\mathrm{j}}{2}[\mathrm{jIm}[\mathrm{Re}[X(\omega-5\omega_0)]+X(\omega-5\omega_0)]]$$
$$=\left[-\frac{1}{2}\mathrm{Im}X(\omega+5\omega_0)+\frac{1}{2}\mathrm{Im}[X(\omega-5\omega_0)]\right]$$
$$+\mathrm{j}\left[\frac{1}{2}\mathrm{Re}[X(\omega+5\omega_0)]-\frac{1}{2}\mathrm{Re}[X(\omega-5\omega_0)]\right]$$

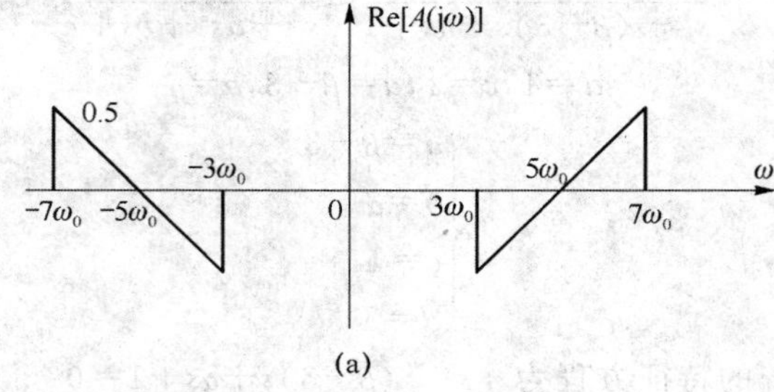

(a)

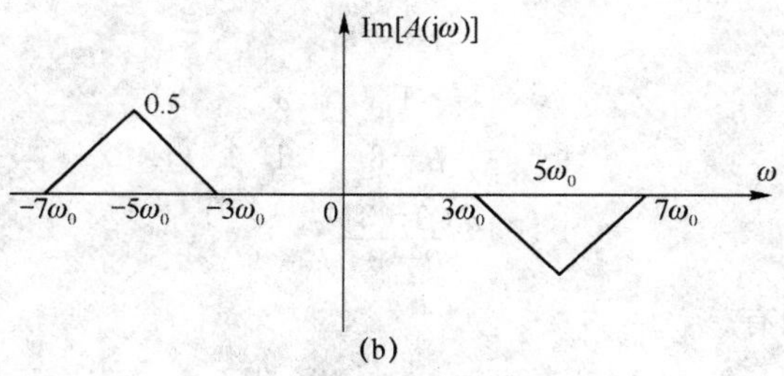

(b)

图 8.27

(2) $B(\mathrm{j}\omega)=A(\mathrm{j}\omega)\cdot H(\mathrm{j}\omega)$，其频谱直接画出如图 8.28 所示。

(3)
$$C(\mathrm{j}\omega)=\frac{\mathrm{j}}{2}[B(\omega+3\omega_0)-B(\omega-3\omega_0)]$$
$$=\frac{\mathrm{j}}{2}[\mathrm{Re}[B(\omega+3\omega_0)]-\mathrm{Re}[B(\omega-3\omega_0)]]$$
$$+\frac{\mathrm{j}}{2}\mathrm{j}[\mathrm{Im}[B(\omega+3\omega_0)]-\mathrm{Im}[B(\omega-3\omega_0)]]$$
$$=\left[-\frac{1}{2}\mathrm{Im}[B(\omega+3\omega_0)]+\frac{1}{2}\mathrm{Im}[B(\omega-3\omega_0)]\right]$$
$$+\mathrm{j}\left[\frac{1}{2}\mathrm{Re}[B(\omega+3\omega_0)]+\frac{1}{2}\mathrm{Re}[B(\omega-3\omega_0)]\right]$$

所以：
$$Y(\mathrm{j}\omega)=C(\mathrm{j}\omega)\cdot H_2(\mathrm{j}\omega)$$

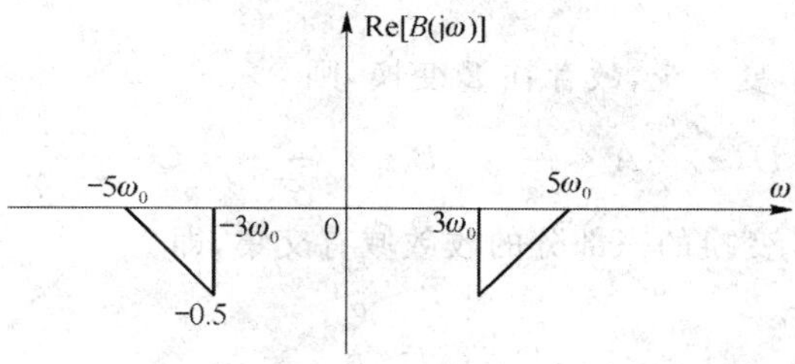

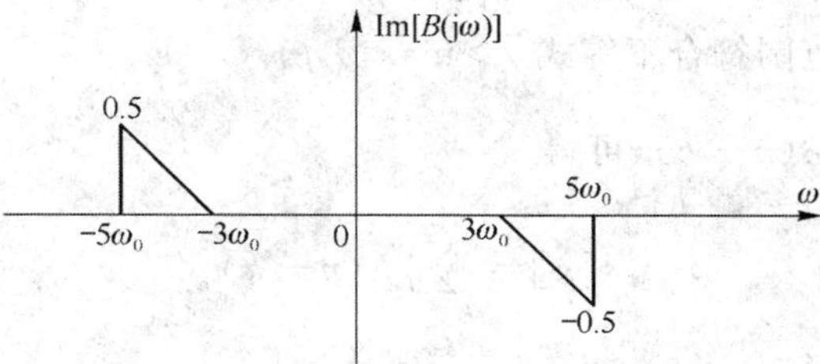

图 8.28

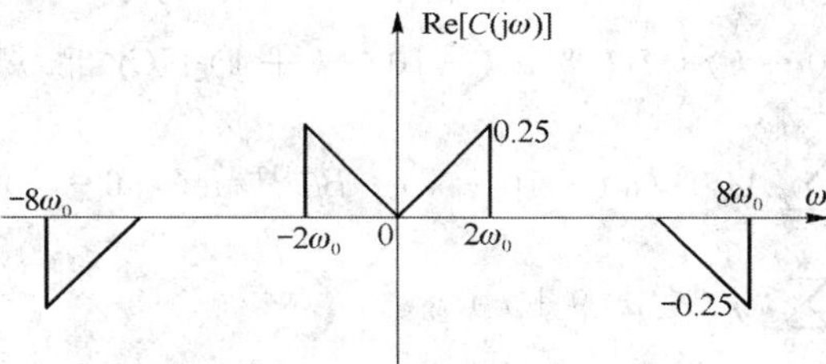

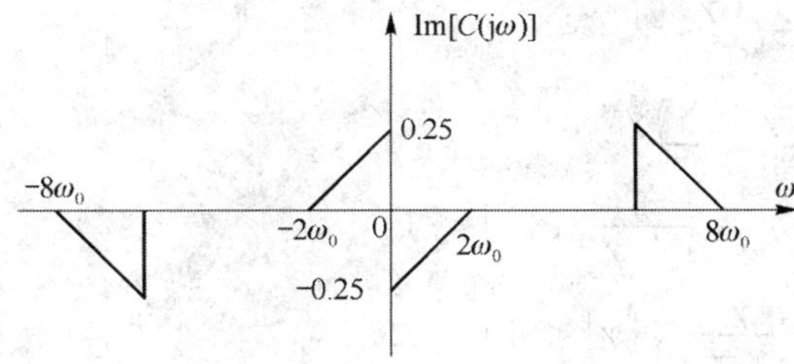

图 8.29

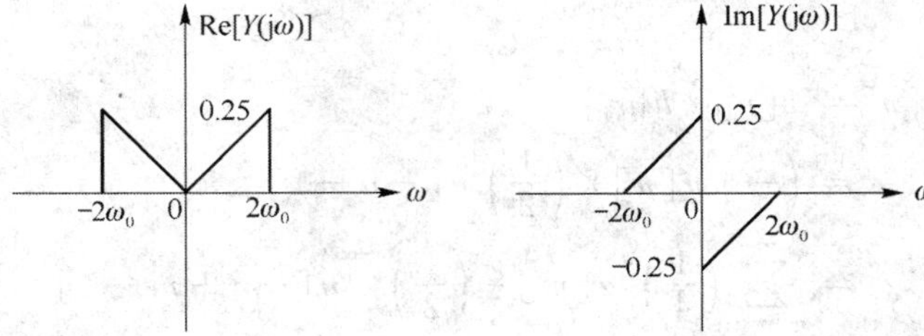

图 8.30

第 7 题解答：

(1) 系统为线性时不变系统，故存在 Z 变换，则

$$H(z)=A\cdot\frac{z}{z-\alpha}+B\cdot\beta^{-\gamma}\frac{z^5}{z-\beta}+C\cdot\frac{-z}{z-\gamma}$$

要使上式存在，则 Z 变换的三部分的收敛域有交集，即

$$\begin{cases}|z|>\alpha\\|z|>\beta\\|z|>\gamma\end{cases}$$

所以 α,β,γ 的取值范围符合不等式 $\gamma>\max\{\alpha,\beta\}$

(2) 由 $h[n]=\sum\limits_{k=-\infty}^{\infty}\delta(n-k)$，可得

$$s[n]=\sum_{k=-\infty}^{\infty}h(n-k)$$

故

$$s[-10]=\sum_{k=0}^{\infty}h(-10-k)$$

$$=\sum_{k=0}^{\infty}A\alpha^{-10-k}u(-10-k)+B\beta^{-10-k}u(-10-k+4)+C\gamma^{-10-k}u(10+k-1)$$

$$\begin{aligned}&=\sum_{k=0}^{\infty}A\alpha^{-10-k}u(-10-k)+B\beta^{-10-k}u(-6-k)+C\gamma^{-10-k}u(9+k)\\&=\sum_{k=0}^{\infty}C\gamma^{-10-k}u(9+k)\\&=\sum_{k=0}^{\infty}C\gamma^{-10-k}\\&=C\gamma^{-10}\sum_{k=0}^{\infty}\gamma^{-k}\\&=C\gamma^{-10}\frac{1}{1-\gamma^{-1}}(|\gamma|<1)\\&=C\frac{\gamma^{-9}}{\gamma-1}(|\gamma|<1)\\&=0\end{aligned}$$

故

$$C=0$$

(3)

$$\begin{aligned}y[n]&=x[n]*h[n]\\&=\left(\frac{1}{4}\right)^n u[n]*\left(\frac{1}{2}\right)^n u[-n-1]\\&=\sum_{m=-\infty}^{\infty}\left(\frac{1}{4}\right)^m u[m]*\left(\frac{1}{2}\right)^{n-m}u[-n+m-1]\\&=\begin{cases}\left(\frac{1}{4}\right)^n & n>-1\\\left(\frac{1}{2}\right)^{n-1} & n\leqslant-1\end{cases}\end{aligned}$$

故

$$y[n]=\left(\frac{1}{4}\right)^n u[n]+\left(\frac{1}{2}\right)^{n-1} u(-n-1)$$

(4)

$$y[n]=x[n]*h[n]$$

$$y[4]=16\times1+8\times2+4\times1+2\times1+1\times1$$
$$=39$$

第 8 题解答：

(1)

$$R(e^{j\omega})=\sum_{n=0}^{M} r[n]e^{-jn\omega}=\sum_{n=0}^{M} e^{-jn\omega}=\frac{1-(e^{-j\omega})^{M+1}}{1-e^{-j\omega}}$$
$$=\frac{1-e^{-j\omega(M+1)}}{1-e^{-j\omega}}$$

(2)

$$W[n]=\frac{1}{2}\left(1-\cos\left(\frac{2\pi n}{M}\right)\right)$$
$$=\frac{1}{2}\left(1-\frac{1}{2}(e^{j\frac{2\pi n}{M}}+e^{-j\frac{2\pi n}{M}})\right)$$
$$=\frac{1}{2}-\frac{1}{4}(e^{j\frac{2\pi n}{M}}+e^{-j\frac{2\pi n}{M}})$$

$$\text{DTFT}[e^{j\frac{2\pi n}{M}}]=\sum_{n=0}^{M} e^{j\frac{2\pi n}{M}}\cdot e^{j\omega n}=\sum_{n=0}^{M} e^{j(\frac{2\pi}{M}-j\omega)n}=\frac{1-(e^{j(\frac{2\pi}{M}-j\omega)})^{M+1}}{1-e^{j(\frac{2\pi}{M}-j\omega)}}$$

$$\text{DTFT}[e^{-j\frac{2\pi n}{M}}]=\frac{1-(e^{-j(\frac{2\pi}{M}+j\omega)})^{M+1}}{1-e^{-j(\frac{2\pi}{M}+j\omega)}}$$

所以

$$W(e^{j\omega})=\frac{1}{2}\frac{1-e^{-j\omega(M+1)}}{1-e^{-j\omega}}-\frac{1}{4}\left[\frac{1-(e^{j(\frac{2\pi}{M}-j\omega)})^{M+1}}{1-e^{j(\frac{2\pi}{M}-j\omega)}}+\frac{1-(e^{-j(\frac{2\pi}{M}+j\omega)})^{M+1}}{1-e^{-j(\frac{2\pi}{M}+j\omega)}}\right]$$

(3) 若使 $W[n+N]\xrightarrow{\text{DTFT}}W(e^{j\omega})e^{j\omega N}=W(e^{j\omega})(\cos\omega N+j\sin\omega N)$

若 M 为奇数，$W[n+M]$不可能为偶函数；

若 M 为偶数，$W[n+M]$为实偶函数。

故$\begin{cases}M\in \text{even}\\ \omega N=\dfrac{\omega\cdot M}{2}\end{cases}$

第 9 题解答：

(1) 由图可知，$X(e^{j\omega})$以 2π 为周期。

取一个周期$[-\pi\quad\pi]$上，

$$X_1(e^{j\omega})=2\pi\delta(\omega)+\pi[\delta(\omega+\omega_0)+\delta(\omega-\omega_0)]$$
$$+2\pi[\delta(\omega+\pi+\omega_0)+\delta(\omega+\pi-\omega_0)]$$

$$X(e^{j\omega})=\sum_{k=-\infty}^{\infty} X_1(\omega-k\cdot 2\pi)$$

(2) 先取一周期频谱，求其时域函数，再对时域函数进行抽样得到 $X(e^{j\omega})$的频谱

设 $x(t)$为一周期频谱对应的时域函数，即

$$x(t)=1+\cos\omega_0 t+2\cos(\pi-\omega_0)t$$

因为频谱以 2π 为周期，则时域抽样间隔为 1，则

$$
\begin{aligned}
x(n) &= \sum_{n=-\infty}^{\infty} x(t)\delta(t-n) \\
&= 1+\cos\omega_0 n + 2\cos(\pi-\omega_0)n \\
&= 1+\cos\omega_0 n + 2\cdot(-1)^n\cos\omega_0 n \\
&= 1+[1+2\cdot(-1)^n]\cos\omega_0 n
\end{aligned}
$$

(3) 由(2)可得

$$x(n)=1+[1+2\cdot(-1)^n]\cos\omega_0 n$$

因为

$$x(n)=\frac{1}{N}\sum_{k=0}^{N-1}X(k\omega_0)\mathrm{e}^{\mathrm{j}\frac{2\pi}{N}\cdot nk}$$

所以

$$a_k=\frac{1}{N}X(k\omega_0),N=\frac{2\pi}{\frac{\pi}{10}}=20$$

$$a_k=\begin{cases}\dfrac{\pi}{10} & k=0,9,11\\[2ex] \dfrac{\pi}{20} & k=1,19\end{cases}$$